“十二五”职业教育国家规划教材
经全国职业教育教材审定委员会审定

职业院校机电类“十三五”微课版规划教材

U0725166

电气控制与PLC应用 第4版 附微课视频

华满香 刘小春 / 主编
马登良 王德春 张彦宇 李庆梅 李蕊 / 副主编

人民邮电出版社
北京

图书在版编目（CIP）数据

电气控制与PLC应用 ：附微课视频 / 华满香，刘小春主编. -- 4版. -- 北京 ：人民邮电出版社，2018.8
职业院校机电类“十三五”微课版规划教材
ISBN 978-7-115-48698-1

Ⅰ. ①电… Ⅱ. ①华… ②刘… Ⅲ. ①电气控制－职业教育－教材②PLC技术－职业教育－教材 Ⅳ. ①TM571.2②TM571.6

中国版本图书馆CIP数据核字(2018)第135475号

内 容 提 要

本书是项目式教学的特色教材，每个项目都以实际工程案例引入，由浅入深地讲述相关理论知识和实际应用案例。全书共分为两大部分：第一部分为电气控制，主要讲述了电动机正反转控制、Z3050 型摇臂钻床电气控制、卧式镗床及磨床电气控制、铣床电气控制和桥式起重机电气控制；第二部分是 PLC 应用，主要讲述了工作台自动往返 PLC 控制系统、昼夜报时器 PLC 控制系统、全自动洗衣机 PLC 控制系统、广告牌循环彩灯 PLC 控制系统和综合控制系统。

本书既可作为高等职业技术学院、高等专科学校、职工大学的电气自动化技术、数控技术与应用、机电一体化、电气化铁道技术、电机电器、应用电子类专业相关课程的教材，也可供工程技术人员参考学习使用。

◆ 主　　编　华满香　刘小春
　副 主 编　马登良　王德春　张彦宇　李庆梅　李　蕊
　责任编辑　李育民
　责任印制　焦志炜

◆ 人民邮电出版社出版发行　　北京市丰台区成寿寺路 11 号
　邮编　100164　　电子邮件　315@ptpress.com.cn
　网址　http://www.ptpress.com.cn
　三河市君旺印务有限公司印刷

◆ 开本：787×1092　1/16
　印张：16.5　　　　2018 年 8 月第 4 版
　字数：388 千字　　2025 年 8 月河北第18次印刷

定价：49.80 元

读者服务热线：(010)81055256　印装质量热线：(010)81055316
反盗版热线：(010)81055315

第 4 版前言

本书是根据学生毕业后所从事职业的实际需要，确定学生应具备的知识能力结构，将理论知识和应用技能整合在一起，形成的以就业为导向的项目式教学的教材。

1. 本书特点

（1）采用模块化结构，利用项目的形式编写，内容紧密联系工程实际，将知识点贯穿于项目中。

（2）在内容的安排上，理论力求简明扼要，难易适中，加强实践内容，突出针对性、实用性和先进性。全书内容尽可能多地利用图片或现场照片，做到图文并茂，以增强直观效果。

（3）本书的各个项目选自生产现场，每个项目的编写完整简洁，不仅有完整的硬件设计、软件设计，还有详细的调试过程。

2. 修订内容

本书在第 3 版的基础上修订，主要修订内容如下。

（1）增加了微课内容，书中的大部分关键知识点都配置了 5 分钟左右的教学视频（即微课），微课突出了课堂教学中的某个重要知识点，且视频内容简短精悍、直观、方便，只要用手机扫描书中的二维码，就可立即观看学习，不需要下载、保存等操作，更有助于学生理解和学习课堂知识。

（2）根据实用性、先进性和综合性的原则，拓展知识点，增加了 3 个综合型应用案例，在第二部分 PLC 应用项目九中增加了“西门子 S7-200 PID 指令在电炉温度控制中的应用”综合案例，在项目十中增加了“西门子 S7-200 系列 PLC 在伺服控制系统中的综合应用”和“西门子 S7-200 系列 PLC 在水箱水位控制中的综合应用”两个综合案例。

（3）修改了原书中的错误和说法不妥之处，优化各项目内容的细节，重新规范了图纸。

本书建议总课时为 98 课时（包括实训内容）。其中，电气控制部分 50 课时，PLC 应用部分 48 课时。具体课时分配如下。

部　　分	项　　目	项 目 内 容	理论课时	实训课时
第一部分 电气控制	项目一	电动机正反转控制	10	6
	项目二	Z3050 型摇臂钻床电气控制	8	2
	项目三	卧式镗床及磨床电气控制	8	2
	项目四	铣床电气控制	6	2
	项目五	桥式起重机电气控制	4	2
	小　计		36	14

续表

部　分	项　目	项 目 内 容	理论课时	实训课时
第二部分 PLC 应用	项目六	工作台自动往返 PLC 控制系统	10	6
	项目七	昼夜报时器 PLC 控制系统	4	4
	项目八	全自动洗衣机 PLC 控制系统	8	2
	项目九	广告牌循环彩灯 PLC 控制系统	4	2
	项目十	综合控制系统	6	2
	小　计		32	16
合　计			68	30

本书由湖南铁道职业技术学院华满香和刘小春任主编；淄博职业学院马登良、重庆公共运输职业学院王德春、湖南铁道职业技术学院张彦宇和李庆梅、天津冶金职业技术学院李蕊任副主编；湖南铁道职业技术学院王玺珍、淄博职业学院谭文、湖南铁道职业技术学院陈庆参编。其中，项目一和项目三由李庆梅编写，项目二由王玺珍编写，项目四由王玺珍和王德春编写，项目五由张彦宇编写，项目六由华满香编写，项目七由华满香和李蕊编写，项目八和项目九由刘小春编写，项目十由马登良、谭文、陈庆编写。

本书在编写过程中，参阅了许多同行专家们的论著文献，同时深圳科莱德公司提供了 EAPS100 柔性生产加工系统的设备和大量资料，曹修兵和谭宝康给予了充分的技术支持，这些使我们的综合控制系统能够现场调试成功，湖南铁道职业技术学院张莹提出了很多宝贵意见，在此一并表示真诚的感谢。

由于编者的学识水平和实践经验有限，书中疏漏之处在所难免，敬请广大读者批评指正。

编者

2018 年 6 月

素材列表

表 1　　PPT 课件

素材类型	功能描述
PPT 课件	供老师上课用

表 2　　动画

序号	名称	序号	名称
1	水箱水位的 PID 控制	18	熔断器、行程开关、低压断路器的工作原理
2	S7-200 系列 PLC 的工作原理	19	三相异步电动机的铭牌
3	电动机的正反转控制	20	三相异步电动机制动控制
4	电气控制器件（2）	21	位置控制电路
5	Y—△形降压起动控制电路	22	自动往返控制电路
6	按钮、刀开关、接触器、中间继电器、热继电器的工作原理	23	三相异步电动机解压起动控制电路
7	三相异步电动机的工作原理	24	变压器的工作原理
8	电气控制器件——按钮、刀开关、接触器、中间继电器、热继电器	25	变压器的基本结构
9	三相异步电动机的结构	26	时间继电器、电流继电器、电压继电器、速度继电器
10	绕线转子异步电动机转子串频敏变阻器起动控制	27	电动机的点动控制
11	电气控制器件	28	电动机的连续运行控制
12	单流程控制	29	时间继电器、电流继电器、电压继电器、速度继电器的工作原理
13	并行流程和选择流程控制	30	时间控制
14	变频器构造	31	行程控制
15	绕线转子异步电动机	32	双速异步电动机、转换开关和电磁离合器的工作原理
16	广告牌循环彩灯的 PLC 控制		
17	三相异步电动机的连接		

目　录

第一部分　电气控制

第二部分 PLC应用

第一部分　电气控制

项目一　电动机正反转控制

项目二　Z3050 型摇臂钻床电气控制

项目三　卧式镗床及磨床电气控制

项目四　铣床电气控制

项目五　桥式起重机电气控制

项目一 电动机正反转控制

学习目标

1. 熟悉低压电器的结构、工作原理、型号、规格、正确选择、使用方法及其在控制线路的作用。
2. 能识读相关电气原理图和安装图。
3. 会安装调试交流电动机正反转控制线路及联锁控制线路。
4. 会安装与检修 CA6140 型车床电气控制线路。
5. 了解电力拖动控制线路常见故障及其排除方法。
6. 了解现代低压电器的应用及发展。

一、项目简述

在工农业生产中，要求机械的运动部件能实现正反两个方向运动，这就要求拖动电动机能正反向旋转。例如，铣床加工工作台的左右、前后和上下运动，起重机的上升与下降运动等，可以采用机械控制、电气控制和机械电气混合控制的方法来实现。当采用电气控制的方法实现时，电动机就能实现正反转控制。从电动机的原理可知，改变电动机三相电源的相序，即可改变电动机的旋转方向，而改变三相电源的相序只需任意调换电源的两根进线，如图 1-1 所示。

合上开关“QS”，按下起动按钮“SB2”，电动机正转；按下停止按钮“SB1”，电动机停止；按下反转起动按钮“SB3”，电动机反转。

本项目涉及低压电器（包括刀开关、熔断器、按钮开关、交流接触器、热继电器等），电气识图及绘图标准，电动机的点动、连续控制及正反转控制电路等内容。

低压电器种类很多，分类方法也很多。按操作方式可分为手动操作方式和自动切换电器方式：手动操作方式主要是用手直接操作来进行切换；自动切换电器方式是依靠电器本身参数的变化或外来信号的作用来自动完成接通或分断等动作。按用途可分为低压配电电器和低压控制电器两大类：低压配电电器是指在正常或事故状态下，接通和断开用电设备和供电电网所用的电器；低压控制电器是指电动机完成生产机械要求的起动、调速、反转和停止所用的电器。

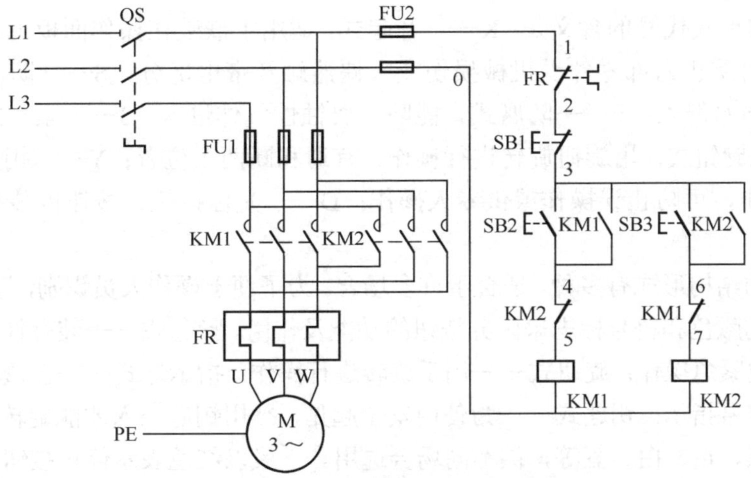

图 1-1　电动机正反转控制电路

二、电气控制器件相关知识

（一）按钮、刀开关

1．按钮

按钮开关（简称按钮）是一种用人力（一般为手指或手掌）操作，并具有储能（弹簧）复位的一种控制开关。按钮的触点允许通过的电流较小，一般不超过 5 A，因此一般情况下不直接控制主电路，而是在控制电路中发出指令或信号去控制接触器、继电器等电器，再由它们去控制主电路的通断、功能转换或电气联锁等。

（1）结构。按钮开关一般由按钮帽、复位弹簧、桥式常闭触点、常开触点、支柱连杆及外壳等部分组成。按钮的外形、结构与符号如图 1-2 所示。图 1-2 中的按钮是一个复合按钮，工作时常开和常闭触点是联动的。当按钮被按下时，常闭触点先动作，常开触点随后动作；而松开按钮时，常开触点先动作，常闭触点再动作。也就是说，两种触点在改变工作状态时，先后有个时间差，尽管这个时间差很短，但在分析线路控制过程时应特别注意。

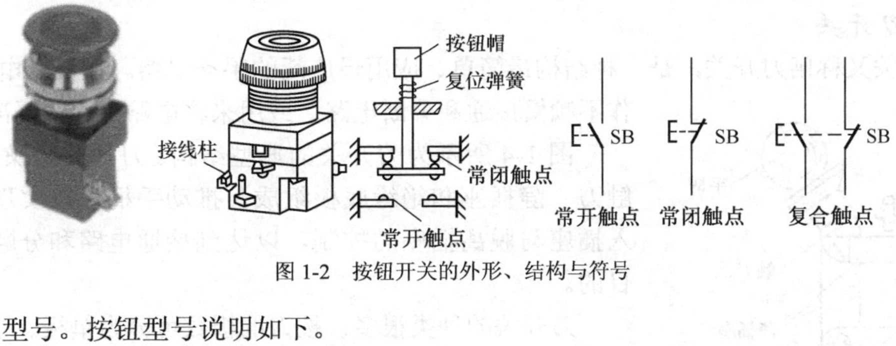

图 1-2　按钮开关的外形、结构与符号

（2）型号。按钮型号说明如下。

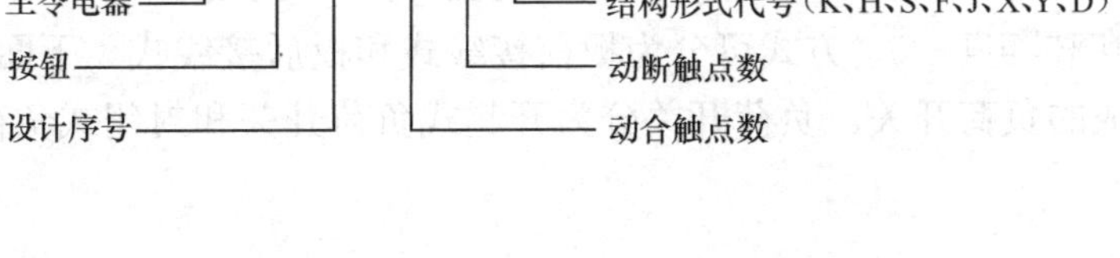

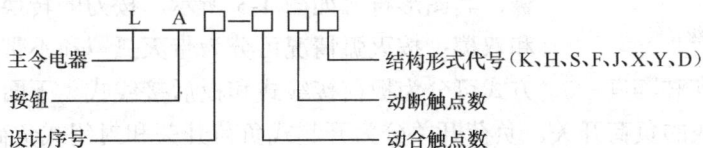

其中，结构形式代号的含义是：K——开起式，适用于嵌装在操作面板上；H——保护式，带保护外壳，可防止内部零件受机械损伤或人偶然触及带电部分；S——防水式，具有密封外壳，可防止雨水侵入；F——防腐式，能防止腐蚀性气体进入；J——紧急式，作紧急切断电源用；X——旋钮式，用旋钮旋转进行操作，有通和断两个位置；Y——钥匙操作式，用钥匙插入进行操作，可防止误操作或供专人操作；D——光标按钮，按钮内装有信号灯，兼作信号指示。

按钮开关的结构形式有多种，适合于许多场合。为了便于操作人员识别，避免发生误操作，生产中用不同的颜色和符号标志来区分按钮的功能及作用。紧急式——装有红色突出在外的蘑菇形钮帽，以便紧急操作；旋钮式——用手旋转进行操作；指示灯式——在透明的按钮内装入信号灯，以作信号指示；钥匙式——为使用安全起见，须用钥匙插入才能旋转操作。按钮的颜色有红、绿、黑、黄、白、蓝等，供不同场合选用。一般以红色表示停止按钮，绿色表示起动按钮。常见按钮外形如图 1-3 所示。

图 1-3　常用按钮外形

（3）按钮的选用。选择按钮的基本原则如下。

① 根据使用场合和具体用途选择按钮的种类，如嵌装在操作面板上的按钮可选用开起式。

② 根据工作状态指示和工作情况要求选择按钮或指示灯的颜色，如起动按钮可选用绿色、白色或黑色。

③ 根据控制回路的需要选择按钮的数量，如单联钮、双联钮和三联钮等。

2．刀开关

刀开关又称闸刀开关，是一种结构最简单、应用最广泛的手动电器。在低压电路中，用作不频繁接通和分断电路，或用来将电路与电源隔离。

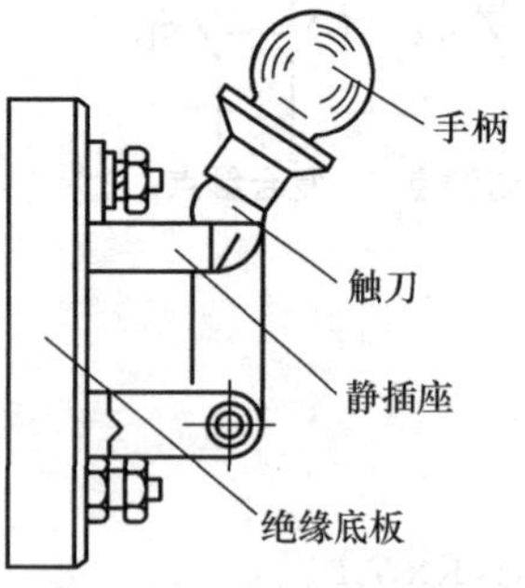

图 1-4　刀开关的典型结构

图 1-4 所示为刀开关的典型结构。刀开关由操作手柄、触刀、静插座和绝缘底板组成。推动手柄可以实现触刀插入插座与脱离插座的控制，以达到接通电路和分断电路的目的。

刀开关的种类很多，按刀的极数可分为单极、双极和三极，其图形符号如图 1-5 所示。按刀的转换方向可分为单掷和双掷；按灭弧情况可分为带灭弧罩和不带灭弧罩；按接线方式可分为板前接线式和板后接线式。下面只介绍由刀开关和熔断器组合而成的负荷开关。负荷开关分为开起式负荷开关和封闭式负荷开关两种。

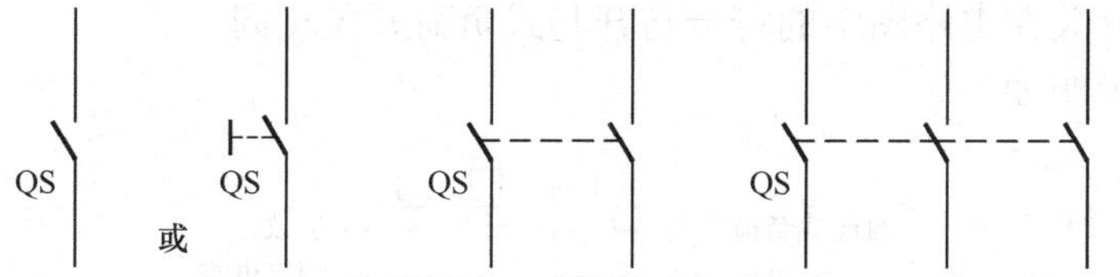

（a）单极　　（b）双极　　（c）三极

图 1-5　刀开关的符号

（1）开起式负荷开关。开起式负荷开关又称为瓷底胶盖刀开关，简称闸刀开关。生产中常用的是 HK 系列开起式负荷开关，适用于照明和小容量电动机控制，供手动不频繁地接通和分断电路，并起短路保护作用。

开启式负荷开关的结构及在电路图中的图形符号如图 1-6 所示。

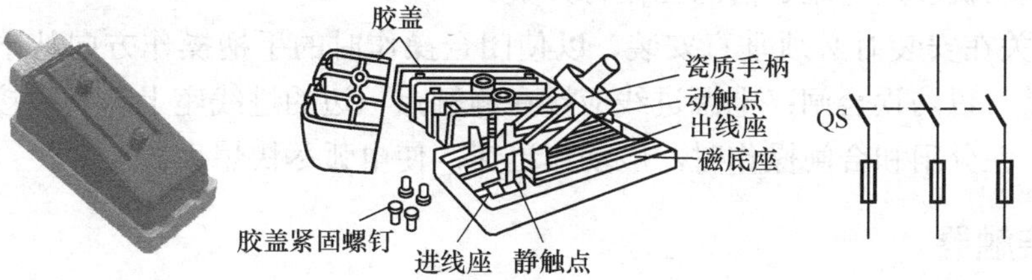

（a）外形　　（b）结构　　（c）符号

图 1-6　HK 系列开启式负荷开关

其型号含义说明如下。

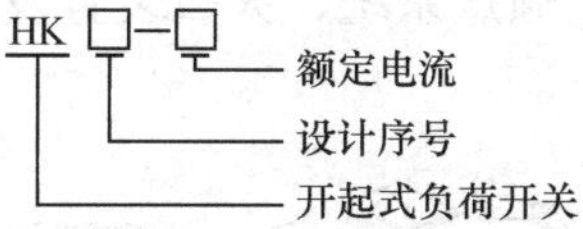

（2）封闭式负荷开关。封闭式负荷开关是在开起式负荷开关的基础上改进设计的一种开关，可用于手动不频繁地接通和断开带负载的电路，以及作为线路末端的短路保护，也可用于控制 15kW 以下的交流电动机不频繁的直接起动和停止。

常用的封闭式负荷开关有 HH3、HH4 系列，其中，HH4 系列为全国统一设计产品，结构如图 1-7 所示。它主要由触点灭弧系统、熔断器及操作机构 3 部分组成。动触刀固定在一根绝缘方轴上，由手柄完成分、合闸的操作。在操作机构中，手柄转轴与底座之间装有速动弹簧，使刀开关的接通与断开速度与手柄操作速度无关。封闭式负荷开关的操作机构有两个特点：一是采用了储能合闸方式，利用一根弹簧使开关的分合速度与手柄操作速度无关，既改善了开关的灭弧性能，又能防止触点停滞在中间位置，从而提高开关的通断能力，延长其使用寿命；二是操作机构上装有机械联锁，可以保证开关合闸时不能打开防护铁盖，而当打开防护铁盖时，不能将开关合闸。

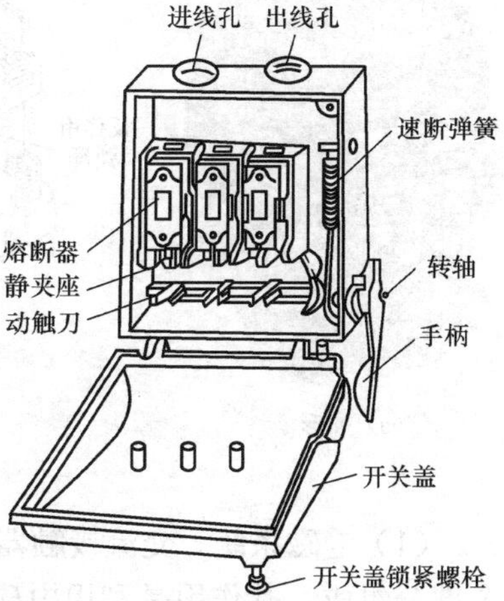

图 1-7　HH4 系列封闭式负荷开关

封闭式负荷开关在电路图中的符号与开起式负荷开关相同。

其型号含义说明如下。

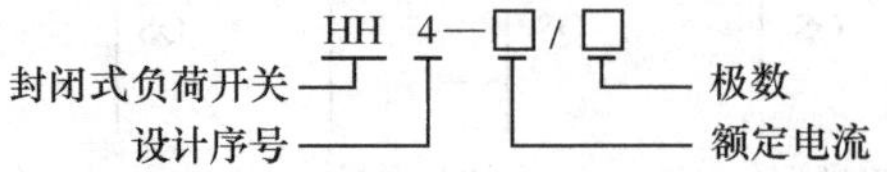

（3）刀开关的选用及安装注意事项。

① 选用刀开关时，首先根据刀开关的用途和安装位置选择合适的型号和操作方式，然后根据控制对象的类型和大小，计算出相应负载电流大小，选择相应额定电流的刀开关。

用于控制照明电路时，可选用额定电压为 220 V 或 250 V、额定电流等于或大于电路最大工作电流的双极开关；用于控制电动机时，可选用额定电压为 380 V 或 500 V、额定电流等于或大于电动机额定电流 3 倍的三极刀开关。

② 刀开关在安装时必须垂直安装，以使闭合操作时的手柄操作方向从下向上合，不允许平装或倒装，以防误合闸；电源进线应接在静触点一边的进线座上，负载接在动触点一边的出线座上；在分闸和合闸操作时，应动作迅速，使电弧尽快熄灭。

（二）接触器

接触器是一种能频繁地接通和断开远距离用电设备主回路及其他大容量用电回路的自动控制装置，分为交流和直流两类，控制对象主要是电动机、电热设备、电焊机及电容器组等。

1．交流接触器的结构、原理

交流接触器主要由电磁系统、触点系统、灭弧装置及辅助部件等组成。CJ10-20 型交流接触器的结构如图 1-8 所示。

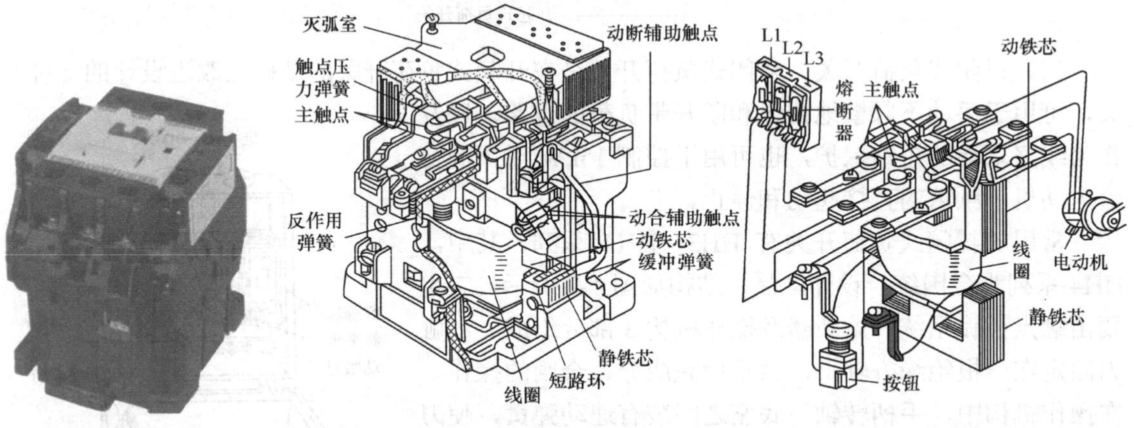

（a）外形　　（b）结构　　（c）工作原理

图 1-8　交流接触器的结构

（1）电磁系统。交流接触器的电磁系统主要由线圈、铁芯（静铁芯）和衔铁（动铁芯）3 个部分组成。其作用是利用电磁线圈的通电或断电，使衔铁和静铁芯吸合或释放，从而带动动触点与静触点闭合或分断，实现接通或断开电路的目的。

交流接触器在运行过程中，线圈中通入的交流电在铁芯中产生交变的磁通，因此铁芯与衔铁间的吸力也是变化的，这会使衔铁产生震动并发出噪声。为消除这一现象，在交流接触器铁芯和衔铁的两个不同端部各开一个槽，槽内嵌装一个用铜、康铜或镍铬合金材料制成的短路环，又称减震环或分磁环，如图 1-9（a）所示。铁芯装短路环后，当线圈通以交流电时，线圈电流产生磁通 Φ_1。Φ_1 一部分穿过短路环，在环中产生感生电流，进而会产生一个磁通 Φ_2。由电磁感应定律可知，Φ_1 和 Φ_2 的相位不同，即 Φ_1 和 Φ_2 不同时为零，则由 Φ_1 和 Φ_2 产生的电磁吸力 F_1 和 F_2 不同时为零，如图 1-9（b）所示。这就保证了铁芯与衔铁在任何时刻都有吸力，衔铁将始终被吸住，震动和噪声会显著减小。

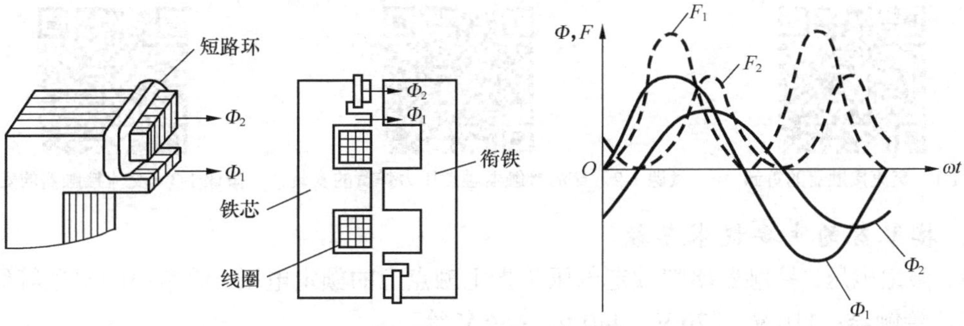

（a）磁通示意图　（b）电磁吸力图

图 1-9　加短路环后的磁通和电磁吸力

（2）触点系统。触点系统包括主触点和辅助触点。主触点用于控制电流较大的主电路，一般由 3 对接触面较大的常开触点组成。辅助触点用于控制电流较小的控制电路，一般由两对常开触点和两对常闭触点组成。触点的常开和常闭是指电磁系统没有通电动作时触点的状态。因此常闭触点和常开触点有时又分别被称为动断触点和动合触点。工作时常开触点和常闭触点是联动的。当线圈通电时，常闭触点先断开，常开触点随后闭合；而线圈断电时，常开触点先恢复断开，随后常闭触点恢复闭合，也就是说，两种触点在改变工作状态时，先后有个时间差。尽管这个时间差很短，但在分析线路控制过程时应特别注意。

触点按接触情况可分为点接触式、线接触式和面接触式 3 种，如图 1-10 所示。按触点的结构形式划分，有桥式触点和指形触点两种，如图 1-11 所示。

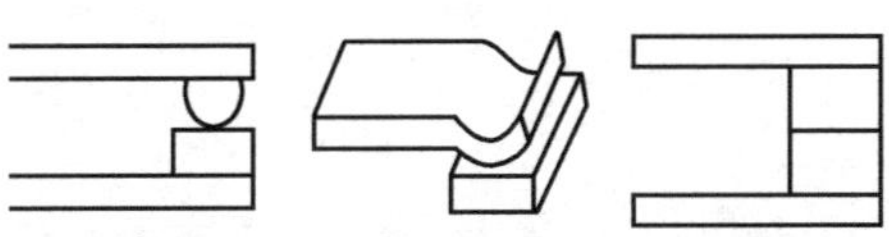

（a）点接触　（b）线接触　（c）面接触

图 1-10　触点的 3 种接触形式

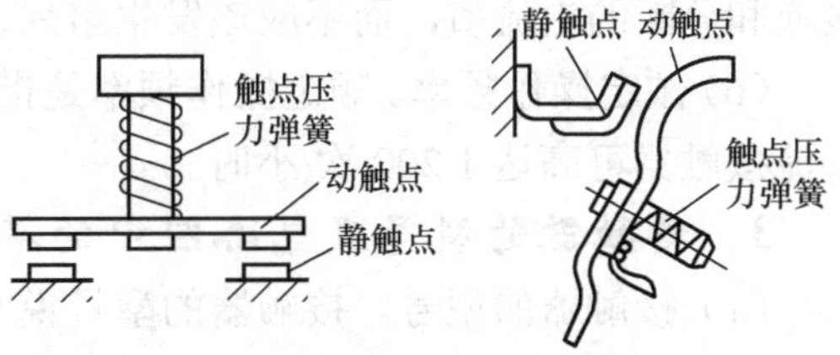

（a）双断点桥式触点　（b）指形触点

图 1-11　触点的结构形式

CJ10 系列交流接触器的触点一般采用双断点桥式触点。

（3）灭弧装置。交流接触器在断开大电流或高电压电路时，在动、静触点之间会产生很强的电弧。电弧的产生，一方面会灼伤触点，减少触点的使用寿命；另一方面会使电路切断时间延长，甚至造成弧光短路或引起火灾事故。容量在 10 A 以上的接触器中都装有灭弧装置。在交流接触器中常用的灭弧方法有双断口电动力灭弧、纵缝灭弧、栅片灭弧等。直流接触器因直流电弧不存在自然过零点熄灭特性，因此只能靠拉长电弧和冷却电弧来灭弧，一般采取磁吹式灭弧装置来灭弧。

（4）辅助部件。交流接触器的辅助部件有反作用弹簧、缓冲弹簧、触点压力弹簧、传动机构及底座、接线柱等。反作用弹簧的作用是线圈断电后，推动衔铁释放，使各触点恢复原状态。缓冲弹簧的作用是缓冲衔铁在吸合时对静铁芯和外壳的冲击力。触点压力弹簧的作用是增加动、静触点间的压力，从而增大接触面积，以减小接触电阻。传动机构的作用是在衔铁或反作用弹簧的作用下，带动动触点实现与静触点的接通或分断。

微课 1-1　交流接触器的拆卸　　微课 1-2　交流接触器触点压力弹簧的安装　　微课 1-3　交流接触器的安装

2．接触器的主要技术参数

（1）额定电压。接触器铭牌额定电压是指主触点上的额定电压。通常用的电压等级如下。

直流接触器：110 V、220 V、440 V、660 V 等。

交流接触器：127 V、220 V、380 V、500 V 等。

如果某负载是 380 V 的三相感应电动机，则应选 380 V 的交流接触器。

（2）额定电流。接触器铭牌额定电流是指主触点的额定电流。通常用的电流等级如下。

直流接触器：25 A、40 A、60 A、100 A、250 A、400 A、600 A。

交流接触器：5 A、10 A、20 A、40 A、60 A、100 A、150 A、250 A、400 A、600 A。

（3）线圈的额定电压。通常用的电压等级如下。

直流线圈：24 V、48 V、220 V、440 V。

交流线圈：36 V、127 V、220 V、380 V。

（4）动作值。动作值是指接触器的吸合电压与释放电压。国家标准规定接触器在额定电压 85%以上时，应可靠吸合，释放电压不高于额定电压的 70%。

（5）接通与分断能力。接通与分断能力是指接触器的主触点在规定的条件下，能可靠地接通和分断的电流值，而不应该发生熔焊、飞弧和过分磨损等现象。

（6）额定操作频率。额定操作频率是指每小时接通次数。交流接触器最高为 600 次/小时；直流接触器可高达 1 200 次/小时。

3．接触器的型号及电路图中的符号

（1）接触器的型号。接触器的型号说明如下。

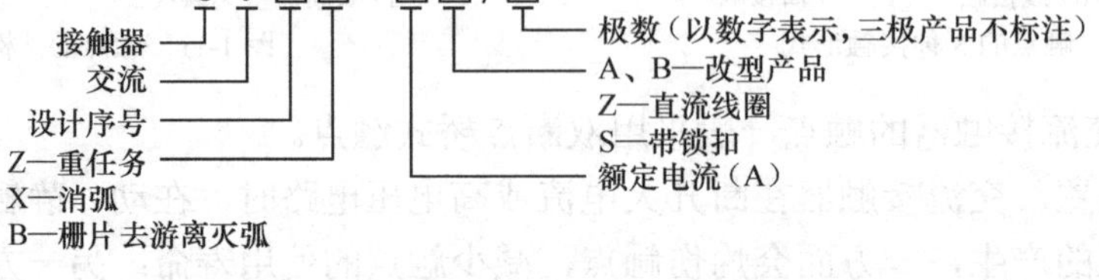

例如，CJ12T-250 的含义为 CJ12T 系列接触器，额定电流为 250 A，主触点为三级；CZ0-100/20 表示 CZ0 系列直流接触器，额定电流为 100 A，双极常开主触点。

（2）交流接触器在电路图中的符号。交流接触器在电路图中的图形符号如图 1-12 所示。

4. 接触器的选用

① 根据控制对象所用电源类型选择接触器类型，一般交流负载用交流接触器，直流负载用直流接触器，当直流负载容量较小时，也可选用交流接触器，但交流接触器的额定电流应适当选大一些。

② 所选接触器主触点的额定电压应大于或等于控制线路的额定电压。

③ 应根据控制对象的类型和使用场合，合理选择接触器主触点的额定电流。控制电阻性负载时，主触点的额定电流应等于负载的额定电流。控制电动机时，主触点的额定电流应大于或稍大于电动机的额定电流。当接触器使用在频繁起动、制动及正反转的场合时，应将主触点的额定电流降低一个等级使用。

④ 选择接触器线圈的电压。当控制线路简单并且使用电器较少时，应根据电源等级选用380 V或220 V的电压。当线路复杂时，从人身和设备安全角度考虑，可以选择36 V或110 V电压的线圈，增加相应变压器设备。

⑤ 根据控制线路的要求，合理选择接触器的触点数量及类型。

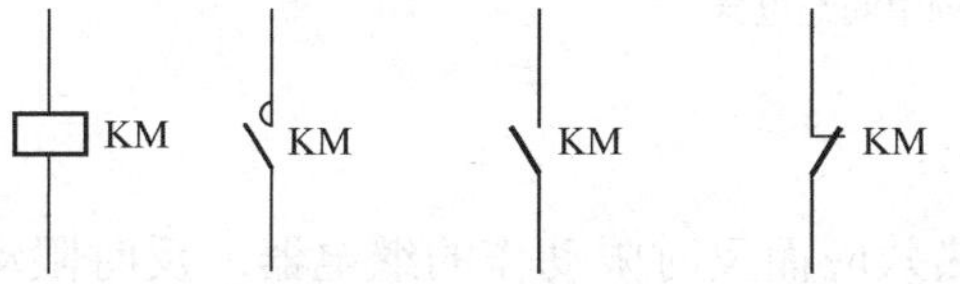

(a)线圈 (b)主触点 (c)动合辅助触点 (d)动断辅助触点

图 1-12 接触器的符号

微课 1-4 按钮、刀开关、接触器的工作原理

（三）中间继电器

中间继电器实质上是一个电压线圈继电器，用来增加控制电路中的信号数量或将信号放大。其输入信号是线圈的通电和断电，输出信号是触点的动作。它具有触点多，触点容量大，动作灵敏等特点。由于触点的数量较多，因此用来控制多个元件或回路。

1. 工作原理及选择

中间继电器的结构及工作原理与接触器基本相同，但中间继电器的触点对数多，且没有主辅之分，各对触点允许通过的电流大小相同，多数为 5 A。因此，对于工作电流小于 5 A的电气控制线路，可用中间继电器代替接触器实施控制。JZ7 系列为交流中间继电器，其结构如图 1-13（a）所示。

JZ7 系列中间继电器采用立体布置，由动铁芯、静铁芯、短路环、线圈、触点系统、反作用弹簧、复位弹簧和缓冲弹簧等组成。触点采用双断点桥式结构，上下两层各有 4 对触点，下层触点只能是动合触点，故触点系统可按 8 动合触点，6 动合触点、2 动断触点及 4 动合触点、4 动断触点组合。继电器线圈额定电压有 12 V、36 V、110 V、220 V、380 V 等。

JZ14 系列中间继电器有交流操作和直流操作两种，该系列继电器带有透明外罩，可防止尘埃进入内部而影响工作的可靠性。

中间继电器主要依据被控制电路的电压等级、所需触点的数量、种类和容量等来选用。

2. 型号

中间继电器的型号如下。

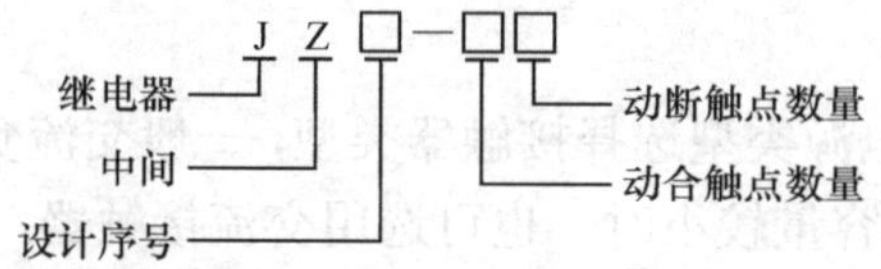

中间继电器在电路图中的符号如图 1-13（b）所示。

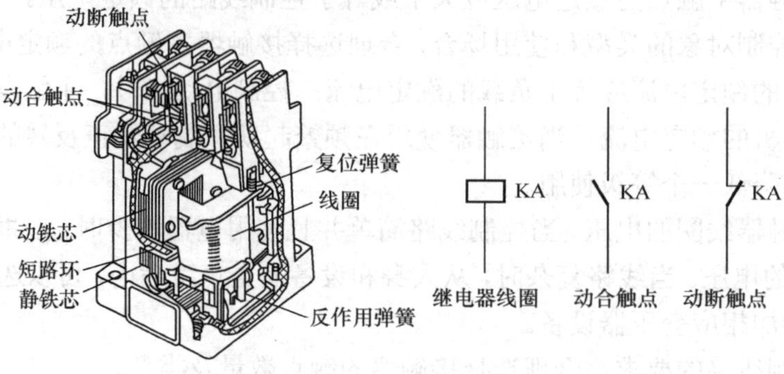

（a）结构　　（b）符号

图 1-13　JZ7 系列中间继电器

（四）热继电器

热继电器是利用流过继电器的电流产生的热效应而反时限动作的继电器。反时限动作是指热继电器动作时间随电流的增大而减小的性能。热继电器主要用于保护电动机的过载、断相、三相电流不平衡运行及控制其他电气设备的发热状态。

1．热继电器的分类和型号

热继电器的形式有多种，其中双金属片式热继电器应用最多。按极数划分，热继电器可分为单极、两极和三极 3 种，其中三极的又包括带断相保护装置的和不带断相保护装置的；按复位方式划分，有自动复位式（触点动作后能自动返回原来位置）和手动复位式。目前常用的有国产的 JR16、JR20 等系列，以及国外的 T 系列和 3UA 等系列产品。

常用的 JRS1 系列和 JR20 系列热继电器的型号及含义说明如下。

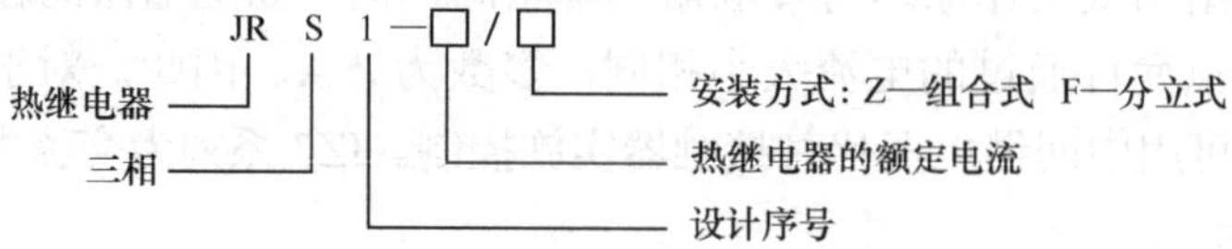

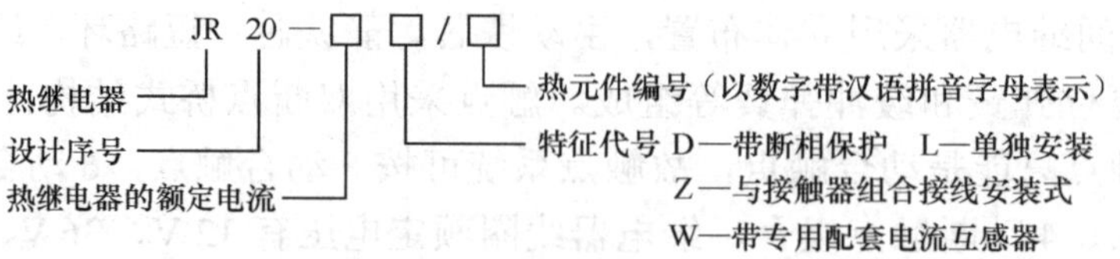

2．工作原理

热继电器主要由加热元件、动作机构和复位机构 3 部分组成。动作系统常设有温度补偿装置，保证在一定的温度范围内，热继电器的动作特性基本不变。典型的热继电器结构及图形符号如图 1-14 所示。

在图 1-14 中，主双金属片 2 与加热元件 3 串接在接触器负载（电动机电源端）的主回路中，当电动机过载时，主双金属片受热弯曲推动导板 4，并通过补偿双金属片 5 与推杆将触点 9 和 6（即串接在接触器线圈回路的热继电器常闭触点）分开，以切断电路保护电动机。调节旋钮 11 是一个偏心轮。改变它的半径即可改变补偿双金属片 5 与导板 4 的接触距离，从而达到调节整定动作电流值的目的。此外，靠调节复位螺钉 8 来改变常开静触点 7 的位置，使热继电器具有自动复位或手动复位两种状态。调成手动复位时，在排除故障后要按下手动复位按钮 10 才能使动触点 9 恢复与常闭静触点 6 相接触的位置。

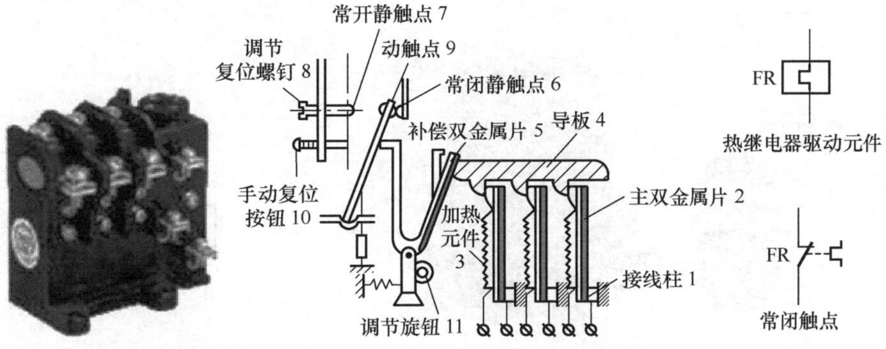

（a）外观　　（b）结构　　（c）符号

图 1-14　JR16 系列热继电器外形结构及符号

热继电器的常闭触点常接入控制回路，常开触点可接入信号回路或 PLC 控制时的输入接口电路。

三相异步电动机的电源或绕组断相是导致电动机过热烧毁的主要原因之一，尤其是定子绕组采用△接法的电动机，必须采用三相结构带断相保护装置的热继电器实行断相保护。

3．热继电器的选用

选择热继电器主要根据所保护电动机的额定电流来确定热继电器的规格和热元件的电流等级。

根据电动机的额定电流选择热继电器的规格，一般情况下，应使热继电器的额定电流稍大于电动机的额定电流。

根据需要的整定电流值选择热元件的编号和电流等级。一般情况下，热继电器的整定值为电动机额定电流值的 0.95～1.05 倍。但是如果电动机拖动的负载用在冲击性负载或起动时间较长及拖动的设备不允许停电的场合，热继电器的整定值可取电动机额定电流的 1.1～1.5 倍。如果电动机的过载能力较差，热继电器的整定值可取电动机额定电流值的 0.6～0.8 倍。同时，整定电流应留有一定的上下限调整范围。

根据电动机定子绕组的连接方式选择热继电器的结构形式，即 Y 形连接的电动机选用普通三相结构的热继电器，△接法的电动机应选用三相带断相保护装置的热继电器。

对于频繁正反转和频繁起制动工作的电动机，不宜采用热继电器来保护。

微课 1-5　按钮、接触器、中间继电器、热继电器简介

（五）熔断器

熔断器是在控制系统中主要用作短路保护的电器，使用时串联在被保护的电路中，当电路发生短路故障，通过熔断器的电流达到或超过某一规定值时，以其自身产生的热量使熔体

熔断，从而自动分断电路，起到保护作用。

1．熔断器的结构

熔断器主要由熔体（俗称熔丝）和安装熔体的熔管（或熔座）两部分组成。熔体由铅、锡、锌、银、铜及其合金制成，常做成丝状、片状或栅状。熔管是装熔体的外壳，由陶瓷、绝缘钢纸制成，在熔体熔断时兼有灭弧作用。熔断器的外形、图形符号和文字符号如图 1-15 所示。

（a）熔断器外形　　　　（b）图形符号和文字符号

图 1-15　熔断器的外形、图形符号和文字符号

2．熔断器的分类和型号

熔断器按结构形式分为半封闭插入式、无填料封闭管式、有填料封闭管式、螺旋自复式等。其中，有填料封闭管式熔断器又分为刀形触点熔断器、螺栓连接熔断器和圆筒形帽熔断器。

熔断器型号说明如下。

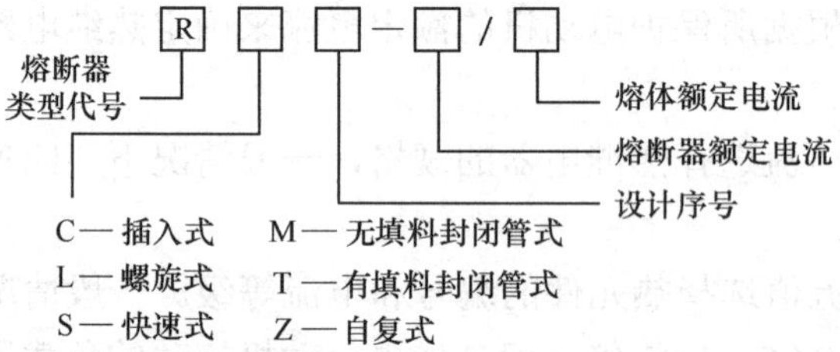

常用熔断器型号有 RC1A、RL1、RT0、RT15、RT16（NT）、RT18 等，在选用时可根据使用场合酌情选择。常用熔断器的外形如图 1-16 所示。

（a）TR0 系列有填料封闭管式熔断器　（b）RT18 圆筒形帽熔断器　（c）RT16（NT）刀形触点熔断器　（d）RT15 螺栓连接熔断器

图 1-16　常用熔断器

3．熔断器的主要技术参数

（1）额定电压。额定电压是能保证熔断器长期正常工作的电压。若熔断器的实际工作电压大于其额定电压，熔体熔断时可能发生电弧不能熄灭的危险。

（2）额定电流。额定电流是保证熔断器在长期工作情况下，各部件温升不超过极限允许温升所能承载的电流值。它与熔体的额定电流是两个不同的概念。熔体的额定电流：在规定工作条件下，长时间通过熔体而熔体不熔断的最大电流值。通常一个额定电流等级的熔断器可以配用若干额定电流等级的熔体，但熔体的额定电流不能大于熔断器的额定电流值。

（3）分断能力。熔断器在规定的使用条件下，能可靠分断的最大短路电流值。通常用极限分断电流值来表示。

（4）时间—电流特性。时间—电流特性又称保护特性，表示熔断器的熔断时间与流过熔体电流的关系。一般熔断器的时间—电流特性如图 1-17 所示，熔断器的熔断时间随着电流的增大而减少，即反时限保护特性。

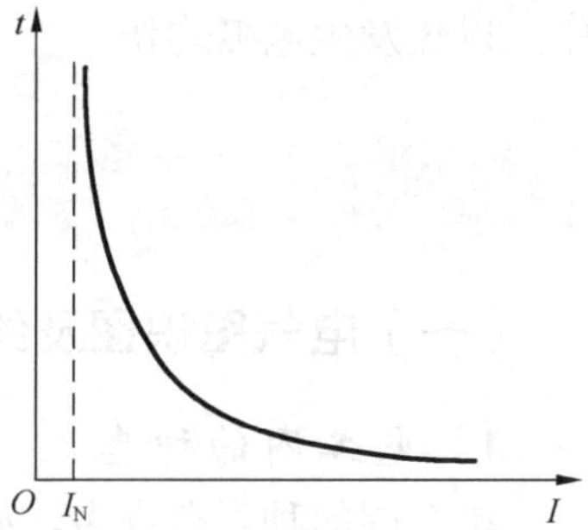

图 1-17 熔断器的时间—电流特性

4．熔断器的选用

只有正确选择熔断器和熔体，才能起到应有的保护作用。选择熔断器的基本原则如下。

（1）根据使用场合确定熔断器的类型。例如，容量较小的照明线路或电动机的保护，宜采用 RC1A 系列插入式熔断器或 RM10 系列无填料密闭管式熔断器；短路电流较大的电路或有易燃气体的场合，宜采用具有高分断能力的 RL 系列螺旋式熔断器或 RT（包括 NT）系列有填料封闭管式熔断器；保护硅整流器件及晶闸管的场合，应采用快速熔断器（RLS 或 RS 系列）。

（2）熔断器的额定电压必须等于或高于线路的额定电压。额定电流必须等于或大于所装熔体的额定电流。

（3）熔体额定电流应根据实际使用情况按以下原则计算。

① 对于照明、电热等电流较平稳、无冲击电流的负载短路保护，熔体的额定电流应等于或稍大于负载的额定电流。

② 对一台不经常起动且起动时间不长的电动机的短路保护，熔体的额定电流 I_{RN} 应大于或等于 1.5～2.5 倍电动机额定电流 I_N，即 $I_{RN} \geqslant (1.5 \sim 2.5) I_N$。

③ 对于频繁起动或起动时间较长的电动机，其系数应增加到 3～3.5。

④ 对多台电动机的短路保护，熔体的额定电流应等于或大于其中最大容量电动机的额定电流 I_{Nmax} 的 1.5～2.5 倍，再加上其余电动机额定电流的总和 $\sum I_N$，即 $I_{RN} \geqslant I_{Nmax}(1.5 \sim 2.5) I_N + \sum I_N$。

（4）熔断器的分断能力应大于电路中可能出现的最大短路电流。

5．熔断器的安装与使用

（1）安装熔断器除保证足够的电气距离外，还应保证足够的间距，以便于拆卸、更换熔体。

（2）安装前应检查熔断器的型号、额定电压、额定电流和额定分断能力等参数是否符合规定要求。

（3）安装熔体必须保证接触良好，不能有机械损伤。

（4）安装引线要有足够的截面积，而且必须拧紧接线螺钉，避免接触不良。

（5）插入式熔断器应垂直安装，螺旋式熔断器的电源线应接在瓷底座的下接线座上，负载线接在螺纹壳的上接线座上，这样在更换熔管时，旋出螺帽后螺纹壳上不带电，保证了操作者的安全。

（6）更换熔体或熔管时，必须切断电源，尤其不允许带负荷操作，以免发生电弧灼伤。

微课 1-6　熔断器、行程开关、接近开关、低压断路器简介

三、基本控制相关知识

（一）电气图识图及绘图标准

1．电工图的种类

电工图的种类有许多，如电气原理图、安装接线图、端子排图和展开图等。其中，电气原理图和安装接线图是最常见的两种形式。

（1）电气原理图。电气原理图简称电原理图，用来说明电气系统的组成和连接的方式，以及表明它们的工作原理和相互之间的作用，不涉及电气设备和电气元件的结构或安装情况。

（2）安装接线图。安装接线图或称安装图，是电气安装施工的主要图纸，是根据电气设备或元件的实际结构和安装要求绘制的图纸。在绘图时，只考虑元件的安装配线而不必表示该元件的动作原理。

2．识图的基本方法

（1）结合电工基础知识识图。在实际生产的各个领域中，所有电路（如输变配电、电力拖动和照明等）都是建立在电工基础理论之上的。因此，要想准确、迅速地看懂电气图，必须具备一定的电工基础知识。例如，三相笼型异步电动机的正转和反转控制，就是利用三相笼型异步电动机的旋转方向是由电动机三相电源的相序来决定的原理，用倒顺开关或两个接触器进行切换，改变输入电动机的电源相序，以改变电动机的旋转方向。

（2）结合电器元件的结构和工作原理识图。电路中有各种电器元件，如配电电路中的负荷开关、自动空气开关、熔断器、互感器、仪表等；电力拖动电路中常用的各种继电器、接触器和各种控制开关等；电子电路中常用的各种二极管、三极管、晶闸管、电容器、电感器以及各种集成电路等。因此，在识读电气图时，首先应了解这些元器件的性能、结构、工作原理、相互控制关系以及在整个电路中的地位和作用。

（3）结合典型电路识图。典型电路就是常见的基本电路，如电动机的起动、制动、正反转控制、过载保护电路，时间控制、顺序控制、行程控制电路等。不管多么复杂的电路，几乎都是由若干基本电路组成的。因此，熟悉各种典型电路，在识图时就能迅速分清主次环节，抓住主要矛盾，从而看懂较复杂的电路图。

（4）结合有关图纸说明识图。凭借所学知识阅读图纸说明，有助于了解电路的大体情况，便于抓住看图的重点，达到顺利识图的目的。

（5）结合电气图的制图要求识图。电气图的绘制有一些基本规则和要求，这些规则和要求是为了加强图纸的规范性、通用性和示意性而提出的，可以利用这些制图的知识准确识图。

3．识图要点和步骤

（1）看图纸说明。图纸说明包括图纸目录、技术说明、元器件明细表和施工说明等。识图时，首先要看图纸说明。弄清设计的内容和施工要求，就能了解图纸的大体情况，抓住识图的重点。

（2）看主标题栏。在看图纸说明的基础上，接着看主标题栏，了解电气图的名称及标题栏中的有关内容。凭借有关的电路基础知识，明确认识该电气图的类型、性质、作用等，同时大致了解电气图的内容。

（3）看电路图。看电路图时，先要分清主电路和控制电路、交流电路和直流电路；其次按照先看主电路，再看控制电路的顺序读图。看主电路时，通常从下往上看，即从用电设备开始，经控制元件，顺次往电源看。看控制电路时，应自上而下，从左向右看，即先看电源，再顺次看各条回路，分析各回路元器件的工作情况及其对主电路的控制。

看主电路，要弄清用电设备是怎样从电源取电的，电源经过哪些元件到达负载等。看控制电路，要清楚回路构成、各元件间的联系（如顺序、互锁等）、控制关系和在什么条件下回路构成通路或断路，以理解工作情况等。

（4）看接线图。接线图是以电路图为依据绘制的，因此要对照电路图来看接线图。看的时候，也要先看主电路，再看控制电路。看主电路时，从电源输入端开始，顺次经控制元件和线路到用电设备，与看电路图有所不同。看控制电路时，要从电源的一端到电源的另一端，按元件的顺序分析每个回路。

接线图中的线号是电器元件间导线连接的标记，线号相同的导线原则上都可以接在一起。因为接线图多采用单线表示，所以对导线的走向应加以辨别，还要明确端子板内外电路的连接。

4．常见元件的图形符号和文字符号

常见元件的图形符号和文字符号如表 1-1 所示。

表 1-1　　常见元件的图形符号和文字符号

类别	名　称	图形符号	文字符号	类别	名　称	图形符号	文字符号
开关	单极控制开关	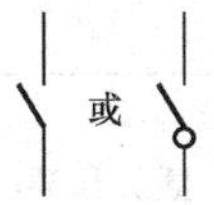	SA	开关	组合旋钮开关	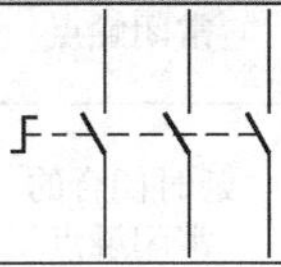	QS
	手动开关一般符号	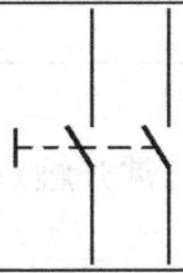	SA		低压断路器	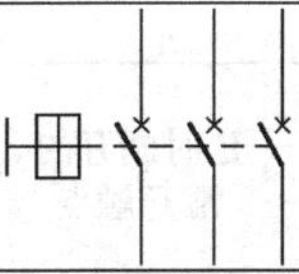	QF
	三极控制开关	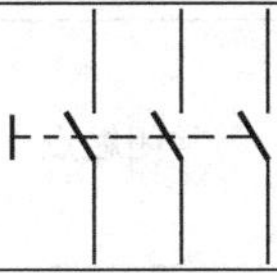	QS		控制器或操作开关	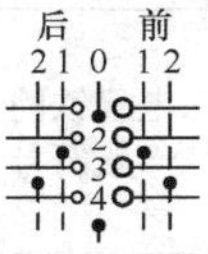	SA
	三极隔离开关	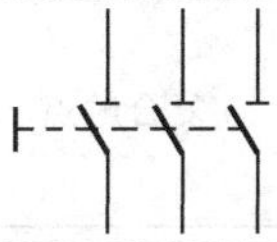	QS	接触器	线圈操作器件	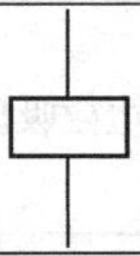	KM
	三极负荷开关	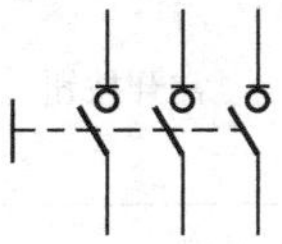	QS		常开主触点	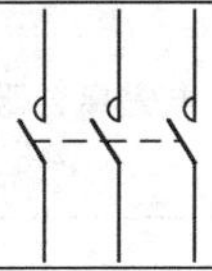	KM

续表

类别	名　称	图形符号	文字符号	类别	名　称	图形符号	文字符号
接触器	常开辅助触点		KM	电磁继电器	电磁制动器	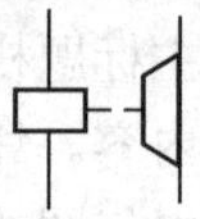	YB
	常闭辅助触点	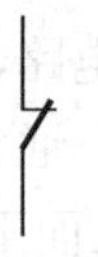	KM		电磁阀	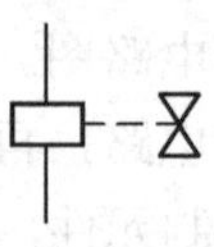	YV
时间继电器	通电延时（缓吸）线圈	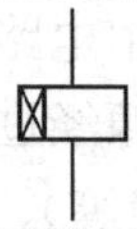	KT	非电量控制的继电器	速度继电器常开触点	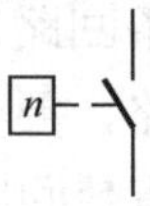	KS
	断电延时（缓放）线圈	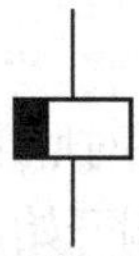	KT		压力继电器常开触点	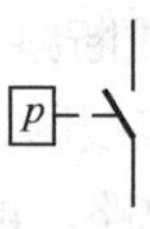	KP
	瞬时闭合的常开触点		KT	发电机	发电机	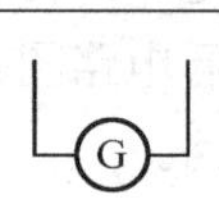	G
	瞬时断开的常闭触点		KT		直流测速发电机		TG
	延时闭合的常开触点	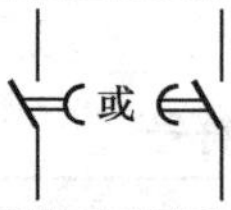	KT	灯	信号灯（指示灯）		HL
	延时断开的常闭触点		KT		照明灯		EL
	延时闭合的常闭触点		KT	接插器	插头和插座	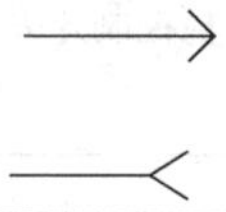	XS 插头 XP 插座
	延时断开的常开触点		KT	位置开关	常开触点		SQ
电磁继电器	电磁铁的一般符号	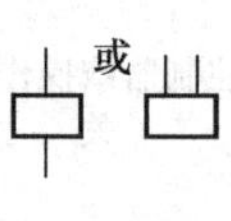	YA		常闭触点		SQ
	电磁吸盘	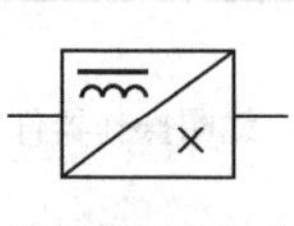	YH		复合触点		SQ
	电磁离合器	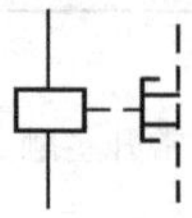	YC	按钮	常开按钮	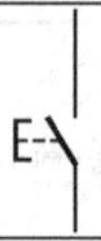	SB

续表

类别	名　称	图 形 符 号	文字符号	类别	名　称	图 形 符 号	文字符号
按钮	常闭按钮	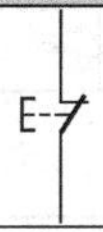	SB	电压继电器	欠电压线圈	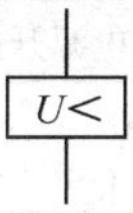	KV
	复合按钮	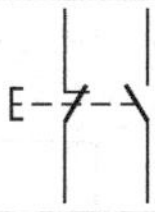	SB		常开触点		KV
	急停按钮	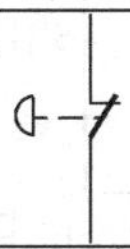	SB		常闭触点		KV
	钥匙操作式按钮		SB	电动机	三相笼型异步电动机		M
热继电器	热元件	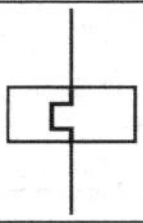	FR		三相绕线转子异步电动机	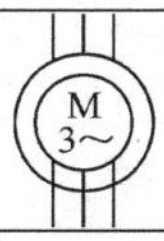	M
	常闭触点	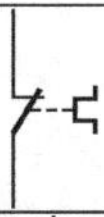	FR		他励直流电动机	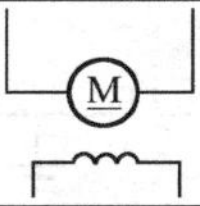	M
中间继电器	线圈	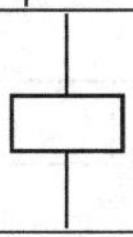	KA		并励直流电动机	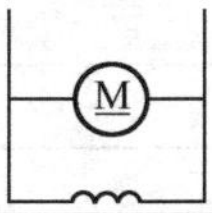	M
	常开触点		KA		串励直流电动机	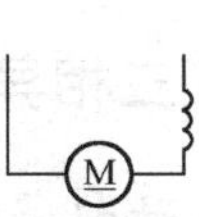	M
	常闭触点	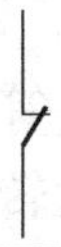	KA	熔断器	熔断器		FU
电流继电器	过电流线圈	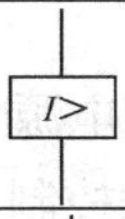	KA	变压器	单相变压器	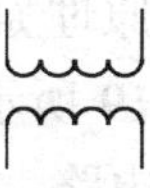	TC
	欠电流线圈	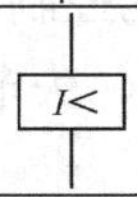	KA		三相变压器	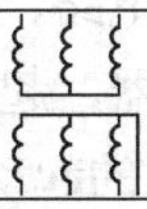	TM
	常开触点		KA	互感器	电压互感器	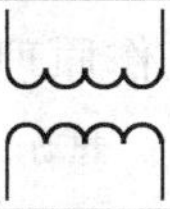	TV
	常闭触点		KA		电流互感器	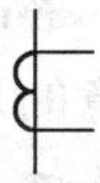	TA
电压继电器	过电压线圈	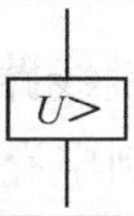	KV		电抗器		L

5. 电气原理图举例

电气原理图举例如图 1-18 所示。

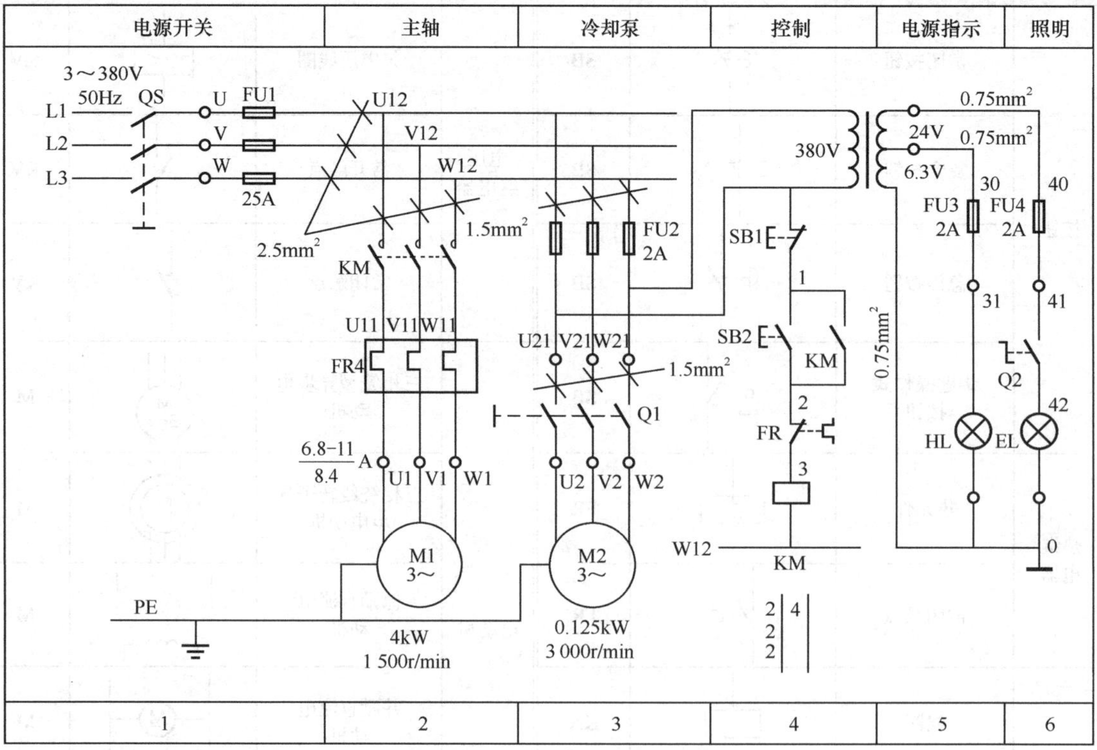

图 1-18 普通车床电气原理图

（二）三相异步电动机单相起停控制

1. 电动机点动控制

点动控制是指按下按钮，电动机就得电运转；松开按钮，电动机就失电停转。电气设备工作时常常需要调整点动，如调整车刀与工件的位置、试车，等等。因此需要用点动控制电路来完成。点动正转控制线路是由按钮、接触器来控制电动机运转的最简单的正转控制线路，点动控制电气原理如图 1-19 所示。

在图 1-19 所示的点动控制线路中，闸刀开关“QS”作为电源隔离开关；熔断器 FU1、FU2 分别作为主电路、控制电路的短路保护。由于电动机只有点动控制，运行时间较短，主电路不需要接热继电器，起动按钮“SB”控制接触器 KM 的线圈得电、失电，用接触器 KM 的主触点控制电动机 M 的起动与停止。

电路工作原理：先合上电源开关“QS”，再按下面的提示完成。

起动：按下起动按钮“SB”→接触器 KM 线圈得电→KM 主触点闭合→电动机 M 起动运行。

停止：松开按钮“SB”→接触器 KM 线圈失电→KM 主触点断开→电动机 M 失电停转。

值得注意的是，停止使用时，应断开电源开关“QS”。

2. 电动机单向连续控制电路

在要求电动机起动后能连续运转时，采用点动正转控制线路显然是不行的。为实现连续运转，可采用如图 1-20 所示的接触器控制的电动机单向控制电路。它与点动控制线路相比较，由于主电路电机连续运行，所以要添加热继电器进行过载保护，而在控制电路中又多串联了一个停止按钮“SB1”，并在起动按钮“SB2”的两端并联了接触器 KM 的一对常开辅助触点。

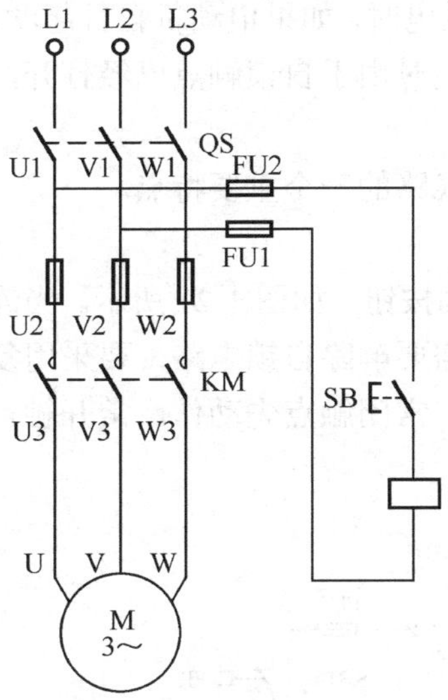

图 1-19　点动控制电气原理

微课 1-7　电动机的点动控制

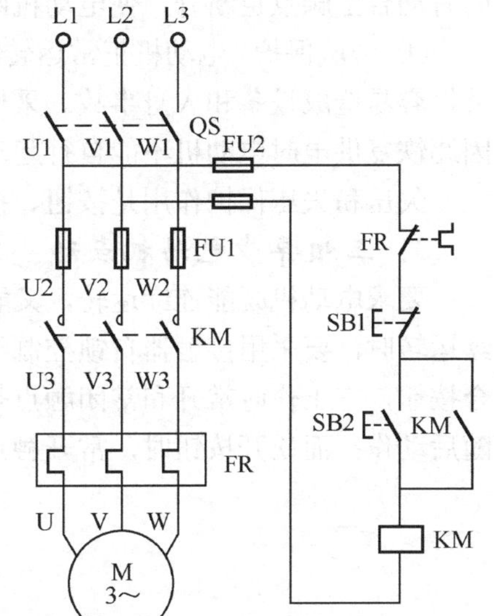

图 1-20　接触器控制的电动机单向连续控制电路

电路工作原理：先合上电源开关“QS”，再按下面的提示完成。

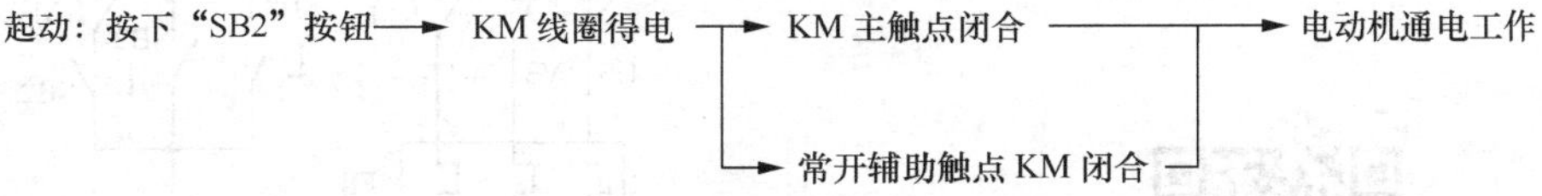

当松开“SB2”按钮时，由于 KM 的常开辅助触点闭合，控制电路仍然保持接通，所以 KM 线圈继续得电，电动机 M 实现连续运转。这种利用接触器 KM 本身常开辅助触点而使线圈保持得电的控制方式叫作自锁。与起动“SB2”按钮并联起自锁作用的常开辅助触点称为自锁触点。

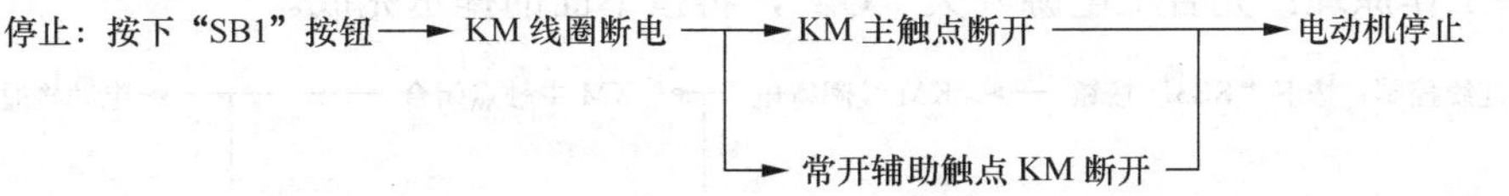

当松开“SB1”按钮时，其常闭触点恢复闭合，因接触器 KM 的自锁触点在切断控制电路时已断开，解除了自锁，“SB2”按钮也是断开的，所以接触器 KM 不能得电，电动机 M 也不会工作。

电路具有的保护环节如下。

① 短路保护。主电路和控制电路分别由熔断器 FU1 和 FU2 实现短路保护。当控制回路和主回路出现短路故障时，能迅速有效地断开电源，实现对电器和电动机的保护。

② 过载保护。由热继电器 FR 实现对电动机的过载保护。当电动机出现过载且超过规定时间时，热继电器双金属片过热变形，推动导板，经过传动机构，使动断辅助触点断开，从而使接触器线圈失电，电机停转，实现过载保护。

③ 欠压保护。当电源电压由于某种原因而下降时，电动机的转矩将显著下降，电动机无

法正常运转，甚至引起电动机堵转而烧毁。采用具有自锁的控制线路可避免出现这种事故。因为当电源电压低于接触器线圈额定电压的 75%左右时，接触器就会释放，自锁触点断开，同时动合主触点也断开，使电动机断电，起到保护作用。

④ 失压保护。电动机正常运转时，电源可能停电，当恢复供电时，如果电动机自行起动，就很容易造成设备和人身事故。采用带自锁的控制线路后，断电时由于自锁触点已经打开，因此恢复供电时电动机不能自行起动，从而避免了事故发生。

欠压和失压保护作用是按钮、接触器控制连续运行的控制线路的一个重要特点。

3．三相异步电动机点动、连续控制线路

要求电动机既能连续运转，又能点动控制时，需要两个控制按钮，如图 1-21 所示。当连续运转时，要采用接触器自锁控制线路；实现点动控制时，又需要解除自锁电路，要采用复合按钮，它工作时常开和常闭触点是联动的，当按钮被按下时，常闭触点先动作，常开触点随后动作；而松开按钮时，常开触点先动作，常闭触点再动作。

微课 1-8　三相异步电动机单向连续控制

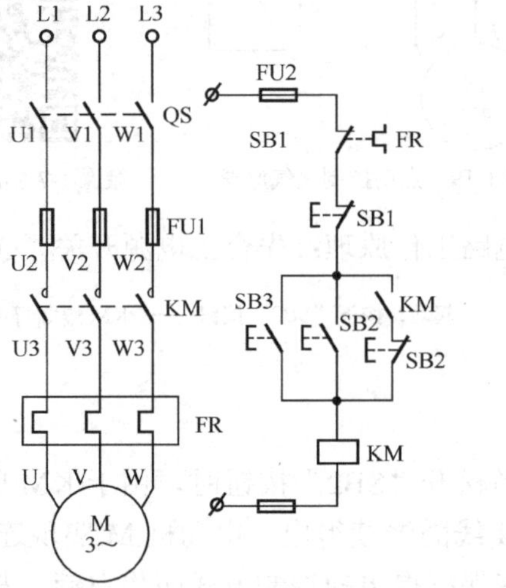

图 1-21　三相异步电动机点动、连续控制线路

电路工作原理：先合上电源开关“QS”，再按下面的提示完成。

连线控制：按下“SB3”按钮 → KM 线圈得电 → KM 主触点闭合 → 电动机通电工作
　　　　　　　　　　　　　　　　　　　 → 常开辅助触点 KM 闭合

停止：按下“SB1”按钮 → KM 线圈断电 → KM 主触点断开 → 电动机停止
　　　　　　　　　　　　　　　　　 → 常开辅助触点 KM 断开

点动控制：按下“SB2”按钮
- 常闭先打开 → 虽然常开辅助触点 KM 闭合，但不能形成自锁
- 常闭后闭合 → KM 线圈得电 → KM 主触点闭合 → 电动机起动运行

松开“SB2”按钮 → 常开先打开 → KM 线圈失电 → KM 主触点打开 → 电动机停止运行
　　　　　　　　　　　　　　　　　　　 → 常开辅助触点 KM 打开，“SB2”常闭后，闭合不能形成自锁

（三）三相异步电动机正反转控制线路

1. 不带联锁的三相异步电动机的正反转

三相异步电动机的正反转运行需要改变通入电动机定子绕组的三相电源相序，即把三相电源中的任意两相对调接线，电动机即可反转，如图 1-22 所示。

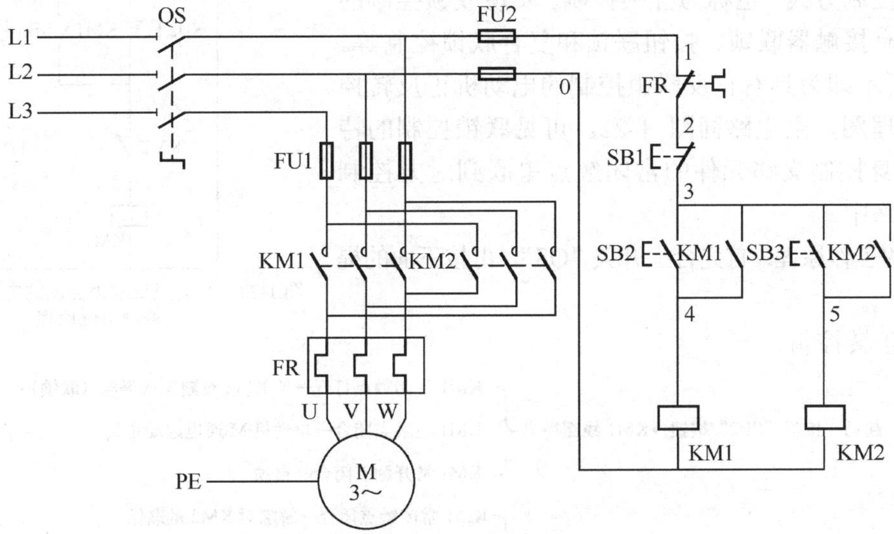

图 1-22　三相异步电动机的正反转电气原理

在图 1-22 中，KM1 为正转接触器，KM2 为反转接触器，它们分别由“SB2”和“SB3”控制。从主电路中可以看出，这两个接触器的主触点所接通电源的相序不同，KM1 按 U—V—W 相序接线，KM2 则按 W—V—U 相序接线。相应的控制线路有两条，分别控制两个接触器的线圈。

电路工作过程：先合上电源开关“QS”，再按下面的提示完成。

（1）正转控制。

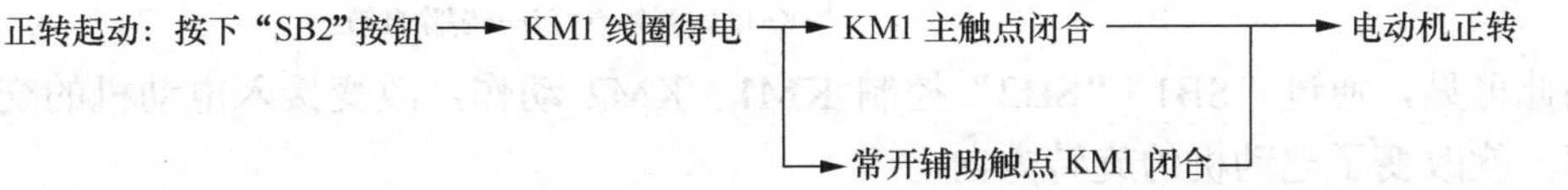

（2）反转控制。

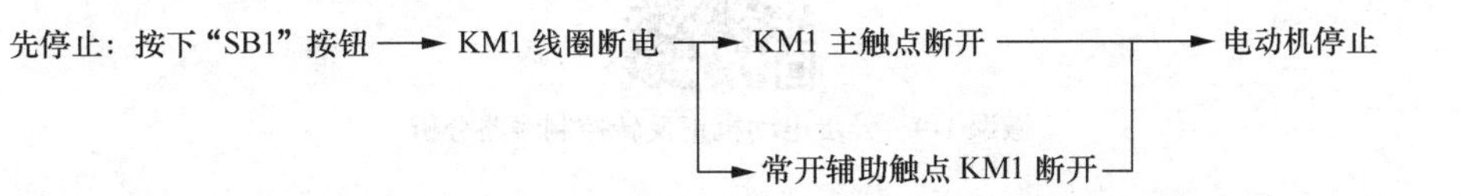

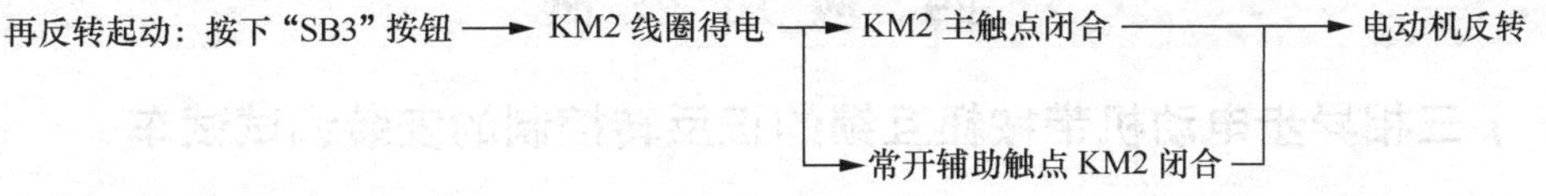

接触器控制正反转电路操作不便，必须保证在切换电动机运行方向之前先按下停止按

钮，然后按下相应的起动按钮，否则将会发生主电源侧电源短路的故障，为克服这一不足，提高电路的安全性，需采用联锁控制。

2．具有联锁控制的电动机正反转电路

联锁控制就是在同一时间里，两个接触器只允许一个工作的控制方式，也称为互锁控制。实现联锁控制的常用方法有接触器联锁、按钮联锁和复合联锁控制等。图 1-23 所示即为具有正反联锁控制的电动机正反转控制电气原理图，主电路同图 1-22。可见联锁控制的特点是将本身控制支路元件的常闭触点串联到对方控制电路的支路中。

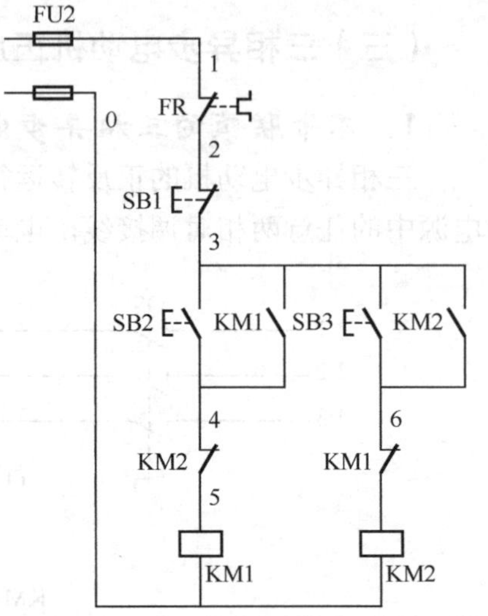

图 1-23　具有正反联锁控制的电动机正反转控制电气原理

电路的工作原理：首先合上开关“QS”，再按下面的提示完成。

（1）正转控制。

起动：按下“SB2”按钮→KM1 线圈得电
- KM1 常闭触点打开→使 KM2 线圈无法得电（联锁）
- KM1 主触点闭合→电动机 M 通电起动正转
- KM1 常开触点闭合→自锁

停止：按下“SB1”按钮→KM1 线圈失电
- KM1 常闭触点闭合→解除对 KM2 的联锁
- KM1 主触点打开→电动机 M 停止正转
- KM1 常开触点打开→解除自锁

（2）反转控制。

起动：按下“SB3”按钮→KM2 线圈得电
- KM2 常闭触点打开→使 KM1 线圈无法得电（联锁）
- KM2 主触点闭合→电动机 M 通电起动反转
- KM2 常开触点闭合一自锁

停止：按下“SB1”按钮→KM2 线圈失电
- KM2 常闭触点闭合→解除对 KM1 的联锁
- KM2 主触点打开→电动机 M 停止反转
- KM2 常开触点打开→解除自锁

由此可见，通过“SB1”“SB2”控制 KM1、KM2 动作，改变接入电动机的交流电的三相顺序，就改变了电动机的旋转方向。

微课 1-9　异步电动机正反转控制线路分析

四、应用举例

（一）三相异步电动机带按钮互锁的正反转控制的安装调试试车

1．工作任务

① 能分析交流电动机联锁控制原理。

② 能正确识读电路图、装配图。

③ 会按照工艺要求正确安装交流电动机联锁控制电路。

④ 能根据故障现象检修交流电动机联锁控制电路。

2. 工作原理

工作原理如图 1-24 所示。

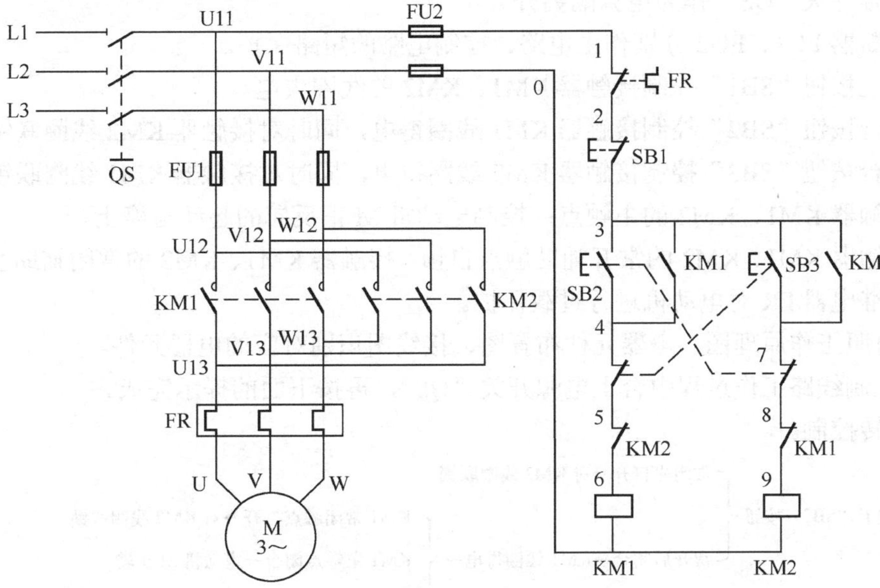

图 1-24 工作原理

3. 工作准备

（1）工具、仪表及器材。

① 工具：测电笔、螺钉旋具、尖嘴钳、斜口钳、剥线钳、电工刀、校验灯等。

② 仪表：5050 型兆欧表、T301-A 型钳形电流表、MF47 型万用表。

③ 器材：接触器联锁正反转控制线路板一块。导线规格：动力电路采用 BV1.5 mm^2 和 BVR1.5 mm^2（黑色）塑铜线；控制电路采用 BVR1 mm^2 塑铜线（红色），接地线采用 BVR（黄绿双色）塑铜线（截面至少 1.5 mm^2）。紧固体及编码套管等，其数量按需要而定。

（2）元器件明细表（见表 1-2）。

表 1-2 元器件明细表

代号	名称	型号	规格	数量
M	三相异步电动机	Y112M-4	4 kW、380 V、△接法、8.8 A、1 440 r/min	1
QS	组合开关	HZ10-25/3	三极、25 A	1
FU1	熔断器	RL1-60/25	500 V、60 A、配熔体 25 A	3
FU2	熔断器	RL1-15/2	500 V、15 A、配熔体 2 A	2
KM1、KM2	交流接触器	CJ10-20	20 A、线圈电压 380 V	2
FR	热继电器	JR16-20/3	三极、20 A、整定电流 8.8 A	1
SB1～SB3	按钮	LA10-3H	保护式、380 V、5 A	3
XT	端板	JX2-1015	380 V、10 A、15 节	1

（3）场地要求。

电工实训室、电工工作台。

4．读图

（1）本任务涉及的低压电器及其作用。本任务涉及的低压电器有组合开关、熔断器、按钮开关、交流接触器、热继电器、三相异步电动机。

各低压电器作用如下。

① 组合开关“QS”作为电源隔离开关。

② 熔断器 FU1、FU2 分别作主电路、控制电路的短路保护。

③ 停止按钮“SB1”控制接触器 KM1、KM2 的线圈失电。

④ 复合按钮“SB2”控制接触器 KM1 线圈得电，同时对接触器 KM2 线圈联锁。

⑤ 复合按钮“SB3”控制接触器 KM2 线圈得电，同时对接触器 KM1 线圈联锁。

⑥ 接触器 KM1、KM2 的主触点：控制电动机 M 正反向的起动与停止。

⑦ 接触器 KM1、KM2 的常开辅助触点自锁；接触器 KM1、KM2 的常闭辅助触点联锁。

⑧ 热继电器 FR 对电动机进行过载保护。

（2）对照工作原理图、电器元件布置图、接线图识别对应的电器元件。

（3）控制线路工作过程中合上电源开关“QS”，再按下面的提示完成。

① 正转控制。

按下“SB2”按钮
- 常闭先打开→对 KM2 线圈联锁
- 常开后闭合→KM1 线圈得电→
  - KM1 常闭触点打开→对 KM2 线圈联锁
  - KM1 主触点闭合→电动机 M 正转
  - KM1 常开触点闭合→自锁

② 由正转直接到反转控制。

按下“SB3”按钮
- 常闭先打开→KM1 线圈失电→
  - KM1 常闭触点闭合→解除对 KM2 线圈的联锁
  - KM1 主触点打开→电动机 M 停止正转
  - KM1 常开触点打开→解除自锁
- 常开后闭合→KM2 线圈得电→
  - KM2 常闭触点闭合→解除对 KM1 线圈的联锁
  - KM2 主触点闭合→电动机 M 反转
  - KM2 常开触点闭合→自锁

③ 停止。

按下“SB1”按钮→KM2 线圈失电→
- KM2 常闭触点闭合→解除对 KM1 线圈的联锁
- KM2 主触点打开→电动机 M 停转
- KM2 常开触点打开→解除自锁

5．工作步骤

（1）根据电路图画出接线图。

（2）按表配齐所用电器元件，并检验质量。电器元件应完好无损，各项技术指标符合规定要求，否则应予以更换。

（3）在控制板上按图 1-25 所示的布置安装所有的电器元件，并贴上醒目的文字符号。安装时，组合开关、熔断器的受电端子应安装在控制板的外侧；元件排列要整齐、匀称、间距合理，并且便于更换元件；紧固电器元件时用力要均匀，紧固程度适当，做到既要使元件安装牢固，又不使其损坏。

（4）按图 1-26 所示的接线进行板前明线布线和套编码套管。做到布线横平竖直、整齐、分布均匀、紧贴安装面、走线合理；套编码套管要正确；严禁损伤线芯和导线绝缘层；接点牢靠，不得松动，不得压绝缘层，不反圈及不露铜过长等。

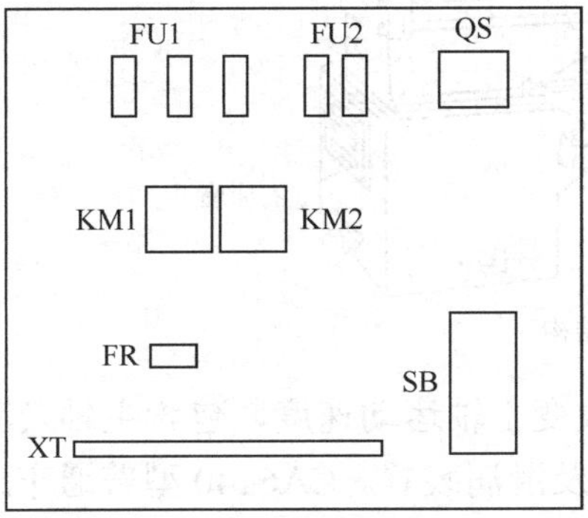

图 1-25 电器元件布置

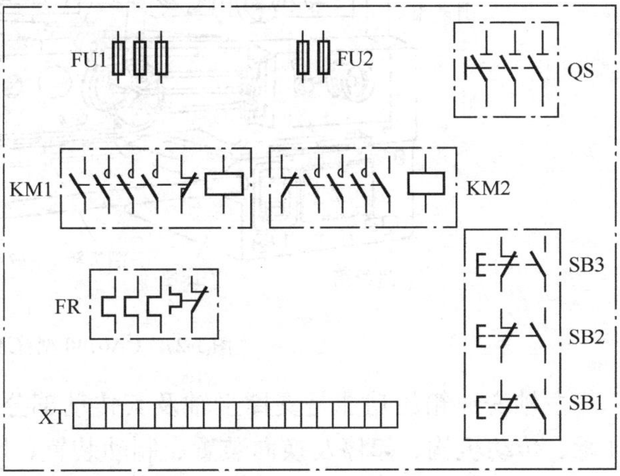

图 1-26 接线

（5）根据图 1-24 所示的电路图检查控制板布线的正确性。

（6）安装电动机。做到安装牢固平稳，以防止在换向时产生滚动而引起事故。

（7）可靠连接电动机和按钮金属外壳的保护接地线。

（8）连接电源、电动机等控制板外部的导线。导线要敷设在导线通道内，或采用绝缘良好的橡皮线进行通电校验。

（9）自检。安装完毕的控制线路板必须按要求认真检查，确保无误后才允许通电试车。

① 主电路接线检查。按电路图或接线图从电源端开始，逐段核对接线有无漏接、错接之处，检查导线接点是否符合要求，压接是否牢固，以免带负载运行时产生闪弧现象。

② 控制电路接线检查。用万用表电阻挡检查控制电路接线情况。

（10）检验合格后，通电试车。通电时，必须经指导教师同意后再接通电源，并在现场监护。出现故障后，学生应独立检修。需带电检查时，必须有教师在现场监护。

接通三相电源 L1、L2、L3，合上电源开关“QS”，用电笔检查熔断器出线端，氖管亮说明电源接通。分别按下“SB1”“SB2”和“SB3”按钮，观察是否符合线路功能要求，观察电器元件动作是否灵活，有无卡阻及噪声过大现象，观察电动机运行是否正常。若有异常，立即停车检查。

（11）通电试车完毕，停转、切断电源。先拆除三相电源线，再拆除电动机负载线。

（二）CA6140 型普通车床电气控制

CA6140 型车床是普通车床的一种，加工范围较广，但自动化程度低，适于小批量生产及修配车间使用。

1. 主要结构及运动特点

普通车床主要由床身、主轴变速箱、进给箱、溜板箱、刀架、尾架、丝杠和光杠等部件组成。CA6140 型普通车床外观结构如图 1-27 所示。

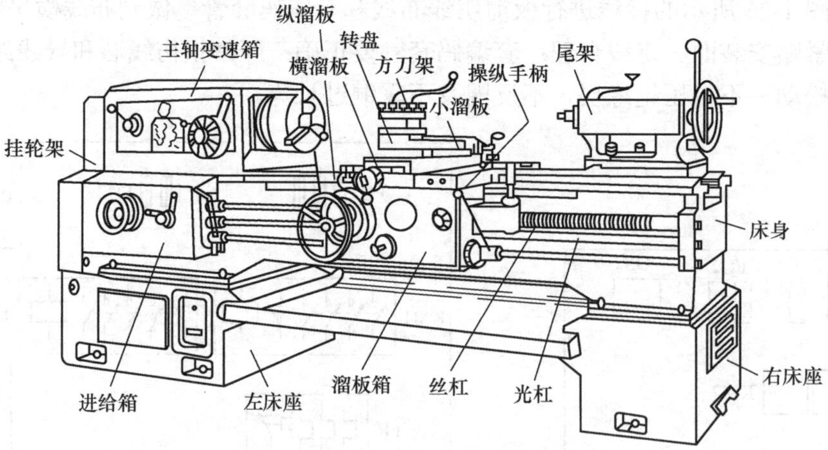

图 1-27　CA6140 型普通车床外观结构

主轴变速箱的功能是支撑主轴及其传动部分，并能改变主轴运动速度，包含主轴及其轴承、传动机构、起停及换向装置、制动装置、操纵机构及滑润装置。CA6140 型普通车床的主轴变速箱可使主轴获得 24 级正转转速（10～1 400 r/min）和 12 级反转转速（14～1 580 r/min）。

进给箱的作用是变换被加工螺纹的种类和导程，以及获得所需的各种进给量。它通常由变换螺纹导程和进给量的变速机构、变换螺纹种类的移换机构、丝杠和光杠转换机构以及操纵机构等组成。

溜板箱的作用是将丝杠或光杠传来的旋转运动转变为直线运动并带动刀架进给，控制刀架运动的接通、断开和换向等。刀架则用来安装车刀并带动其做纵向、横向和斜向进给运动。

车床有两个主要运动，一个是卡盘或顶尖带动工件的旋转运动，另一个是溜板带动刀架的直线移动。前者称为主运动，后者称为进给运动。中、小型普通车床的主运动和进给运动一般是采用一台异步电动机驱动的。此外，车床还有辅助运动，如溜板和刀架的快速移动、尾架的移动以及工件的夹紧与放松等。

2. 电气控制要求

根据车床的运动情况和工艺要求，车床对电气控制提出如下要求。

（1）主拖动电动机一般选用三相鼠笼式异步电动机，并采用机械变速。

（2）为车削螺纹，主轴要求正、反转，小型车床由电动机来实现正、反转，CA6140 型车床则靠摩擦离合器来实现正、反转，电动机只做单向旋转。

（3）一般中、小型车床的主轴电动机均采用直接起动。停车时为实现快速停车，一般采用机械制动或电气制动。

（4）车削加工时，需用切削液对刀具和工件进行冷却。因此，设有一台冷却泵电动机，拖动冷却泵输出冷却液。

（5）冷却泵电动机与主轴电动机具有联锁关系，即冷却泵电动机应在主轴电动机起动后才可选择起动，而当主轴电动机停止时，冷却泵电动机立即停止。

（6）为实现溜板箱的快速移动，由单独的快速移动电动机拖动，且采用点动控制。

（7）电路应有必要的保护环节、安全可靠的照明电路和信号电路。

3．CA6140 型车床的控制线路

CA6140 型车床的电气原理如图 1-28 所示，M1 为主轴及进给电动机，拖动主轴和工件旋转，并通过进给机构实现车床的进给运动；M2 为冷却泵电动机，拖动冷却泵输出冷却液；M3 为快速移动电动机，拖动溜板实现快速移动。

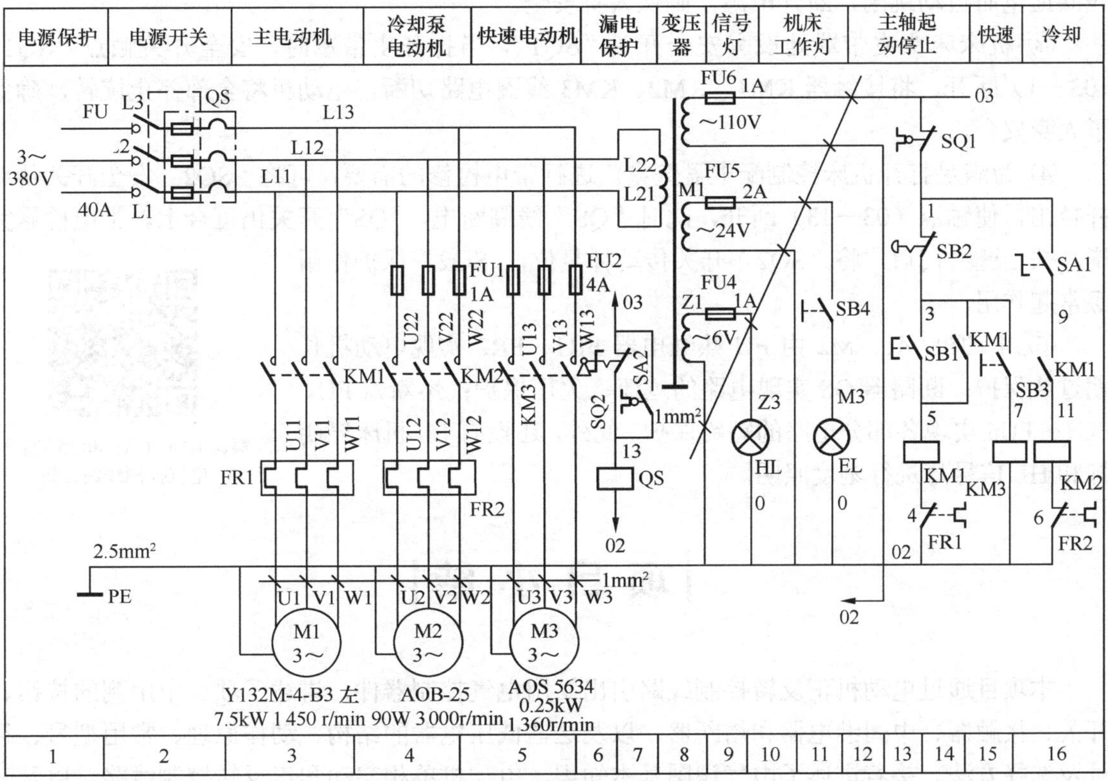

图 1-28　CA6140 型车床的电气原理

（1）主轴及进给电动机 M1 的控制。由起动按钮“SB1”停止按钮“SB2”和接触器 KM1 构成电动机单向连续运转起动—停止电路。

按下“SB1”按钮→线圈通电并自锁→M1 单向全压起动，通过摩擦离合器及传动机构拖动主轴正转或反转，以及刀架的直线进给。

停止时，按下“SB2”按钮→KM1 断电→M1 自动停车。

（2）冷却泵电动机 M2 的控制。M2 的控制由 KM2 电路实现。

主轴电动机起动之后，KM1 辅助触点（9—11）闭合，此时合上开关 SA1，KM2 线圈通电，M2 全压起动。停止时，断开 SA1 或使主轴电动机 M1 停止，则 KM2 断电，使 M2 自由停车。

（3）快速移动电动机 M3 的控制。由按钮“SB3”控制接触器 KM3，进而实现 M3 的点动。操作时，先将快、慢速进给手柄扳到所需移动方向，即可接通相关的传动机构，再按下“SB3”按钮，即可实现该方向的快速移动。

（4）保护环节。

① 电路电源开关是带有开关锁“SA2”的断路器“QS”。机床接通电源时需用钥匙开关操作，再合上“QS”，增加了安全性。当需合上电源时，先用开关钥匙插入“SA2”开关锁

中并右旋，使“QS”线圈断电，再扳动断路器“QS”将其合上，机床电源接通。若将开关锁“SA2”左旋，则触点 SA2（03—13）闭合，“QS”线圈通电，断路器跳开，机床断电。

② 打开机床控制配电盘壁龛门，自动切除机床电源的保护。在配电盘壁龛门上装有安全行程开关“SQ”，当打开配电盘壁龛门时，安全开关的触点“SQ2”（03—13）闭合，断路器线圈通电而自动跳闸，断开电源，确保人身安全。

③ 机床床头皮带罩处设有安全开关“SQ1”，当打开皮带罩时，安全开关触点“SQ1”（03—1）断开，将接触器 KM1、KM2、KM3 线圈电路切断，电动机将全部停止旋转，确保了人身安全。

④ 为满足打开机床控制配电盘壁龛门进行带电检修的需要，可将“SQ2”安全开关传动杆拉出，使触点（03—13）断开，此时“QS”线圈断电，“QS”开关仍可合上。带电检修完毕，关上壁龛门后，将“SQ2”开关传动杆复位，“SQ2”保护作用照常起作用。

⑤ 电动机 M1、M2 由 FU 热继电器 FR1、FR2 实现电动机长期过载保护；断路器 QS 实现电路的过流、欠压保护；熔断器 FU、FU1～FU6 实现各部分电路的短路保护。此外，还设有 EL 机床照明灯和 HL 信号灯进行刻度照明。

微课 1-10　CA6140 型车床的电气控制线路分析

项 目 小 结

本项目通过电动机正反转控制线路引出常用电气控制器件，讲述了项目中用到的按钮、开关、接触器、中间继电器和熔断器，以及这些低压电器的结构、动作原理、常用型号、符号及选择方法。接着讲述了电气识图基本知识、电动机单相起动和正反转控制线路，以及三相异步电动机的点动、长车及正反转等基本控制环节。这些是在实际当中经过验证的电路。熟练掌握这些电路是阅读、分析、设计较复杂生产机械控制线路的基础。同时，在绘制电路图时，必须严格按照国家标准规定使用各种符号、单位、名词术语和绘制原则。

电气控制系统图主要有电气原理图、电器布置图和电气安装接线图。应重点掌握电气原理图的规定画法及国家标准。

生产机械要正常、安全、可靠地工作，必须有必要的保护环节。控制线路的常用保护有短路保护、过载保护、失压保护、欠压保护，分别用不同的电器来实现。

本项目中，还通过应用举例学习了三相异步电动机互锁控制的正反转控制的安装调试试车，介绍了 CA6140 型普通车床电气控制的线路组成、工作原理、安装调试和常见故障排除。

习题及思考

1．电路中 FU、KM、KA、FR 和 SB 分别是什么电器元件的文字符号？

2．鼠笼型异步电动机是如何改变旋转方向的？

3．什么是互锁（联锁）？什么是自锁？试举例说明各自的作用。

4．低压电器的电磁机构由哪几部分组成？

5．熔断器有哪几种类型？试写出各种熔断器的型号。熔断器在电路中的作用是什么？

6．熔断器有哪些主要参数？熔断器的额定电流与熔体的额定电流是不是一样？

7．熔断器与热继电器用于保护交流三相异步电动机时能不能互相取代？为什么？

8．交流接触器主要由哪几部分组成？简述其工作原理。

9．试说明热继电器的工作原理和优缺点。

10．图 1-29 所示是在控制电路实现电动机顺序控制的两种电路（主电路略），试分析说明各电路有什么特点，能满足什么控制要求。

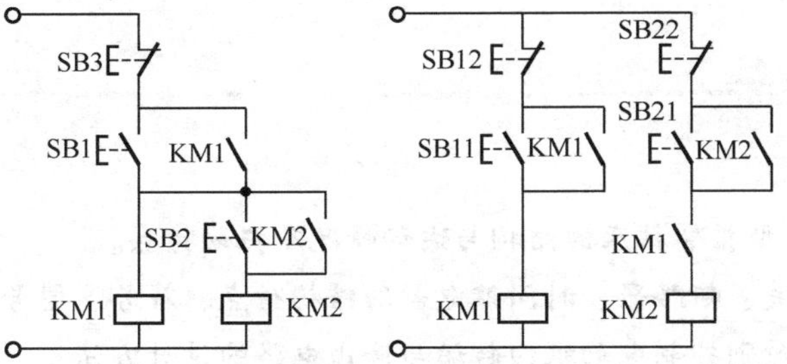

图 1-29　题 10 电路

11．试设计一个控制一台电动机的电路，要求：①可正、反转；②正、反向点动；③具有短路和过载保护。

项目二
Z3050 型摇臂钻床电气控制

学习目标

1. 了解 Z3050 型摇臂钻床的结构与运动情况及拖动特点。
2. 掌握行程开关、断路器、时间继电器的结构特点、符号、型号及选择。
3. 熟悉以时间原则控制电动机的起动与停止电路的设计方法。
4. 能设计自动往返控制线路并能进行安装调试与故障维修。
5. 能分析设计异步电动机 Y—△、自耦变压器等降压起动控制线路并能进行安装调试。
6. 掌握 Z3050 型摇臂钻床的电气控制原理分析方法及调试技能。
7. 掌握分析与排除 Z3050 型摇臂钻床常见电气故障的技能。

一、项 目 简 述

钻床是一种孔加工设备，可以用来进行钻孔、扩孔、铰孔、攻丝及修刮端面等多种形式的加工。按用途和结构分类，钻床可以分为立式钻床、台式钻床、多孔钻床、摇臂钻床及其他专用钻床等。在各类钻床中，摇臂钻床操作方便、灵活，适用范围广，具有典型性特点，特别适用于单件或批量生产带有多孔大型零件的孔加工，是一般机械加工车间常见的机床。

Z3050 型摇臂钻床是一种常见的立式钻床，适用于单件和成批生产加工多孔的大型零件。

该机床具有两套液压控制系统：一个是操纵机构液压系统；另一个是夹紧机构液压系统。前者安装在主轴箱内，用于实现主轴正反转、停车制动、空挡、预选及变速；后者安装在摇臂背后的电器盒下部，用于夹紧松开主轴箱、摇臂及立柱。

Z3050 型摇臂钻床的含义如下。

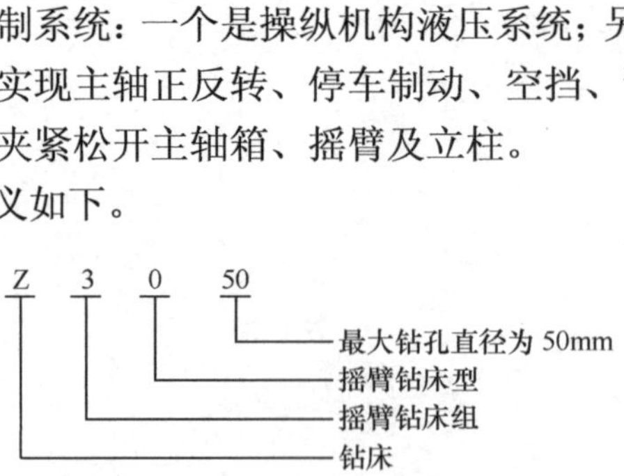

（一）Z3050 型摇臂钻床的主要构造和运动情况

摇臂钻床主要由底座、内立柱、外立柱、摇臂、主轴箱、主轴、工作台等组成。Z3050

型摇臂钻床外形如图 2-1 所示。内立柱固定在底座上，在它外面套着空心的外立柱，外立柱可绕着内立柱回转一周，摇臂一端的套筒部分与外立柱滑动配合，借助于丝杆，摇臂可沿着外立柱上下移动，但因为两者不能做相对转动，所以摇臂将与外立柱一起相对内立柱回转。

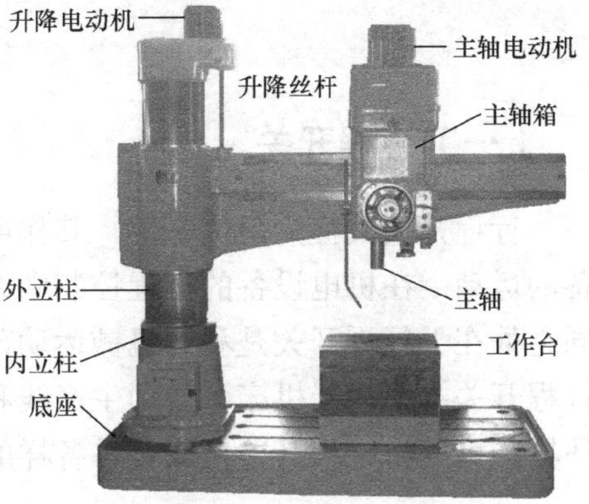

图 2-1　Z3050 型摇臂钻床外形

主轴箱是一个复合的部件，具有主轴及主轴旋转部件和主轴进给的全部变速和操纵机构。主轴箱可沿着摇臂上的水平导轨做径向移动。当进行加工时，可利用特殊的夹紧机构将外立柱紧固在内立柱上，摇臂紧固在外立柱上，主轴箱紧固在摇臂导轨上，然后进行钻削加工。

根据工件高度的不同，摇臂借助于丝杆可以靠着主轴箱沿外立柱上下升降，在升降之前，应自动将摇臂与外立柱松开，再进行升降，当达到升降需要的位置时，摇臂能自动夹紧在外立柱上。

（二）摇臂钻床的电力拖动特点及控制要求

（1）由于摇臂钻床的运动部件较多，为简化传动装置，使用多电动机拖动，主电动机承担主钻削及进给任务，摇臂升降，夹紧放松和冷却泵各用一台电动机拖动。

（2）为了适应多种加工方式的要求，主轴及进给应在较大范围内调速。但这些调速都是机械调速，用手柄操作变速箱调速，对电动机无任何调速要求。从结构上看，主轴变速机构与进给变速机构应该放在一个变速箱内，而且两种运动由一台电动机拖动是合理的。

（3）加工螺纹时要求主轴能正反转。摇臂钻床的正反转一般用机械方法实现，电动机只需单方向旋转。

（4）摇臂升降由单独电动机拖动，要求能实现正反转。

（5）摇臂的夹紧与放松以及立柱的夹紧与放松由一台异步电动机配合液压装置来完成，要求这台电动机能正反转。摇臂的回转和主轴箱的径向移动在中小型摇臂钻床上都采用手动。

（6）钻削加工时，为对刀具及工件进行冷却，需由一台冷却泵电动机拖动冷却泵输送冷却液。

因为钻床有时用来攻丝，所以要求主轴有可以正反转的摩擦离合器来实现正反转运动，Z3050 型是靠机械转换实现正反转运动的。Z3050 型摇臂钻床的运动有以下几种。

① 主运动：主轴带动钻头的旋转运动。

② 进给运动：钻头的上下移动。

③ 辅助运动：主轴箱沿摇臂水平移动，摇臂沿外立柱上下移动和摇臂连同外立柱一起相对于内立柱回转。

（三）项目要求

以上介绍了摇臂钻床运动形式与机床电力拖动控制要求，接下来我们还要了解电气控制线路及故障排除方法。要达到这一目的，我们首先需要学习行程开关、低压断路器、时间继电器等与摇臂钻床电气控制相关的知识。

二、电气控制器件相关知识

（一）行程开关

行程开关又称为限位开关，其作用是将机械位移转变为触点的动作信号，以控制机械设备的运动，在机电设备的行程控制中有很大作用。行程开关的工作原理与控制按钮相似，不同之处在于行程开关是利用机械运动部分的碰撞而使其动作，按钮则是通过人力使其动作。行程开关主要用于机床、自动生产线和其他机械的限位及程序控制。为了适用于不同的工作环境，可以将行程开关做成各种各样的外形，如图 2-2 所示。

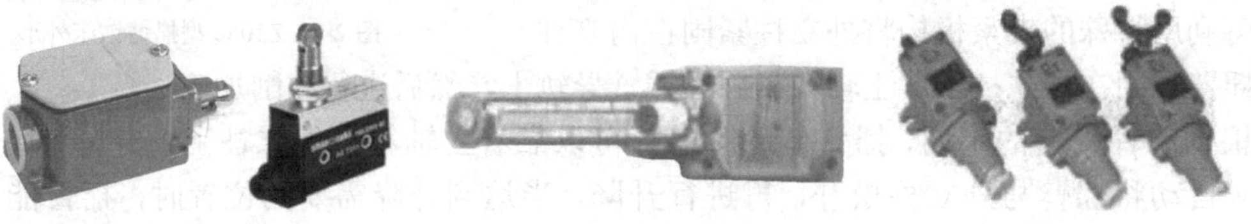

（a）微动开关　　（b）欧姆龙行程开关　　（c）防爆行程开关

（d）其他类型的行程开关

图 2-2　行程开关

还有一种接近开关是无机械触点的开关，它的功能是当物体距开关一定的距离时，发出“动作”信号，不需要机械式行程开关必须施加的机械外力。接近开关可当作行程开关使用，还广泛应用于产品计数、测速、液面控制、金属检测等设备中。由于接近开关具有体积小、可靠性高、使用寿命长、动作速度快以及无机械、电气磨损等优点。因此在设备自动控制系统中也获得了广泛应用。

当接通电源后，接近开关内的振荡器开始振荡，检测电路输出低电位，使输出晶体管或晶闸管截止，负载不动作；当移动的金属片到达开关感应面动作距离以内时，在金属内产生涡流，振荡器的能量被金属片吸收，振荡器停振，检测电路输出高电位，此高电位使输出电路导通，接通负载工作。图 2-3 是各种类型接近开关的外形。

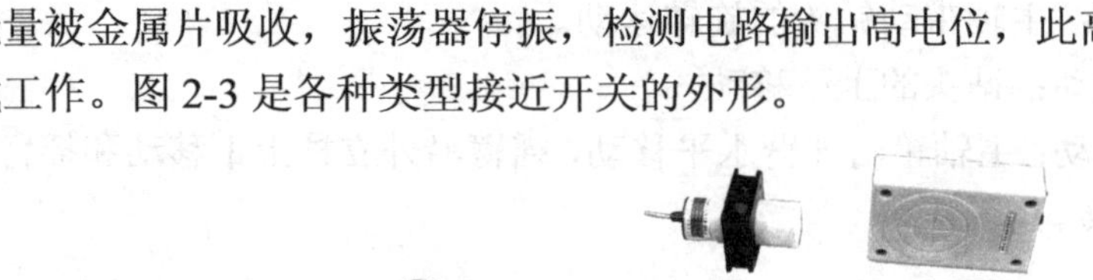

（a）电感式接近开关　（b）高温接近开关　　（c）其他类型的接近开关

图 2-3　接近开关

1．行程开关的基本结构

行程开关的种类很多，但基本结构相同，都是由触点系统、操作机构和外壳组成的。常见的有直动式和滚轮式两种。

JLXK1-111型行程开关的结构和动作原理如图2-4所示。当运动部件的挡铁碰压行程开关的滚轮时，杠杆连同转轴一起转动，使凸轮推动撞块，当撞块被压到一定位置时，推动微动开关快速动作，使其动断触点断开，动合触点闭合。

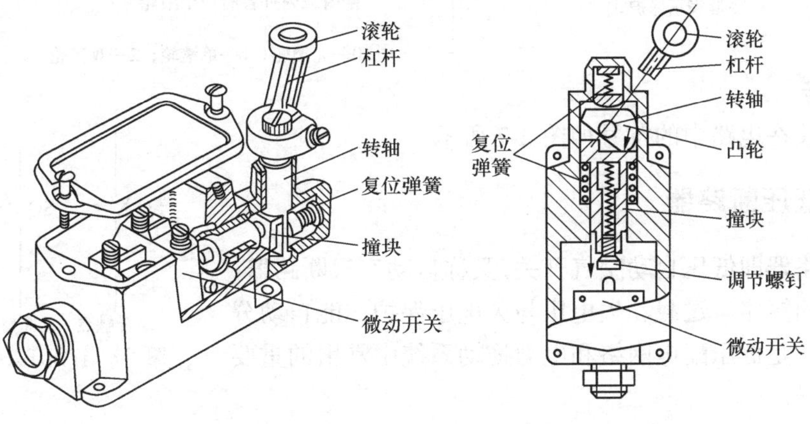

（a）结构　（b）动作原理

图2-4　JLXK1-111型行程开关的结构和动作原理

行程开关的触点动作方式有蠕动型和瞬动型两种。蠕动型的触点结构与按钮相似，其特点是结构简单，价格便宜，触点的分合速度取决于生产机械挡铁的移动速度。当挡铁的移动速度小于0.47 m/min时，触点分合太慢，易产生电弧灼烧触点，从而减少触点的使用寿命，也影响动作的可靠性及行程控制的位置精度。为克服这些缺点，行程开关一般都采用具有快速换接动作机构的瞬动型触点。瞬动型行程开关的触点动作速度与挡铁的移动速度无关，性能显然优于蠕动型。

LX19K型行程开关即瞬动型，其工作原理如图2-5所示。当运动部件的挡铁碰压顶杆时，顶杆向下移动，压缩弹簧使之储存一定的能量。当顶杆移动到一定位置时，弹簧的弹力方向发生改变，同时储存的能量得以释放，完成跳跃式快速换接动作。当挡铁离开顶杆时，顶杆在弹簧的作用下上移，上移到一定位置，接触桥瞬时进行快速换接，触点迅速恢复到原状态。

行程开关动作后，复位方式有自动复位和非自动复位两种。图2-6（a）、图2-6（b）所示的直动式和单轮旋转式均为自动复位式，但有的行程开关动作后不能自动复位，图2-6（c）所示的双轮旋转式行程开关，只有运动机械反向移动，挡铁从相反方向碰压另一滚轮时，触点才能复位。

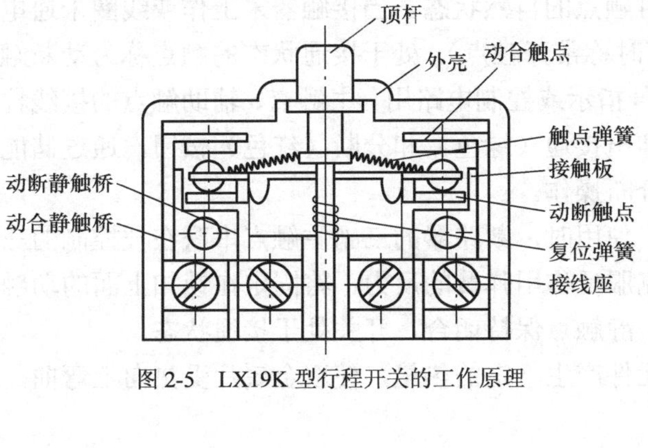

图2-5　LX19K型行程开关的工作原理

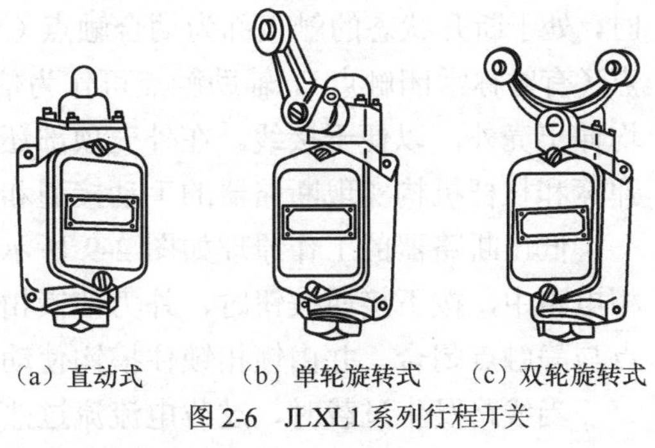
（a）直动式　（b）单轮旋转式　（c）双轮旋转式

图2-6　JLXL1系列行程开关

2. 型号

常用的行程开关有 LX19 和 JLXL1 等系列，其型号及含义如下。

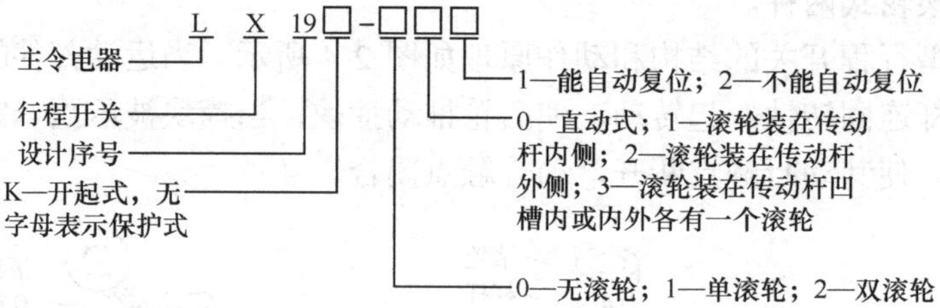

3. 符号

行程开关在电路中的符号如图 2-7 所示。

（二）低压断路器

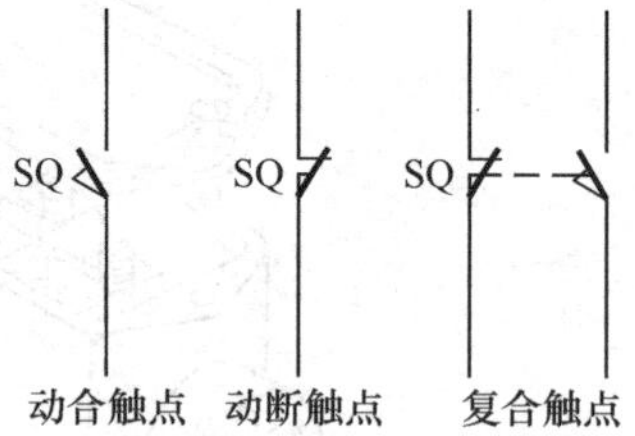

图 2-7 行程开关图形与文字符号

低压断路器即低压自动空气开关，又称自动空气断路器，可实现电路的短路、过载、失电压与欠电压保护，能自动分断故障电路，是低压配电网络和电力拖动系统中常用的重要保护电器之一。

低压断路器具有操作安全、工作可靠、动作值可调、分断能力较高等优点，因此得到广泛应用。

1. 结构及工作原理

塑料外壳式低压断路器原称为装置式自动空气式断路器。它把所有的部件都装在一个塑料外壳里，结构紧凑、安全可靠、轻巧美观、可以独立安装。它的形式很多，以前最常用的是 DZ10 型，较新的还有 DZX10、DZ20 等。在电气控制线路中，主要采用的是 DZ5 型和 DZ10 系列低压断路器。

（1）DZ5-20 型低压断路器。DZ5-20 型低压断路器为小电流系列，其外形和结构如图 2-8 所示。断路器主要由动触点、静触点、灭弧装置、操作机构、热脱扣器、电磁脱扣器及外壳等部分组成。其结构采用立体布置，操作机构在中间，上面是由加热元件和双金属片等构成的热脱扣器，用于过载保护。热脱扣器还配有电流调节装置，可以调节整定电流。下面是由线圈和铁芯等组成的电磁脱扣器，作短路保护，它也有一个电流调节装置，调节瞬时脱扣整定电流。主触点在操作机构后面，由动触点和静触点组成，配有栅片灭弧装置，用以接通和分断主回路的大电流。另外，还有动合辅助触点、动断辅助触点各一对。动合触点、动断触点指的是在电器没有外力作用、没有带电时触点的自然状态。当接触器未工作或线圈未通电时，处于断开状态的触点称为动合触点（有时称常开触点），处于接通状态的触点称为动断触点（有时称常闭触点）。辅助触点可作为信号指示或控制电路用。主触点、辅助触点的接线柱均伸出壳外，以便于接线。在外壳顶部还伸出接通（绿色）和分断（红色）按钮，通过储能弹簧和杠杆机构实现断路器的手动接通和分断操作。

低压断路器的工作原理如图 2-9 所示。使用时，断路器的三副主触点串联在被控制的三相电路中，按下接通按钮时，外力使锁扣克服反作用弹簧的反力，将固定在锁扣上面的动触点与静触点闭合，并由锁扣锁住搭钩使动、静触点保持闭合，开关处于接通状态。

当线路发生过载时，过载电流流过热元件产生一定的热量，使双金属片受热向上弯曲，通过杠杆推动搭钩与锁扣脱开，在反作用弹簧的推动下，动、静触点分开，从而切断电路，使用电设备不致因过载而烧毁。

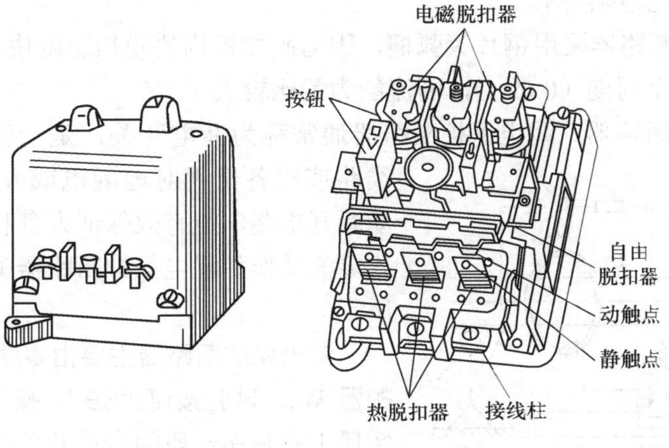

（a）外形　　（b）结构

图 2-8　DZ5-20 型低压断路器

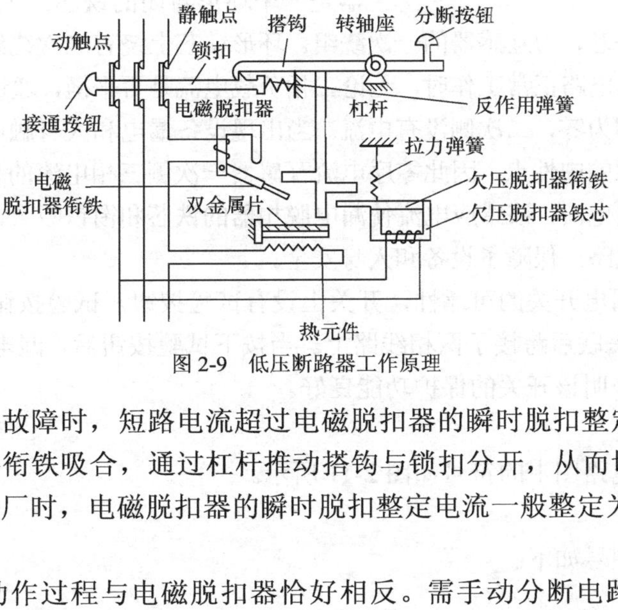

图 2-9　低压断路器工作原理

当线路发生短路故障时，短路电流超过电磁脱扣器的瞬时脱扣整定电流，电磁脱扣器产生足够大的吸力将衔铁吸合，通过杠杆推动搭钩与锁扣分开，从而切断电路，实现短路保护。低压断路器出厂时，电磁脱扣器的瞬时脱扣整定电流一般整定为 $10I_N$（I_N 为断路器的额定电流）。

欠压脱扣器的动作过程与电磁脱扣器恰好相反。需手动分断电路时，按下分断按钮即可。

（2）DZ10 型低压断路器。DZ10 系列为大电流系列，其额定电流的等级有 100 A、250 A、600 A 这 3 种，分断能力为 7～50 kA。在机床电气系统中常用 250 A 以下的等级作为电气控制柜的电源总开关。通常将其装在控制柜内，将操作手柄伸在外面，露出“分”与“合”的字样。

DZ10 型低压断路器可根据需要装设热脱扣器（用双金属片作过负荷保护）、电磁脱扣器（只作短路保护）和复式脱扣器（可同时实现过负荷保护和短路保护）。

DZ10 型低压断路器的操作手柄有以下 3 个位置。

① 合闸位置。手柄向上扳，跳钩被锁扣扣住，主触点闭合。

② 自由脱扣位置。跳钩被释放（脱扣），手柄自动移至中间，主触点断开。

③ 分闸和再扣位置。手柄向下扳，主触点断开，使跳钩又被锁扣扣住，从而完成了“再扣”的动作，为下一次合闸做好了准备。如果断路器自动跳闸后，不把手柄扳到再扣位置（即分闸位置），就不能直接合闸。

DZ10 型低压断路器采用钢片灭弧栅，因为脱扣机构的脱扣速度快，灭弧时间短，一般断路时间不超过一个周期（0.02 s），断流能力就比较大。

（3）漏电保护断路器。漏电保护断路器通常称为漏电开关，是一种安全保护电器，在线路或设备出现对地漏电或人身触电时，迅速自动断开电路，能有效保证人身和线路的安全。电磁式电流动作型漏电保护断路器工作组原理如图 2-10 所示。

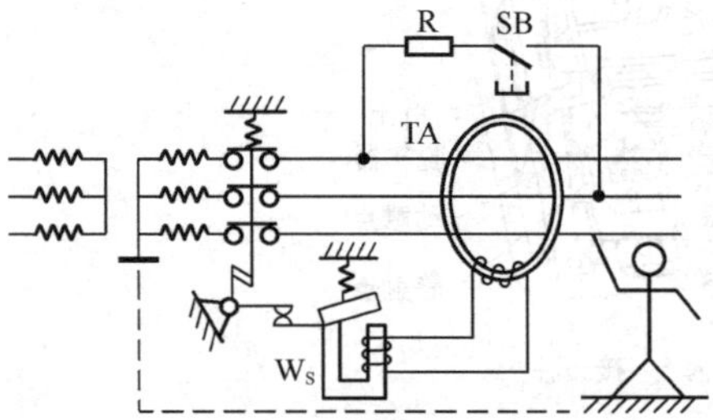

图 2-10　电磁式电流动作型漏电保护断路器工作组原理

漏电保护断路器主要由零序互感器 TA、漏电脱扣器 W_S、试验按钮“SB”、操作机构和外壳组成。实质上就是在一般的自动开关中增加一个能检测电流的感受元件零序互感器和漏电脱扣器。零序互感器是一个环形封闭的铁芯。主电路的三相电源线均穿过零序互感器的铁芯，为互感器的一次绕组。环形铁芯上绕有二次绕组，其输出端与漏电脱扣器的线圈相接。在电路正常工作时，无论三相负载电流是否平衡，通过零序电流互感器一次侧的三相电流相量和为零，二次侧没有电流。当出现设备漏电和人身触电时，漏电或触电电流将经过大地流回电源的中性点，因此零序电流互感器一次侧三相电流的相量和就不为零，互感器的二次侧将感应出电流，该感应电流使漏电脱扣器的铁芯和衔铁吸合，通过传动部分主触点分断，从而切断主电路，保障了设备和人身安全。

为了经常检测漏电开关的可靠性，开关上设有试验按钮，试验按钮与一个限流电阻 R 串联后跨接于两相线路上。当按下试验按钮后，漏电断路器立即分闸，证明该开关的保护功能良好。

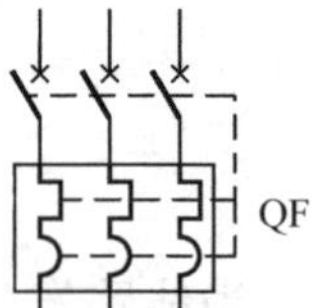

图 2-11　低压断路器的符号

2．符号

低压断路器在电路图中的符号如图 2-11 所示。

3．型号

低压断路器的型号如下。

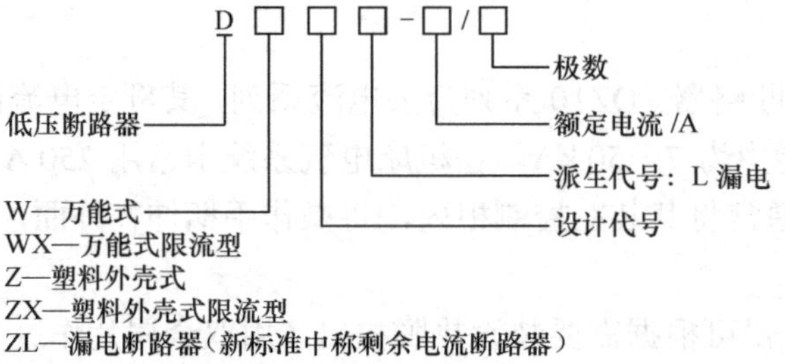

4．选择

选择低压断路器时主要从以下几方面考虑。

（1）断路器额定电压、额定电流应大于或等于线路、设备的正常工作电压、工作电流。

（2）断路器极限通断能力大于或等于线路最大短路电流。

（3）欠电压脱扣器额定电压等于线路额定电压。

（4）过电流脱扣器的额定电流应大于或等于线路的最大负载电流。

低压断路器按结构形式可分为框架式（又称万能式）、塑壳式（又称装置式）两大类。框架式断路器主要用作配电网络的保护开关，而塑壳式断路器除用作配电网络的保护开关外，还用作电动机、照明线路的控制开关。

微课 2-1 熔断器、行程开关、低压断路器结构原理

（三）时间继电器

时间继电器的外形如图 2-12 所示。

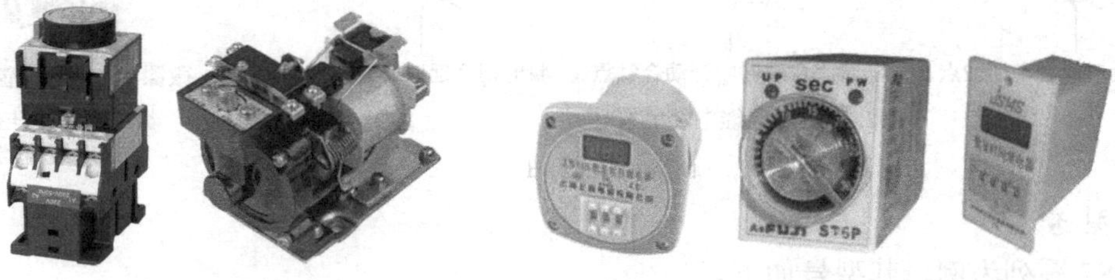

（a）空气囊时间继电器　　（b）电子式时间继电器

图 2-12 时间继电器的外形

时间继电器是在线圈得电或断电后，触点要经过一定时间延时后才动作或复位，是实现触点延时接通和断开电路的自动控制电器。时间继电器分为通电延时和断电延时两种：电磁线圈通电后，触点延时通断的为通电延时型；线圈断电后，触点延时通断的为断电延时型。

1. 结构及工作原理

空气式时间继电器主要由电磁系统、工作触点、气室和传动机构等组成，其外形和结构如图 2-13 所示。电磁系统由电磁线圈、铁芯、衔铁、反力弹簧和弹簧片组成。工作触点由两对瞬时触点（一对常开与一对常闭）和两对延时触点（一对常开与一对常闭）组成。气室主要由橡皮膜、活塞杆组成。橡皮膜和活塞杆可随气室进气量移动，气室上面有一颗调节螺钉，可通过它调节气室进气速度的大小来调节延时的长短。传动机构由杠杆、推杆、推板和宝塔型弹簧组成。

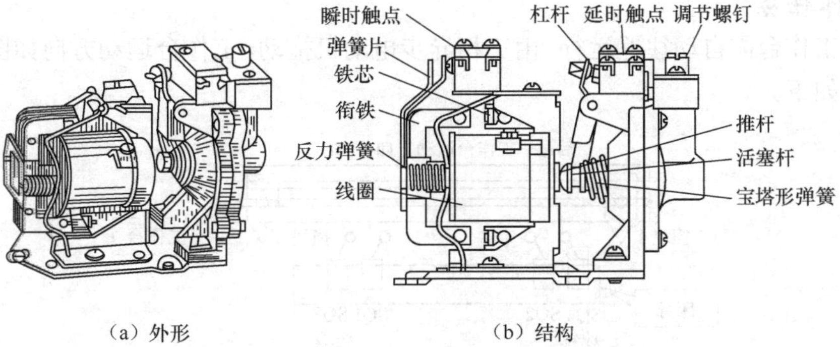

（a）外形　　（b）结构

图 2-13 JS7-A 系列时间继电器的外形与结构

当电路通电后，电磁线圈的静铁芯产生磁场力，使衔铁克服反作用弹簧的弹力而吸合，

与衔铁相连的推板向右运动，推动推杆压缩宝塔型弹簧，使气室内橡皮膜和活塞杆缓慢向右运动，通过弹簧片使瞬时触点动作的同时，通过杠杆使延时触点延时动作，延时时间由气室进气口的节流程度决定，其节流程度可用调节螺丝控制。

2. 符号

时间继电器在电路图中的符号如图 2-14 所示。

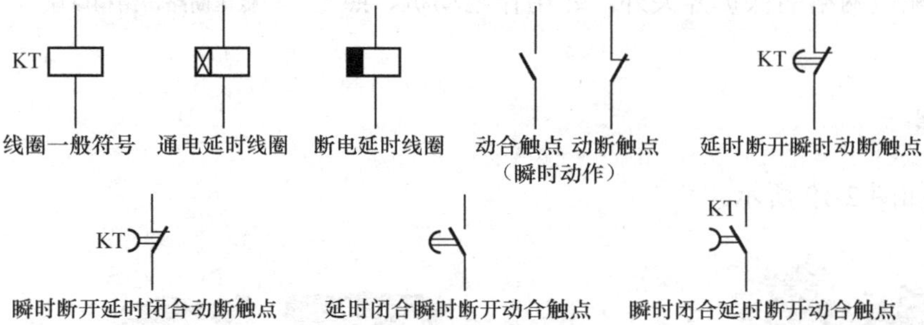

图 2-14 时间继电器的符号

微课 2-2 时间继电器、电流继电器、电压继电器、速度继电器简介

3. 型号

以 JS7 系列为例，其型号如下。

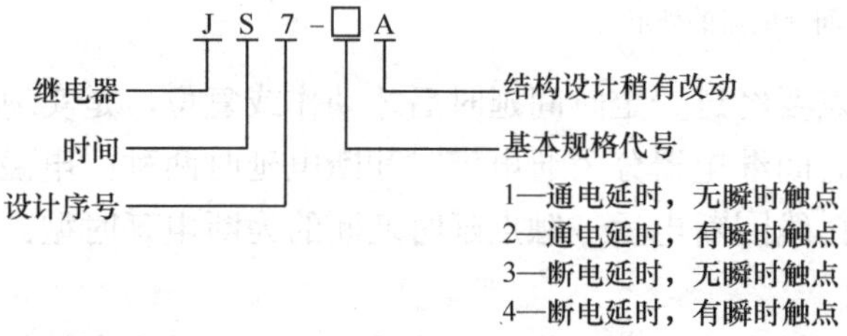

微课 2-3 时间继电器、电流继电器、电压继电器、速度继电器的工作原理

三、基本控制相关知识

（一）工作台自动往返控制

1. 工作任务

某机床工作台需自动往返运行，由三相异步电动机拖动，工作台运动方向如图 2-15 所示，其控制要求如下。

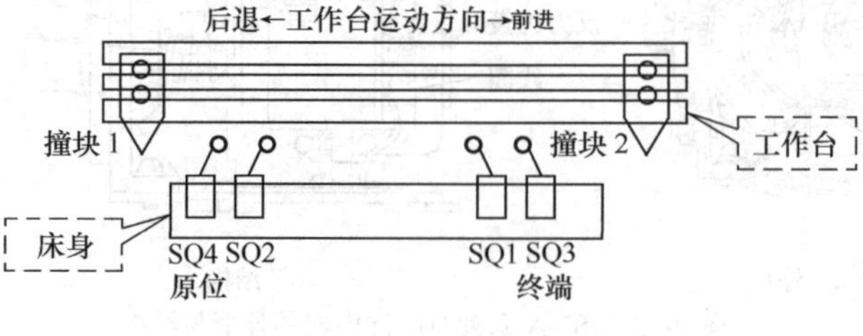

图 2-15 工作台运动方向

（1）按下起动按钮，工作台开始前进，前进到终端后自动后退，退到原位又自动前进。

（2）要求能在前进或后退途中的任意位置停止或起动。

（3）控制电路设有短路、失压、过载和位置极限保护。

请根据要求完成控制电路的设计与安装。

2. 限位控制线路

限位控制线路如图 2-15 所示。图中的“SQ”为行程开关，装在预定的位置上，在工作台的梯形槽中装有撞块，当撞块移动到此位置时，碰撞行程开关，使其常闭触点断开，常开触点闭合，能使工作台停止和换向，这样工作台就能实现往返运动。其中，撞块 2 只能碰撞“SQ2”和“SQ4”，撞块 1 只能碰撞“SQ1”和“SQ3”（撞块 1 和撞块 2 不在一条水平线上），工作台行程可移动撞块位置来调节，以适应加工不同的工件。

“SQ1”“SQ2”装在机床床身上，用来控制工作台的自动往返。“SQ3”和“SQ4”分别安装在向右或向左的某个极限位置上。“SQ1”或“SQ2”失灵时，工作台会继续向右或向左运动，当工作台运行到极限位置时，撞块就会碰撞“SQ3”和“SQ4”，从而切断控制线路，迫使电动机 M 停转，工作台就停止移动，“SQ3”和“SQ4”起到终端保护作用（即限制工作台的极限位置），因此称为终端保护开关或简称终端开关。

3. 设计电路原理图

设计电路原理如图 2-16 所示。

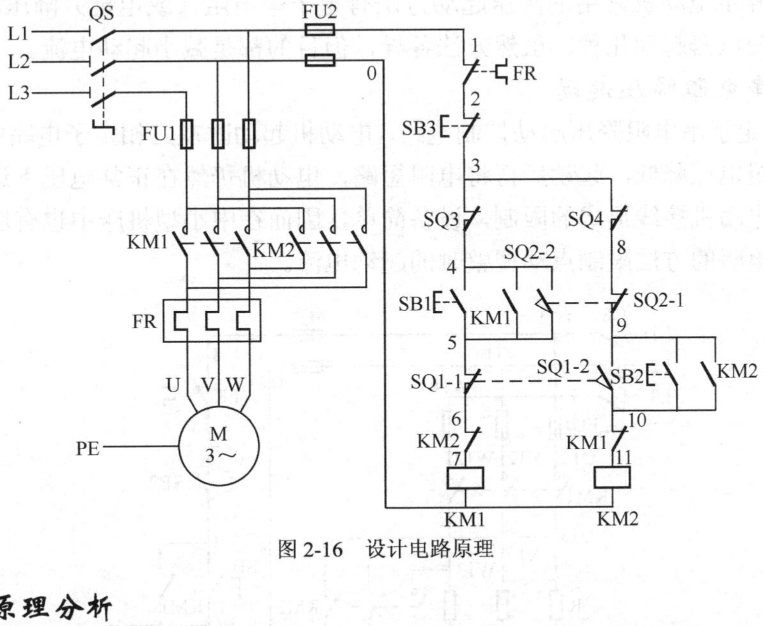

图 2-16 设计电路原理

4. 工作原理分析

先合上开关“QS”，按下“SB1”按钮，KM1 线圈得电，KM1 自锁触点闭合自锁，KM1 主触点闭合，同时 KM1 联锁触点分断对 KM2 联锁，电动机 M 起动连续正转，工作台向右运动，移至限定位置时，撞块 1 碰撞位置开关“SQ1”，SQ1-1 常闭触点先分断，KM1 线圈失电，KM1 自锁触点分断解除自锁，KM1 主触点分断，KM1 联锁触点恢复闭合解除联锁，电动机 M 失电停转，工作台停止右移，同时 SQ1-2 闭合，使 KM2 自锁触点闭合自锁，KM2 主触点闭合，同时 KM2 联锁触点分断对 KM1 联锁，电动机 M 起动连续反转，工作台左移（“SQ1”触点复位），移至限定位置时，撞块 2 碰撞位置开关“SQ2”，SQ2-1 先分断，KM2

线圈失电，KM2 自锁触点分断解除自锁，KM2 主触点分断，KM2 联锁触点恢复闭合解除联锁，电动机 M 失电停转，工作台停止左移，同时 SQ2-2 闭合，使 KM1 自锁触点闭合自锁，KM1 主触点闭合，同时 KM1 联锁触点分断对 KM2 联锁。电动机 M 起动连续正转，工作台向右运动，以此循环动作使机床工作台实现自动往返动作。

微课 2-4 工作台自动往返控制

（二）三相异步电动机降压起动控制电路

前面章节所述的电动机正转和正反转等各种控制线路起动时，加在电动机定子绕组上的电压为额定电压，属于全压起动（直接起动）。直接起动电路简单，但起动电流大 [I_{ST}=（4～7）I_N]，这会对电网其他设备造成一定的影响，因此当电动机功率较大时（大于 7 kW），需采取降压起动方式起动，以降低起动电流。

所谓降压起动，就是利用某些设备或者采用电动机定子绕组换接的方法，降低起动时加在电动机定子绕组上的电压，而起动后再将电压恢复到额定值，使之在正常电压下运行。因为电枢电流和电压成正比，所以降低电压可以减小起动电流，不致在电路中产生过大的电压降，减少对电路电压的影响。不过，因为电动机的电磁转矩和端电压平方成正比，所以电动机的起动转矩也就减小了。因此，降压起动一般需要在空载或轻载下进行。

三相笼型异步电动机常用的降压起动方法有定子串电阻（或电抗）降压起动、Y—△降压起动、自耦变压器起动几种，虽然方法各异，但目的都是减小起动电流。

1．定子串电阻降压起动

图 2-17 为定子串电阻降压起动控制电路，电动机起动时在三相定子电路中串接电阻，使电动机定子绕组电压降低，起动后再将电阻短路，电动机仍然在正常电压下运行，这种起动方式由于不受电动机接线形式的限制，设备简单，因而在中小型机床中也有应用，机床中也常用这种串接电阻的方法限制点动调整时的起动电流。

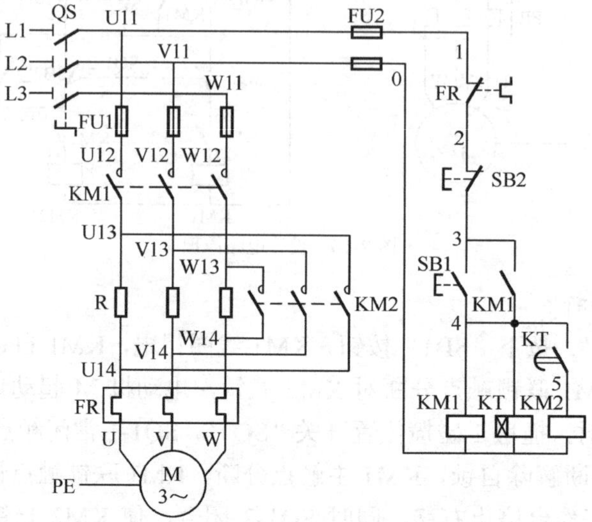

图 2-17 定子串电阻降压起动控制电路

电路的工作原理：先合上电源开关“QS”，再按以下步骤完成。

按下“SB1”按钮
- KM1 线圈得电 →
  - KM1 自锁触点闭合自锁 → 电动机 M 串电阻 R 降压起动
  - KM1 主触点闭合
- KT 线圈得电 → 至转速上升一定值时，KT 延时时间到，KT 常开触点闭合 → KM2 线圈得电 → KM2 主触点闭合 → R 被短接 → 电动机 M 全压运转，停止时，按下“SB2”按钮即可实现

由以上分析可见，当电动机 M 全压正常运转时，接触器 KM1 和 KM2、时间继电器 KT 的线圈均需长时间通电，从而使能耗增加，电器寿命缩短。为此，可以对图 2-17 所示的控制电路进行改进，KM2 的 3 对主触点不是直接并接在起动电阻 R 两端，而是把接触器 KM1 的主触点也并接进去，这样接触器 KM1 和时间继电器 KT 只作短时间的降压起动，待电动机全压运转后就全部从线路中切除，从而延长了接触器 KM1 和时间继电器 KT 的使用寿命，节省了电能，提高了电路的可靠性。（读者可自行设计控制电路）

定子串电阻降压起动电路中的起动电阻一般采用由电阻丝绕制的板式电阻或铸铁电阻，电阻功率大，能够通过较大电流，但功耗较大，为了降低能耗可采用电抗器代替电阻。

2．Y—△降压起动

定子绕组接成 Y 形时，由于电动机每相绕组额定电压只为△接法的 $1/\sqrt{3}$，电流为△接法的 1/3，电磁转矩也为△接法的 1/3。所以，对于△接法运行的电动机，在电动机起动时应先将定子绕组接成 Y 形，实现了降压起动，减小起动电流，当起动即将完成时再换接成△，各相绕组承受额定电压工作，电动机进入正常运行，故这种降压起动方法称为 Y—△降压起动。

图 2-18 所示为 Y—△降压起动控制电路，图 2-18 中的主电路由 3 组接触器主触点分别将电动机的定子绕组接成△形和 Y 形，即 KM1、KM3 主触点闭合时，绕组接成 Y 形，KM1、KM2 主触点闭合时，接为△形，两种接线方式的切换要在很短的时间内完成，在控制电路中采用时间继电器实现定时自动切换。

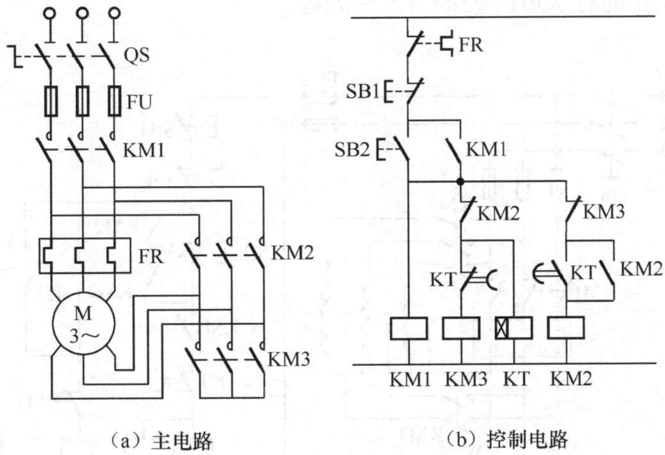

（a）主电路　　（b）控制电路

图 2-18　Y—△降压起动控制电路

控制线路工作过程：先合上电源开关“QS”，再按以下步骤操作。

① Y 降压起动△运行。

- 按下“SB2”按钮
  - KM1 线圈通电吸合
    - KM1 自锁触点闭合
    - KM1 主触点闭合
  - KM3 线圈通电吸合
    - KM3 主触点闭合
    - KM3 联锁触点断开→保证 KM2 线圈断电
  - （KM1 主触点闭合、KM3 主触点闭合）→定子绕组接成 Y，电动机降压起动
  - KT 线圈通电吸合
    - KT 常闭触点延时断开→KM3 线圈断电
    - KT 常开触点延时闭合→KM2 线圈通电吸合
      - KM2 自锁触点闭合
      - KM2 主触点闭合
      - KM1 主触点已闭合
      - （KM2 主触点闭合、KM1 主触点已闭合）→定子绕组接成△，电动机全压运行
      - KM2 联锁触点断开

② 停止。

按下“SB1”按钮→控制电路断电→KM1、KM2、KM3 线圈断电释放→电动机 M 断电停车。

用 Y—△降压起动时，由于起动转矩降低很多，所以只适用于轻载或空载下起动的设备上。此法最大的优点是所需设备较少，价格低，因而获得较广泛的应用。此法只能用于正常运行时为三角形连接的电动机上，因此我国生产的 JO2 系列、Y 系列、Y2 系列三相笼型异步电动机，凡功率在 4kW 及以上者，正常运行时都采用三角形连接。

3．自耦变压器降压启动

自耦变压器降压起动是利用自耦变压器来降低加在电动机三相定子绕组上的电压，达到限制启动电流的目的。自耦变压器降压起动时，将电源电压加在自耦变压器的高压绕组，而电动机的定子绕组与自耦变压器的低压绕组连接，如图 2-19 所示。电动机起动后，将自耦变压器切除，电动机定子绕组直接与电源连接，在全电压下运行。自耦变压器降压起动比 Y—△降压起动的起动转矩大，并且可用抽头调节自耦变压器的变比，以改变起动电流和起动转矩的大小。这种起动需要一个庞大的自耦变压器，并且不允许频繁起动。因此，自耦变压器降压起动适用于容量较大，但不能用 Y—△降压起动方法起动的电动机的降压起动。一般自耦变压器降压起动是采用成品的补偿降压起动器，包括手动、自动两种操作形式，手动操作的补偿器有 QJ3、QJ5 等型号，自动操作的有 XJ01 型和 CTZ 系列等。

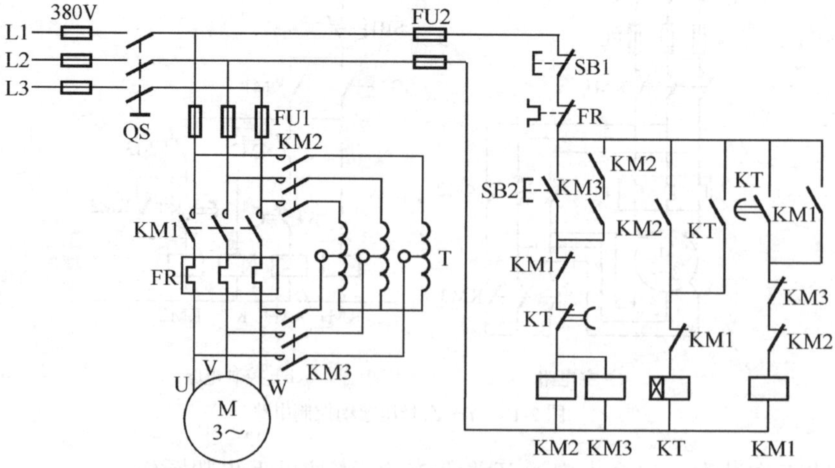

图 2-19 自耦变压器降压起动控制电路

控制线路工作过程：先合上电源开关“QS”，再按以下步骤完成。

① 自耦变压器降压起动，全压运行。

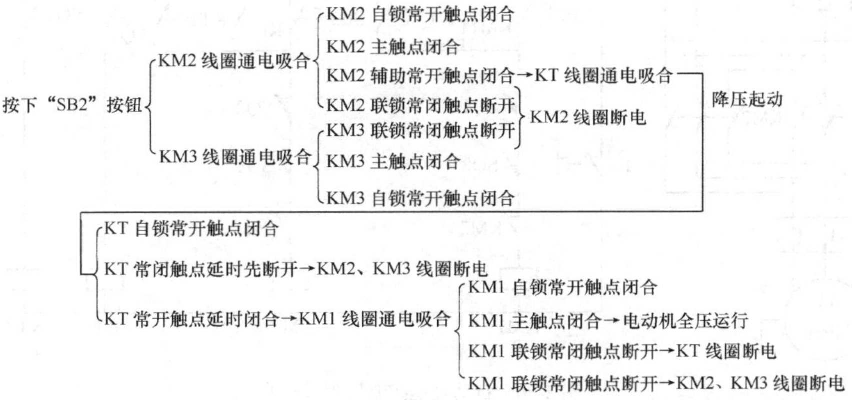
按下“SB2”按钮
KM2 线圈通电吸合
KM2 自锁常开触点闭合
KM2 主触点闭合
KM2 辅助常开触点闭合→KT 线圈通电吸合
KM2 联锁常闭触点断开
KM3 联锁常闭触点断开
KM2 线圈断电
降压起动
KM3 线圈通电吸合
KM3 主触点闭合
KM3 自锁常开触点闭合
KT 自锁常开触点闭合
KT 常闭触点延时先断开→KM2、KM3 线圈断电
KT 常开触点延时闭合→KM1 线圈通电吸合
KM1 自锁常开触点闭合
KM1 主触点闭合→电动机全压运行
KM1 联锁常闭触点断开→KT 线圈断电
KM1 联锁常闭触点断开→KM2、KM3 线圈断电

② 停止。

按下“SB1”按钮→控制电路断电→KM1、KM2、KM3 线圈断电释放→电动机 M 断电停车。

微课 2-5　三相异步电动机降压启动控制电路分析

四、应 用 举 例

（一）电动机自动往返两边延时的控制线路

（1）一些饲料自动加工厂，需要实现两地之间的装料与卸料，将装袋的饲料从 A 地运输到 B 地存储，装载与卸载需要相同的时间（5 s），现设计一个自动运输控制电路原理图。

图 2-20 为用 2 个时间继电器来实现自动往返两边延时的电路。该电路的设计思路是在自动往返控制电路的基础上增加时间的控制，在电路中使用时间继电器 KT1、KT2，在 A、B 两地使用“SQ1”“SQ2”常开触点来控制时间继电器的接通与断开，实现两行程终点的延时。

图 2-21 为用 1 个时间继电器和一个中间继电器来实现自动往返两边延时的电路，中间继电器 KA 在电路中起到失压保护作用。如果没有中间继电器 KA，当送料小车运行到 A 或 B 点时，小车会压合行程开关“SQ1”或“SQ2”，电路突然停电，线路再次送电时，送料小车会因行程开关“SQ1”或“SQ2”被压而使常开触点闭合，接触器 KM1 或 KM2 线圈得电，电动机就会自行起动而造成事故。“SQ1”“SQ2”在线路中经常被小车碰压，是工作行程开关；“SQ3”“SQ4”是小车在两终点的限位保护开关，防止“SQ1”“SQ2”失灵后小车冲出预定的轨迹而出事故。“SB2”“SB3”的常闭触点在电路中起到联锁保护作用，如果没有它的常闭触点，那么需要增加一对时间继电器的延时常开触点来控制，而时间继电器只有一对常开触点。

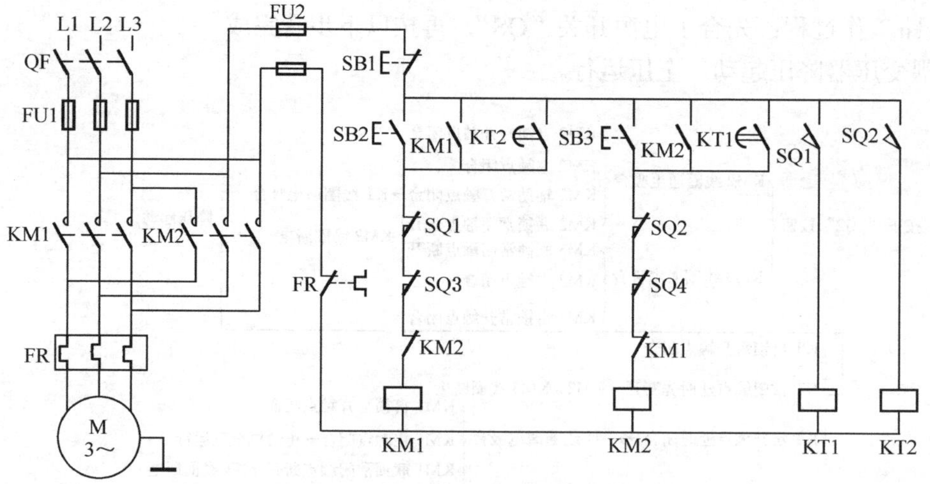

图 2-20　自动往返控制原理（一）

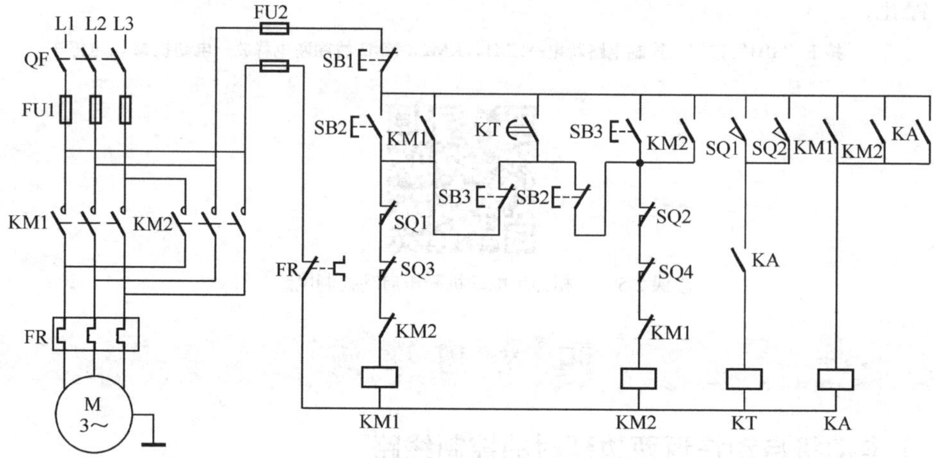

图 2-21　自动往返控制原理（二）

（2）如果本案例控制的两行程终点停留时间不相同，就需要在图 2-21 电路中增加一个时间继电器来实现两行程终点停留的不同时间，其电气原理如图 2-22 所示。

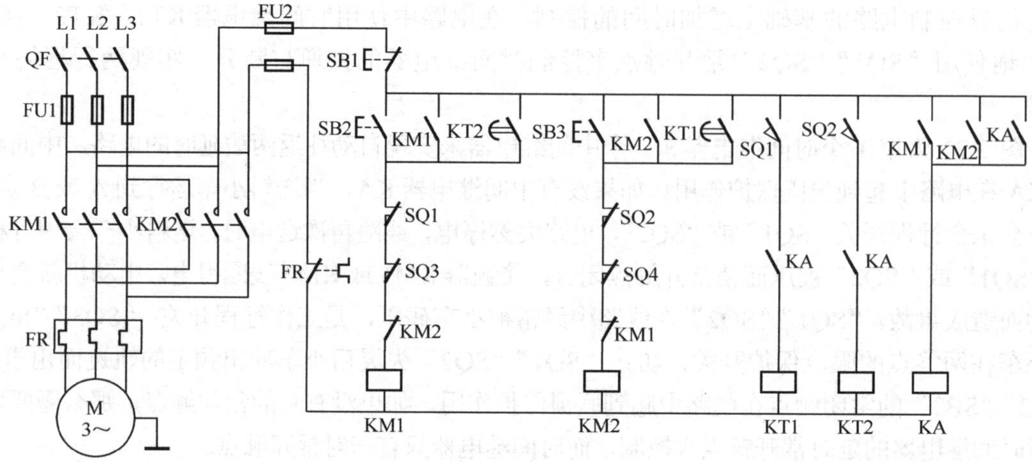

图 2-22　自动往返控制原理（三）

（二）时间原则控制的两台电动机起停控制线路

在饲料加工厂搅拌混合料时，按下起动按钮，先将各种配料通过皮带机送入混合罐中 3 s 后，皮带拖动电动机停止，搅拌电动机起动，搅拌饲料 20 s 后停止。饲料加工厂搅拌混合料电气原理如图 2-23 所示。

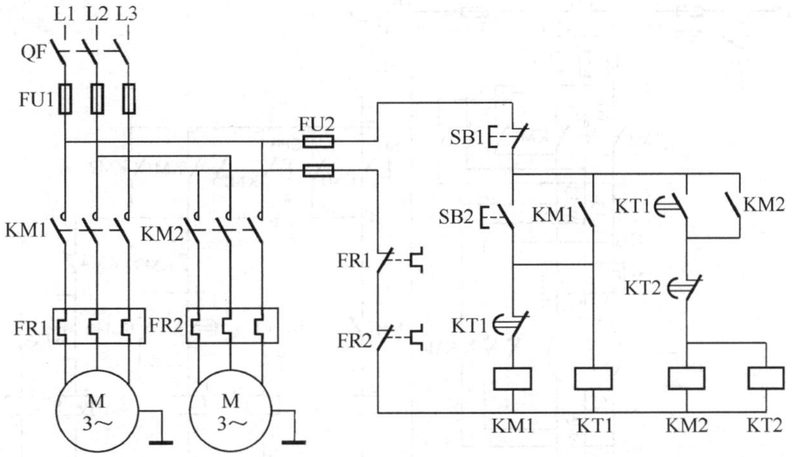

图 2-23　饲料加工厂搅拌混合料电气原理

（三）三相异步电动机正反转 Y—△降压起动控制

1. 工作任务

有一台皮带运输机，由一台电动机拖动，电动机功率为 7.5 kW，电压为 380 V，采用△接法，额定转速为 1 440 r/min，控制要求如下。完成其控制电路的设计与安装。

（1）系统启动平稳且起动电流应较小，以减小对电网的冲击。

（2）系统可实现连续正反转。

（3）有短路、过载、失压和欠压保护。

2. 任务分析

（1）确定起动方案。生产机械所用电动机的功率为 7.5 kW，采用△接法，因此在综合考虑性价比的情况下，选用 Y—△降压起动方法实现平稳起动。起动时间由时间继电器设定。

（2）设置电路保护。根据控制要求，过载保护采用热继电器实现，短路保护采用熔断器实现，因为采用接触器继电器控制，所以具有欠压和失压保护功能。

（3）根据正反向 Y—△降压起动指导思想，设计本项目的控制流程，具体如下。

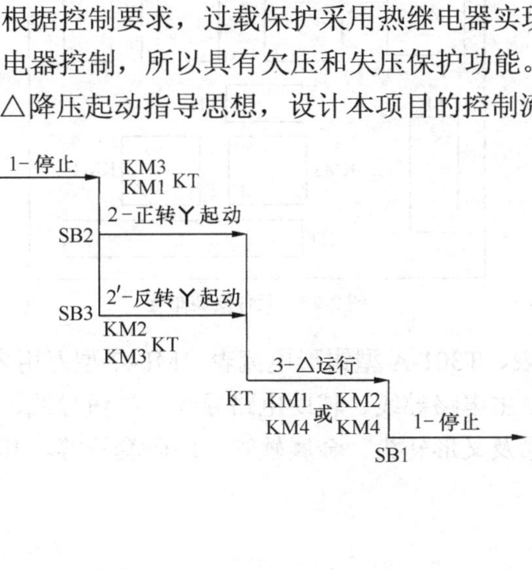

3. 任务实施

（1）设计正反向 Y—△降压起动控制电路。

① 根据工作流程图设计相应的三相异步电动机正反向 Y—△降压起动自动控制电路，如图 2-24 所示。

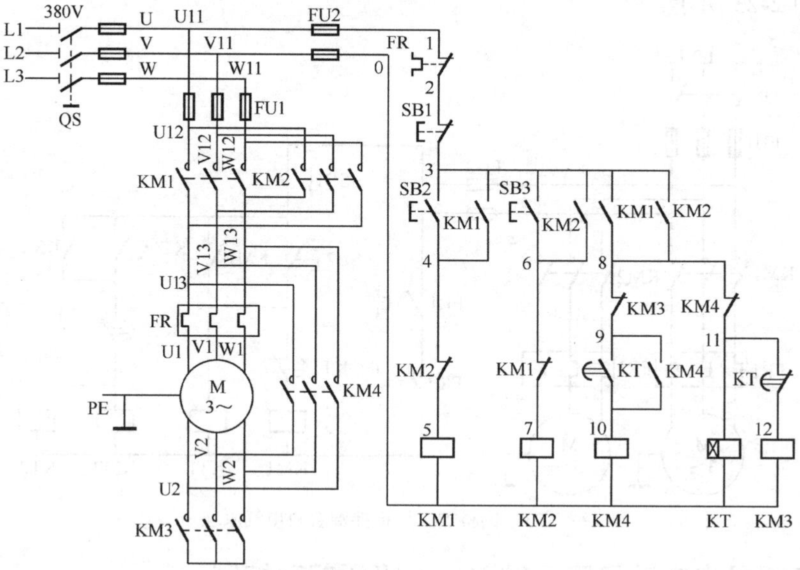

图 2-24　三相异步电动机正反向 Y—△降压起动自动控制电路

② 根据图 2-24 所示的三相异步电动机正反向 Y—△降压起动自动控制电路，画出元件的安装布置，如图 2-25 所示。

（2）工作准备。

① 所需工具、仪表及器材如下。

工具：测电笔、螺钉旋具、尖嘴钳、斜口钳、剥线钳、电工刀、校验灯等。

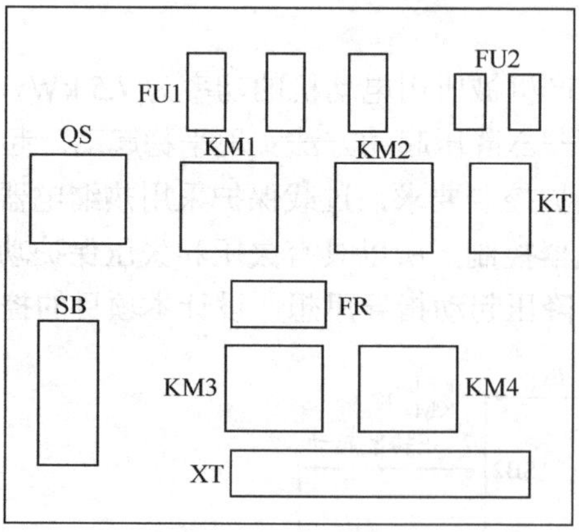

图 2-25　元件安装布置

仪表：5050 型兆欧表、T301-A 型钳形电流表，MF47 型万用表。

器材：控制板一块，主电路导线、辅助电路导线、按钮导线、接地导线，走线槽若干，各种规格的紧固体、针形及叉形轧头、金属软管、编码套管等，其数量按需要而定。

② 元件明细表如表 2-1 所示。

表 2-1　　元件明细表

代　号	名　称	型　号	规　格	数量
M	三相异步电动机	Y132S-4	5.5 kW、380 V、11.6 A、△接法、1 440 r/min　I_N/I_{st}=1/7	1
QS	组合开关	HZ10-25/3	三极、25 A	1
FU1	熔断器	RL1-60/5	500 V、60 A、配熔体 25 A	3
FU2	熔断器	RL1-15/2	500 V、15 A、配熔体 2 A	2
KM1、KM2、KM3、KM4	交流接触器	CJ10-20	20 A、线圈电压 380 V	4
KT	时间继电器	JS7-2A	线圈电压 380 V	1
FR	热继电器	JR16-20/3	三极、20 A、整定电流 11.6 A	1
SB1、SB2、SB3	按钮	LA10-3H	保护式、按钮数 3	1
XT	端子板	JX2-1015	380 V、10 A、15 节	1

（3）工作步骤。

① 按表配齐所用电器元件，并检验元件质量。

② 固定元器件。将元件固定在控制板上，要求元件安装牢固，并符合工艺要求。元件布置参考图见图 2-25，按钮“SB”可安装在控制板外。

③ 安装主电路。根据电动机容量选择主电路导线，按电气控制线路图接好主电路。参考图见图 2-23。

④ 安装控制电路。根据电动机容量选择控制电路导线，按电气控制线路图接好控制电路。

⑤ 自检。检查主电路和控制线路的连接情况。

⑥ 检查无误后通电试车。为保证人身安全，在通电试车时，要认真执行安全操作规程的有关规定，经老师检查并现场监护。

接通三相电源 L1、L2、L3，合上电源开关“QS”，用电笔检查熔断器出线端，氖管亮说明电源接通。分别按下“SB2”“SB3”和“SB1”按钮，观察是否符合线路功能要求，观察电器元件动作是否灵活，有无卡阻及噪声过大现象，观察电动机运行是否正常。若有异常，就立即停车检查。

（四）Z3050 型摇臂钻床电气控制线路分析及故障排除

图 2-26 所示是 Z3050 型摇臂钻床的电气控制线路的主电路和控制电路原理。

1．主电路分析

Z3050 型摇臂钻床共有 4 台电动机，除冷却泵电动机采用开关直接起动外，其余 3 台异步电动机均采用接触器直接起动。

M1 是主轴电动机，由交流接触器 KM1 控制，只要求单方向旋转，主轴的正反转由机械手柄操作。M1 装在主轴箱顶部，带动主轴及进给传动系统，热继电器 FR 是过载保护元件。

M2 是摇臂升降电动机，装于主轴顶部，用接触器 KM2 和 KM3 控制正反转。因为该电动机短时间工作，故不设过载保护电器。

M3 是液压油泵电动机，可以做正向转动和反向转动。正向旋转和反向旋转的起动与停止由接触器 KM4 和 KM5 控制。热继电器 FR2 是液压油泵电动机的过载保护电器。该电动机的主要作用是供给夹紧装置压力油、实现摇臂和立柱的夹紧与松开。

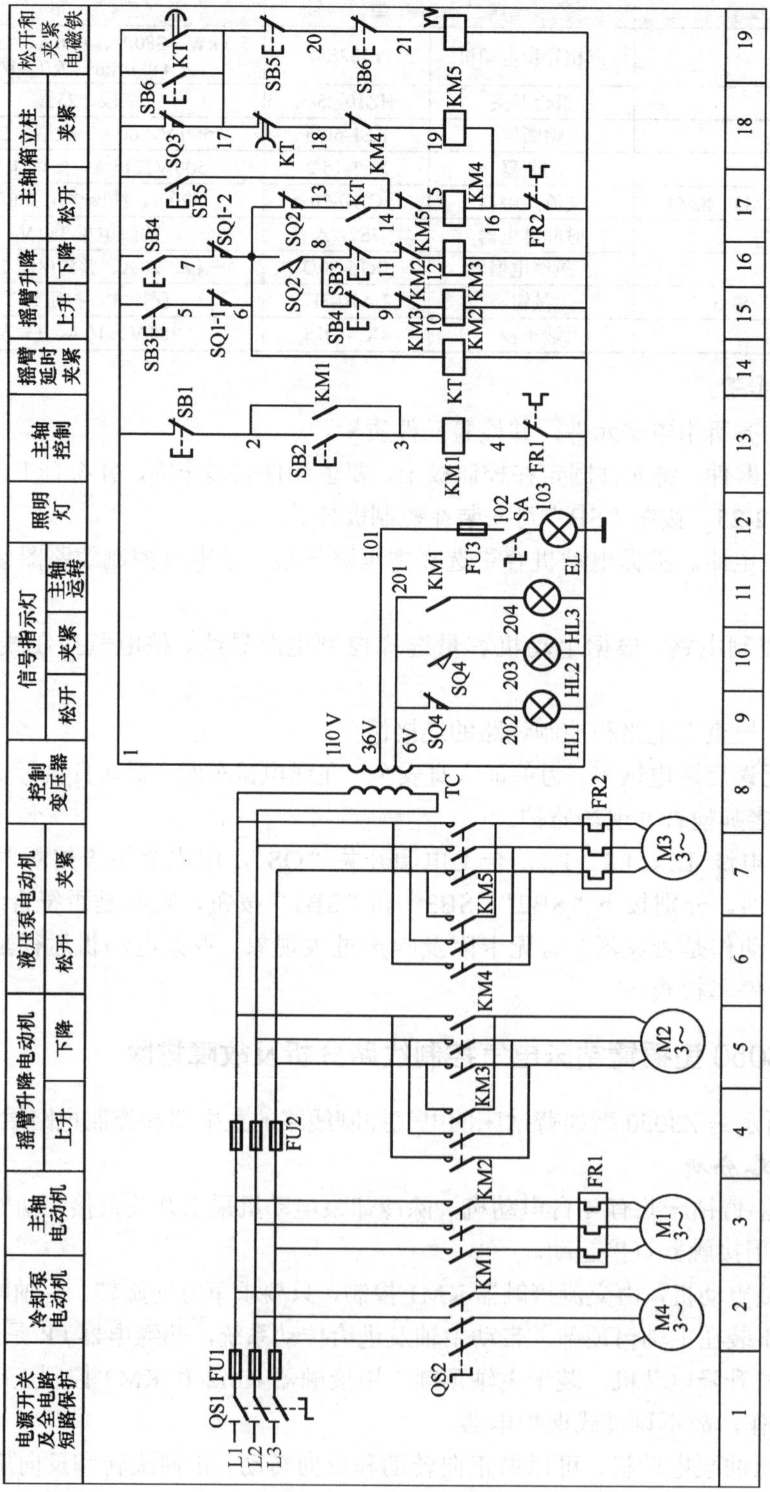

图 2-26 Z3050 型摇臂钻床电气控制线路的主电路和控制电路原理

M4是冷却泵电动机，功率很小，由开关直接起动和停止。

2．控制电路分析

（1）主轴电动机M1的控制。按下起动按钮“SB2”，接触器KM1吸合并自锁，使主电动机M1起动运行，同时指示灯HL3亮。按停止按钮“SB1”，接触器KM1释放，使主电动机M1停止旋转，同时指示灯HL3熄灭。

（2）摇臂升降控制。

① 摇臂上升。Z3050型摇臂钻床摇臂的升降由M2拖动，“SB3”和“SB4”分别为摇臂升、降的点动按钮，由“SB3”“SB4”和KM2、KM3组成具有双重互锁的M2正反转点动控制电路。因为摇臂平时是夹紧在外立柱上的，所以在摇臂升降之前，先要把摇臂松开，再由M2驱动升降，摇臂升降到位后，再重新将其夹紧。而摇臂的松、紧是由液压系统完成的。在电磁阀YV线圈通电吸合的条件下，液压泵电动机M3正转，正向供出压力油进入摇臂的松开油腔，推动松开机构使摇臂松开，摇臂松开后，行程开关“SQ2”动作、“SQ3”复位；若M3反转，则反向供出压力油进入摇臂的夹紧油腔，推动夹紧机构使摇臂夹紧，摇臂夹紧后，行程开关“SQ3”动作、“SQ2”复位。由此可见，摇臂升降的电气控制是与松紧机构液压与机械系统（M3与YV）的控制配合进行的。下面以摇臂的上升为例，分析控制的全过程。

按住摇臂上升按钮“SB3”→“SB3”动断触点断开，切断KM3线圈支路；“SB3”动合触点闭合（1—5）→时间继电器KT线圈通电→KT动合触点闭合（13—14），KM4线圈通电，M3正转；延时动合触点（1—17）闭合，电磁阀线圈YV通电，摇臂松开→行程开关“SQ2”动作→“SQ2”动断触点（6—13）断开，KM4线圈断电，M3停转；“SQ2”动合触点（6—8）闭合，KM2线圈通电，M2正转，摇臂上升→摇臂上升到位后松开“SB3”→KM2线圈断电，M2停转；KT线圈断电→延时1～3 s，KT动合触点（1—17）断开，YV线圈通过“SQ3”（1—17）→仍然通电；KT动断触点（17—18）闭合，KM5线圈通电，M3反转，摇臂夹紧→摇臂夹紧后，压下行程开关“SQ3”，“SQ3”动断触点（1—17）断开，YV线圈断电；KM5线圈断电，M3停转。

② 摇臂下降。摇臂的下降由“SB4”控制KM3→M2反转来实现，其过程可自行分析。时间继电器KT的作用是在摇臂升降到位、M2停转后，延时1～3 s再起动M3将摇臂夹紧，其延时时间视从M2停转到摇臂静止的时间长短而定。KT为断电延时类型，在进行电路分析时应注意。

如上所述，摇臂松开由行程开关“SQ2”发出信号，而摇臂夹紧后由行程开关“SQ3”发出信号。

如果夹紧机构的液压系统出现故障，摇臂夹不紧，或者因“SQ3”的位置安装不当，在摇臂已夹紧后“SQ3”仍不能动作，则“SQ3”的动断触点（1—17）长时间不能断开，使液压泵电动机M3出现长期过载，因此M3须由热继电器FR2进行过载保护。

摇臂升降的限位保护由行程开关“SQ1”实现，“SQ1”有两对动断触点：“SQ1-1”（5—6）实现上限位保护，“SQ1-2”（7—6）实现下限位保护。

（3）主轴箱和立柱的松、紧控制。主轴箱和立柱的松、紧是同时进行的，“SB5”和“SB6”分别为松开与夹紧控制按钮，由它们点动控制KM4、KM5→控制M3的正、反转，由于“SB5”“SB6”的动断触点（17—20—21）串联在YV线圈支路中。所以在操作“SB5”“SB6”使

M3 点动作的过程中，电磁阀 YV 线圈不吸合，液压泵供出的压力油进入主轴箱和立柱的松开、夹紧油腔，推动松、紧机构实现主轴箱和立柱的松开、夹紧。同时，由行程开关“SQ4”控制指示灯发出信号：主轴箱和立柱夹紧时，“SQ4”的动断触点（201—202）断开而动合触点（201—203）闭合，指示灯 HL1 灭，HL2 亮；反之，在松开时，“SQ4”复位，HL1 亮而 HL2 灭。

3．Z3050 型摇臂钻床常见故障分析与处理方法

电气控制线路在运行中会发生各种故障，造成停机或事故而影响生产。因而，学会分析电气控制线路故障所在、找出发生故障的原因、掌握迅速排除故障的方法是非常必要的。

一般工业用设备由机械、电气两大部分组成，因而，其故障也多发生在这两个部分，尤其是电气部分，如电机绕组与电器线圈的烧毁、电器元件的绝缘击穿与短路等。然而，大多数电气控制线路故障是由于电器元件调整不当、动作失灵或零件损坏引起的。因此，应加强电气控制线路的维护与检修，及时排除故障，确保其安全运行。Z3050 型摇臂钻床常见故障分析与处理方法如下。

（1）摇臂不能上升（或下降）。

【故障分析】

① 行程开关“SQ2”不动作，“SQ2”的动合触点（6—8）不闭合，“SQ2”安装位置移动或损坏。

② 接触器 KM2 线圈不吸合，摇臂升降电动机 M2 不转动。

③ 系统发生故障（如液压泵卡死、不转，油路堵塞等），使摇臂不能完全松开，压不上“SQ2”。

④ 安装或大修后，相序接反，按“SB3”摇臂上升按钮，液压泵电动机反转，使摇臂夹紧，压不上“SQ2”，摇臂也就不能上升或下降。

【故障排除方法】

① 检查行程开关“SQ2”触点、安装位置或损坏情况，并予以修复。

② 检查接触器 KM2 或摇臂升降电动机 M2，并予以修复。

③ 检查系统故障原因、位置移动或损坏，并予以修复。

④ 检查相序，并予以修复。

（2）摇臂上升（下降）到预定位置后，摇臂不能夹紧。

【故障分析】

① 限位开关“SQ3”安装位置不准确或紧固螺钉松动，使“SQ3”限位开关过早动作。

② 活塞杆通过弹簧片压不上“SQ3”，其触点（1—17）未断开，使 KM5、YV 不断电释放。

③ 接触器 KM5、电磁铁 YV 不动作，电动机 M3 不反转。

【故障排除方法】

① 调整“SQ3”的动作行程，并紧固好定位螺钉。

② 调整活塞杆、弹簧片的位置。

③ 检查接触器 KM3、电磁铁 YV 线路是否正常及电动机 M3 是否完好，并予以修复。

（3）立柱、主轴箱不能夹紧（或松开）。

【故障分析】

① 按钮接线脱落、接触器 KM4 或 KM5 接触不良。

② 油路堵塞，使接触器 KM4 或 KM5 不能吸合。

【故障排除方法】

① 检查按钮“SB5”“SB6”和接触器 KM4、KM5 是否良好，并予以修复或更换。

② 检查油路堵塞情况，并予以修复。

（4）按“SB6”按钮，立柱、主轴箱能夹紧，但放开按钮后，立柱、主轴箱却松开。

【故障分析】

① 菱形块或承压块的角度方向错位，或者距离不适合。

② 菱形块立不起来，这是夹紧力调得太大或夹紧液压系统压力不够所致。

【故障排除方法】

① 调整菱形块或承压块的角度与距离。

② 调整夹紧力或液压系统压力。

（5）摇臂上升或下降行程开关失灵。

【故障分析】

① 行程开关触点不能因开关动作而闭合或接触不良，线路断开后，信号不能传递。

② 行程开关损坏、不动作或触点粘连，使线路始终呈接通状态（在此情况下，当摇臂上升或下降到极限位置后，摇臂升降电动机堵转，发热严重，会导致电动机绝缘损坏）。

【故障排除方法】

检查行程开关接触情况，并予以修复或更换。

（6）主轴电动机刚起动运转，熔断器就熔断。

【故障分析】

① 机械机构卡住或钻头被铁屑卡住。

② 负荷太重或进给量太大，使电动机堵转造成主轴电动机电流剧增，热继电器来不及动作。

③ 电动机故障或损坏。

【故障排除方法】

① 检查卡住原因，并予以修复。

② 退出主轴，根据空载情况找出原因，并予以调整与处理。

③ 检查电动机故障原因，并予以修复或更换。

微课 2-6　Z3050 型摇臂钻床的作用和型号

微课 2-7　Z3050 型摇臂钻床的组成

项 目 小 结

本项目从介绍 Z3050 型摇臂钻床的主要构造和运动情况开始，通过分析钻床电气控制电路及钻床常见电气故障的诊断与检修，再经过相关知识的讲述，介绍了相关的电气控制器件，如行程开关、低压断路器、时间继电器等。进一步以应用举例的形式扩展介绍了电动机自动往返两边延时控制、时间原则控制的两台电动机启停控制及 Z3050 型钻床电气控制线路。

分析了 Z3050 型摇臂钻床的电气控制原理，摇臂钻床的运动形式、电力拖动与控制要求、电气控制线路，并针对机床的故障现象结合机械、电气进行了剖析。机床的运动形式一般较多，电气控制线路较复杂。不管多么复杂的线路，都是由基本控制环节构成，在分析机床的电气控制时，应全面了解机床的基本结构、运动形式、工艺要求等。

分析机床的电气控制线路时，应先分析主电路，掌握各电动机的作用、起动方法、调速方法、制动方法以及各电动机的保护，并应注意各电动机控制的运动形式之间的相互关系。分析控制电路时，应分析每一个控制环节对应的电动机，注意机械和电气的联动以及各环节之间的互锁和保护。

习题及思考

1．解释 Z3050 型的含义。

2．QS、FU、KM、FR、KT、SB、SQ 分别是什么电器元件？画出这些电器元件的图形符号，并写出中文名称。

3．既然在电动机的主电路中装有熔断器，为什么还要装热继电器?装有热继电器是否就可以不装熔断器？为什么？

4．什么是降压起动？三相鼠笼式异步电动机常采用哪些降压起动方法？

5．位置开关与按钮开关的作用有何异同？

6．一台电动机采用 Y—△接法，允许轻载起动，设计满足下列要求的控制电路。

（1）采用手动和自动控制降压起动。

（2）实现连续运转和点动工作，并且当点动工作时要求处于降压状态工作。

（3）具有必要的联锁和保护环节。

7．有一皮带廊全长 40 m，输送带采用 55 kW 电动机进行拖动，试设计其控制电路。设计要求如下。

（1）电动机采用 Y—△降压起动控制。

（2）采用两地控制方式。

（3）加装起动预告装置。

（4）至少有一个现场紧停开关。

8．Z3050 型摇臂钻床摇臂不能上升的原因有哪些？

项目三 卧式镗床及磨床电气控制

学习目标

1. 熟悉速度继电器及双速电动机的结构和工作原理。
2. 会安装调试与检修双速电动机调速控制线路。
3. 能完成能耗制动、反接制动等常见制动控制线路的设计、安装和调试。
4. 掌握 T68 镗床的组成与运动规律及电气控制要求。
5. 熟知 T68 镗床的电气控制开关位置。
6. 能够识读及分析 T68 镗床 M7130 型平面磨床的电气原理图、安装图。
7. 会检修 T68 镗床 M7130 型平面磨床的常见电气故障。

一、项目简述

镗床是用于孔加工的机床，与钻床比较，镗床主要用于加工精确的孔和各孔间的距离要求较精确的零件，如一些箱体零件（机床主轴箱、变速箱等）。镗床的加工形式主要是用镗刀镗削在工件上已铸出或已粗钻的孔，除此之外，大部分镗床还可以进行铣削、钻孔、扩孔、铰孔等加工。

镗床主要有卧式镗床、坐标镗床、金刚镗床、专用镗床等类型，其中，卧式镗床应用最广。本章介绍 T68 型卧式镗床的电气控制电路。

T68 型卧式镗床型号的含义如下。

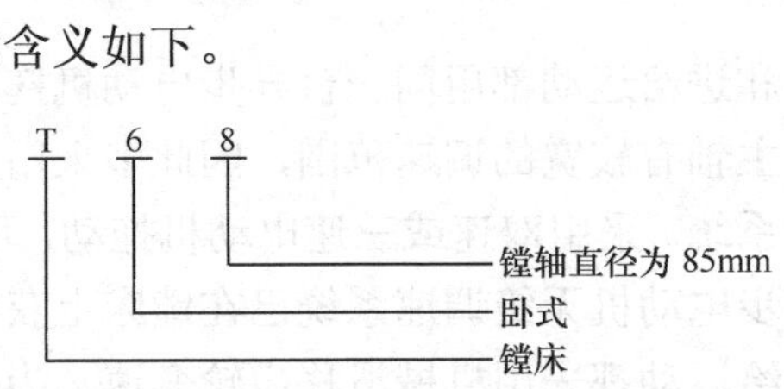

（一）T68 型卧式镗床的主要结构和运动形式

T68 型卧式镗床主要由床身、前立柱、主轴箱、工作台、后立柱、后支撑架等部分组成。其结构如图 3-1 所示。

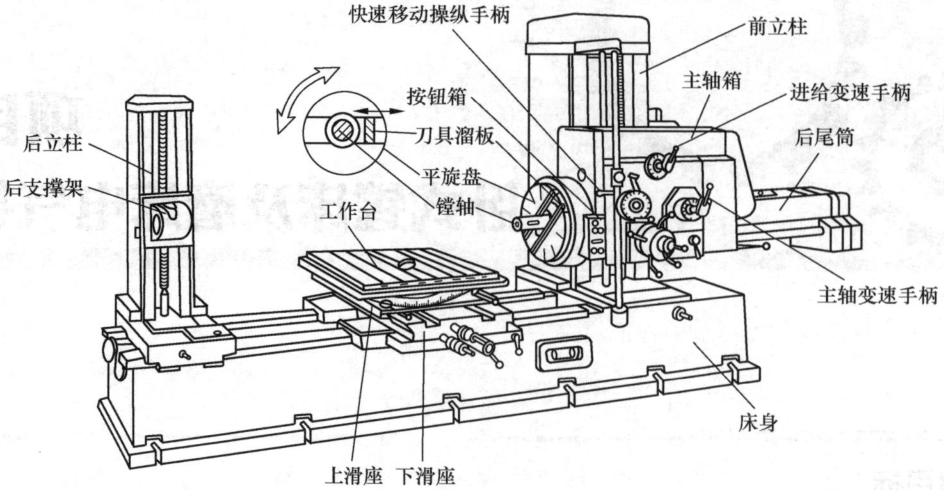

图 3-1　卧式镗床结构

T68 型卧式镗床的运动形式如下。

1．主运动

主运动为镗轴和平旋盘的旋转运动。

2．进给运动

进给运动包括以下 4 项。

（1）镗轴的轴向进给运动。

（2）平旋盘上刀具溜板的径向进给运动。

（3）主轴箱的垂直进给运动。

（4）工作台的纵向和横向进给运动。

3．辅助运动

辅助运动包括以下 4 项。

（1）主轴箱、工作台等的进给运动上的快速调位移动。

（2）后立柱的纵向调位移动。

（3）后支撑架与主轴箱的垂直调位移动。

（4）工作台的转位运动。

（二）卧式镗床的电力拖动形式和控制要求

（1）卧式镗床的主运动和进给运动都用同一台异步电动机拖动。为了适应各种形式和各种工件的加工，要求镗床的主轴有较宽的调速范围，因此多采用由双速或三速笼型异步电动机拖动的滑移齿轮有级变速系统。采用双速或三速电动机拖动，可简化机械变速机构。目前，采用电力电子器件控制的异步电动机无级调速系统已在镗床上获得广泛应用。

（2）镗床的主运动和进给运动都采用机械滑移齿轮变速，为有利于变速后齿轮的啮合，要求有变速冲动。

（3）要求主轴电动机能够正反转，可以点动进行调整，并要求有电气制动，通常采用反接制动。

（4）卧式镗床的各进给运动部件要求能快速移动，一般由单独的快速进给电动机拖动。

二、电气控制相关知识

下面具体介绍与该项目相关的知识：速度继电器和双速异步电动机等内容。

（一）速度继电器

因为速度继电器是反应转速和转向的继电器，主要用于笼型异步电动机的反接制动控制，所以也称为反接制动继电器。它主要由转子、定子和触点 3 部分组成：转子是一个圆柱形永久磁铁；定子是一个笼形空心圆环，由硅钢片叠成，并装有笼型绕组；触点由两组转换触点组成，一组在转子正转时动作，另一组在转子反转时动作。图 3-2 所示为 JY1 型速度继电器的外形及结构原理。速度继电器在电路中的图形符号如图 3-3 所示。

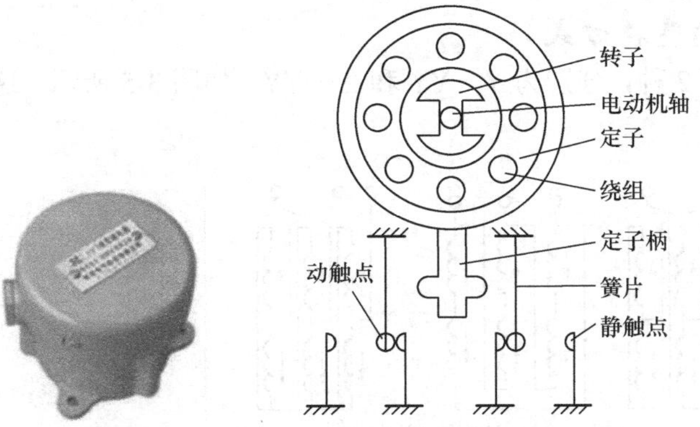

图 3-2　JYI 型速度继电器的外形及结构原理

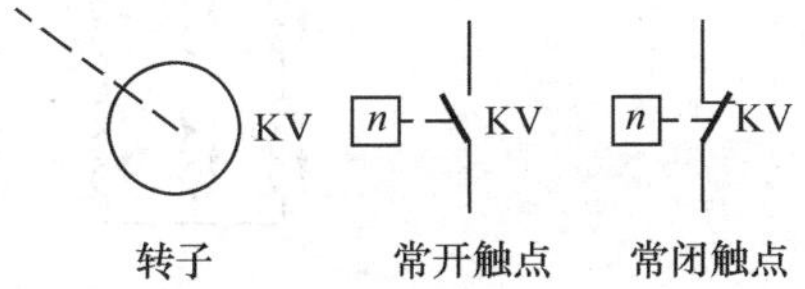

图 3-3　速度继电器图形符号

速度继电器工作原理：速度继电器转子的轴与被控电动机的轴相连接，而定子空套在转子上。当电动机转动时，速度继电器的转子随之转动，定子内的短路导体切割磁场，产生感应电动势，从而产生电流。此电流与旋转的转子磁场作用产生转矩，于是定子开始转动，当转到一定角度时，装在定子轴上的摆锤推动簧片动作，使常闭触点断开，常开触点闭合。当电动机转速低于某一值时，定子产生的转矩减小，触点在弹簧作用下复位。速度继电器一般在转速 120r/min 以上时，触点动作；在转速 100r/min 以下时，触点复位。

（二）双速异步电动机

1．双速异步电动机简介

双速异步电动机的调速属于异步电动机变极调速，变极调速主要用于调速性能要求不高的场合，如铣床、镗床、磨床等机床及其他设备上。所需设备简单、体积小、质量轻，但电动机绕组引出头较多，调速级数少，级差大，不能实现无级调速。它主要是通过改变定子绕组的连接方法来改变定子旋转磁场磁极对数，从而改变电动机的转速。

2．变极调速原理

变极原理：定子一半绕组中电流方向变化，磁极对数成倍变化，如图 3-4 所示。每相绕组由两个线圈组成，每个线圈看作一个半相绕组。若两个半相绕组顺向串联，则电流同向，可产生 4 极磁场。其中一个半相绕组电流反向，可产生 2 极磁场。

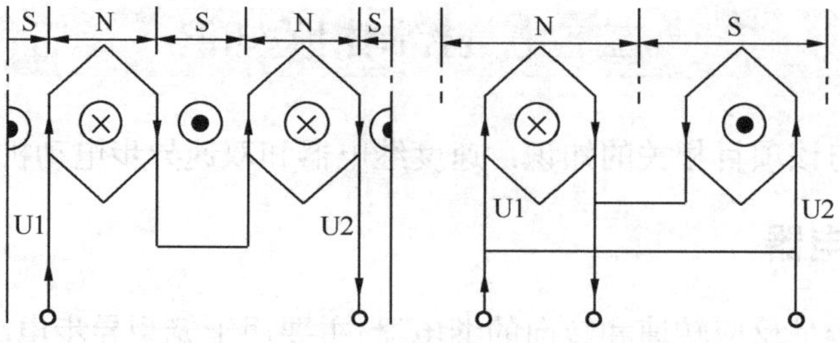

（a）$2p$=4　　（b）$2p$=2

图 3-4　变极调速电动机绕组展开示意

根据公式 $n_1=60f/p$ 可知，在电源频率不变的条件下，异步电动机的同步转速与磁极对数成反比，磁极对数增加一倍，同步转速 n_1 下降至原转速的一半，电动机额定转速 n 也将下降近似一半，因此改变磁极对数可以达到改变电动机转速的目的。

3. 双速异步电动机定子绕组的连接方式

双速异步电动机定子绕组的形式有 2 种，分别为 Y—YY 和△—YY，如图 3-5 所示。这 2 种形式都能使电动机极数减少一半。

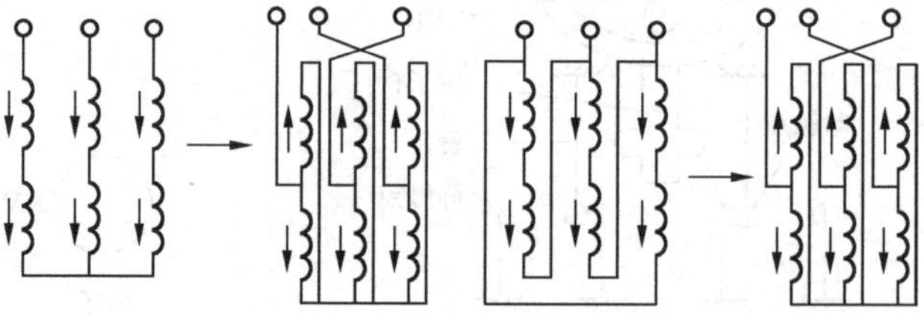

（a）Y—YY　　（b）△—YY

图 3-5　双速异步电动机定子绕组的连接方式

当变极前后绕组与电源的接线如图 3-5 所示时，变极前后电动机转向相反。因此，若要使变极后电动机保持原来的转向不变，就应调换电源相序。

本项目介绍的是最常见的单绕组双速电动机，转速比等于磁极倍数比，如 2 极/4 极、4 极/8 极，从定子绕组△接法变为 YY 接法，磁极对数从 p =2 变为 p =1，因此转速比等于 2。

三、基本控制相关知识

（一）双速电动机调速控制

双速电动机调速控制是不连续变速，改变变速电动机的多组定子绕组接法，可改变电动机的磁极对数，从而改变其转速。

根据变极调速原理“定子一半绕组中电流方向变化，磁极对数成倍变化”，在图 3-6（a）中将绕组的 U1、V1、W1 这 3 个端子接三相电源，将 U2、V2、W2 这 3 个端子悬空，三相定子绕组接成三角形（△）。这时每相的两个绕组串联，电动机以 4 极运行，为低速。在图 3-6（b）中将 U2、V2、W2 这 3 个端子接三相电源，U1、V1、W1 连成星点，三相定子绕组连接成双星（YY）形。这时每相 2 个绕组并联，电动机以 2 极运行，为高速。根据变极调速理论，为保证变极前后电动机转动方向不变，要求变极的同时改变电源相序。

（1）双速电动机主电路。定子绕组的出线端 U1、V1、W1 接电源，U2、V2、W2 悬空，绕组为三角形接法，每相绕组中 2 个线圈串联，成 4 个极，电动机为低速，如图 3-7 所示。出线端 U1、V1、W1 短接，U2、V2、W2 接电源，绕组为双星形，每相绕组中 2 个线圈并联，成 2 个极，电动机为高速。

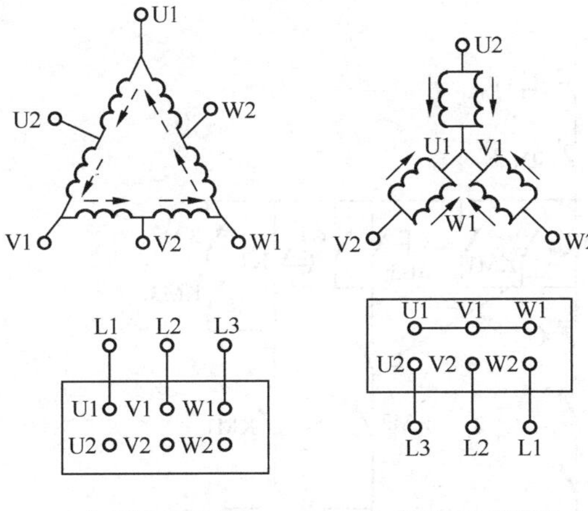

（a）低速△形接法　　（b）高速 YY 形接法

图 3-6　4/2 极△/YY 形的双速电动机定子绕组接线

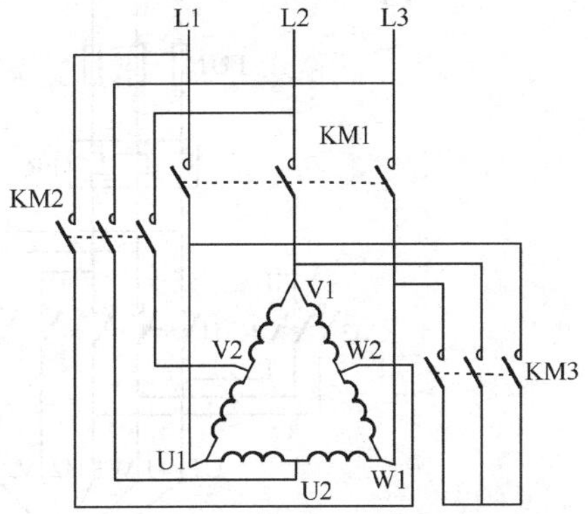

图 3-7　4/2 极的双速交流异步电动机主电路

（2）双速电动机按钮控制电路如图 3-8 所示。

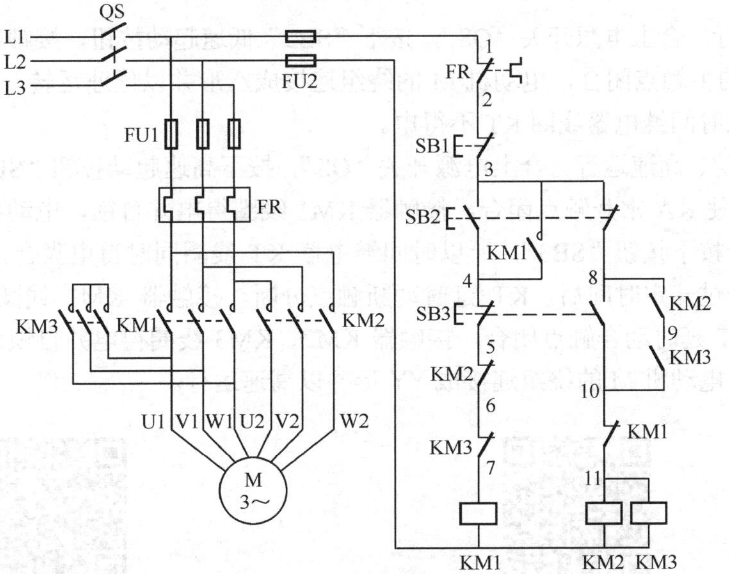

图 3-8　双速电动机按钮控制电路

① 低速控制工作原理。合上电源开关“QS”，按下低速按钮“SB2”，接触器 KM1 线圈通电，其自锁和互锁触点动作，实现对 KM1 线圈的自锁和对 KM2、KM3 线圈的互锁。主电路中的 KM1 主触点闭合，电动机定子绕组作三角形连接，电动机低速运转。

② 高速控制工作原理。合上电源开关“QS”，按下高速按钮“SB3”，接触器 KM1 线圈断电，在解除其自锁和互锁的同时，主电路中的 KM1 主触点也断开，电动机定子绕组暂时断电。因为“SB3”是复合按钮，动断触点断开后，动合触点就闭合，此刻接通接触器 KM2 和 KM3 线圈。KM2 和 KM3 自锁和互锁同时动作，完成对 KM2 和 KM3 线圈的自锁及对 KM1

线圈的互锁。KM2 和 KM3 在主电路的主触点闭合，电动机定子绕组作双星形连接，电动机高速运转。

（3）低速直接起动、高速自动加速控制电路如图 3-9 所示。

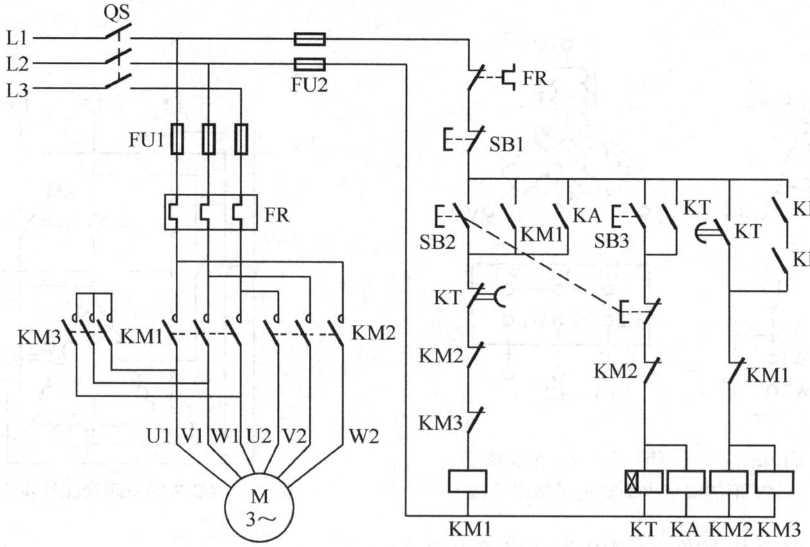

图 3-9　双速交流异步电动机低速起动、高速自动加速控制电路

① 低速运行。合上电源开关“QS”，按下“SB2”低速起动按钮，接触器 KM1 线圈得电并自锁，KM1 的主触点闭合，电动机 M 的绕组连接成△形并以低速运转。由于 SB2 的动断触点断开，所以时间继电器线圈 KT 不得电。

② 低速起动、高速运行。合上电源开关“QS”，按下高速起动按钮“SB3”，中间继电器 KA 线圈得电，使 KA 常开触点闭合，接触器 KM1 线圈得电并自锁，电动机 M 连接成△形低速启动；由于按下按钮“SB3”，所以时间继电器 KT 线圈同时得电吸合，KT 瞬时动合触点闭合自锁，经过一定时间后，KT 延时动断触点分断，接触器 KM1 线圈失电释放，KM1 主触点断开，KT 延时动合触点闭合，接触器 KM2、KM3 线圈得电并自锁，KM2、KM3 主触点同时闭合，电动机 M 的绕组连接成 YY 形并以高速运行。

微课 3-1　双速异步电动机、转换开关和电磁离合器的工作原理

微课 3-2　双速异步电动机电气控制线路

（二）三相异步电动机制动控制电路

电动机不采取任何措施直接切断电动机电源称为自由停车，电动机自由停车的时间较长，效率低，随惯性大小而不同，而某些生产机械要求迅速、准确地停车，如：镗床、车床的主电动机需要快速停车；起重机为使重物停位准确及保障现场安全要求，也必须采用快速、可靠的制动方式。采用什么制动方式、用什么控制原则保证每种方法的可靠实现是本节要解决的问题。

制动可分为机械制动和电气制动。电气制动是在电动机转子上加一个与电动机转向相反的制动电磁转矩，使电动机转速迅速下降，或稳定在另一转速。常用的电气制动有反接制动与能耗制动。

1. 三相异步电动机能耗制动控制电路

能耗制动是指电动机脱离交流电源后，立即在定子绕组的任意两相中加入一个直流电源，在电动机转子上产生一个制动转矩，使电动机快速停下来。由于能耗制动采用直流电源，故也称为直流制动。能耗制动自动控制方式有按速度原则控制方式与按时间原则控制方式两种。

（1）按速度原则控制的电动机单向运行能耗制动控制电路。电路如图 3-10 所示，由 KM2 的一对主触点接通交流电源，经整流后，由 KM2 的另两对主触点通过限流电阻向电动机的两相定子绕组提供直流电源。

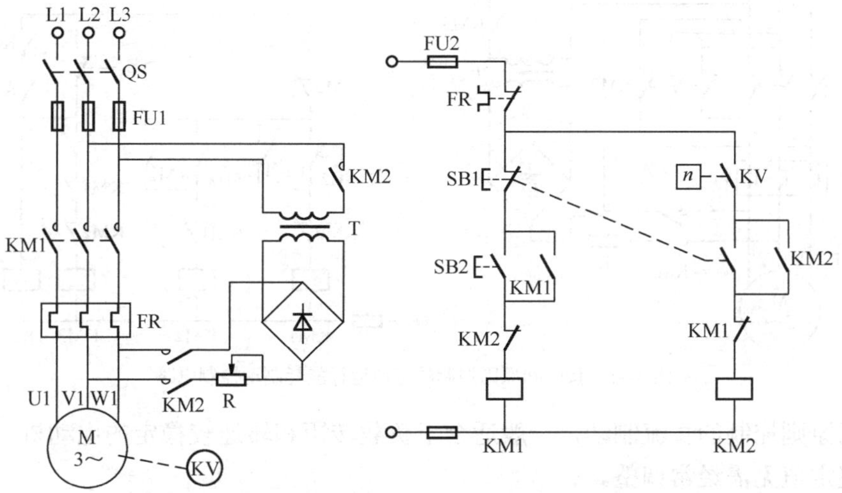

图 3-10 按速度原则控制的电动机单向运行能耗制动控制电路

电路工作过程如下：假设速度继电器的动作值调整为 120 r/min，释放值为 100 r/min。合上开关 QS，按下起动按钮“SB2”→KM1 通电自锁，电动机起动→当转速上升至 120 r/min 时，KV 动合触点闭合，为 KM2 通电做准备。电动机正常运行时，KV 动合触点一直保持闭合状态→当需停车时，按下停车按钮“SB1”→SB1 动断触点首先断开，使 KM1 断电解除自锁，主回路中，电动机脱离三相交流电源→SB1 动合触点后闭合，使 KM2 线圈通电自锁。KM2 主触点闭合，交流电源经整流后经限流电阻向电动机提供直流电源，在电动机转子上产生一个制动转矩，使电动机转速迅速下降→当转速下降至 100 r/min 时，KV 动合触点断开，KM2 断电释放，切断直流电源，制动结束。电动机最后阶段是自由停车。

对于功率较大的电动机应采用三相整流电路，而对于 10 kW 以下的电动机，在制动要求不高的场合，为减少设备、降低成本、减少体积，可采用无变压器的单管直流制动。制动电路可参考相关书籍。

（2）按时间原则控制的电动机可逆运行能耗制动控制电路。图 3-11 所示为按时间原则控制的可逆运行能耗制动控制电路。图 3-11 中的 KM1、KM2 分别为电动机正反转接触器，KM3 为能耗制动接触器；“SB2”“SB3”分别为电动机正反转起动按钮。

电路工作过程如下：合上开关“QS”，按下起动按钮“SB2”（“SB3”）→KM1（KM2）通电自锁，电动机正向（反向）起动、运行→若需停车，按下停止按钮“SB1”→SB1 动断触点首先断开，使 KM1（正转时）或 KM2（反转时）断电并解除自锁，电动机断开交流电源→SB1 动合触点闭合，使 KM3、KT 线圈通电并自锁。KM3 动断辅助触点断开，进一步保证 KM1、KM2 失电。在主回路中，KM3 主触点闭合，电动机定子绕组串电阻进行能耗制动，电动机转速迅速降低→当接近零时，KT 延时结束，其延时动断触点断开，使 KM3、KT 线圈相继断电释放。在主回路中，KM3 主触点断开，切断直流电源，直流制动结束。电动机最后阶段是自由停车。

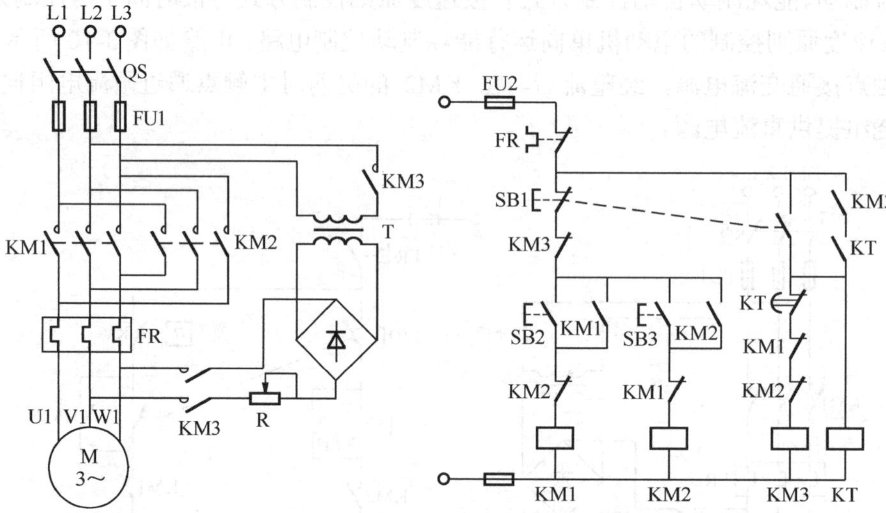

图 3-11　按时间原则控制的可逆运行能耗制动控制电路

按时间原则控制的直流制动，一般适合于负载转矩和转速较稳定的电动机。这样，时间继电器的整定值无需经常调整。

2．三相异步电动机反接制动控制电路

反接制动是通过改变电动机电源的相序，使定子绕组产生相反方向的旋转磁场，从而产生制动转矩的一种制动方法。

因为反接制动刚开始时，转子与旋转磁场的相对速度接近于两倍的同步转速，所以定子绕组流过的制动电流相当于全压直接起动电流的两倍。因此，反接制动的特点是制动迅速，效果好，但冲击大。故反接制动一般用于电动机需快速停车的场合，如镗床上主电动机的停车等。为了减小冲击电流，通常要求在电动机主电路中串接一定的电阻，以限制反接制动电流。反接制动电阻的接线方法有对称和不对称两种接法。图 3-12 所示为三相串电阻的对称接法。对反接制动的另一个要求是在电动机转速接近于零时，必须及时切断反相序电源，以防止电动机反向再起动。

图 3-12 所示为异步电动机单向运行反接制动电路，KM1 为电动机单向旋转接触器，KM2 为反接制动接触器，制动时在电动机两相中串入制动电阻。用速度继电器来检测电动机转速。

电路工作过程如下：假设速度继电器的动作值为 120 r/min，释放值为 100 r/min。合上开关“QS”，按下起动按钮“SB2”→KM1 动作，电动机转速很快上升至 120 r/min，速度继电器动合触点闭合。电动机正常运转时，此对触点一直保持闭合状态，为进行反接制动做好准备→当需要停车时，按下停止按钮“SB1”→SB1 动断触点先断开，使 KM1 断电释放。在主回路中，KM1 主触点断开，使电动机脱离正相序电源→SB1 动合触点后闭合，KM2 通电自锁，主触点动作，电动机定子串入对称电阻进行反接制动，使电动机转速迅速下降→当电动机转速下降至 100 r/min 时，KV 动合触点断开，使 KM2 断电解除自锁，电动机断开电源后自由停车。

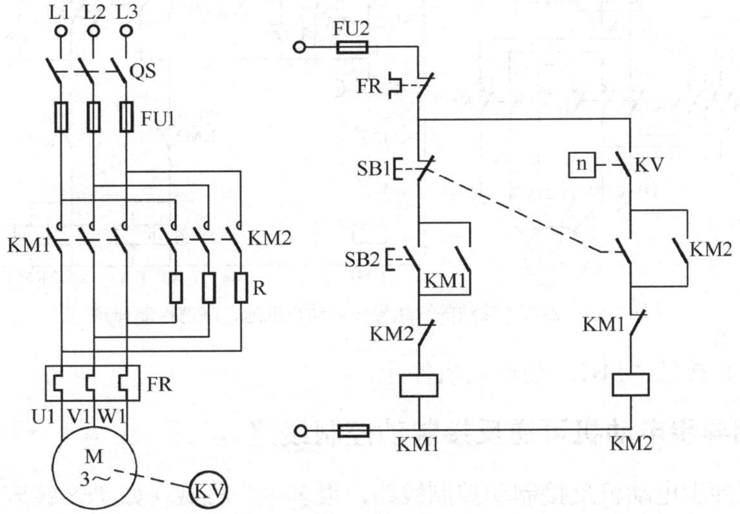

图 3-12 速度原则控制的异步电动机单向运行反接制动控制电路

四、应用举例

（一）双速异步电动机低速起动、高速运行电气控制线路

1. 工作任务

某台△/YY 接法的双速异步电动机需要施行低速、高速连续运转和低速点动混合控制，且高速需要采用分级起动控制，即先低速起动，然后自动切换为高速运转，试设计出能实现这一要求的电路图。

2. 设计电路原理图

设计电路原理如图 3-13 所示。

3. 工作原理分析

线路工作原理如下。

（1）低速运行。合上电源开关“QS”，按下低速启动按钮“SB2”，接触器 KM1 线圈得电并自锁，KM1 的主触点闭合，电动机 M 的绕组连接成△形并以低速运转。按下低速点动按钮“SB3”，实现低速点动控制。

（2）低速起，高速运行。合上电源开关“QS”，按下高速起动按钮“SB4”，中间继电器线圈 KA 得电并自锁，KA 的常开触点闭合，使接触器 KM1 线圈得电并自锁，电动机 M 连接成△形并低速起动；按下按钮“SB4”，使时间继电器 KT 线圈同时得电吸合，经过一定时间后，KT 延时动断触点分断，接触器 KM1 线圈失电释放，KM1 主触点断开，KT 延时动合触点闭合，接触器 KM2、KM3 线圈得电并自锁，KM2、KM3 主触点同时闭合，电动机 M 的绕组连接成 YY 形并以高速运行。

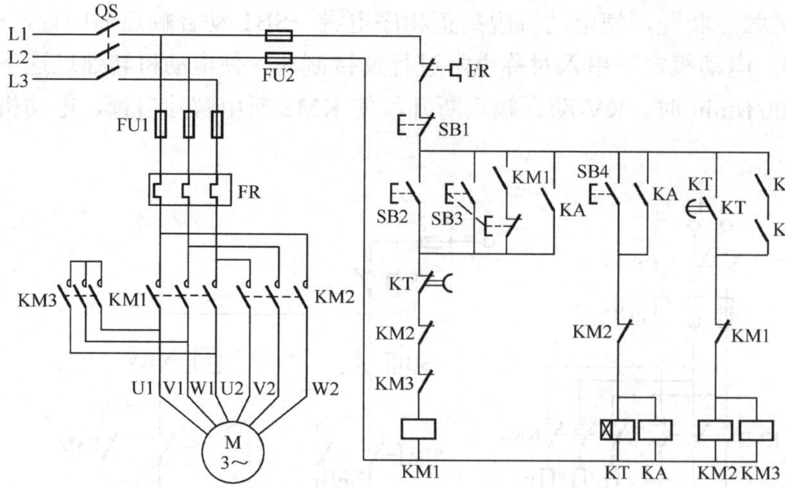

图 3-13　△/YY 接法的双速异步电动机低速、高速控制原理

（3）按下停止按钮“SB1”使电动机停止。

（二）三相异步电动机可逆反接制动控制线路

前面讲述了异步电动机反接制动控制线路，很多生产机械（如 T68 镗床）要求电动机正反转时都要进行反接制动。根据控制要求，设计的电动机可逆运行反接制动控制电路，如图 3-14 所示。电阻 R 是反接制动电阻，采用不对称接法，同时具有限制起动电流的作用。

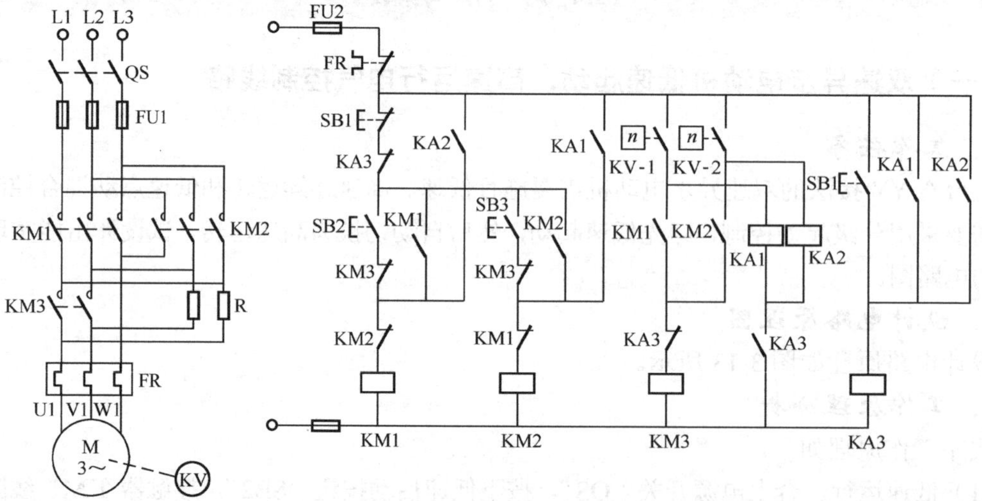

图 3-14　电动机可逆运行反接制动控制电路

电路工作过程如下：合上开关“QS”，按下正向起动按钮“SB2”→KM1 通电自锁，在主回路中，电动机两相串电阻起动→当转速上升到速度继电器动作值时，KV-1 闭合，KM3 线圈通电，在主回路中，KM3 主触点闭合短接电阻，电动机进入全压运行→需要停车时，按下停止按钮“SB1”，KM1 断电解除自锁。电动机断开正相序电源→SB1 动合触点闭合，使 KA3 线圈通电→KA3 动断触点断开，使 KM3 线圈保持断电。KA3 动合触点闭合，KA1 线圈通电，KA1 的一对动合触点闭合使 KA3 保持继续通电，另一对动合触点闭合使 KM2 线圈通电，KM2 主触点闭合。在主回路中，电动机串电阻进行反接制动→反接制动使电动机转速迅

速下降，当下降到 KV 的释放值时，KV-1 断开，KA1 断电→KA3 断电、KM2 断电，电动机断开制动电源，反接制动结束。

电动机反向起动和制动停车过程的分析与正转时相似，可自行分析。

（三）三相异步电动机正反向能耗制动控制

前面讲述了电动机单相能耗制动，同样，在很多生产设备控制线路中也要求电动机正反转都进行能耗制动，三相异步电动机正反向能耗制动控制线路如图 3-15 所示。该线路由 KM1、KM2 实现电动机正反转，在停车时，由 KM3 给二相定子绕组接通直流电源，电位器 R 可以调节制动回路电流的大小，该线路实现能耗制动的点动控制。正反转能耗制动由读者自主完成。

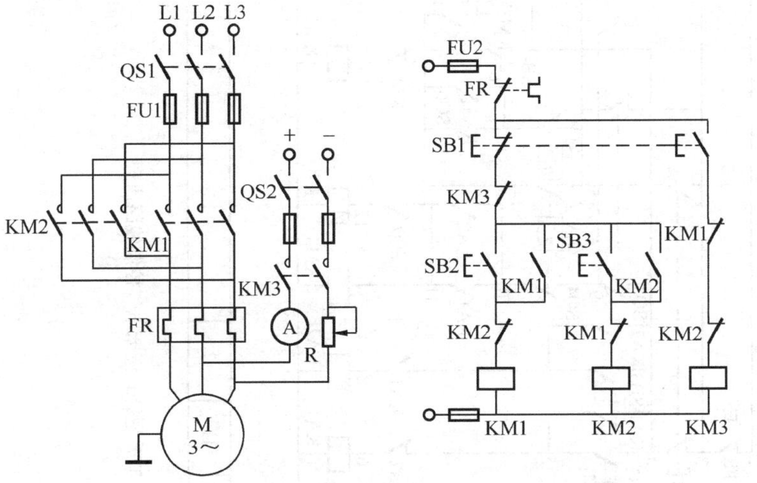

图 3-15 三相异步电动机正反向能耗制动控制线路

微课 3-3 三相异步电动机制动控制

（四）T68 型卧式镗床电气控制线路分析

1. 主电路

T68 型卧式镗床电气控制线路原理如图 3-16 所示。

T68 型卧式镗床电气控制线路有两台电动机：一台是主轴电动机 M1，作为主轴旋转及常速进给的动力，还带动润滑油泵；另一台是快速进给电动机 M2，作为各进给运动快速移动的动力。

M1 为双速电动机，由接触器 KM4、KM5 控制：低速时 KM4 吸合，M1 的定子绕组为三角形连接，n_N=1 460 r/min；高速时 KM5 吸合，KM5 为两只接触器并联使用，定子绕组为双星形连接，n_N=2 880 r/min。KM1、KM2 控制 M1 的正反转。KV 为与 M1 同轴的速度继电器，在 M1 停车时，由 KV 控制进行反接制动。为了限制起动、制动电流和减小机械冲击，M1 在制动、点动及主轴和进给的变速冲动时串入了限流电阻器 R，运行时由 KM3 短接。热继电器 FR 作为 M1 的过载保护。

M2 为快速进给电动机，由 KM6、KM7 控制正反转。由于 M2 是短时工作制，所以不需要用热继电器进行过载保护。

QS 为电源引入开关，FU1 提供全电路的短路保护，FU2 提供 M2 及控制电路的短路保护。

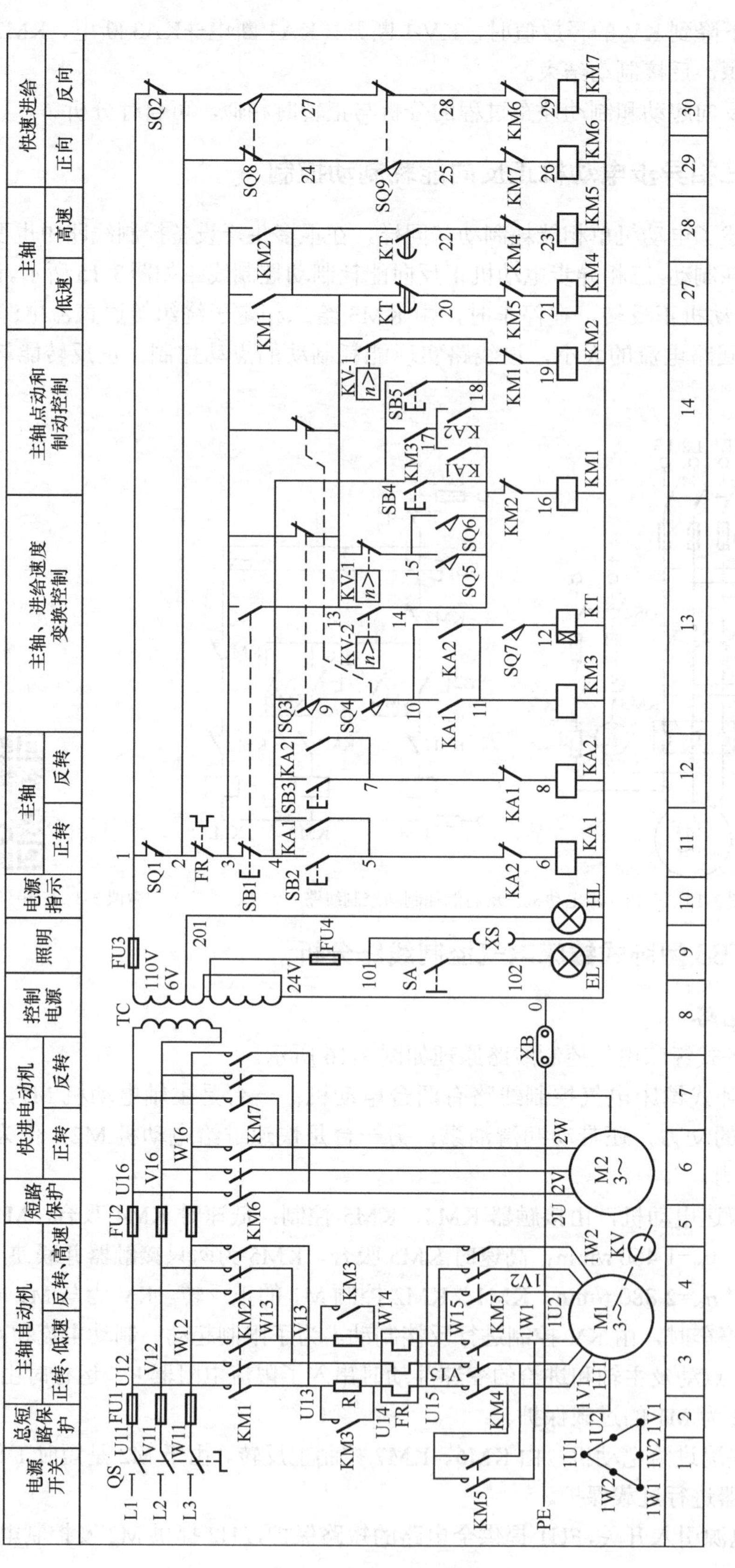

图 3-16 T68 型卧式镗床电气控制线路原理

2．控制电路

由控制变压器 TC 提供 110 V 工作电压，FU3 提供变压器二次侧的短路保护。控制电路包括 KM1～KM7 共 7 个交流接触器，KA1、KA2 两个中间继电器，以及时间继电器 KT，共 10 个电器的线圈支路，该电路的主要功能是控制主轴电动机 M1。在起动 M1 之前，首先要选择好主轴的转速和进给量（在主轴和进给变速时，与之相关的行程开关“SQ3”～“SQ6”的状态见表 3-1），并调整好主轴箱和工作台的位置[在调整好后，行程开关“SQ1”“SQ2”的动断触点（1—2）均处于闭合接通状态]。

表 3-1　　主轴和进给变速行程开关 SQ3～SQ6 状态

	相关行程开关的触点	① 正常工作时	② 变速时	③ 变速后手柄推不上时
主轴变速	SQ3（4—9）	+	—	—
	SQ3（3—13）	—	+	+
	SQ5（14—15）	—	—	+
进给变速	SQ4（9—10）	+	—	—
	SQ4（3—13）	—	+	+
	SQ6（14—15）	—	+	+

注：“+”表示接通；“—”表示断开。

（1）M1 的正反转控制。“SB2”“SB3”分别为正、反转起动按钮，下面以正转起动为例介绍操作过程。

按下“SB2”按钮→KA1 线圈通电自锁→KA1 动合触点（10—11）闭合，KM3 线圈通电→KM3 主触点闭合短接电阻 R；KA1 另一对动合触点（14—17）闭合，与闭合的 KM3 辅助动合触点（4—17）使 KM1 线圈通电→KM1 主触点闭合；KM1 动合辅助触点（3—13）闭合，KM4 通电，电动机 M1 低速起动。

同理，在反转起动运行时，按下“SB3”按钮，相继通电的电器为 KA2→KM3→KM2→KM4。

（2）M1 的高速运行控制。若按上述起动控制，M1 为低速运行，此时机床的主轴变速手柄置于“低速”位置，微动开关“SQ7”不吸合，由于“SQ7”动合触点（11—12）断开，时间继电器 KT 线圈不通电。要使 M1 高速运行，可将主轴变速手柄置于“高速”位置，“SQ7”动作，其动合触点（11—12）闭合，这样在起动控制过程中，KT 与 KM3 同时通电吸合，经过 3 s 左右的延时后，KT 的动断触点（13—20）断开而动合触点（13—22）闭合，使 KM4 线圈断电而 KM5 通电，M1 为 YY 连接高速运行。无论是在 M1 低速运行时，还是在停车时，若将变速手柄由低速挡转至高速挡，M1 都是先低速启动或运行，再经 3 s 左右的延时后自动转换至高速运行。

（3）M1 的停车制动。M1 采用反接制动，KV 为与 M1 同轴的反接制动控制用的速度继电器，在控制电路中有 3 对触点：动合触点（13—18）在 M1 正转时动作，另一对动合触点（13—14）在反转时闭合，还有一对动断触点（13—15）提供变速冲动控制。当 M1 的转速达到 120 r/min 以上时，KV 的触点动作；当转速降至 40 r/min 以下时，KV 的触点复位。下面以 M1 正转高速运行、按下停车按钮 SB1 停车制动为例进行分析。

按下“SB1”按钮→SB1 动断触点（3—4）先断开，先前得电的线圈 KA1、KM3、KT、KM1、KM5 相继断电→然后 SB1 动合触点（3—13）闭合，经 KV-1 使 KM2 线圈通电→KM4 通电，M1D 形接法串电阻反接制动→电动机转速迅速下降至 KV 的复位值→KV-1 动合触点断开，KM2 断电→KM2 动合触点断开，KM4 断电，制动结束。

如果是 M1 反转时进行制动，则由 KV-2（13—14）闭合，控制 KM1、KM4 进行反接制动。

（4）M1 的点动控制。“SB4”和“SB5”分别为正反转点动控制按钮。当需要调整点动时，可按下“SB4”（或“SB5”）按钮，使 KM1 线圈（或 KM2 线圈）通电，KM4 线圈也随之通电，由于此时 KA1、KA2、KM3、KT 线圈都没有通电，所以 M1 串入电阻低速转动。当松开“SB4”（或“SB5”）按钮时，由于没有自锁作用，所以 M1 为点动运行。

（5）主轴的变速控制。主轴的各种转速是由变速操纵盘来调节变速传动系统而取得的。在主轴运转时，如果要变速，可不必停车。只要将主轴变速操纵盘的操作手柄拉出（见图 3-17，将手柄拉至②的位置），与变速手柄有机械联系的行程开关“SQ3”“SQ5”就均复位（见表 3-1），此后的控制过程如下（以正转低速运行为例）。

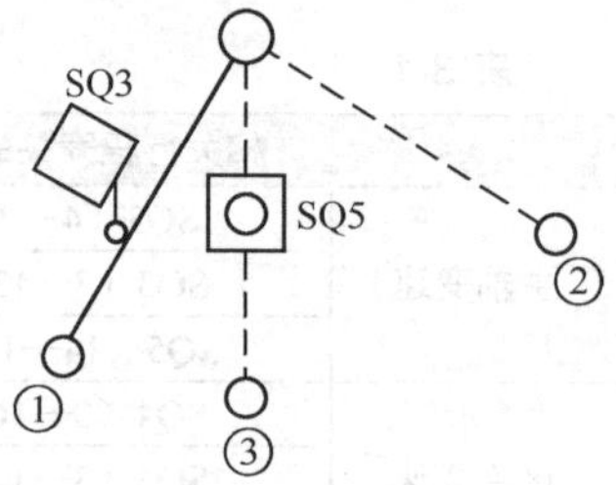

图 3-17 主轴变速手柄位置

将变速手柄拉出→“SQ3”复位→SQ3 动合触点断开→KM3 和 KT 都断电→KM1、KM4 断电，M1 断电后由于惯性继续旋转。

SQ3 动断触点（3—13）后闭合，由于此时转速较高，故 KV-1 动合触点为闭合状态→KM2 线圈通电→KM4 通电，电动机△接法进行制动，转速很快下降到 KV 的复位值→KV-1 动合触点断开，KM2、KM4 断电，断开 M1 反向电源，制动结束。

转动变速盘进行变速，变速后将手柄推回→“SQ3”动作→“SQ3”动断触点（3—13）断开；动合触点（4—9）闭合，KM1、KM3、KM4 重新通电，M1 重新起动。

由以上分析可知，如果变速前主电动机处于停转状态，那么变速后主电动机也处于停转状态。若变速前主电动机处于正向低速（△形连接）状态运转，由于中间继电器仍然保持通电状态，变速后，主电动机仍处于△形连接下运转。同理，如果变速前，电动机处于高速（YY）正转状态，那么变速后，主电动机仍先连接成△形，再经 3 s 左右的延时，才进入 YY 连接高速运转状态。

（6）主轴的变速冲动。“SQ5”为变速冲动行程开关，由表 3-1 可见，在不变速时，“SQ5”的动合触点（14—15）是断开的；在变速时，如果齿轮未啮合好，变速手柄就合不上，即在图 3-17 中处于③的位置，则“SQ5”被压合→“SQ5”的动合触点（14—15）闭合→KM1 由（13—15—14—16）支路通电→KM4 线圈支路也通电→M1 低速串电阻启动→当 M1 的转速升至 120 r/min 时→KV 动作，其动断触点（13—15）断开→KM1、KM4 线圈支路断电→KV-1 动合触点闭合→KM2 通电→KM4 通电，M1 进行反接制动，转速下降→当 M1 的转速降至 KV 复位值时，KV 复位，其动合触点断开，M1 断开制动电源，动断触点（13—15）又闭合→KM1、KM4 线圈支路再次通电→M1 转速再次上升……这样使 M1 的转速在 KV 复位值和动作值之间反复升降，进行连续低速冲动，直至齿轮啮合好以后，才能将手柄推合至图 3-17 中①的位置，使“SQ3”被压合，而“SQ5”复位，变速冲动才告结束。

（7）进给变速控制。与上述主轴变速控制的过程基本相同，只是在进给变速控制时，拉动的是进给变速手柄，动作的行程开关是“SQ4”和“SQ6”。

（8）快速移动电动机 M2 的控制。为缩短辅助时间，提高生产效率，由快速移动电动机 M2 经传动机构拖动镗头架和工作台做各种快速移动。运动部件及运动方向的预选由装在工作台前方的操作手柄进行，而控制则是由镗头架的快速操作手柄进行。当扳动快速操作手柄时，将压合行程开关“SQ8”或“SQ9”，接触器 KM6 或 KM7 通电，实现 M2 快速正转或快速反转。电动机带动相应的传动机构拖动预选的运动部件快速移动。将快速移动手柄扳回原位时，行程开关“SQ5”或“SQ6”不再受压，KM6 或 KM7 断电，电动机 M2 停转，快速移动结束。

（9）联锁保护。为了防止工作台及主轴箱与主轴同时进给，将行程开关“SQ1”和“SQ2”的动断触点并联在控制电路（1—2）中。当工作台及主轴箱进给手柄在进给位置时，“SQ1”的触点断开；而当主轴的进给手柄在进给位置时，“SQ2”的触点断开。如果两个手柄都处在进给位置，则“SQ1”“SQ2”的触点都断开，机床不能工作。

3．照明电路和指示灯电路

由变压器 TC 提供 24 V 安全电压供给照明灯 EL，EL 的一端接地。SA 为灯开关，由 FU4 提供照明电路的短路保护。XS 为 24 V 电源插座。HL 为 6 V 的电源指示灯。

4．T68 型卧式镗床常见电气故障的诊断与检修

镗床常见电气故障的诊断、检修与前面讲述的钻床大致相同，但由于镗床的机—电联锁较多，且采用双速电动机，所以会有一些特有的故障，现举例分析如下。

（1）主轴的转速与标牌的指示不符。这种故障一般有 2 种现象：第 1 种是主轴的实际转速比标牌指示转数增加一倍或减少一半；第 2 种是 M1 只有高速或只有低速运行。前者大多是由于安装调整不当引起的。T68 型卧式镗床有 18 种转速，是由双速电动机和机械滑移齿轮联合调速来实现的。第 1、第 2、第 4、第 6、第 8……挡是由电动机以低速运行来驱动的，而第 3、第 5、第 7、第 9……挡是由电动机以高速运行来驱动的。由以上分析可知，M1 的高低速转换是靠主轴变速手柄推动微动开关“SQ7”，由“SQ7”的动合触点（11—12）通、断来实现的。如果安装调整不当，使“SQ7”的动作恰好相反，则会发生第 1 种故障。产生第 2 种故障的主要原因是“SQ7”损坏（或安装位置移动）：如果“SQ7”的动合触点（11—12）总是接通，则 M1 只有高速；如果“SQ7”的动合触点（11—12）总是断开，则 M1 只有低速。此外，KT 的损坏（如线圈烧断、触点不动作等）也会造成此类故障的发生。

（2）M1 能低速起动，但置“高速”挡时，不能高速运行而自动停机。M1 能低速起动，说明接触器 KM3、KM1、KM4 工作正常；而低速启动后不能换成高速运行且自动停机，又说明时间继电器 KT 是工作的，其动断触点（13—20）能切断 KM4 线圈支路，而动合触点（13—22）不能接通 KM5 线圈支路。因此，应重点检查 KT 的动合触点（13—22）。此外，还应检查 KM4 的互锁动断触点（22—23）。按此思路，接下去还应检查 KM5 有无故障。

（3）M1 不能进行正反转点动、制动及变速冲动控制。其原因往往是上述各种控制功能的公共电路部分出现故障。如果伴随着不能低速运行，则故障可能出在控制电路 13—20—21—0 支路中有断开点；否则，故障可能出在主电路的制动电阻器 R 及引线上有断开点。如果主电路仅断开一相电源，电动机还会伴有断相运行时发出的“嗡嗡”声。

微课 3-4 T68 型卧式镗床简介

微课 3-5 卧式镗床的组成

微课 3-6 T68 型卧式镗床电气线路分析

（五）M7130 型平面磨床电气控制线路

磨床是用磨具和磨料（如砂轮、砂带、油石、研磨剂等）对工件的表面进行磨削加工的一种机床，它可以加工各种表面，如平面、内外圆柱面、圆锥面和螺旋面等。通过磨削加工，使工件的形状及表面的精度、光洁度达到预期的要求。同时，它还可以进行切断加工。根据用途和采用的工艺方法不同，磨床可以分为平面磨床、外圆磨床、内圆磨床、工具磨床和各种专用磨床（如螺纹磨床、齿轮磨床、球面磨床、导轨磨床等），其中以平面磨床使用最多。平面磨床又分为卧轴和立轴、矩台和圆台 4 种类型，下面以 M7130 型卧轴矩台平面磨床为例，介绍磨床的电气控制电路。

M7130 型平面磨床型号的含义如下。

M　7　1　30

- 30——工作台工作面宽度为 300mm
- 1——卧轴矩台式
- 7——平面
- M——磨床

1. 平面磨床的主要结构和运动形式

M7130 型卧轴矩形工作台平面磨床的主要结构包括床身、立柱、滑座、砂轮箱、工作台和电磁吸盘，如图 3-18 所示。磨床的工作台表面有 T 型槽，可以用螺钉和压板将工件直接固定在工作台上，也可以在工作台上装上电磁吸盘，用来吸持铁磁性的工件。平面磨床的主运动和进给运动如图 3-19 所示。平面磨床砂轮与砂轮电动机均装在砂轮箱内，砂轮直接由砂轮电动机带动旋转；砂轮箱装在滑座上，而滑座装在立柱上。

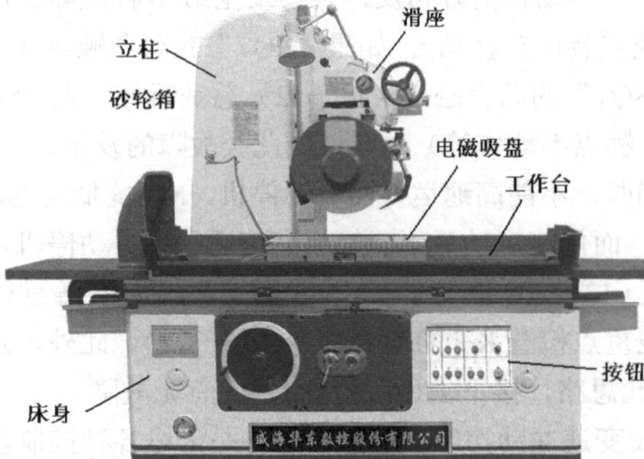

图 3-18　M7130 卧轴矩台平面磨床结构

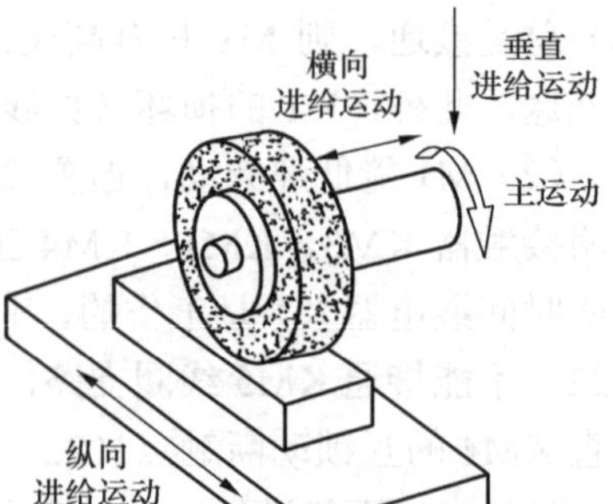

图 3-19　平面磨床的主运动和进给运动

磨床的主运动是砂轮的旋转运动，而进给运动则分为以下 3 种运动。

（1）工作台（带动电磁吸盘和工件）做纵向进给运动。

（2）砂轮箱沿滑座上的燕尾槽做横向进给运动。

（3）砂轮箱和滑座一起沿立柱上的导轨做垂直进给运动。

2. 平面磨床的电力拖动形式和控制要求

M7130 型卧轴矩台平面磨床采用多台电动机拖动，其电力拖动和电气控制、保护的要求如下。

（1）砂轮由一台笼型异步电动机拖动。因为砂轮的转速一般不需要调节，所以对砂轮电动机没有电气调速的要求，也不需要反转，可直接起动。

（2）因为平面磨床的纵向和横向进给运动一般采用液压传动，所以需要由一台液压泵电动机驱动液压泵，对液压泵电动机也没有电气调速、反转和降压起动的要求。

（3）同车床一样，也需要一台冷却泵电动机提供冷却液，冷却泵电动机与砂轮电动机也具有联锁关系，即要求砂轮电动机起动后才能开动冷却泵电动机。

（4）平面磨床往往采用电磁吸盘来吸持工件。电磁吸盘要有退磁电路，为防止在磨削加工时因电磁吸盘吸力不足而造成工件飞出，还要求有弱磁保护环节。

（5）具有各种常规的电气保护环节（如短路保护和电动机的过载保护）；具有安全的局部照明装置。

3．M7130 型平面磨床电气控制电路分析

M7130 型平面磨床的电气原理图如图 3-20 所示。

（1）主电路。三相交流电源由电源开关“QS”引入，由 FUl 作全电路的短路保护。砂轮电动机 M1 和液压电动机 M3 分别由接触器 KM1、KM2 控制，并分别由热继电器 FR1、FR2 作过载保护。由于磨床的冷却泵箱是与床身分开安装的，所以冷却泵电动机 M2 由插头插座 Xl 接通电源，在需要提供冷却液时才插上。M2 受 M1 起动和停转的控制。由于 M2 的容量较小，因此不需要过载保护。三台电动机均直接启动，单向旋转。

（2）控制电路。控制电路采用 380 V 电源，由 FU2 作短路保护。“SBl”“SB2”和“SB3”“SB4”分别为 M1 和 M3 的起动、停止按钮，通过 KM1、KM2 控制 M1 和 M3 的起动、停止。

（3）电磁吸盘电路。电磁吸盘的结构与工作原理如图 3-21 所示。其线圈通电后产生电磁吸力，以吸持铁磁性材料的工件进行磨削加工。与机械夹具相比较，电磁吸盘具有操作简便，不损伤工件的优点，特别适合于同时加工多个小工件。采用电磁吸盘的另一优点是工件在磨削时发热能够自由伸缩，不至于变形。但是电磁吸盘不能吸持非铁磁性材料的工件，而且其线圈必须使用直流电。

见图 3-20，变压器 T1 将 220 V 交流电降压至 127 V 后，经桥式整流器 VC 变成 110 V 直流电压供给电磁吸盘线圈 YH。SA2 是电磁吸盘的控制开关，待加工时，将 SA2 扳至右边的“吸合”位置，触点（301—303）、（302—304）接通，电磁吸盘线圈通电，产生电磁吸力将工件牢牢吸持。加工结束后，将 SA2 扳至中间的“放松”位置，电磁吸盘线圈断电，可将工件取下。如果工件有剩磁难以取下，可将 SA2 扳至左边的“退磁”位置，触点（301—305）、（302—303）接通，可见此时线圈通以反向电流产生反向磁场，对工件进行退磁。注意这时要控制退磁的时间，否则工件会因反向充磁而更难取下。R2 用于调节退磁的电流。采用电磁吸盘的磨床还配有专用的交流退磁器，如图 3-22 所示。如果退磁不够彻底，可以使用退磁器退去剩磁。X2 是退磁器的电源插座。

（4）电气保护环节。除常规的电路短路保护和电动机的过载保护之外，电磁吸盘电路还专门设有一些保护环节。

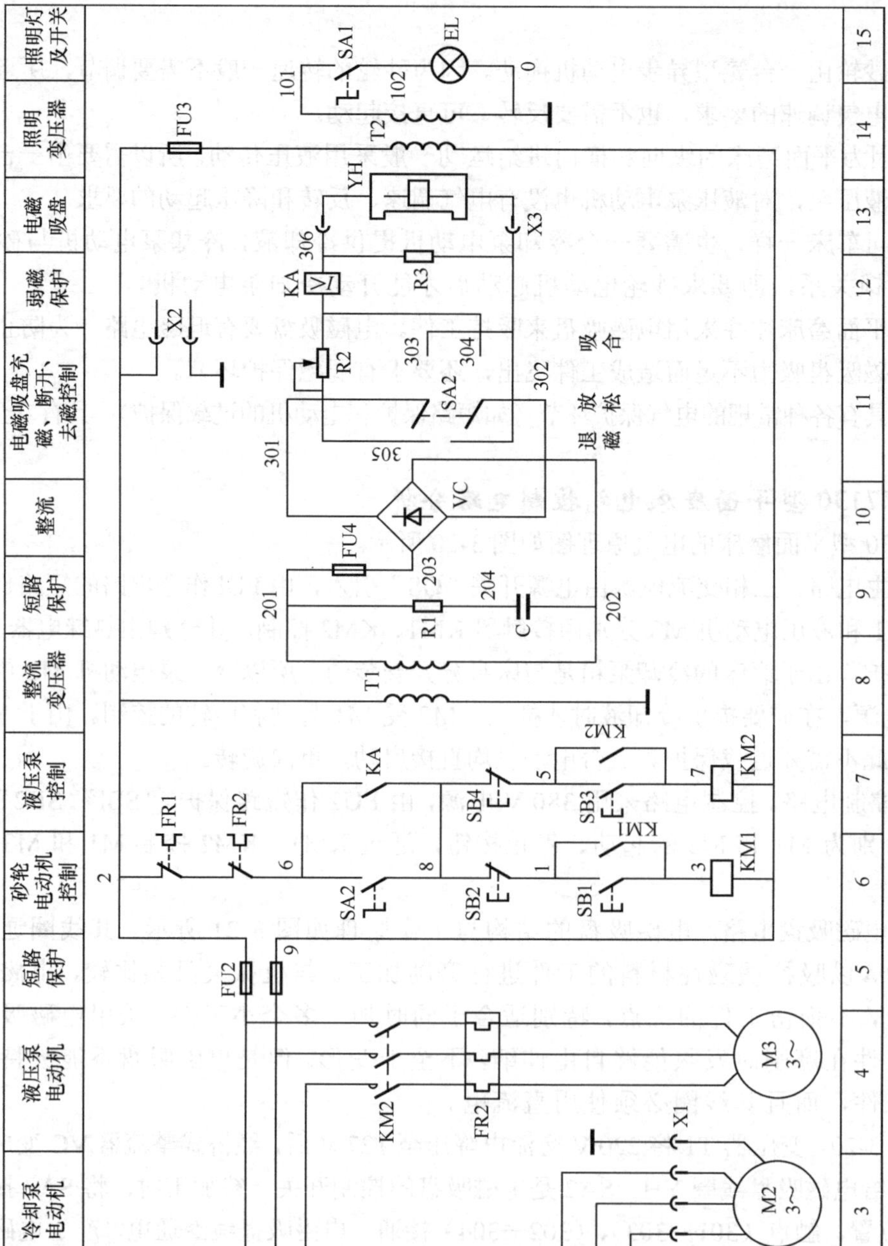

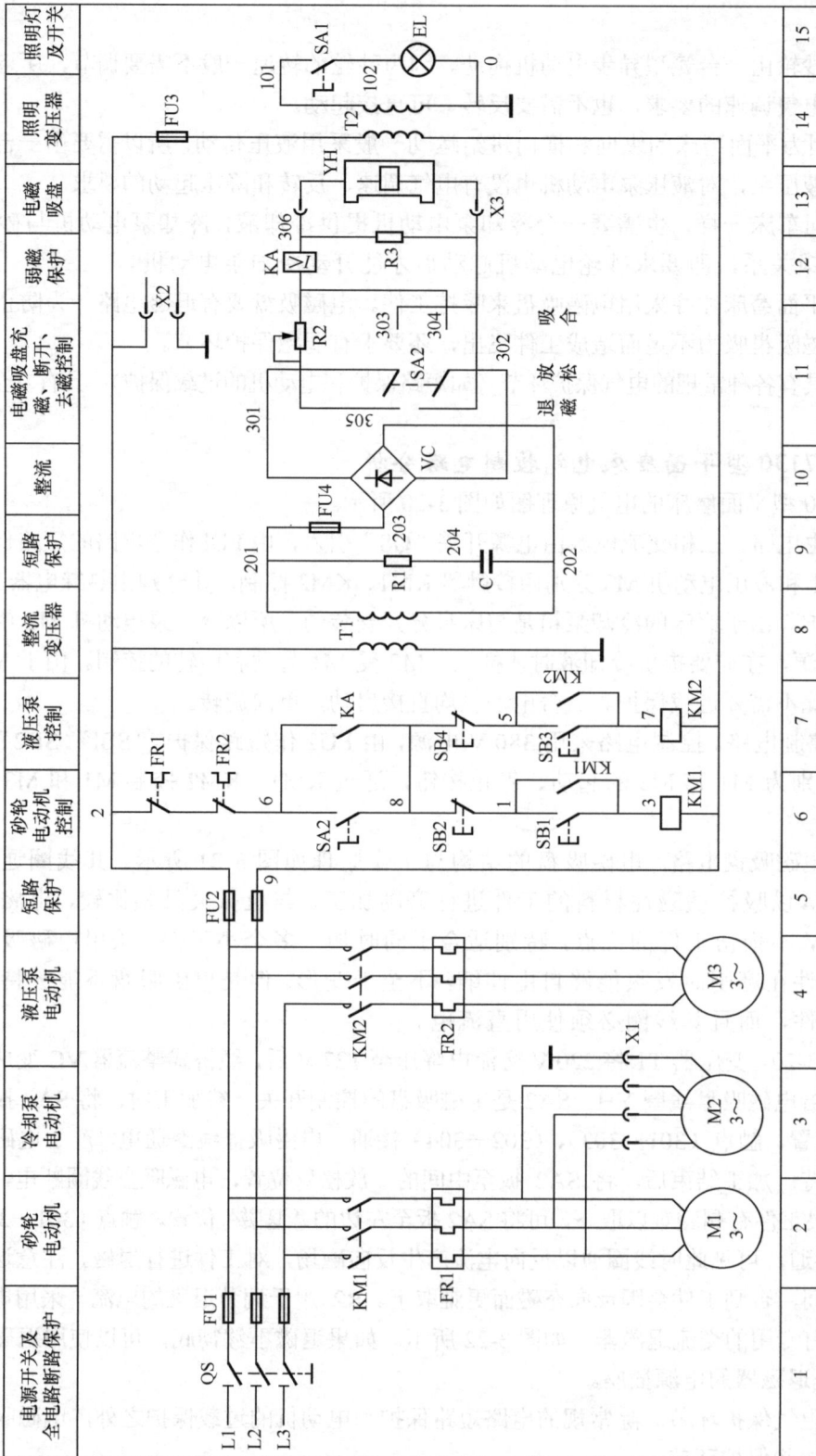

图 3-20 M7130 型平面磨床的电气原理

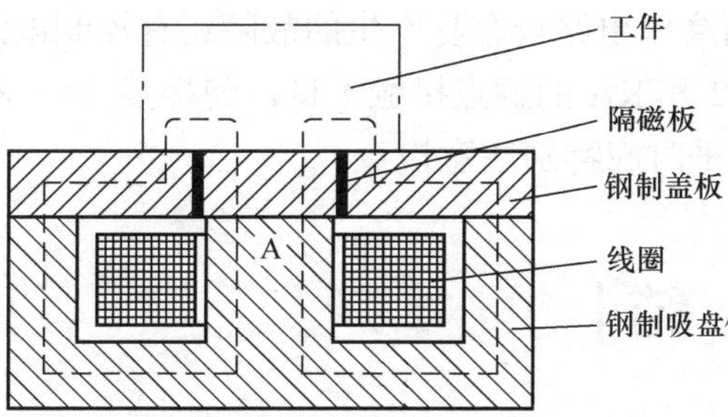

图 3-21 电磁吸盘的结构与工作原理

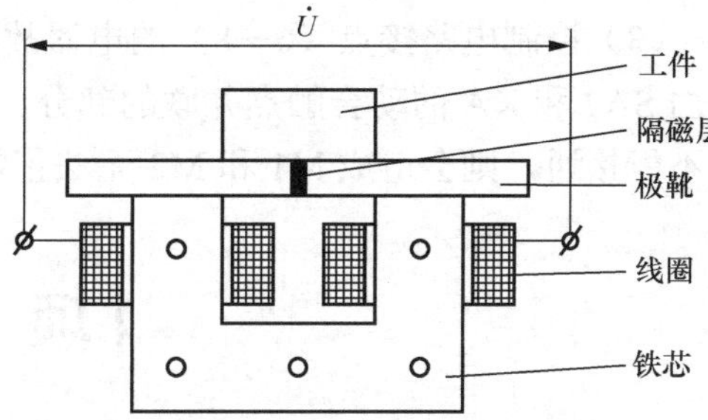

图 3-22 交流退磁器的结构与工作原理

① 电磁吸盘的弱磁保护。采用电磁吸盘来吸持工件有许多好处，但在进行磨削加工时，一旦电磁吸力不足，就会造成工件飞出事故。因此在电磁吸盘线圈电路中串入欠电流继电器 KA 的线圈，KA 的动合触点与“SA2”的一对动合触点并联，串接在控制砂轮电动机 M1 的接触器 KMl 线圈支路中。“SA2”的动合触点（6—8）只有在“退磁”挡才接通，而在“吸合”挡是断开的，这就保证了电磁吸盘在吸持工件时必须保证有足够的充磁电流，才能启动砂轮电动机 M1。在加工过程中一旦电流不足，欠电流继电器 KA 动作，能够及时地切断 KMl 线圈电路，使砂轮电动机 M1 停转，避免事故发生。如果不使用电磁吸盘，可以将其插头从插座 X3 上拔出，将“SA2”扳至“退磁”挡，此时“SA2”的触点（6—8）接通，不影响对各台电动机的操作。

② 电磁吸盘线圈的过电压保护。电磁吸盘线圈的电感量较大，当“SA2”在各挡间转换时，线圈会产生很大的自感电动势，使线圈的绝缘和电器的触点损坏。因此在电磁吸盘线圈两端并联电阻器 R3 作为放电回路。

③ 整流器的过电压保护。在整流变压器 TI 的二次侧并联由 R1、C 组成的阻容吸收电路，用以吸收交流电路产生的过电压和在直流侧电路通断时产生的浪涌电压，对整流器进行过电压保护。

（5）照明电路。照明变压器 T2 将 380 V 交流电压降至 36 V 安全电压供给照明灯 EL，EL 的一端接地，“SA1”为灯开关，由 FU3 提供照明电路的短路保护。

4．M7130 型平面磨床常见电气故障的诊断与检修

M7130 型平面磨床电路与其他机床电路的主要不同是电磁吸盘电路，在此主要分析电磁吸盘电路的故障。

（1）电磁吸盘没有吸力或吸力不足。如果电磁吸盘没有吸力，首先应检查电源，从整流变压器 T1 的一次侧到二次侧，再检查到整流器 VC 输出的直流电压是否正常；检查熔断器 FU1、FU2、FU4；检查“SA2”的触点、插头插座 X3 是否接触良好；检查欠电流继电器 KA 的线圈有无断路；一直检查到电磁吸盘线圈 YH 两端有无 110 V 直流电压。如果电压正常，电磁吸盘仍无吸力，则需要检查 YH 有无断线。如果是电磁吸盘的吸力不足，则多半是工作电压低于额定值，如桥式整流电路的某一桥臂出现故障，使全波整流变成半波整流，VC 输出的直流电压下降了一半，也可能是 YH 线圈局部短路，使空载时 VC 输出电压正常，而接上 YH 后，电压低于正常值 110 V。

（2）电磁吸盘退磁效果差。应检查退磁回路有无断开或元件损坏。退磁的电压过高也会影响退磁效果，应调节 R2 使退磁电压一般为 5～10 V。此外，还应考虑是否有退磁操作不当的原因，如退磁时间过长。

（3）控制电路接点（6—8）的电器故障。平面磨床电路较容易产生的故障还有控制电路中由 SA2 和 KA 的动合触点并联的部分。如果 SA2 和 KA 的触点接触不良，使接点（6—8）间不能接通，则会造成 M1 和 M2 无法正常起动，平时应特别注意检查。

项 目 小 结

本项目以卧式镗床为典型项目，引出了速度继电器的结构特点、工作原理和应用，讲述了双速电动机的原理及控制。因为速度继电器是反映转速和转向的继电器，主要用作笼型异步电动机的反接制动控制，所以也称反接制动继电器，主要由转子、定子和触点 3 部分组成。双速电动机属于异步电动机变极调速类型，主要是通过改变定子绕组的连接方法来改变定子旋转磁场磁极对数，从而改变电动机的转速。

在应用举例中讲述了双速异步电动机控制线路的结构组成、工作原理及安装调试技能。三相异步电动机制动常用的有能耗制动和反接制动，能耗制动是指电动机脱离交流电源后，立即在定子绕组的任意两相中加入一个直流电源，在电动机转子上产生一个制动转矩，使电动机快速停下来。反接制动是通过改变电动机电源的相序，使定子绕组产生相反方向的旋转磁场，从而产生制动转矩的一种制动方法。本项目讲述了单向和正反转能耗制动、反接制动控制线路的组成、工作原理和调试技能。

本项目还重点讲述了 T68 型卧式镗床、M7130 型平面磨床的基本结构、运动形式、操作方法、电动机和电器元件的配置情况，以及机械、液压系统与电气控制的关系等方面知识，详细分析了 T68 型卧式镗床、M7130 型平面磨床电气控制线路组成、工作原理、安装调试方法，还讲述了 T68 型卧式镗床、M7130 型平面磨床常见电气故障的诊断与检修方法。

习题及思考

1．T68 型卧式镗床与 X62W 型铣床的变速冲动有什么不同？T68 型卧式镗床在进给时能否变速？

2．T68 型卧式镗床能低速起动，但不能高速运行，试分析故障的原因。

3．双速电动机高速运行时通常先低速起动而后转入高速运行，为什么？

4．简述速度继电器的结构、工作原理及用途。

5．有 2 台电动机 M1 和 M2，要求：（1）M1 先启动，经过 10 s 后 M2 起动；（2）M2 起动后，M1 立即停止。试设计其控制线路。

6．控制电路工作的准确性和可靠性是电路设计的核心和难点，在设计时必须特别重视。试分析图 3-23 的电路是否合理？如果不合理，试改之。设计本意：按下“SB2”按钮，KM1 得电，延时一段时间后，KM2 得电运行，KM1 失电。按下“SB1”按钮，整个电路失电。

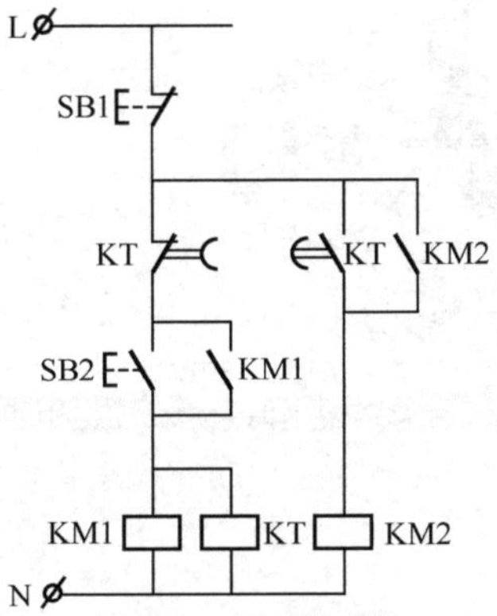

图 3-23　题 6 的电路

7．分析 M7130 型平面磨床充磁的过程。

8．M7130 型平面磨床电磁吸盘没有吸力是什么原因？

项目四
铁床电气控制

学习目标

1. 熟悉转换开关、电磁离合器的工作原理、特点及其在机床电气控制中的应用。
2. 掌握电动机不同顺序控制电气线路的设计方法与技巧。
3. 掌握电动机多地控制的原理与设计这类控制电路的特点与技巧。
4. 了解 X62W 型万能铣床的主要结构和运动形式，并熟悉铣床的基本操作过程。
5. 掌握 X62W 型万能铣床电气控制线路的工作原理与电气故障的分析方法。
6. 能检修转换开关、电磁离合器的电器故障。
7. 学会电动机顺序控制、多地控制线路的安装接线与故障维修。
8. 能排除 X62W 万能铣床的常见电气故障。

一、项目简述

铣床的加工范围广，运动形式较多，其结构也较为复杂。X62W 型万能铣床在加工时是主轴先启动，只有铣刀旋转后，才允许工作台的进给运动；只有铣刀离开工件表面后，才允许铣刀停止工作。

工作者操作铣床时，在机床的正面与侧面都有操作的可能，这就涉及机床电动机的两地或多地控制问题。

（一）X62W 万能铣床的主要结构和运动形式

X62W 型万能铣床的结构如图 4-1 所示。

床身固定于底座上，用于安装和支撑铣床的各部件，在床身内还装有主轴部件、主传动装置、变速操纵机构等。床身顶部的导轨上装有悬梁，悬梁上装有刀杆支架。铣刀则装在刀杆上，刀杆的一端装在主轴上，另一端装在刀杆支架上。刀杆支架可以在悬梁上水平移动，悬梁又可以在床身顶部的水平导轨上水平移动，因此可以适应各种不同长度的刀杆。

床身的前部有垂直导轨，升降台可以沿导轨上下移动，升降台内装有进给运动和快速移动的传动装置及其操纵机构等。在升降台的水平导轨上装有滑座，可以沿导轨做平行于主轴轴线方向的横向移动；工作台又经过回转盘装在滑座的水平导轨上，可以沿导轨做垂直于主轴轴线方向的纵向移动。这样，紧固在工作台上的工件，通过工作台、回转盘、滑座和升降台，可以在相互垂直的 3 个方向上实现进给或调整运动。

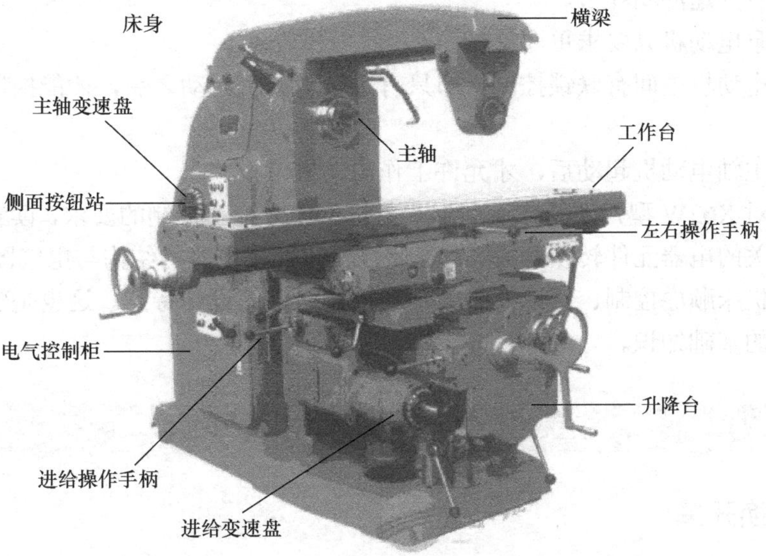

图 4-1 X62W 型万能铣床的结构

工作台与滑座之间的回转盘还可以使工作台左右转动 45°，因此工作台在水平面上除了可以做横向和纵向进给外，还可以实现在不同角度的各个方向上的进给，用以铣削螺旋槽。

由此可见，铣床的主运动是主轴带动刀杆和铣刀的旋转运动；进给运动包括工作台带动工件在水平的纵、横方向及垂直方向 3 个方向的运动；辅助运动则是工作台在 3 个方向的快速移动。

（二）铣床的电力拖动形式和控制要求

铣床的主运动和进给运动各由一台电动机拖动，这样铣床的电力拖动系统一般由 3 台电动机组成：主轴电动机、进给电动机和冷却泵电动机。主轴电动机通过主轴变速箱驱动主轴旋转，并由齿轮变速箱变速，以适应铣削工艺对转速的要求，电动机则不需要调速。由于铣削分为顺铣和逆铣两种加工方式，分别使用顺铣刀和逆铣刀，所以要求主轴电动机能够正反转，但只要求预先选定主轴电动机的转向，在加工过程中不需要主轴反转。又由于铣削是多刃不连续的切削，负载不稳定，所以主轴上装有飞轮，以提高主轴旋转的均匀性，消除铣削加工时产生的震动，这样主轴传动系统的惯性较大，因此还要求主轴电动机在停机时有电气制动。

进给电动机作为工作台进给运动及快速移动的动力，也要求能够正反转，以实现 3 个方向的正反向进给运动。通过进给变速箱，可获得不同的进给速度。为了使主轴和进给传动系统在变速时齿轮能够顺利啮合，要求主轴电动机和进给电动机在变速时能够稍微转动一下（称为变速冲动）。

3 台电动机之间还要求有联锁控制，即只有主轴电动机起动之后，另外两台电动机才能起动运行。由此，铣床对电力拖动及其控制有以下要求。

（1）铣床的主运动由一台笼型异步电动机拖动，直接起动，能够正反转，并设有电气制动环节，能进行变速冲动。

（2）工作台的进给运动和快速移动均由同一台笼型异步电动机拖动，直接起动，能够正反转，也要求有变速冲动环节。

（3）冷却泵电动机只要求单向旋转。

（4）3 台电动机之间有联锁控制，即只有主轴电动机起动之后，才能控制另外两台电动机的运转。

（5）只有主轴电动机起动后，才允许工作电动机工作。

通过以上对 X62W 型万能铣床运动形式与机床电力拖动控制的要求，读者需要学习与铣床电气控制相关的电器元件转换开关、电磁离合器等低压电器的结构与电气图形、文字符号，还应学习有关机床顺序控制、两地控制的基本控制电路的设计特点。这也是学习与识读电气图纸需要掌握的基础知识。

二、电气控制器件相关知识

（一）转换开关

组合开关又称转换开关，常用于交流 50 Hz、380 V 以下及直流 220 V 以下的电气线路中，供手动不频繁地接通和分断电路、电源开关或控制 5 kW 以下小容量异步电动机的起动、停止和正反转，各种用途的转换开关如图 4-2 所示。

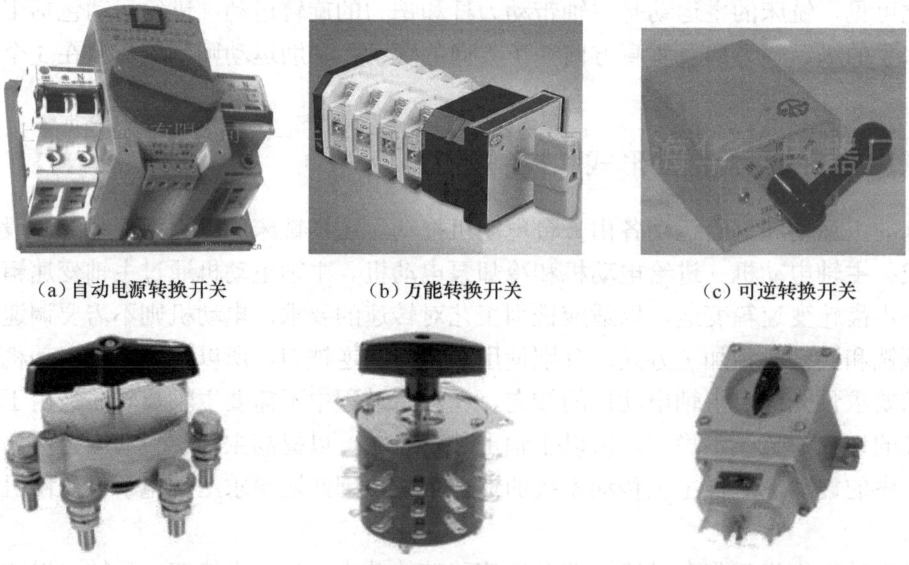

（a）自动电源转换开关　（b）万能转换开关　（c）可逆转换开关

（d）HZ 转换开关　（e）万能转换开关　（f）防爆转换开关

图 4-2　各种用途的转换开关

组合开关的常用产品有 HZ6、HZ10、HZ15 系列。一般在电气控制线路中普遍采用的是 HZ10 系列的组合开关。

组合开关有单极、双极和多极之分。普通类型的转换开关各极是同时通断的；特殊类型的转换开关是各极交替通断，以满足不同的控制要求。其表示方法类似于万能转换开关。

1．无限位型转换开关

无限位型转换开关手柄可以 360° 旋转，无固定方向，常用的是全国统一设计产品 HZ10 系列。HZ10-10/3 型组合开关的外形、结构与符号如图 4-3 所示。它实际上就是由多节触点组合而成的刀开关，与普通闸刀开关的区别是转换开关用动触片代替闸刀，操作手柄在平行于安装面的平面内可左右转动。开关的 3 对静触点分别装在 3 层绝缘垫板上，并附有接线柱，用于与电源及用电设备相接。动触点是用磷铜片（或硬紫铜片）和具有良好灭弧性能的绝缘钢纸板铆合而成，并和绝缘垫板一起套在附有手柄的方形绝缘转轴上。手柄和转轴能在平行于安装面的平面内沿顺时针或逆时针方向每次转动 90°，带动 3 个动触点分别与 3 对静触点接触或分离，达到接通或分断电路的目的。开关的顶盖部分是由滑板、凸轮、弹簧、手柄等构成的操作机构。由于采用了弹簧储能结构，可使触点快速闭合或分断，所以提高了开关的通断能力。

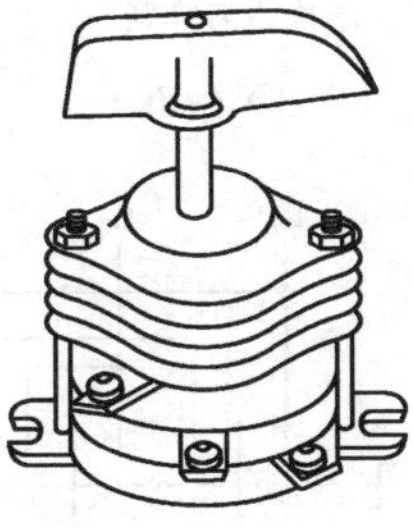
（a）外形

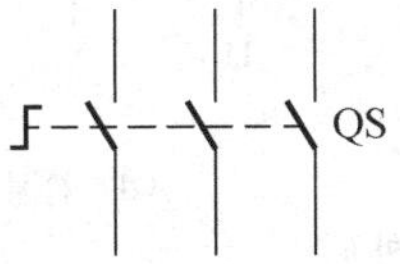

（c）符号

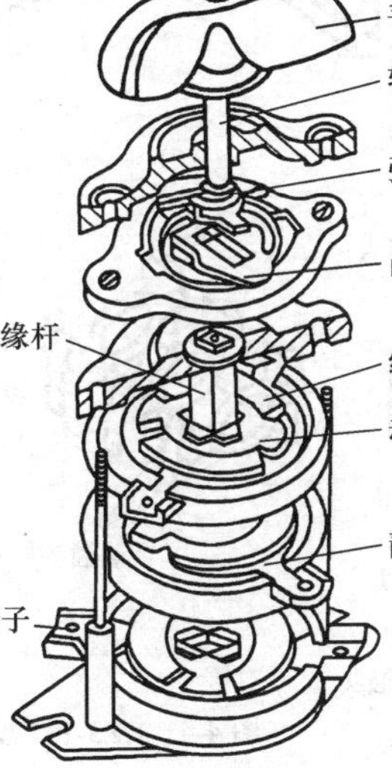

（b）结构

图 4-3　HZ10-10/3 型组合开关

2．有限位型转换开关

有限位型转换开关也称为可逆转换开关或倒顺开关，只能在 90° 范围内旋转，有定位限制，类似双掷开关，即所谓的两位置转换类型，常用的为 HZ3 系列，其 HZ3-132 型转换开关的外形、结构如图 4-4 所示。

HZ3-132 型转换开关的手柄有倒、停、顺 3 个位置，手柄只能从“停”位置左转 45° 和右转 45°。移去上盖可见两边各装有 3 个静触点，右边标符号 L_1、L_2 和 W，左边标符号 U、V 和 L_3，如图 4-4（b）所示。转轴上固定有 6 个不同形状的动触点。其中，$Ⅰ_1$、$Ⅰ_2$、$Ⅰ_3$、$Ⅱ_1$ 是同一形状，$Ⅱ_2$、$Ⅱ_3$ 为另一种形状，如图 4-4（c）所示。6 个动触点分成 2 组，每组 3 个，$Ⅰ_1$、$Ⅰ_2$、$Ⅰ_3$ 为一组，Ⅱ1、$Ⅱ_2$、$Ⅱ_3$ 为一组。两组动触点不同时与静触点接触。

HZ3 系列转换开关多用于控制小容量异步电动机的正、反转及双速异步电动机△-YY、Y- YY 的变速切换。

转换开关是根据电源种类、电压等级、所需触点数、接线方式选用的。应用转换开关控制异步电动机的起动、停止时，每小时的接通次数不超过 15 次，开关的额定电流也应该选得略大一些，一般取电动机额定电流的 1.5～2.5 倍。用于电动机的正、反转控制时，应当在电动机完全停止转动后，才允许反向起动，否则会烧坏开关触点或造成弧光短路事故。

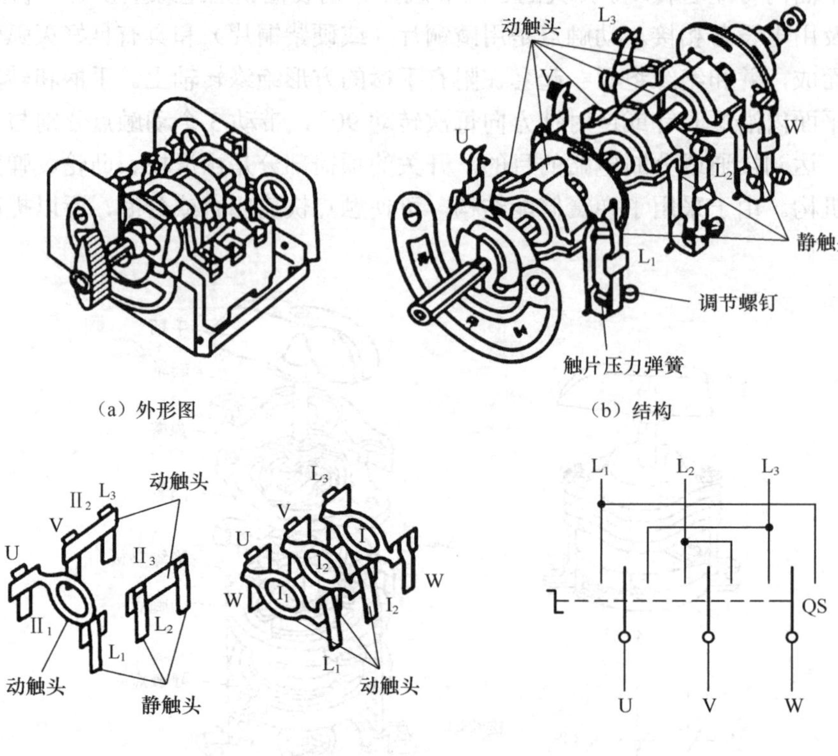

图 4-4　HZ3-132 型转换开关外形

HZ5、HZ10 系列转换开关主要技术数据如表 4-1 所示，HZ10 系列组合开关在电路图中的符号如图 4-3（c）所示。

表 4-1　HZ5、HZ10 系列转换开关主要技术数据

型　号	额定电压/V	额定电流/A	控制功率/kW	用　途	备　注
HZ5-10	交流 380 直流 220	10	1.7	在电气设备中用于电源引入，接通或分断电路、换接电源或负载（电动机等）	可取代 HZ1～HZ3 等老产品
HZ5-20		20	4		
HZ5-40		40	7.5		
HZ5-60		60	10		
HZ10-10		10		在电气线路中用于接通或分断电路；换接电源或负载；测量三相电压；控制小型异步电动机正、反转	可取代 HZ1、HZ2 等老产品
HZ10-25		25			
HZ10-60		60			
HZ10-100		100			

注：HZ10-10 为单极时，其额定电流为 6 A，HZ10 系列具有 2 极和 3 极。

HZ3 系列转换开关的型号和用途如表 4-2 所示。

表 4-2 HZ3 系列组合开关的型号和用途

型 号	额定电流/A	电动机容量/kW			手柄形式	用 途
		220 V	380 V	500 V		
HZ3-131	10	2.2	3	3	普通	控制电动机起动、停止
HZ3-431	10	2.2	3	3	加长	控制电动机起动、停止
HZ3-132	10	2.2	3	3	普通	控制电动机倒、顺、停
HZ3-432	10	2.2	3	3	加长	控制电动机倒、顺、停
HZ3-133	10	2.2	3	3	普通	控制电动机倒、顺、停
HZ3-161	35	5.5	7.5	7.5	普通	控制电动机倒、顺、停
HZ3-452	5（110 V） 2.5（220 V）	—	—	—	加长	控制电磁吸盘
HZ3-451	10	2.2	3	3	加长	控制电动机△—YY、Y—YY 变速

HZ 系列型号的含义如下。

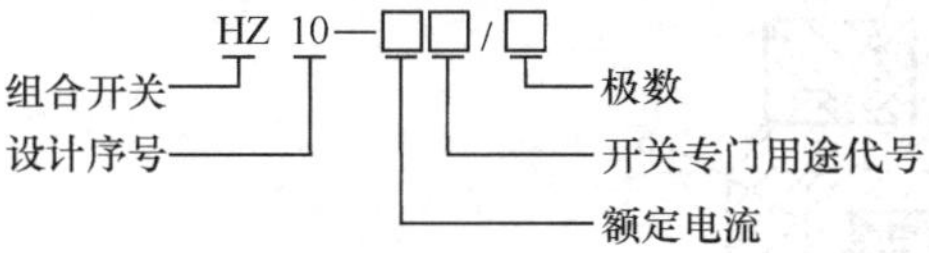

（二）电磁离合器

铣床工作的快速进给与常速进给都是通过电磁离合器来实现的。

电磁离合器的工作原理是：电磁离合器的主动部分和从动部分借接触面的摩擦作用，或是用液体作为介质（液力耦合器），或是用磁力传动（电磁离合器）来传动转矩，使两者之间可以暂时分离，又逐渐接合，在传动过程中又允许两部分相互转动。

电磁离合器又称电磁联轴节，是利用表面摩擦和电磁感应原理在两个旋转运动的物体间传递力矩的执行电器。电磁离合器便于远距离控制，控制能量小，动作迅速、可靠，结构简单。因此广泛用于机床的自身控制，铣床上采用的是摩擦式电磁离合器。

摩擦式电磁离合器按摩擦片数量可以分为单片式与多片式两种。机床上普遍采用多片式电磁离合器，在主动轴的花键轴端，装有主动摩擦片，可以沿轴向自由移动，但因为是花键连接，故将随主轴一起转动，从动摩擦片与主动摩擦片交替叠装，其外缘凸起部分卡在从动齿轮固定在一起的套筒内，因而可以随从动齿轮转动，并在主动轴转动时，它不可以转动。

线圈通电后产生磁场，将摩擦片吸向铁芯，衔铁也被吸住，紧紧压住各摩擦片。于是，依靠主动摩擦片与从动摩擦片之间的摩擦力使从动齿轮随主动轴转动，实现力矩的传递。当电磁离合器线圈电压达到额定值的 85%～105%时，离合器就能可靠地工作。当线圈断电时，装在内外摩擦片之间的圆桩弹簧使衔铁和摩擦片复位，离合器便失去传递力矩的作用。

多片式摩擦电磁离合器具有传递力矩大、体积小、容易安装的优点。多片式电磁离合器在 2～12 片时，随着片数的增加，传递力矩也增加，但片数大于 12 后，由于磁路气隙增大等原因，所传递的力矩会因此而减少。因此，多片式电磁离合器的摩擦片以 2～12 片最为合适。

图 4-5 所示为线圈旋转（带滑环）多片摩擦式电磁离合器，在磁轭 4 的外表面和线圈槽中分别用环氧树脂固定滑环 5 和励磁线圈 6，线圈引出线的一端焊在滑环上，另一端焊在磁轭上接地。外连接件 1 与外摩擦片组成回转部分，内摩擦片与传动轴套 7、磁轭 4 组成另一回转部分。当线圈通电时，衔铁 2 被吸引沿花键套右移压紧摩擦片组，离合器接合。这种结构的摩擦片位于励磁线圈产生的磁力线回路内，因此需用导磁材料制成。受摩擦片的剩磁和涡流影响，这种结构的摩擦片脱离时间较非导磁摩擦片长，常在湿式条件下工作，因而广泛用于远距离控制的传动系统和随动系统中。

摩擦片处在磁路外的电磁离合器中，摩擦片既可用导磁材料制成，也可用摩擦性能较好的铜基粉末冶金等非导磁材料制成，或在钢片两侧面黏合具有高耐磨性、韧性而且摩擦因数大的石棉橡胶材料，可在湿式或干式情况下工作。

为了提高导磁性能和减少剩磁影响，磁轭和衔铁可用电工纯铁或 08 号、10 号低碳钢制成，滑环一般用淬火钢或青铜制成。

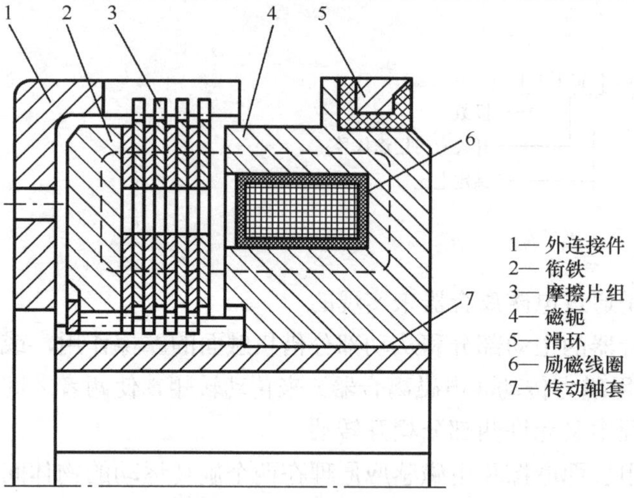

图 4-5 多片摩擦式电磁离合器

微课 4-1 转换开关、电磁离合器的结构与工作原理

三、基本控制相关知识

（一）顺序控制

一般机床是由多台电动机来实现机床的机械拖动与辅助运动控制的，用于满足机床的特殊控制要求，在起动与停车时需要电动机按一定的顺序来起动与停车。

1．先起后停控制电路

对于某处机床，要求在加工前先给机床提供液压油，润滑机床床身导轨，或是提供机械运动的液压动力，这就要求先起动液压泵后，才能起动机床的工作台拖动电动机或主轴电动机。当机床停止时，要求先停止拖动电动机或主轴电动机，才能让液压泵停止。电动机先起后停控制原理图如图 4-6 所示。

2．先起先停控制电路

在有的特殊控制中，要求先起动 A 电动机后，才能起动 B 电动机，A 电动机停止后，B 电动机才能停止。电动机先起后停控制原理如图 4-7 所示。

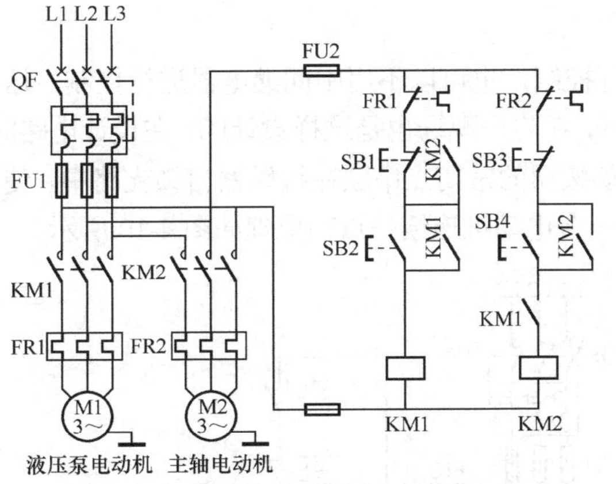

图 4-6　电动机先起后停控制原理图

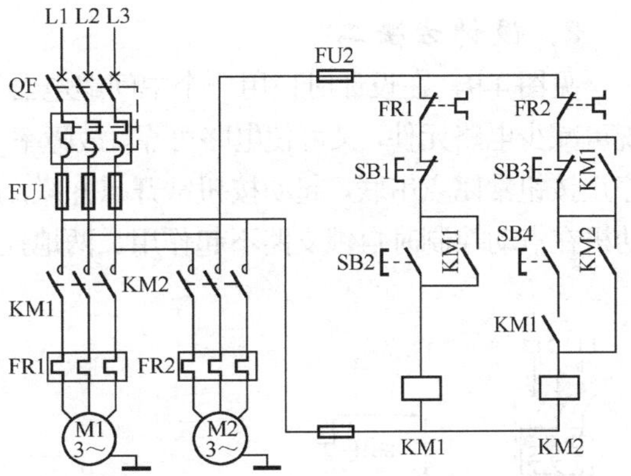

图 4-7　电动机先起先停控制原理

（二）多地控制

对于多数机床而言，因加工需要，加工人员应该在机床正面和侧面均能进行操作。如图 4-8 所示，“SB1”“SB2”为机床上正面、侧面两地总停开关按钮；“SB3”“SB4”为 M1 电动机的两地正转起动控制开关；“SB5”“SB6”为 M2 电动机的两地反转起动控制开关。

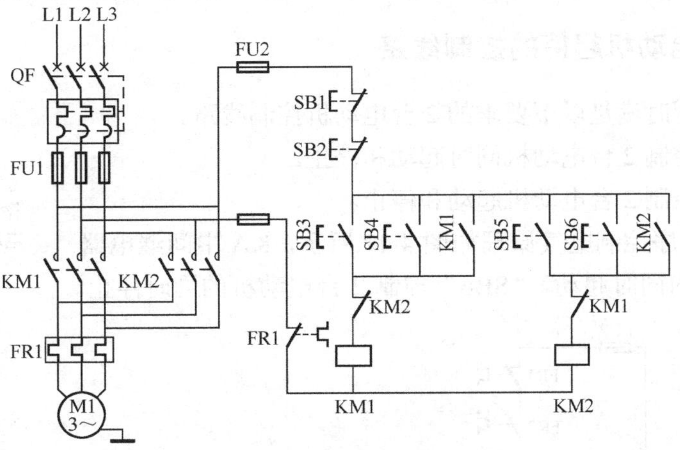

图 4-8　两地控制电动机正反转原理

可见，多地控制的原则是：起动按钮并联，停车按钮串联。

四、应用举例

（一）从两地实现一台电动机的连续—点动控制

设计一个控制电路，能在 A、B 两地分别控制同一台电动机单方向连续运行与点动控制，画出电气原理图。

1．设计方法一

如图 4-9 所示，“SB1”“SB2”为电动机的停车控制开关，“SB3”“SB4”为电动机的点动控制开关，“SB5”“SB6”为电动机的长车控制开关。在设计电路时，停止按钮常闭点串联，起动按钮常开点并联。

2．设计方法二

见图 4-9，在设计时使用一个中间继电器进行控制，也可以不用中间继电器进行控制，这样既可减少电路元件，又可使电路可靠、故障率下降，在生产现场也是这样设计的。在设计电路时，停止按钮常闭点串联，起动按钮常开点并联，起动按钮的常闭点串联在接触器自锁支路中，使电动机在点动控制时自锁支路不起作用。两地控制一台电动机连续—点动原理如图 4-10 所示。

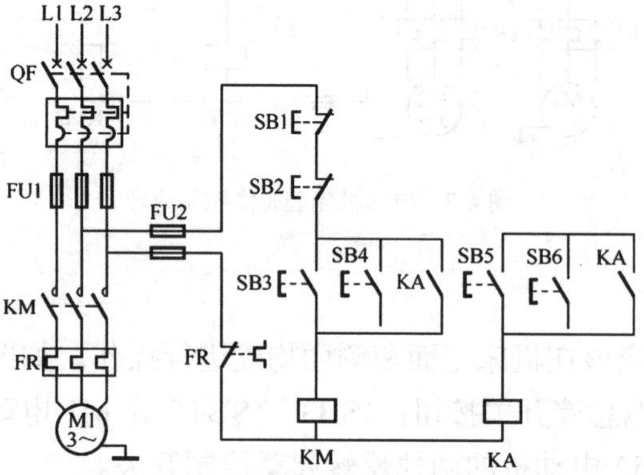

图 4-9　两地控制一台电动机连续—点动原理（一）

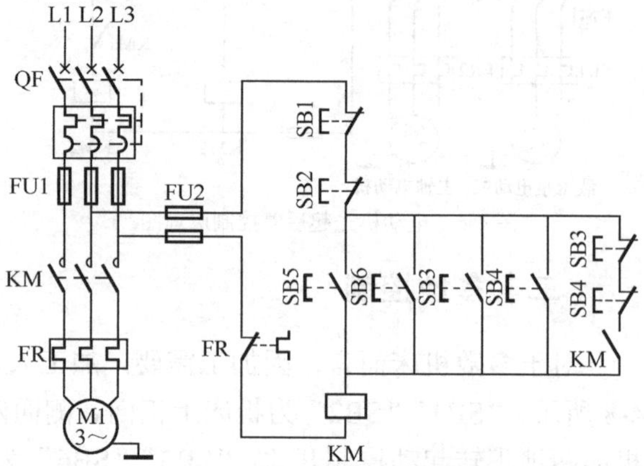

图 4-10　两地控制一台电动机连续—点动原理（二）

（二）2 台电动机起停的控制线路

设计一个能同时满足以下要求的 2 台电动机控制线路。

（1）能同时控制 2 台电动机同时起动和停止。

（2）能分别控制 2 台电动机起动和停止。

2 台电动机顺序控制电气原理如图 4-11 所示，KA 中间继电器控制 2 台电动机的同时起动，"SB6"控制 2 台电动机的同时停止。

微课 4-2　两地实现一台电动机连续——点动控制

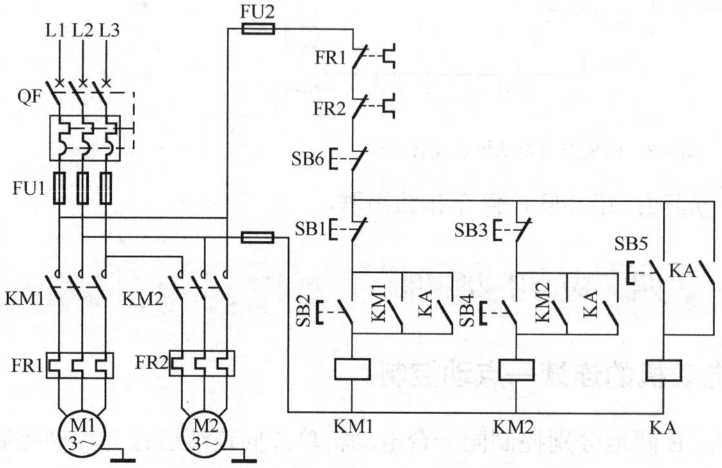

图 4-11　2 台电动机顺序控制电气原理

微课 4-3　电动机顺序控制

（三）X62W 型万能铣床电气控制线路分析及故障排除

X62W 型万能铣床的电气控制线路有多种，图 4-12 所示的电气原理图中的电路是经过改进的电路，是 X62W 型卧式和 X53K 型立式 2 种万能铣床通用的电路。

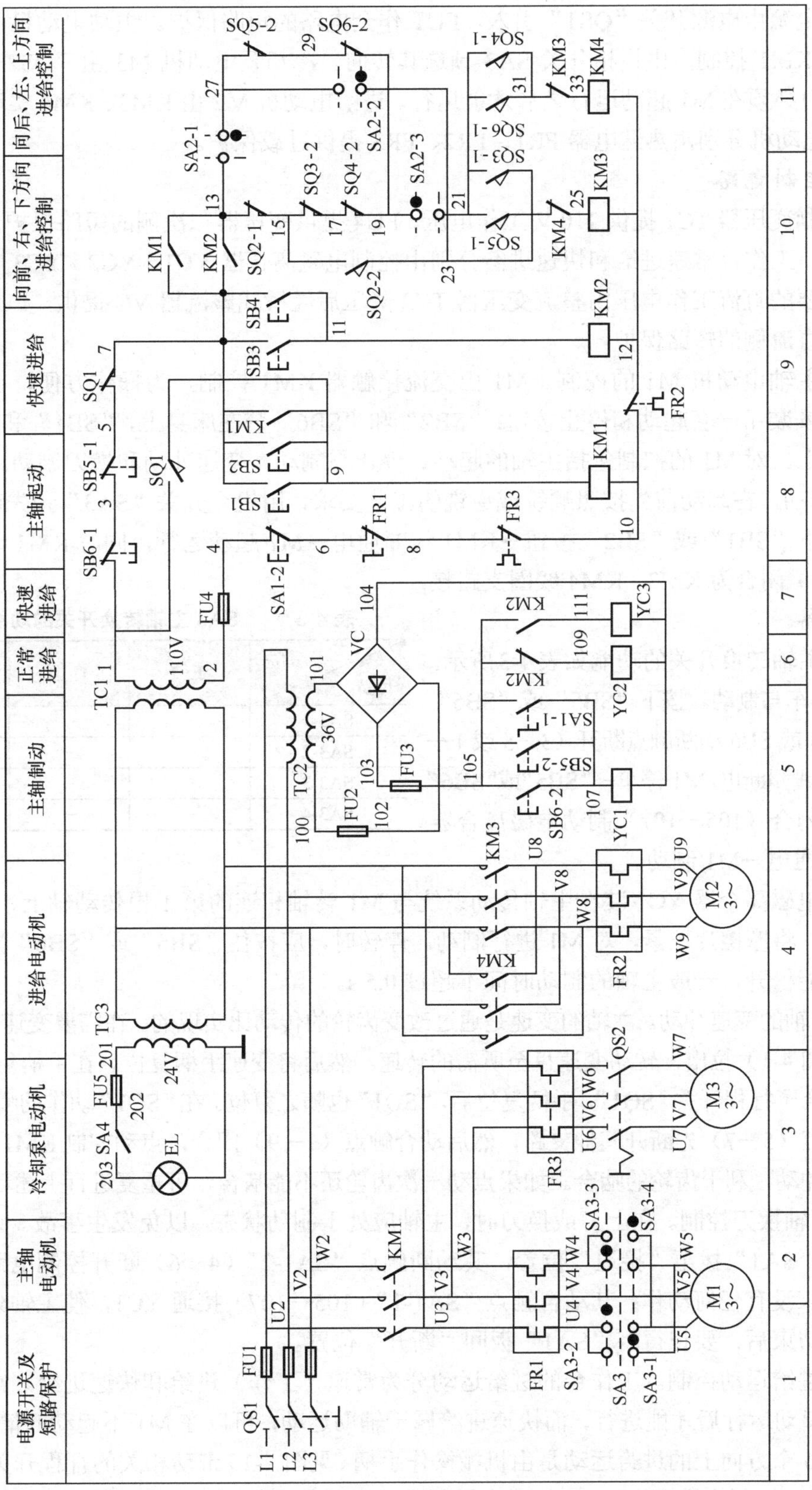

图 4-12 X62W 型万能铣床电气原理

1．主电路

三相电源由电源开关“QS1”引入，FU1 作全电路的短路保护。主轴电动机 M1 的运行由接触器 KM1 控制，由换相开关 SA3 预选其转向。冷却泵电动机 M3 由“QS2”控制其单向旋转，但必须在 M1 起动运行之后才能运行。进给电动机 M2 由 KM3、KM4 实现正反转控制。3 台电动机分别由热继电器 FR1、FR2、FR3 提供过载保护。

2．控制电路

由控制变压器 TC1 提供 110 V 工作电压，FU4 提供变压器二次侧的短路保护。该电路的主轴制动、工作台常速进给和快速进给分别由控制电磁离合器 YC1、YC2、YC3 实现，电磁离合器需要的直流工作电压由整流变压器 TC2 降压后经桥式整流器 VC 提供，FU2、FU3 分别提供交直流侧的短路保护。

（1）主轴电动机 M1 的控制。M1 由交流接触器 KM1 控制，为操作方便，在机床的不同位置各安装了一套起动和停止按钮：“SB2”和“SB6”装在床身上，“SB1”和“SB5”装在升降台上。对 M1 的控制包括主轴的起动、停止与制动、变速冲动和换刀制动。

① 起动，在起动前先按照顺铣或逆铣的工艺要求，用组合开关“SA3”预先确定 M1 的转向。按下“SB1”或“SB2”按钮→KM1 线圈通电→M1 起动运行，同时 KM1 动合辅助触点（7—13）闭合为 KM3、KM4 线圈支路接通做好准备。

SA3 主轴转换开关的功能如表 4-3 所示。

表 4-3　SA3 主轴转换开关的功能

位置 \ 触点	正转	停止	反转
SA3-1	−	−	+
SA3-2	+	−	−
SA3-3	+	−	−
SA3-4	−	−	+

② 停车与制动。按下“SB5”或“SB6”按钮→SB5 或 SB6 动断触点断开（3—5 或 1—3）→KM1 线圈断电，M1 停车→“SB5”或“SB6”动合触点闭合（105—107）制动电磁离合器 YC1 线圈通电→M1 制动。

制动电磁离合器 YC1 装在主轴传动系统与 M1 转轴相连的第 1 根传动轴上，当 YC1 通电吸合时，将摩擦片压紧，对 M1 进行制动。停转时，应按住“SB5”或“SB6”按钮直至主轴停转才能松开，一般主轴的制动时间不超过 0.5 s。

③ 主轴的变速冲动。主轴的变速是通过改变齿轮的传动比实现的。在需要变速时，将变速手柄（见图 4-1）拉出，转动变速盘至所需的转速，然后将变速手柄复位。在手柄复位过程中，在瞬间压合了行程开关“SQ1”，手柄复位后，“SQ1”也随之复位。在“SQ1”动作的瞬间，“SQ1”的动断触点（5—7）先断开其他支路，然后动合触点（1—9）闭合，点动控制 KM1，使 M1 产生瞬间的冲动，利于齿轮的啮合。如果点动一次齿轮还不能啮合，可重复进行上述动作。

④ 主轴换刀控制。在上刀或换刀时，主轴应处于制动状态，以免发生事故。只要将换刀制动开关“SA1”拨至“接通”位置，其动断触点“SA1-2”（4—6）断开控制电路，保证在换刀时机床没有任何动作；其动合触点“SA1-1”（105—107）接通 YC1，使主轴处于制动状态。换刀结束后，要记得将“SA1”扳回“断开”位置。

（2）进给运动控制。工作台的进给运动分为常速（工作）进给和快速进给，常速进给必须在 M1 起动运行后才能进行，而快速进给属于辅助运动，可以在 M1 不起动的情况下进行。工作台在 6 个方向上的进给运动是由机械操作手柄（见图 4-1）带动相关的行程开关“SQ3”～“SQ6”，通过控制接触器 KM3、KM4 来控制进给电动机 M2 正反转实现的。行程开关“SQ5”

和“SQ6”分别控制工作台的向右和向左运动，“SQ3”和“SQ4”则分别控制工作台的向前、向下和向后、向上运动。

进给拖动系统使用的两个电磁离合器 YC2 和 YC3 都安装在进给传动链中的第 4 根传动轴上。当 YC2 吸合而 YC3 断开时，为常速进给；当 YC3 吸合而 YC2 断开时，为快速进给。

① 工作台的纵向进给运动。工作台的纵向（左右）进给运动是由“工作台纵向操纵手柄”来控制的。手柄有 3 个位置：向左、向右、零位（停止），其控制关系如表 4-4 所示。

表 4-4　手柄位置及其控制关系

位置＼触点	手柄位置		
	向左	零位（停止）	向右
SQ5-1		—	+
SQ5-2	+	+	—
SQ6-1	+	—	—
SQ6-2	—	+	+

将纵向进给操作手柄扳向右边→行程开关“SQ5”动作→其动断触点“SQ5-2”（27—29）先断开，动合触点“SQ5-1”（21—23）后闭合→KM3 线圈通过（13—15—17—19—21—23—25）路径通电→M2 正转→工作台向右运动。

若将操作手柄扳向左边，则“SQ6”动作→KM4 线圈通电→M2 反转→工作台向左运动。

“SA2”为圆工作台控制开关，此时应处于“断开”位置，3 组触点状态为“SA2-1”“SA2-3”接通，“SA2-2”断开。

② 工作台的垂直与横向进给运动。工作台垂直与横向进给运动由一个十字形手柄操纵，十字形手柄有上、下、前、后和中间 5 个位置，其对应的运动状态如表 4-5 所示。将手柄扳至向下或向上位置时，分别压动行程开关“SQ3”或“SQ4”，控制 M2 正转或反转，并通过机械传动机构使工作台分别向下和向上运动；而当手柄扳至向前或向后位置时，虽然同样是压动行程开关“SQ3”和“SQ4”，但此时机械传动机构使工作台分别向前和向后运动。当手柄在中间位置时，“SQ3”和“SQ4”均不动作。下面就以向上运动的操作为例，分析电路的工作情况，其余的可自行分析。

表 4-5　手柄位置及其对应的运动状态

手柄位置	工作台运动方向	离合器接通的丝杆	行程开关动作	接触器动作	电动机运转
向上	向上进给或快速向上	垂直丝杆	SQ4	KM4	M2 反转
向下	向下进给或快速向下	垂直丝杆	SQ3	KM3	M2 正转
向前	向前进给或快速向前	横向丝杆	SQ3	KM3	M2 正转
向后	向后进给或快速向后	横向丝杆	SQ4	KM4	M2 反转
中间	升降或横向停止	横向丝杆	—	—	停止

将十字形手柄扳至“向上”位置，“SQ4”的动断触点“SQ4—2”先断开，动合触点“SQ4—1”后闭合→KM4 线圈经（13—27—29—19—21—31—33）路径通电→M2 反转→工作台向上运动。

③ 进给变速冲动。与主轴变速时一样，进给变速时也需要使 M2 瞬间点动一下，使齿轮易于啮合。进给变速冲动由行程开关“SQ2”控制，在操纵进给变速手柄和变速盘（见图 4-1）时，瞬间压动了行程开关“SQ2”，在“SQ2”通电的瞬间，其动断触点“SQ2-1”（13—15）先断开，动合触点“SQ2-2”（15—23）后闭合，使 KM3 线圈经（13—27—29—19—17—15—23—25）路径通电，M2 正向点动。由 KM3 的通电路径可见：只有在进给操作手柄均处于零位（即“SQ3”～“SQ6”均不动作）时，才能进行进给变速冲动。

④ 工作台快速进给的操作。要使工作台在 6 个方向上快速进给，在按常速进给的操作方

法操纵进给控制手柄的同时，还要按下快速进给按钮开关“SB3”或“SB4”（两地控制），使 KM2 线圈通电，其动断触点（105—109）切断 YC2 线圈支路，动合触点（105—111）接通 YC3 线圈支路，使机械传动机构改变传动比，实现快速进给。由于与 KM1 的动合触点（7—13）并联了 KM2 的一个动合触点，所以在 M1 不起动的情况下，也可以进行快速进给。

（3）圆工作台的控制。在需要加工弧形槽、弧形面和螺旋槽时，可以在工作台上加装圆工作台。圆工作台的回转运动也是由进给电动机 M2 拖动的。在使用圆工作台时，将控制开关“SA2”扳至“接通”的位置，此时“SA2-2”接通而“SA2-1”“SA2-3”断开。在主轴电动机 M1 起动的同时，KM3 线圈经（13—15—17—19—29—27—23—25）的路径通电，使 M2 正转，带动圆工作台旋转运动（圆工作台只需要单向旋转）。由 KM3 线圈的通电路径可见，只要扳动工作台进给操作的任何一个手柄，“SQ3”～“SQ6”其中一个行程开关的动断触点断开，都会切断 KM3 线圈支路，使圆工作台停止运动，这就实现了工作台进给和圆工作台运动的联锁关系。

圆工作台转换开关“SA1”情况说明如表 4-6 所示。

表 4-6　圆工作台转换开关说明

位置 / 触点	圆工作台	
	接通	断开
SA2-1	−	+
SA2-2	+	−
SA2-3	−	+

3．照明电路

照明灯 EL 由照明变压器 TC3 提供 24 V 的工作电压，SA4 为灯开关，FU5 提供短路保护。

4．X62W 型万能铣床常见电气故障的诊断与检修

X62W 型万能铣床的主轴运动由主轴电动机 M1 拖动，采用齿轮变换实现调速。在电气原理上不仅保证了上述要求，还在变速过程中采用了电动机的冲动和制动。

铣床的工作台应能够进行前、后、左、右、上、下 6 个方向的常速和快速进给运动，同样，工作台的进给速度也需要变速，变速也是采用变换齿轮来实现的，电气控制原理与主轴变速相似。因为其控制是由电气和机械系统配合进行的，所以在出现工作台进给运动的故障时，如果逐个检查机电系统的部件，就难以尽快查出故障所在。可依次进行其他方向的常速进给、快速进给、进给变速冲动和圆工作台的进给控制试验，逐步缩小故障范围，分析故障原因，然后在故障范围内逐个检查电器元件、触点、接线和接点。在检查时，还应考虑机械磨损或移位使操纵失灵等非电气的故障原因。这部分电路的故障较多，下面仅以一些较典型的故障为例来进行分析。

由于万能铣床的机械操纵与电气控制配合十分密切，因此调试与维修时，不仅要熟悉电气原理，还要对机床的操作与机械结构，特别是机电配合有足够的了解。下面对 X62W 型万能铣床常见电气故障分析与故障处理的一些方法与经验进行归纳与总结。

（1）主轴停车时没有制动作用。

【故障分析】

① 电磁离合器 YC1 不工作，工作台能常速进给和快速进给。

② 电磁离合器 YC1 不工作，工作台能常速进给和快速进给。电磁离合器 YC1 不工作，且工作台无常速进给和快速进给。

【故障排除方法】

① 检查电磁离合器 YC1，如 YC1 线圈有无断线、接点有无接触不良等。此外还应检查控制按钮 SB5 和 SB6。

② 重点检查整流器中的 4 个整流二极管是否损坏或整流电路有无断线。

（2）主轴换刀时无制动。

【故障分析】

转换开关“SA1”经常被扳动，其位置发生变动或损坏，导致接触不良或断路。

【故障排除方法】

调整转换开关的位置或予以更换。

（3）按下主轴停车按钮后，主轴电动机不能停车。

【故障分析】故障的主要原因可能是KM1的主触点熔焊。

注 意

如果在按下停车按钮后，KM1不释放，则可断定故障是由KM1主触点熔焊引起的。此时电磁离合器YC1正在对主轴起制动作用，会造成M1过载，并产生机械冲击。所以一旦出现这种情况，应该马上松开停车按钮，进行检查，否则会很容易烧坏电动机。

【故障排除方法】

检查接触器KM1主触点是否熔焊，并予以修复或更换。

（4）工作台各个方向都不能进给。

【故障分析】

① 电动机M2不能起动，电动机接线脱落或电动机绕组断线。

② 接触器KM1不吸合。

③ 接触器KM1主触点接触不良或脱落。

④ 经常扳动操作手柄，开关受到冲击，行程开关“SQ3”“SQ4”“SQ5”“SQ6”位置发生变动或损坏。

⑤ 变速冲动开关“SQ2-1”在复位时，不能闭合接通或接触不良。

【故障排除方法】

① 检查电动机M2是否完好，并予以修复。

② 检查接触器KM1，控制变压器一、二次绕组，电源电压是否正常，熔断器是否熔断，并予以修复。

③ 检查接触器主触点，并予以修复。

④ 调整行程开关的位置或予以更换。

⑤ 调整变速冲动开关“SQ2-1”的位置，检查触点情况，并予以修复或更换。

（5）主轴电动机不能起动。

【故障分析】

① 电源不足、熔断器熔断、热继电器触点接触不良。

② 启动按钮损坏、接线松脱、接触不良或线圈断路。

③ 变速冲动开关“SQ1”的触点接触不良，开关位置移动或撞坏。

④ M1的容量较大，导致接触器KM1的主触点、“SA3”的触点被熔化或接触不良。

【故障排除方法】

① 检查三相电源、熔断器、热继电器的触点的接触情况，并给予相应的处理。

② 更换按钮，紧固接线，检查与修复线圈。

③ 检查冲动开关“SQ1”的触点，调整开关位置，并予以修复或更换。

④ 检查接触器 KM1 和相应开关“SA3”，并予以调整或更换。

（6）主轴电动机不能冲动（瞬时转动）。

【故障分析】

行程开关“SQ1”经常受到频繁冲击，使开关位置改变、开关底座被撞碎或接触不良。

【故障排除方法】

修复或更换开关，调整开关动作行程。

（7）进给电动机不能冲动（瞬时转动）。

【故障分析】

行程开关“SQ2”经常受到频繁冲击，使开关位置改变、开关底座被撞碎或接触不良。

【故障排除方法】

修复或更换开关，调整开关动作行程。

（8）工作台能向左、向右进给，但不能向前、向后、向上、向下进给。

【故障分析】

① 限位开关“SQ3”“SQ4”经常被压合，使螺钉松动、开关位移、触点接触不良、开关机构卡住及线路断开。

② 限位开关“SQ5-2”“SQ6-2”被压开，使进给接触器 KM3、KM4 的通电回路均被断开。

【故障排除方法】

① 检查与调整“SQ3”或“SQ4”，并予以修复或更改。

② 检查“SQ5-2”或“SQ6-2”，并予以修复或更换。

（9）工作台能向前、向后、向上、向下进给，但不能向左、向右进给。

【故障分析】

① 限位开关“SQ5”“SQ6”经常被压合，使开关位移、触点接触不良、开关机构卡住及线路断开。

② 限位开关“SQ5-2”“SQ6-2”被压开，使进给接触器 KM3、KM4 的通电回路均被断开。

【故障排除方法】

① 检查与调整“SQ5”或“SQ6”，并予以修复或更改。

② 检查“SQ5-2“或”SQ6-2“，并予以修复或更换。

（10）工作台不能快速移动。

【故障分析】

① 电磁离合器 YC3 由于冲击力大，操作频繁，经常造成铜制衬垫磨损严重，产生毛刺，划伤线圈绝缘层，引起匝间短路，烧毁线圈。

② 线圈受震动，接线松脱。

③ 控制回路电源故障或 KM2 线圈断路、短路。

④ 按钮“SB3”或“SB4”接线松动、脱落。

【故障排除方法】

① 如果铜制衬垫磨损，则更换电磁离合器 YC3；重新绕制线圈，并予以更换。

② 紧固线圈接线。

③ 检查控制回路电源及 KM2 线圈情况，并予以修复或更换。

④ 检查按钮“SB3”或“SB4”接线，并予以紧固。

微课 4-4 X62W 万能铣床简介　　微课 4-5 X62W 万能铣床的组成　　微课 4-6 X62W 万能铣床线路分析

项目小结

本项目介绍了 X62W 型万能铣床的主要结构和运动形式、相关的组合开关及电磁离合器的结构原理与其文字图形符号，以及电气控制中一些常见的顺序控制与多地控制电路。在应用中，以实例的形式引出“顺序控制”等相关控制电路，以点带面地引导出设计这类电路的设计思路，以及铣床常见电气故障的诊断与检修。

在分析 X62W 型万能铣床的电气控制线路时，应掌握分析机床电气线路的一般方法：先从主电路分析，掌握各电动机在机床中所起的作用、起动方法、调速方法、制动方法以及各电动机的保护，并应注意各电动机控制的运动形式之间的相互关系，如主电动机和冷却泵电动机之间的顺序；主运动和进给运动之间的顺序；各进给方向之间的联锁关系。分析控制电路时，应分析每一个控制环节对应的电动机的相关控制，还应关注机械和电气上的联动关系，注意各控制环节中，电气之间的相互联锁，以及电路中的保护环节。

不同的机床有各自的特点，本章介绍铣床常见电气故障的分析与处理。掌握铣床后，应能在以后的学习、应用中做到举一反三。

习题及思考

1．电磁离合器主要由哪几部分组成？工作原理是什么？

2．铣床在变速时，为什么要进行冲动控制？

3．X62W 型万能铣床具有哪些联锁和保护？为何要有这些联锁与保护？

4．X62W 型万能铣床工作台运动控制有什么特点？在电气与机械上是如何实现工作台运动控制的？

5．简述 X62W 万能铣床圆工作台电气控制的工作原理。

6．万能铣床的常见电气故障类型有哪些？如何分析与处理这些电气故障？

7．分析铣床工作台能向前、向后、向上、向下进给，但不能向左、向右进给的故障。

8．设计题。

（1）设计在 3 个地方都能控制一台电动机正转、反转、停止的控制电路，要求电路有完整的保护。

（2）设计能在两地实现两台电动机的顺序起动、逆序停止的控制电路。

（3）有一组皮带运输机共有 3 台电动机 A、B、C，在起动时，要求在起动 A 电动机 3 s 后自动起动 B 电动机，B 电动机起动 3 s 后自动起动 C 电动机；停止时，C 电动机停 2 s 后，B 电动机自动停止，B 电动机停止 2 s 后，A 电动机自动停止。试设计出该组皮带运输机的电气控制原理图，当线路出现紧急事故时，按下停止按钮，所有的电动机全部停止。要求电路有完整的保护。

项目五
桥式起重机电气控制

学习目标

1. 了解桥式起重机的基本结构与运动形式。
2. 了解桥式起重机对电力拖动控制的主要要求。
3. 能检修电流、电压继电器、凸轮控制器常见电气故障。
4. 能分析与设计绕线式异步电动机起动调速控制电路。
5. 能完成绕线式异步电动机起动调速控制线路的安装调试。
6. 会分析桥式起重机的凸轮控制器控制线路工作原理。

一、项目简述

桥式起重机又称天车、行车、吊车，是一种用来起吊和放下重物并在短距离内水平移动的起重机械。桥式起重机是桥架在高架轨道上运行，桥式起重机的桥架沿铺设在两侧高架上的轨道纵向运行，起重小车沿铺设在桥架上的轨道横向运行。桥式起重机广泛应用在室内外仓库、厂房、码头和露天储料场等处。它对减轻工人劳动强度、提高劳动生产率、促进生产过程机械化起着重要的作用，是现代化生产中不可缺少的起重工具。桥式起重机可分为简易梁桥式起重机、普通桥式起重机和冶金专用桥式起重机 3 种。常见的有 5t、10t 单钩起重机及 15/3t、20/5t 等双钩起重机。150/50t 桥式起重机的外形如图 5-1 所示。

图 5-1　150/50 t 双梁桥式起重机的外形

（一）桥式起重机的结构及运动形式

普通桥式起重机一般由起重小车、桥架（又称大车）运行机构、桥架金属结构、司机室组成。20/5t 桥式起重机的结构如图 5-2 所示。

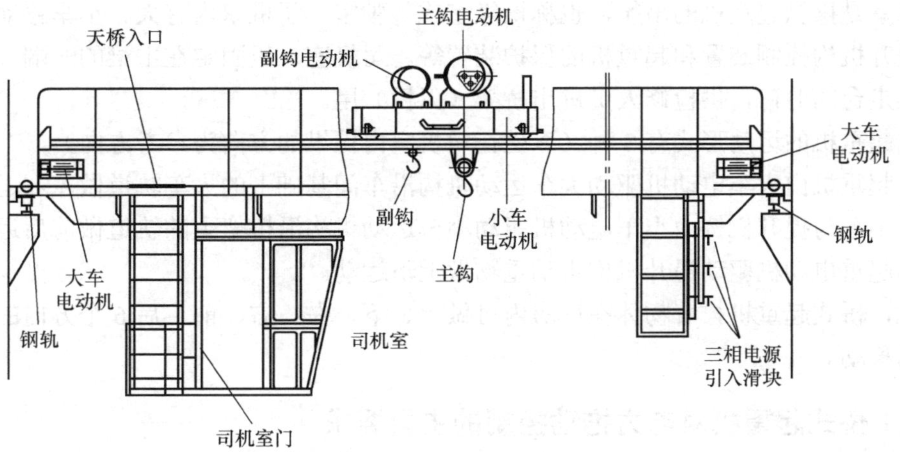

图 5-2　20/5 t 桥式起重机结构

1．起重小车

起重小车由起升机构、小车运行机构、小车架和小车导电滑线等组成。

起升机构包括电动机、制动器、减速器、卷筒和滑轮组。电动机通过减速器带动卷筒转动，使钢丝绳绕上卷筒或从卷筒放下，以升降重物。小车架是支托、安装起升机构和小车运行机构等部件的机架，通常为焊接结构。20/5t 起重机小车上的提升机构有 20t 的主钩和 5t 的副钩。起重小车是经常移动的，提升机构、小车上的电动机、电磁抱闸的电源通常采用滑触线和电刷供电，由加高在大车上的辅助滑触线供给。转子电阻也是通过辅助滑触线与电动机连接。

2．桥架运行机构

桥架又称大车。起重机桥架运行机构的驱动方式可分为两大类：一类为集中驱动，即用一台电动机带动长传动轴驱动两边的主动车轮；另一类为分别驱动，即两边的主动车轮各用一台电动机驱动。中、小型桥式起重机较多采用制动器、减速器和电动机组合成一体的“三合一”驱动方式，大起重量的普通桥式起重机为便于安装和调整，驱动装置常采用万向联轴器，由大车电动机进行驱动控制。

起重机运行机构一般只用 4 个主动和从动车轮，如果起重量很大，常用增加车轮的办法来降低轮压。当车轮超过 4 个时，必须采用铰接均衡车架装置，使起重机的载荷均匀地分布在各车轮上。

桥式起重机相对于支撑机构进行运动，电源由 3 根主滑触线通过电刷引进起重机驾驶室内的保护控制盘上，3 根主滑触线沿着平行于大车轨道的方向敷设在厂房的一侧。

3．桥架的金属结构

桥架的金属结构由主桥梁和端梁组成，分为单主梁桥架和双梁桥架两类。单主梁桥架由单根主梁和位于跨度两边的端梁组成，双梁桥架由两根主梁和端梁组成。

主梁与端梁刚性连接，端梁两端装有车轮，用以支撑桥架在高架上运行。主梁上焊有轨道，供起重小车运行。

普通桥式起重机主要采用电力驱动，一般是在司机室内操纵，也有远距离控制的。起重量可达 500t，跨度可达 60m。

4．司机室

司机室是操纵起重机的吊舱，也称操纵室或驾驶室。司机室内有大、小车移动机构控制装置，提升机构控制装置和起重机的保护装置等。司机室一般固定在主梁的一端，上方开有通向桥架走台的舱口，供检修人员进出桥架（天桥）用。

桥式起重机的运动形式有 3 种（以坐在司机室内操纵的方向为参考方向）。

（1）起重机由大车电动机驱动大车运动机构沿车间基础上的大车轨道做左右运动。

（2）小车与提升机构由小车电动机驱动小车运动机构沿桥架上的轨道做前后运动。

（3）起重电动机驱动提升机构带动重物做上下运动。

因此，桥式起重机挂着物体在厂房内可做上、下、左、右、前、后 6 个方向的运动来完成物体的移动。

（二）桥式起重机对电力拖动控制的主要要求

为提高起重机的生产率和生产安全，对起重机提升机构电力拖动控制提出如下要求。

（1）在上下运动时，具有合理的升降速度。

空钩时能快速升降，以减少辅助工时；轻载时的提升速度应大于额定负载时的提升速度；额定负载时速度最慢。

（2）具有一定的调速范围，受允许静差率的限制，普通起重机的调速范围为 2～3，要求较高的则要达到 5～10。

（3）为消除传动间隙，将钢丝绳张紧，以避免过大的机械冲击，提升的第一挡就作为预备级，该级起动转矩一般限制在额定转矩的一半以下。

（4）下放重物时，依据负载大小，拖动电动机可运行在下放电动状态（加力下放）、倒拉反接制动状态、超同步制动状态或单相制动状态。

（5）必须设有机械抱闸以实现机械制动。大车运行机构和小车运行机构对电力拖动自动控制的要求比较简单，要求有一定的调速范围，分几挡进行控制，为实现准确停车，采用机械制动。

桥式起重机应用广泛，起重机电气控制设备都已系列化、标准化，都有定型的产品。后面将介绍桥式起重机的控制设备和控制线路原理。

通过以上对桥式起重机的运动形式与电力拖动控制的要求，读者需要学习与起重机电气控制相关的电器元件凸轮控制器、电磁抱闸器的结构和工作原理，电流继电器和电压继电器的结构、工作原理及用途，还要学习绕线转子异步电动机的起动及调速控制。

二、电气控制器件相关知识

（一）电流继电器

根据继电器线圈中电流的大小而接通或断开电路的继电器叫作电流继电器。使用时，电流继电器的线圈串联在被测电路中。为了使串入电流继电器线圈后不影响电路正常工作，电流继电器线圈的匝数要少，导线要粗，阻抗要小。

电流继电器分为过电流继电器和欠电流继电器两种。

1．过电流继电器

当继电器中的电流超过预定值时，引起开关电器有延时或无延时动作的继电器称为过电流继电器。它主要用于频繁起动和重载起动的场合，作为电动机和主电路的过载和短路保护。

（1）结构及工作原理。JL 系列电流继电器的外形如图 5-3 所示。JT4 系列过电流继电器的结构如图 5-4 所示。它主要由电流线圈、铁静芯、衔铁、触点系统和反作用弹簧等组成。

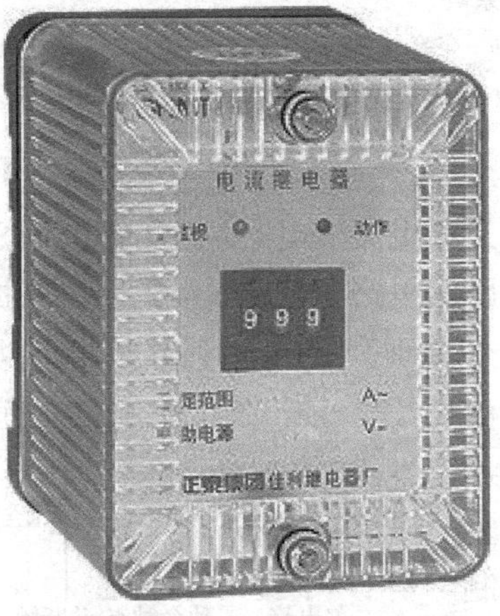

图 5-3　JL 系列电流继电器的外形

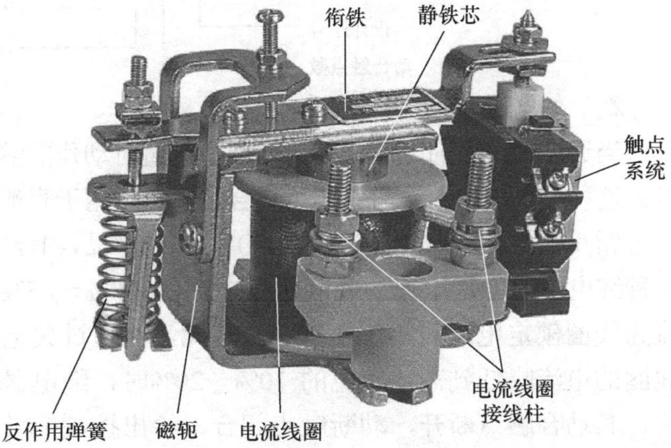

图 5-4　JT4 系列电流继电器的结构

当线圈通过的电流为额定值时，所产生的电磁吸力不足以克服弹簧的反作用力，此时衔铁不动作。当线圈通过的电流超过整定值时，电磁吸力大于弹簧的反作用力，铁芯吸引衔铁动作并带动动断触点断开，动合触点闭合。调整反作用弹簧的作用力，可整定继电器的动作电流值。该系列中有的过电流继电器带有手动复位机构，这类继电器过电流动作后，当电流再减小甚至到零时，衔铁也不能自动复位，只有当操作人员检查并排除故障后，手动松掉锁扣机构，衔铁才能在复位弹簧的作用下返回，从而避免重复过电流事故发生。

JT4 系列为交流通用继电器，在这种继电器的电磁系统上装设不同的线圈，便可制成过电流、欠电流、过电压或欠电压等继电器。JT4 都是瞬动型过电流继电器，主要用于电动机的短路保护。

过电流继电器在电路图中的外形、结构和符号如图 5-5 所示。

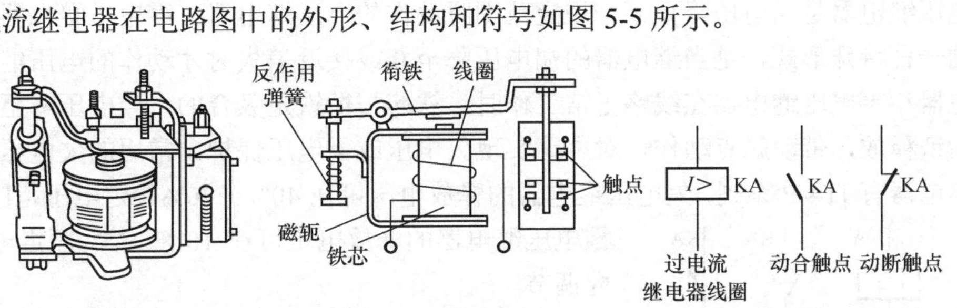

（a）外形　（b）结构　（c）符号

图 5-5　JT4 系列过电流继电器

（2）型号。常用的过电流继电器有 JT4 系列交流通用继电器和 JL14 系列交直流通用继电器，其型号及含义分别如下。

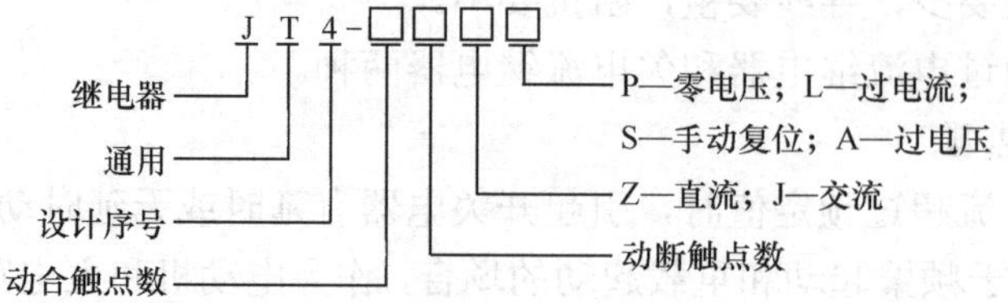

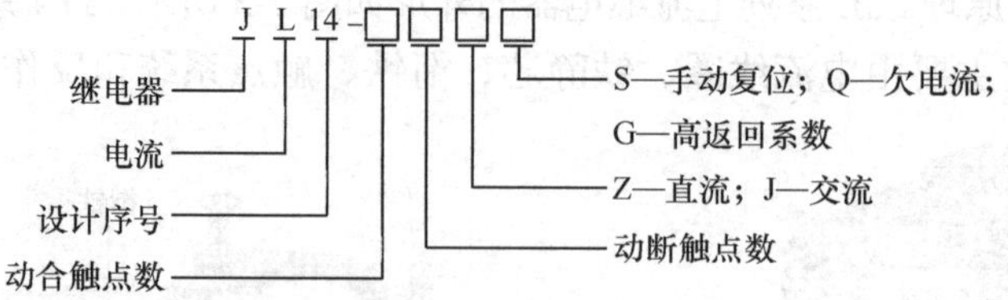

2．欠电流继电器

当通过继电器的电流减小到低于整定值时动作的继电器称为欠电流继电器。在线圈电流正常时，这种继电器的衔铁与铁芯是吸合的。它常用于直流电动机励磁电路和电磁吸盘的弱磁保护。

常用的欠电流继电器有JL14-Q等系列产品，其结构与工作原理和JT4系列继电器相似。这种继电器的动作电流为线圈额定电流的30%～65%，释放电流为线圈额定电流的10%～20%。因此，当通过欠电流继电器线圈的电流降低到额定电流的10%～20%时，继电器即释放复位，其动合触点断开，动断触点闭合，给出控制信号，使控制电路做出相应的反应。

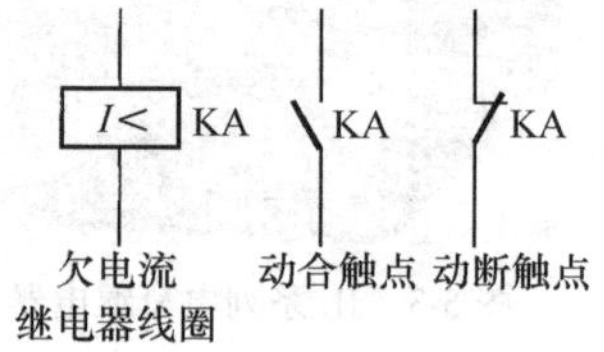

图5-6　欠电流继电器的符号

欠电流继电器在电路图中的符号如图5-6所示。

（二）电压继电器

反映输入量为电压的继电器称为电压继电器。使用时电压继电器的线圈并联在被测量的电路中，根据线圈两端电压的大小而接通或断开电路。因此这种继电器线圈的导线细、匝数多、阻抗大。

根据实际应用的要求，电压继电器分为过电压继电器、欠电压继电器。

过电压继电器是当电压大于整定值时动作的电压继电器，主要用于对电路或设备作过电压保护，常用的过电压继电器为JT4-A系列，其动作电压可在105%～120%额定电压范围内调整。

欠电压继电器是当电压降至某一规定范围时动作的电压继电器；零电压继电器是欠电压继电器的一种特殊形式，是当继电器的端电压降至0或接近消失时才动作的电压继电器。欠电压继电器和零电压继电器在线路正常工作时，铁芯与衔铁是吸合的，当电压降至低于整定值时，衔铁释放，带动触点动作，对电路实现欠电压或零电压保护。常用的欠电压继电器和零电压继电器有JT4-P系列，欠电压继电器的释放电压可在40%～70%额定电压范围内整定，零电压继电器的释放电压可在10%～35%额定电压范围内调节。

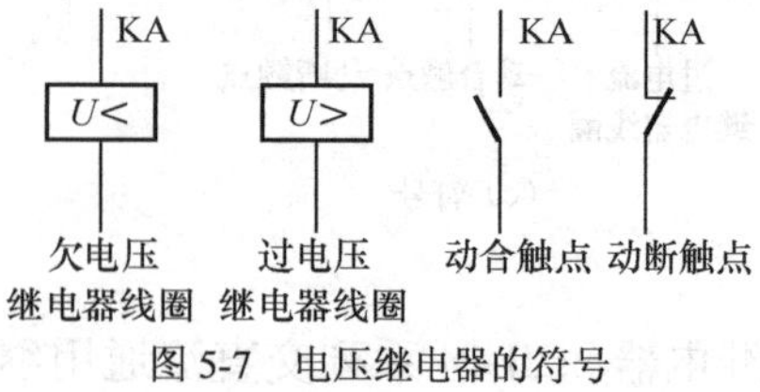

图5-7　电压继电器的符号

选择电压继电器时，主要依据继电器的线圈额定电压、触点的数目和种类进行。

电压继电器在电路图中的符号如图5-7所示。

（三）电磁抱闸器

电磁抱闸器也称电磁制动器，是使机器在很短时间内停止运转并闸住不动的装置，是机床的重要部件，它既是工作装置，又是安全装置。根据制动器的构造可分为块式制动器、盘式制动器、多盘式制动器、带式制动器、圆锥式制动器等。根据操作情况的不同又分为常闭式、常开式和综合式。根据动力不同，又分为电磁制动器和液压制动器。

常闭式双闸瓦制动器具有结构简单、工作可靠的特点，平时常闭式制动器抱紧制动轮，只有起重机工作时才松开，这样无论在任何情况停电时，闸瓦都会抱紧制动轮，保证了起重机的安全。图 5-8 所示是短行程与长行程电磁瓦块式制动器。

(a) 短行程电磁瓦块式制动器

(b) 长行程电磁瓦块式制动器

图 5-8 短行程与长行程电磁瓦块式制动器

1. 短行程电磁瓦块式制动器

图 5-9 所示为短行程电磁瓦块式制动器的工作原理。制动器是借助主弹簧，通过框形拉板使左右制动臂上的制动瓦块压在制动轮上，借助制动轮和制动瓦块之间的摩擦力来实现制动。制动器松闸借助于电磁铁，当电磁铁线圈通电后，衔铁吸合，将顶杆向右推动，制动臂带动制动瓦块同时离开制动轮。在松闸时，左制动臂在电磁铁自重作用下左倾，制动瓦块也离开了制动轮。为防止制动臂倾斜过大，可用调整螺钉来调整制动臂的倾斜量，以保证左右制动瓦块离开制动轮的间隙相等，副弹簧的作用是把右制动臂推向右倾，防止在松闸时，整个制动器左倾而造成右制动瓦块离不开制动轮。

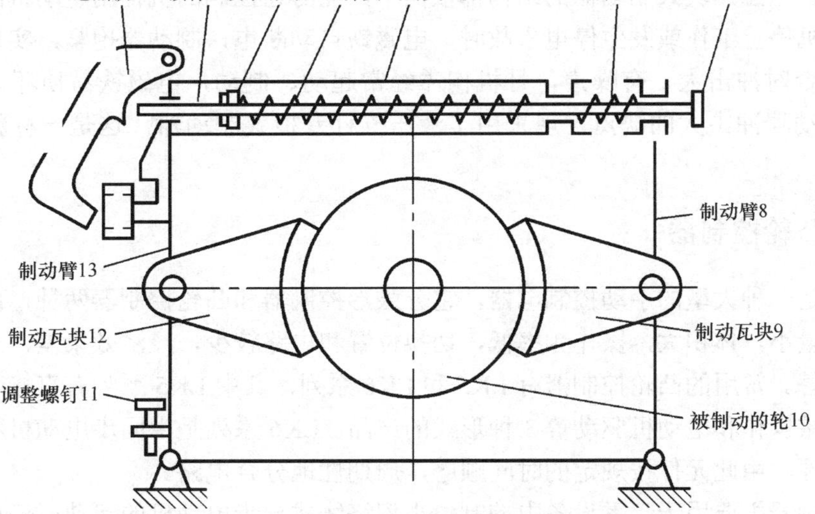

图 5-9 短行程电磁瓦块式制动器的工作原理

短行程电磁瓦块式制动器动作迅速、结构紧凑、自重小、铰链比长行程少、死行程少、制动瓦块与制动臂铰链连接、制动瓦与制动轮接触均匀、磨损均匀。但由于行程小、制动力矩小，所以多用于制动力矩不大的场合。

2. 长行程电磁瓦块式制动器

当机构要求有较大的制动力矩时，可采用长行程制动器。根据驱动装置和产生制动力矩的方式不同，又分为重锤式长行程电磁铁、弹簧式长行程电磁铁、液压推杆式长行程及液压电磁铁等双闸瓦制动器。制动器也可在短期内用来减低或调整机器的运转速度。

图 5-10 为长行程电磁瓦块式制动器的工作原理。它通过杠杆系统来增加上闸力。其松闸通过电磁铁产生电磁力经杠杆系统实现，紧闸借助弹簧力通过杠杆系统实现。当电磁线圈通电时，水平杠杆抬起，带动螺杆 4 向上运动，使杠杆板 3 绕轴逆时针方向旋转，压缩制动弹簧 1 在螺杆 2 与杠杆作用下，两个制动臂带动制动瓦左右运动而松闸。当电磁铁线圈断电时，靠制动弹簧的张力使制动闸瓦闸住制动轮。与短行程电磁瓦块式制动器比较，由于在结构上增加了一套杠杆系统，长行程电磁瓦块式制动器采用三相电源，制动力矩大。制动轮直径增大，工作较平稳可靠，制动时自振小。连接方式与电动机定子绕组连接方式相同，有△连接和 Y 连接两种。

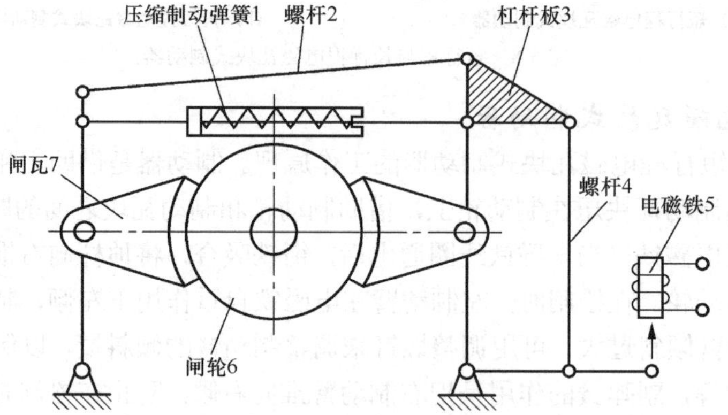

图 5-10　长行程电磁瓦块式制动器原理

上述两种电磁瓦块式制动器的结构都很简单，能与它控制的机构用电动机的操作系统联锁，当电动机停止工作或发生停电事故时，电磁铁自动断电，制动器抱紧，实现安全操作。但电磁铁吸合时冲击大、有噪声，且机构需经常起动、制动，电磁铁易损坏。为了克服电磁瓦块式制动器冲击大的缺点，现采用了液压推杆专柜式制动器，这是一种新型的长行程制动器。

（四）凸轮控制器

控制器是一种大型的手动控制电器，它分鼓形控制器和凸轮控制器两种，由于鼓形控制器的控制容量小，体积大，操作频率低，切换位置和电路较少，经济效果差，因此，已被凸轮控制器代替。常用的凸轮控制器有 LK5 和 LK6 系列，其中 LK5 系列有直接手动操作、带减速器的机械操作和电动机驱动等 3 种形式的产品。LK6 系列是由同步电动机和齿轮减速器组成定时元件，由此元件按规定的时间顺序，周期性地分合电路。

凸轮控制器主要用于起重设备中控制中小型绕线式异步电动机的起动、停止、调速、换向和制动，也适用于有其他相同要求的其他电力拖动场合，如卷扬机等。应用凸轮控制器控制电动机，控制电路简单，维修方便，广泛用于中小型起重机的平移机构和小型起重机提升机构的控制中。KTJ1 、KT12 系列凸轮控制器的外形与内部结构分别如图 5-11、图 5-12 所示。

图 5-11 KTJ1 系列凸轮控制器外形与内部结构

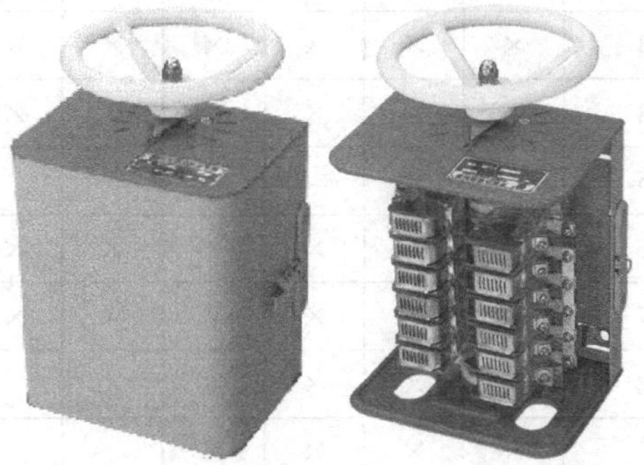

图 5-12 KT12 系列凸轮控制器外形与内部结构

1. 结构与动作原理

凸轮控制器都做成保护式，借可拆卸的外罩以防止触及带电部分。KTJ1-50 型凸轮控制器的壳内装有凸轮元件 ，它由静触头和动触头组成。凸轮元件装于角钢上，绝缘支架装上静触头及接线头，动触头的杠杆一端装上动触头，另一端装上滚子，壳内还有由凸轮及轴构成的凸轮鼓。分合转子电路或定子电路的凸轮元件的触头部分用石棉水泥弧室间隔之，这些弧室被装于小轴上，欲使凸轮鼓停在需要的位置上，则靠定位机构来执行，定位机构由定位轮定位器和弹簧组成。操作控制器是借与凸轮鼓联在一起的手轮，引入导线经控制器下基座的孔穿入。控制器可固定在墙壁、托架等的任何位置上，它有安装用的专用孔，躯壳上备有接地用的专用螺钉，手轮通过凸轮环而接地。当转动手轮时，凸轮压下滚子，而使杠杆转动，装在杠杆上的动触头也随之转动。继续转动杠杆则触头分开。关合触头以相反的次序转动手轮而进行之，凸轮离开滚子后，弹簧将杆顶回原位。动触头对杠杆的转动即为触头的超额行程，其作用为触头磨损时保证触头间仍有必需的压力。

2. 型号含义

凸轮控制器型号含义如下。

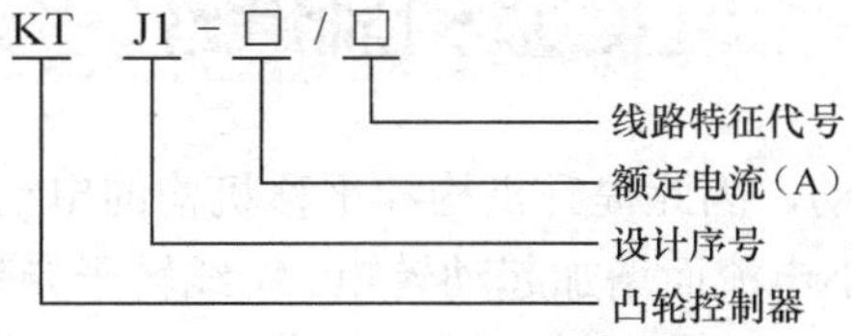

3. 触头分断表与图形符号

凸轮控制器触头分断表如表 5-1 所示，表示 LK14-12/96 型凸轮控制器有 12 对触头，操作手柄有 13 个位置，手柄放在“0”位时，只有 K1 这对触头是接通的，其余各点都在断开状态。当手柄放在下降第 1 挡时，K1 断开，K3、K4、K6、K7 闭合，当手柄放在第 2 挡时，K3、K4、K6、K7 保持闭合，增加一对触头 K8 闭合，其他挡位的触头分断情况的分析方法相同。凸轮控制器的图形符号如图 5-13 所示。

表 5-1　　LK14-12/96 型凸轮控制器触头分断表

触　头	下降						SA	上升					
	6	5	4	3	2	1	0	1	2	3	4	5	6
K1							×						
K2											×	×	×
K3	×	×	×	×	×	×		×	×	×			
K4	×	×	×	×	×	×			×	×	×	×	×
K5											×	×	×
K6	×	×	×	×	×	×		×	×	×			
K7	×	×	×	×	×	×		×	×		×	×	×
K8	×	×	×	×	×			×			×	×	×
K9	×	×	×	×								×	×
K10	×	×	×										×
K11	×	×											×
K12	×												×

×表示触头闭合

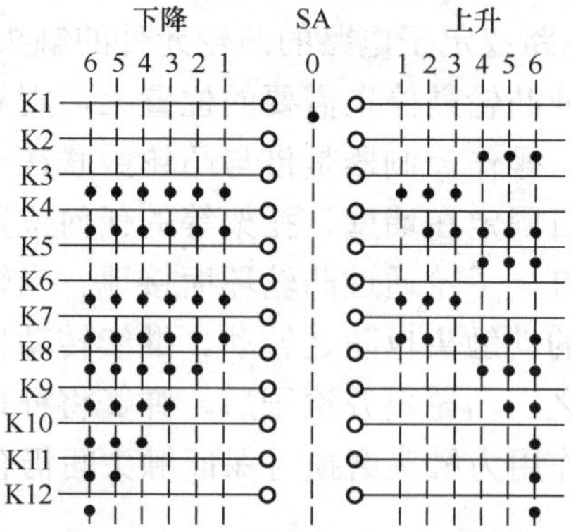

图 5-13　凸轮控制器的图形符号

三、基本控制线路

起重机经常需要重载起动，因此提升机构和平移机构的电动机一般采用起动转矩较大的绕线转子异步电动机，以减小电流而增加起动转矩。绕线转子异步电动机由于其独特的结构，一般不采取定子绕组降压启动，而在转子回路外接变阻器。因此绕线转子异步电动机的起动控制方式和笼型异步电动机有所不同。三相绕线转子异步电动机的起动，通常采用在转子绕组回路中串接启动电阻和接入频敏变阻器等方法。

（一）绕线转子异步电动机转子串电阻起动控制

1. 主电路控制电路

如图 5-14（a）所示，在绕线式异步电动机的转子电路中通过滑环与外电阻器相连。启动时控制器触点“S1”～“S3”全断开，合上电源开关“QS”后，电动机开始起动，此时电阻器的全部电阻都串入转子电路中，随着转速的升高，“S1”闭合，转速继续升高，再闭合“S2”，最后闭合“S3”，转子电阻就这样逐级地被全部切除，起动过程结束。

电动机在整个起动过程中的启动转矩较大，适合于重载起动。因此这种起动方法主要用在桥式起重机、卷扬机、龙门吊车等设备的电动机上。其主要缺点是所需启动设备较多，启动级数较少，启动时有一部分能量消耗在起动电阻上，因而又出现了频敏变阻器起动，如图 5-14（b）所示。

2．控制电路

（1）按钮操作控制线路。如图 5-15 所示是按钮操作绕线式电动机串电阻起动的控制线路，合上电源开关“QS”，按下“SB1”按钮，KM 得电吸合并自锁，电动机串接全部电阻起动。经过一定时间后，按下“SB2”按钮，KM1 得电吸合并自锁，KM1 主触点闭合，切除第一级电阻 R1，电动机转速继续升高。再经过一定时间后，按下“SB3”按钮，KM2 得电吸合并自锁，KM2 主触点闭合，切除第二级电阻 R2，电动机转速继续升高。当电动机转速接近额定转速时，按下“SB4”按钮，KM3 得电吸合并自锁，KM3 主触点闭合，切除全部电阻，起动结束，电动机在额定转速下正常运行。

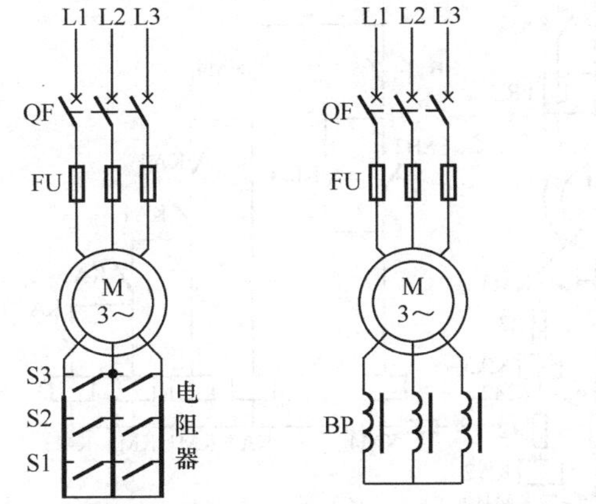

（a）转子串电阻起动　（b）转子串频敏变阻器起动

图 5-14　绕线转子异步电动机起动控制主电路

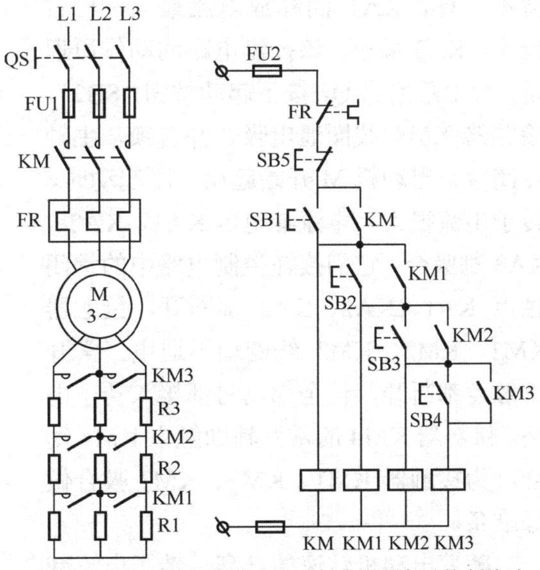

图 5-15　按钮操作绕线式电动机串电阻起动控制线路

（2）时间原则控制绕线式电动机串电阻起动控制线路。图 5-16 所示为时间原则控制绕线式电动机串电阻起动控制线路。其中，3 个时间继电器 KT1、KT2、KT3 分别控制 3 个接触器 KM1、KM2、KM3 按顺序依次吸合，自动切除转子绕组中的三级电阻，与起动按钮“SB1”串接的 KM1、KM2、KM3 这 3 个常闭触点的作用是保证只有电动机在转子绕组中接入全部起动电阻的条件下，才能起动。若其中任何一个接触器的主触点因熔焊或机械故障而没有释放，电动机就不能起动。

（3）电流原则控制绕线式电动机串电阻起动控制线路。图 5-17 所示为用电流继电器控制绕线转子异步电动机的控制线路。这种电动机是根据电动机起动时转子电流的变化，利用电流继电器来控制转子回路串联电阻的切除。

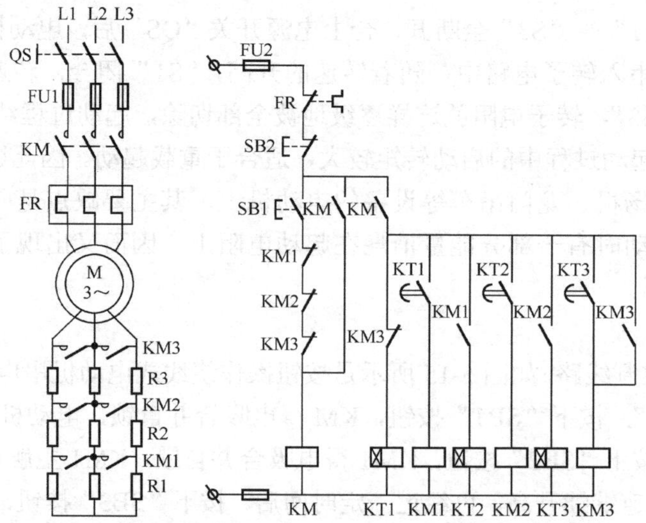

图 5-16　时间原则控制绕线式电动机串电阻起动控制线路

图 5-17 中的 KA1、KA2、KA3 是欠电流继电器，其线圈串接在转子电路中，这 3 个电流继电器的吸合电流都一样，但释放电流值不一样，KA1 的释放电流最大，KA2 较小，KA3 最小。该控制电路的动作原理是：合上断路器 Q，按下起动按钮“SB2”，接触器 KM4 线圈通电吸合并自锁，主触点闭合，电动机 M 开始起动。刚起动时，转子电流很大，电流继电器 KA1、KA2、KA3 都吸合，它们接在控制电路中的常闭触点 KA1、KA2、KA3 都断开，接触器 KM1、KM2、KM3 线圈均不通电，常开主触点都断开，使全部电阻都接入转子电路。接触器 KM4 的常开辅助触点 KM4 闭合，为接触器 KM1、KM2、KM3 吸合做好准备。

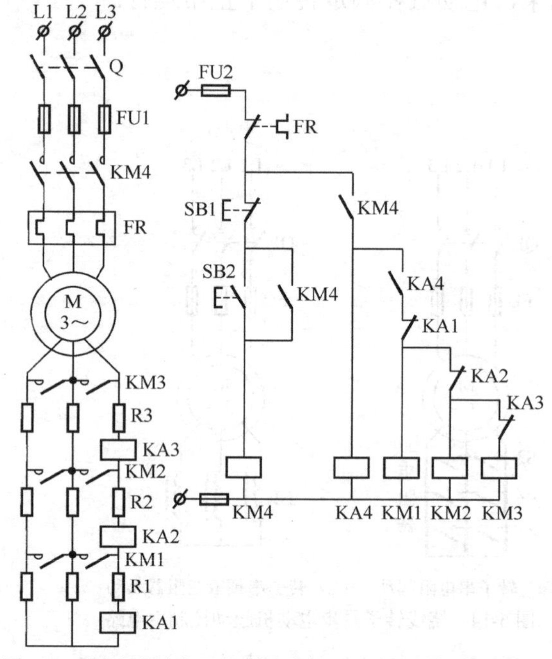

图 5-17　用电流继电器控制绕线转子异步电动机的控制线路

随着电动机转速的升高，转子电流减小，电流继电器 KA1 首先释放，它的常闭触点 KA1 恢复闭合状态，使接触器 KM1 线圈通电吸合，其转子电路中的常开主触点闭合，切除第一级启动电阻 R1。当 R1 被切除后，转子电流重新增大，但随着转速继续上升，转子电流又逐渐减小，当减小到电流继电器 KA2 的释放电流值时，KA2 释放，它的常闭触点 KA2 恢复闭合状态，接触器 KM2 线圈通电吸合，其转子电路中的常开主触点闭合，切除第二级启动电阻 R2。如此下去，直到把全部电阻都切除，电动机起动完毕，进入正常运行状态。

中间继电器 KA4 的作用是保证开始起动时，全部电阻接入转子电路。在接触器 KM4 线圈通电后，电动机开始起动时，利用 KM4 接通中间继电器 KA4 线圈的动作时间，使电流继电器 KA1 的常闭触点先断开，KA4 常开触点闭合，以保证电动机转子在回路串入全部电阻的情况下起动。

微课 5-1　绕线式异步电动机转子串电阻启动控制　　　　微课 5-2　绕线式异步电动机转子串频敏变阻器启动控制

（二）绕线转子异步电动机转子串频敏变阻器起动控制

频敏变阻器是由 3 个铁芯柱和 3 个绕组组成的。3 个绕组接成星形，通过滑环和电刷与转子绕组连接，铁芯用 6～12 mm 钢板制成，并有一定的空气隙，当频敏变阻器的绕组中通入交流电后，在铁芯中产生的涡流损耗很大。

当电动机刚开始起动时，电动机的 $S\approx1$，转子的频率为 f_1，铁芯中的损耗很大，即 R_2 很大，因此限制了起动电流，增大了起动转矩。随着电动机转速的增加，转子电流的频率下降，R_2 也减小，起动电流及转矩保持一定数值。

由于频敏变阻器的等效电阻和等效电抗都随转子电流频率而变，反应灵敏，所以称为频敏变阻器。这种起动方法结构简单、成本较低、使用寿命长、维护方便，能使电动机平滑起动（无级起动），基本上可获得恒转矩的起动特性。缺点是有电感存在，功率因数较低，起动转矩不大，因此在轻载启动时采用串频敏变阻器起动，在重载起动时采用串电阻起动。

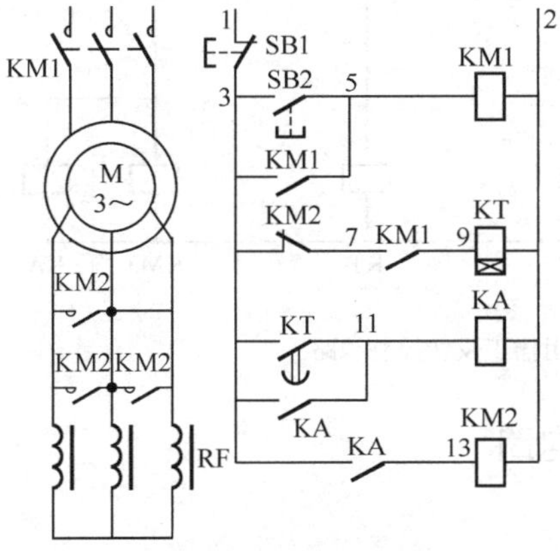

图 5-18　频敏变阻控制绕线式电动机串电阻起动控制线路

图 5-18 是频敏变阻控制绕线式电动机串电阻起动控制线路，KT 为时间继电器，KA 为中间继电器。当操作起动按钮“SB2”后，接触器 KM1 接通，并接通时间继电器 KT，它的常开触点 KT（3—11）经延时闭合，接通中间继电器 KA，KA 的常开触点 KA（3—13）再接通接触器 KM，切除频敏变阻器，起动过程完毕。因为时间继电器 KT 的线圈回路中串有接触器 KM2 的常闭辅助触点 KM2（3—7），所以当 KM1 通电后，时间继电器 KT 断电。

四、应用举例

（一）电动机正反转转子串频敏变阻器起动线路

图 5-19 是绕线式异步电动机正反转转子串频敏变阻器正反转控制线路。

电路的设计思路：主电路在单向运行的基础上加 1 个反向接触器 KM2，在设计控制线路时，要考虑在起动时，一定要串入频敏变阻器才能起动，也不能长期串入频敏变阻器运行。

线路的工作原理：合上“QF”，按下起动按钮“SB2”，正转接触器 KM1 得电，主触点闭合，电动机转子串入频敏变阻器开始起动；KM1 辅助常开触点闭合，时间继电器 KT 得电，经过一定时间，时间继电器延时触点 KT 闭合，接触器 KM3 和中间继电器 KA 得电，KM3 主触点将频敏变阻器切除，电动机正常运行。

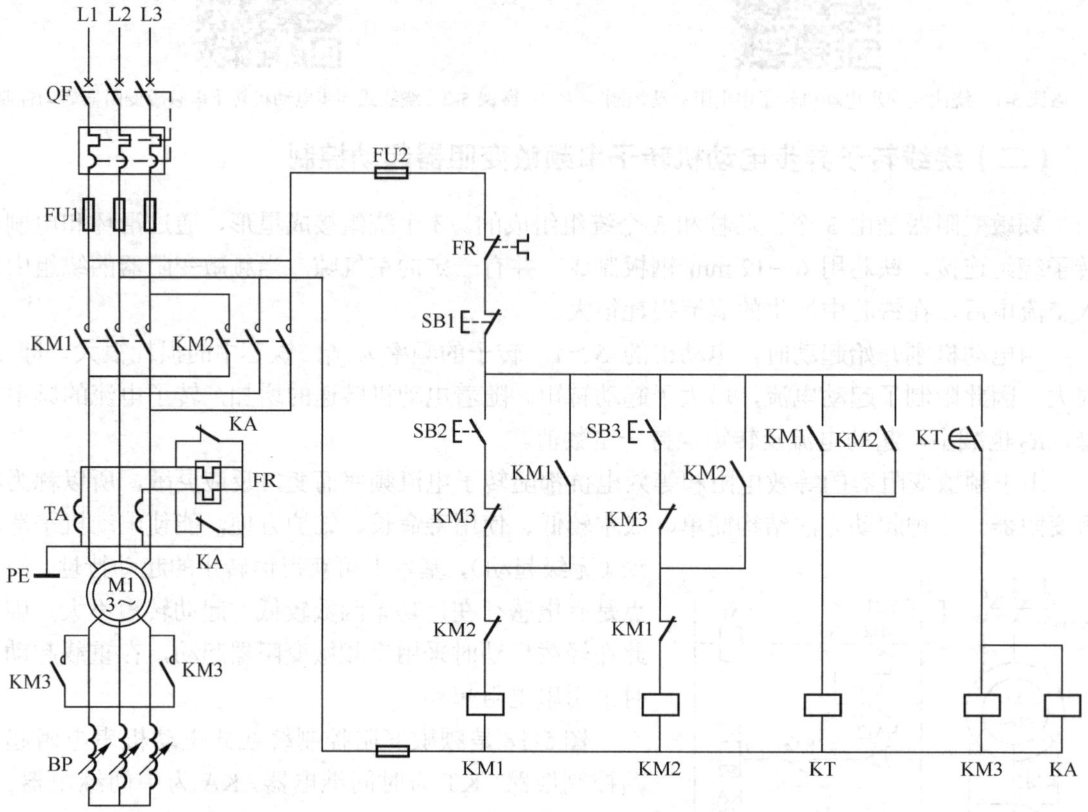

图 5-19　绕线式异步电动机正反转转子串频敏变阻器正反转控制线路

（二）凸轮控制器控制的桥式起重机小车控制电路

1. 桥式起重机凸轮控制器控制线路

图 5-20 所示为凸轮控制器控制绕线异步电动机运行的控制电路，这种电路用作桥式起重机的小车前后、钩子升降、大车左右电机的控制电路，只是不同的电路稍有区别。凸轮控制器控制电路的特点是原理图用展开图表示。由图 5-20 可见，凸轮控制器有编号为 1～12 的 12 对触点，用竖着画的细实线表示，而凸轮控制器的操作手轮右旋和左旋各有 5 个挡位，分别控制电动机正反转与速度，加上一个中间位置（称为“零位”）共有 11 个挡位，在各个挡位中的每对触点是否接通，是用在横竖线交点处的黑圆点“·”表示，有黑点的表示该对触点在该位置是接通的，无黑点的则表示断开。

图 5-20 中的 M2 为起重机的驱动电动机，采用绕线转子三相异步电动机，在转子电路中串入三相不对称电阻 R2，作为起动与调速控制。YB2 为制动电磁铁，三相电磁线圈与 M2 的定子绕组并联。QS 为电源引入开关，KM 为控制电路电源的接触器。KA0 和 KA2 为过流继电器，其线圈 KA0 为单线圈，KA2 为双线圈，都串联在 M2 的三相定子电路中，而其动断触点则串联在 KM 的线圈支路中。

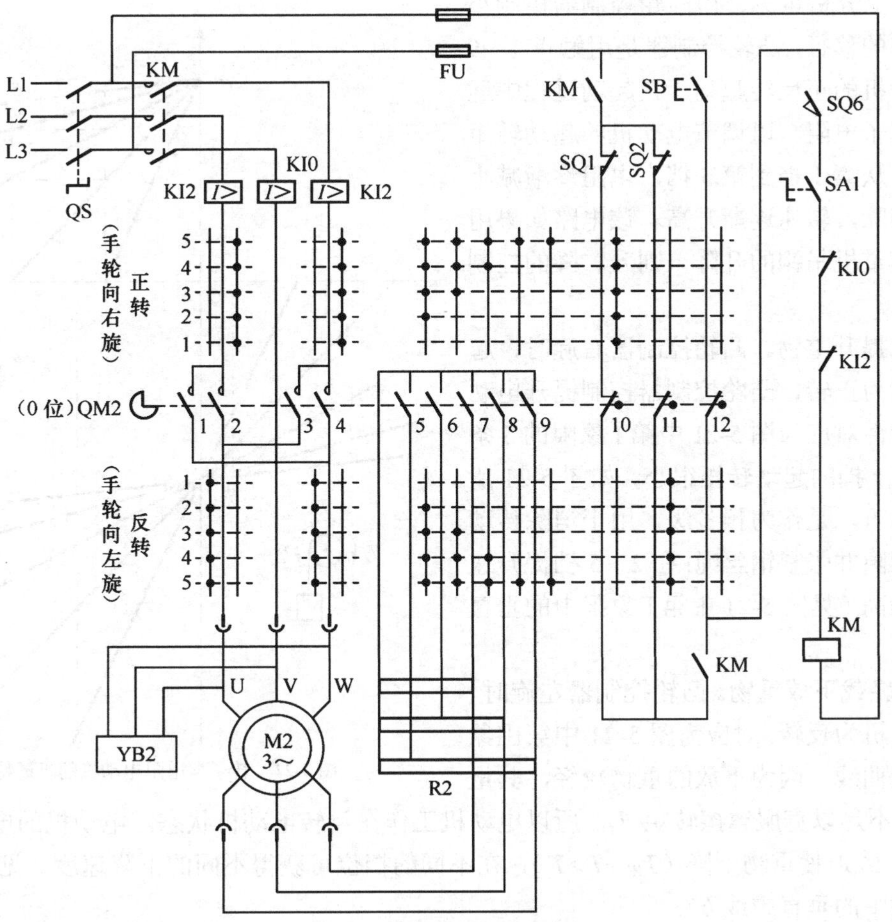

图 5-20 凸轮控制器控制线路

2. 电动机定子电路

在每次操作之前，应先将凸轮控制器 QM2 置于零位，由图 5-20 可知，QM2 的触点 10、11、12 在零位上接通；然后合上电源开关"QS"，按下起动按钮"SB"，接触器 KM 线圈通过 QM2 的触点 12 得电，KM 的三对主触点闭合，接通电动机 M2 的电源，然后可以用 QM2 操纵 M2 的运行。QM2 的触点 10、11 与 KM 的动合触点一起构成正转和反转时的自锁电路。

凸轮控制器 QM2 的触点 1—4 控制 M2 的正反转，由图 5-20 可见，触点 2、4 在 QM2 右旋的 5 挡均接通，M2 正转；而左旋 5 挡则是触点 1、3 接通，按电源的相序 M2 为反转；在零位时，4 对触点均断开。

3. 电动机转子电路

凸轮控制器 QM2 的触点 5—9 用于控制 M2 转子外接电阻 R2，以实现对 M2 起动和转速的调节。由图可见这五对触点在中间零位均断开，而在左、右旋各 5 挡的通断情况是完全对称的：操作手柄在左、右两边的第 1 挡触点 5—9 均断开，三相不对称电阻 R2 全部串入 M2 的转子电路，此时 M2 的机械特性最软（图 5-21 中的曲线 1）；操作手柄置第 2～第 4 挡时，触点 5、6、7 依次接通，将 R2 逐级不对称地切除，对应的机械特性曲线为图 5-21 中的曲线 2～曲线 4，可见电动机的转速逐渐升高；当置第 5 挡时，触点 5—9 全部接通，R2 全部被切除，M2 运行在自然特性曲线 5 上。

由以上分析可见，用凸轮控制器控制小车及大车的移行，凸轮控制器是用触点 1～9 控制电动机的正反转起动，在起动过程中逐段切断转子电阻，以调节电动机的起动转矩和转速。从第 1 挡到第 5 挡，电阻逐渐减小至全部切除，转速逐渐升高。该电路如果用于控制起重机吊钩的升降，则升、降的控制操作不同。

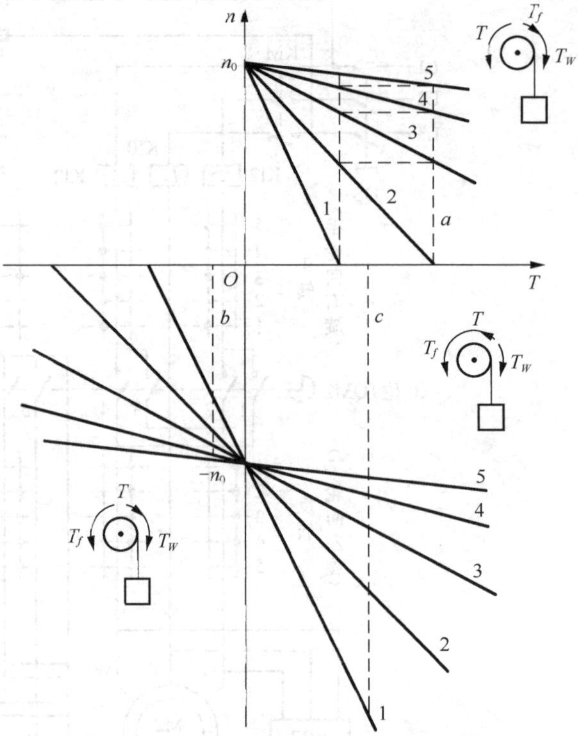

图 5-21　转子串电阻电动机的机械特性

（1）提升重物。凸轮控制器右旋时，起重电动机为正转，凸轮控制器控制提升电动机机械特性对应为图 5-21 中第 I 象限的 5 条曲线。第 1 挡的起动转矩很小，如图 5-21 所示的曲线 1，是作为预备级，用于消除传动齿轮的间隙并张紧钢丝绳；在 2～5 挡提升速度逐渐提高（见图 5-21 中第 I 象限中的垂直虚线 a）。

（2）轻载下放重物。凸轮控制器左旋时，起重电动机为反转，对应为图 5-21 中第Ⅲ象限的 5 条曲线。因为下放的重物较轻，其重力矩 T_W 不足以克服摩擦转矩 T_f，所以电动机工作在反转电动机状态，电动机的电磁转矩与 T_W 方向一致迫使重物下降（$T_W+T>T_f$），在不同的挡位可获得不同的下降速度（见图 5-21 中第Ⅲ象限中的垂直虚线 *b*）。

（3）重载下放重物。此时起重电动机仍然反转，但由于负载较重，其重力矩 T_W 与电动机电磁转矩方向一致而使电动机加速，当电动机的转速大于同步转速 n_0 时，电动机进入再生发电制动工作状态，其机械特性曲线为图 5-21 中第Ⅲ象限第 5 条曲线在第Ⅳ象限的延伸，T 与 T_W 方向相反而成为制动转矩。由图 5-21 可见，第Ⅳ象限中的曲线 1、2、3 比较陡直，因此在操作时，应将凸轮控制器的手轮从零位迅速扳至第 5 挡，中间不允许停留，在往回操作时也一样，应从第 5 挡快速扳回零位，以免引起重物高速下降而造成事故（见图 5-21 中第Ⅳ象限中的垂直虚线 c）。

由此可见，在下放重物时，不论是重载还是轻载，该电路都难以控制低速下降。因此在下降操作中如需要较准确的定位时，可采用点动操作方式，即将控制器的手轮在下降（反转）第 1 挡与零位之间来回扳动，以点动起重电动机，再配合制动器便能实现较准确的定位。

（三）桥式起重机保护电路

图 5-22 所示的电路有欠压、零压、零位、过流、行程终端限位保护和安全保护共 6 种保护功能。

1．欠压保护

接触器 KM 本身具有欠电压保护功能，当电源电压低于额定电压的 85%时，KM 因电磁吸力不足而复位，其动合主触点和自锁触点都断开，从而切断电源。

2．零压保护与零位保护

按下按钮“SB”，SB 动合触点与 KM 的自锁动合触点并联的电路，都具有零压（失压）保护功能，在操作中一旦断电，必须再次按下“SB”按钮才能重新接通电源。在此基础上，由图 5-20 可见，采用凸轮控制器控制的电路在每次重新起动时，还必须将凸轮控制器旋回中间的零位，使触点 12 接通，按下“SB”按钮才能接通电源，这样就防止控制器不在第 1 挡时，在电动机转子电路串入的电阻较小的情况下起动电动机，造成较大的起动转矩和电流冲击，甚至造成事故。这一保护作用称为“零位保护”。触点 12 只有在零位才接通，而其他 10 个挡位均断开，称为零位保护触点。

3．过流保护

起重机的控制电路往往采用过流继电器作为电动机的过载保护与线路的短路保护，过流继电器 KI0、KI2 的动断触点串联在 KM 线圈支路中，一旦电动机过电流，便切断 KM，从而切断电源。此外，KM 的线圈支路采用熔断器 FU 作短路保护。

4．行程终端限位保护

行程开关“SQ1”“SQ2”分别为小车的右行和左行的行程终端限位保护，其动断触点分别串联在 KM 的自锁支路中。以小车右行为例分析保护过程。将“QM2”右旋→M2 正转→小车右行→若行至行程终端还不停下→碰“SQ1”→SQ1 动断触点断开→KM 线圈支路断电→切断电源。此时只能将“QM2”旋回零位→重新按下“SB”按钮→KM 线圈支路通电（并通过 QM2 的触点 11 及“SQ2”的动断触点自锁）→重新接通电源→将“QM2”左旋→M2 反转→小车左行，退出右行的行程终端位置。

5．安全保护

在 KM 的线圈支路中，还串入了舱口安全开关“SQ6”和事故紧急开关“SA1”。在平时，应关好驾驶舱门，保证桥架上无人，则“SQ6”被压，才能操纵起重机运行，一旦发生事故或出现紧急情况，就断开“SA1”紧急停车。

（四）10 t 交流桥式起重机控制线路分析

1．起重机的供电特点

交流起重机电源由公共的交流电网供电，由于起重机需要经常移动，所以其与电源之间不能采用固定连接方式，对于小型起重机，供电方式采用软电缆供电，随着大车或小车的移动，供电电缆随之伸展和叠卷。对于一般桥式起重机，常用滑线和电刷供电。三相交流电源接到沿车间长度方向架设的 3 根主滑线上，再通过电刷引到起重机的电气设备上，进入驾驶室中的保护盘上的总电源开关，然后再向起重机各电气设备供电。对于小车及其上的提升机构等电气设备，则经过位于桥架另一侧的辅助滑线来供电。

滑线通常用角钢、圆钢、V 形钢轨来制成。当电流值很大或滑线太长时，为减少滑线电压降，常将角钢与铝排逐段并联，以减少电阻值。在交流系统中，圆钢滑线因趋肤效应的影响，只适用于短线路或小电流的供电线路。

2．电路构成

10 t 交流桥式起重机控制电路原理如图 5-22 所示。10 t 桥式起重机只有 1 个吊钩，但大车采用 2 台电动机分别驱动，所以共用了 4 台绕线转子异步电动机拖动。起重电动机 M1、小车驱动电动机 M2、大车驱动电动机 M3 和 M4 分别由 3 只凸轮控制器控制：“QM1”控制

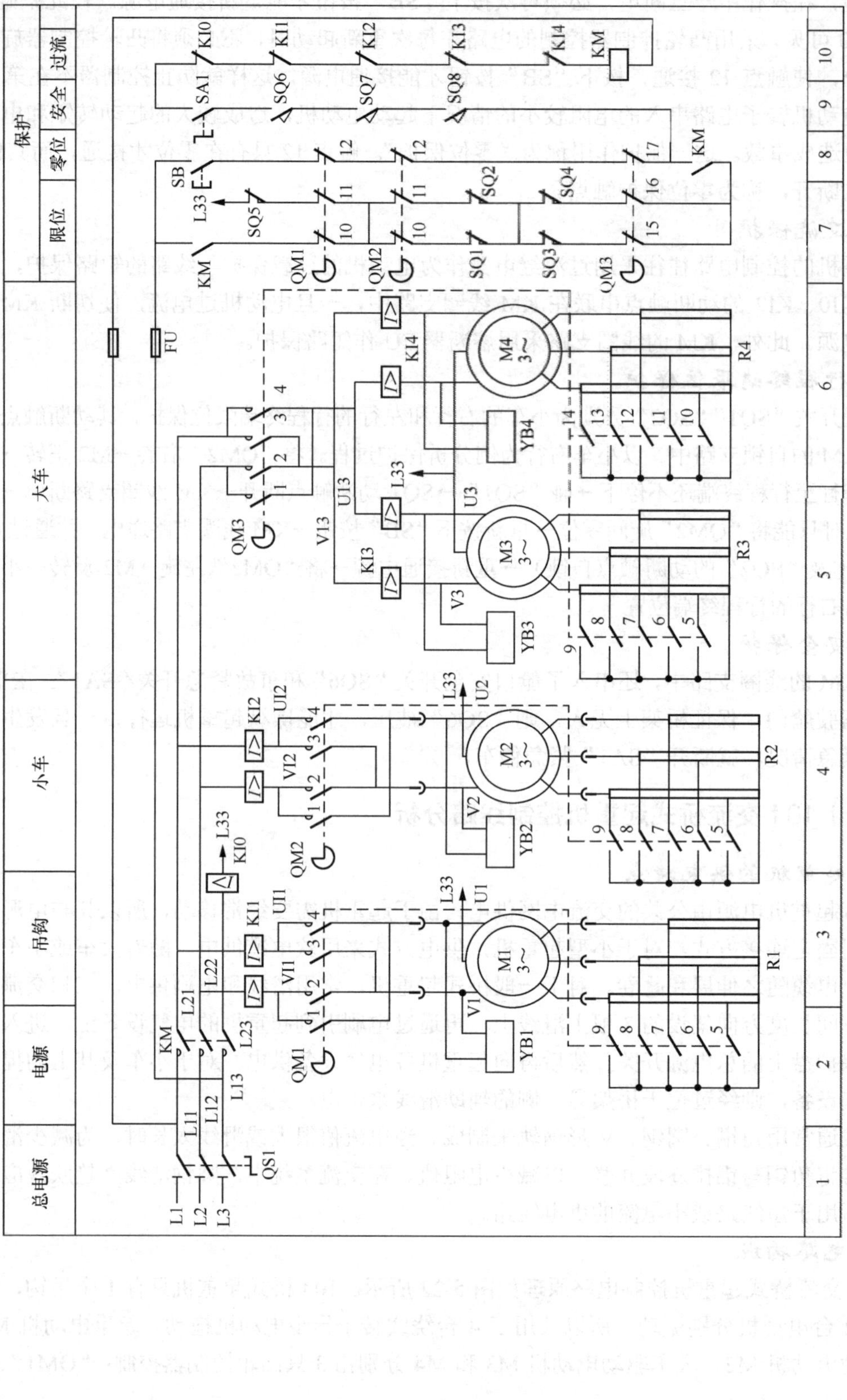

图 5-22 10 t 交流桥式起重机控制电路原理

M1、“QM2”控制 M2、“QM3”同步控制 M3 与 M4；R1～R4 分别为 4 台电动机转子电路串入的调速电阻器；YB1～YB4 分别为 4 台电动机的制动电磁铁。三相电源由“QS1”引入，并由接触器 KM 控制。过流继电器 KI0～KI4 提供过电流保护，其中 KI1～KI4 为双线圈式，分别保护 M1、M2、M3 和 M4，KI0 为单线圈式，单独串联在主电路的一相电源线中，作总电路的过电流保护。

该电路的控制原理已在分析图 5-20 时介绍过，不同的是凸轮控制器“QM3”共有 17 对触点，比“QM1”“QM2”多了 5 对触点，用于控制另一台电动机的转子电路，因此可以同步控制两台绕线转子异步电动机。下面主要介绍该电路的保护电路部分。

3. 保护电路

保护电路主要是 KM 的线圈支路，位于图 5-22 中的 7～10 区。与图 5-20 中的电路一样，该电路具有欠压、零压、零位、过流、行程终端限位保护和安全保护共 6 种保护功能。不同的是，图 5-22 中的电路需要保护 4 台电动机，因此在 KM 的线圈支路中串联的触点较多一些。KI0～KI4 为 5 只过流继电器的动断触点，“SA1”仍是事故紧急开关，“SQ6”是舱口安全开关，“SQ7”和“SQ8”是横梁栏杆门的安全开关，平时驾驶舱门和横梁栏杆门都应关好，将“SQ6”“SQ7”“SQ8”都压合；当有人进入桥架进行检修时，这些门开关就被打开，即使按下“SB”按钮，也不能使 KM 线圈支路通电；与起动按钮“SB”串联的是 3 只凸轮控制器的零位保护触点：“QM1”“QM2”的触点 12 和“QM3”触点 17。与图 5-20 中的电路有较大区别的是限位保护电路（位于图 5-22 中的 7 区），因为 3 只凸轮控制器分别控制吊钩、小车和大车做垂直、横向和纵向共 6 个方向的运动，所以除吊钩下降不需要提供限位保护之外，其余 5 个方向都需要提供行程终端限位保护，相应的行程开关和凸轮控制器的动断触点均串入 KM 的自锁触点支路中，行程终端限位保护电器及触点如表 5-2 所示。

表 5-2 行程终端限位保护电器及触点

运行方向		驱动电动机	凸轮控制器及保护触点		限位保护行程开关
吊钩	向上	M1	QM1	11	SQ5
小车	右行	M2	QM2	10	SQ1
	左行			11	SQ2
大车	前行	M3、M4	QM3	15	SQ3
	后行			16	SQ4

项目小结

本项目介绍了桥式起重机的结构与运动形式，桥式起重机对电力拖动控制的主要要求，电压继电器、电流继电器、电磁抱闸、凸轮控制器的结构原理及其文字图形符号，以及绕线式异步电动机转子的多种控制线路。在应用中，主要介绍凸轮控制器控制的桥式起重机控制线路，并简单介绍了 10 t 交流桥式起重机控制电路。

在分析桥式起重机电气控制线路时，应了解绕线式异步电动机转子回路串不同电阻时的机械特性，掌握凸轮控制器的触点通断表与图形符号，桥式起重机具有的各种保护，以及实现这些保护的方法，这样才能正确分析桥式起重机电气线路原理。

习题及思考

1．桥式起重机主要由哪几部分组成？桥式起重机有哪几种运动方式？

2．桥式起重机电力拖动系统由哪几台电动机组成？

3．起重电动机的运行工作有什么特点？对起重电动机的拖动和控制有什么要求？

4．起重电动机为什么要采用电气和机械双重制动？

5．电流继电器在电路中的作用是什么？它和热继电器有何异同？起重机上电动机为何不采用热继电器作过流保护？

6．凸轮控制器控制电路原理图是如何表示其触点状态的？

7．是否可用过电流继电器作电动机的过载保护？为什么？

8．凸轮控制器控制电路的零位保护与零压保护，两者有什么异同？

9．试分析图 5-20 所示的凸轮控制器控制线路的工作原理。

10．如果在下放重物时，因重物较重而出现超速下降，应如何操作？

第二部分　PLC 应用

项目六

工作台自动往返 PLC 控制系统

学习目标

1. 了解可编程控制器的产生过程、特点、应用领域及发展。

2. 熟悉 PLC 的基本结构、工作原理和常用的编程语言。

3. 掌握 S7-200 系列 PLC 的软元件、基本指令和主要技术指标。

4. 能根据系统要求正确选择 PLC 型号及参数。

5. 会熟练使用 S7-200 系列 PLC 的 STEP-Micro/WIN 编程软件编辑程序，上传、下载、运行和监控程序。

6. 能使用 S7-200 基本逻辑指令完成工作台自动往返 PLC 的软硬件设计和系统安装调试。

7. 能使用 S7-200 基本逻辑指令完成异步电动机的 Y-△降压起动、自动门等其他 PLC 控制系统的软硬件设计和安装调试。

一、项 目 简 述

工作台自动往返在生产中经常使用，如刨床工作台的自动往返、磨床工作台的自动往返。图 6-1 所示为某工作台自动往返工作行程控制示意。工作台由异步电动机拖动，电动机正转时工作台前进；前进到 A 点碰到位置开关“SQ1”，电动机反转，工作台后退；后退到 B 点碰到位置开关“SQ2”，电动机正转，工作台又前进，到 A 点又后退，如此自动循环，实现工作台在 A、B 两处自动往返。

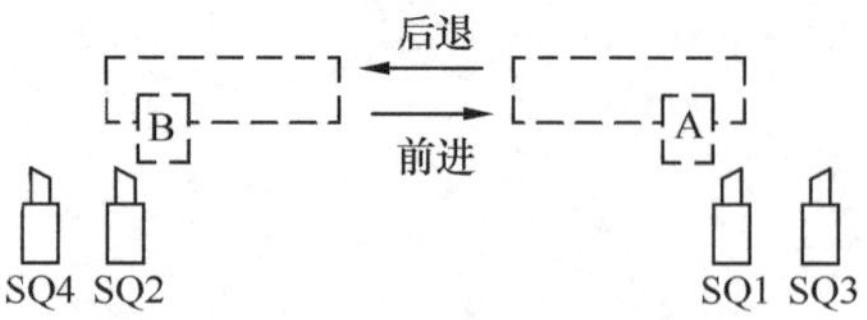

图 6-1　行程控制示意

在本书的项目一中介绍了由继电—接触器控制的工作台自动往返电路。由传统的继电接触器控制的线路具有结构简单、易于掌握、价格便宜等优点，在工业生产中应用甚广。但是，这些控制装置体积大，动作速度慢，耗电较多，功能少，尤其是靠硬件连线构成系统，接线复杂，当生产工艺或控制对象改变时，原有的接线和控制盘（柜）就必须随之改变或变换，通用性和灵活性较差。为了克服这些缺点，20 世纪 60 年代末出现了可编程逻辑控制器（Programmable Logic Controller，PLC），PLC 是一种新型的控制方式，现在很多继电器—接触器控制的线路都用 PLC 编程来完成，图 6-2 所示为工作台自动往返的 PLC 控制的硬件接线图。图 6-3 所示为工作台自动往返的 PLC 控制的梯形图和程序。要掌握工作台自动往返的 PLC 控制，首先必须学习 PLC 的相关知识。

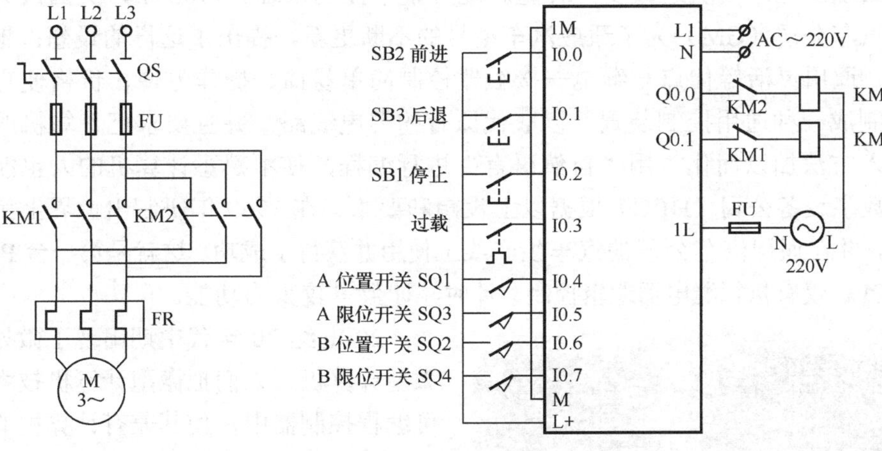

（a）主电路　　（b）I/O 分配

图 6-2　自动往返 PLC 控制的硬件接线

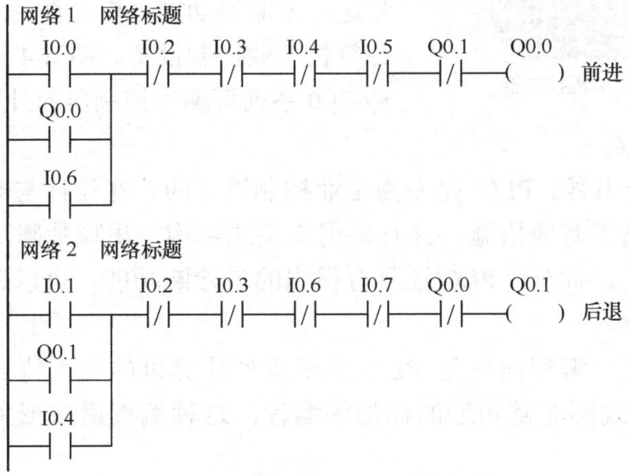

梯形图

```
网络 1    网络标题
LD        I0.0
O         Q0.1
O         I0.6
AN        I0.2
AN        I0.3
AN        I0.4
AN        I0.5
AN        Q0.1
=         Q0.0
网络 2    网络标题
LD        I0.0
O         Q0.1
O         I0.4
AN        I0.2
AN        I0.3
AN        I0.6
AN        I0.7
AN        Q0.0
=         Q0.1
```

程序

图 6-3　工作台自动往返的 PLC 控制的梯形图和程序

二、相关知识

（一）PLC 基础知识

1. 可编程控制器的产生

可编程控制器（Programmable Controller）是为工业控制应用而设计制造的，是计算机家族中的一员。早期的可编程控制器主要用来代替继电器实现逻辑控制，故称为可编程逻辑控制器（PLC）。现代 PLC 的功能已经很强大了，并不仅限于逻辑控制，故也称为 PC。但是为了避免与个人计算机的缩写混淆，故仍然习惯称之为 PLC，它是从 20 世纪 60 年代末发展起来的一种新型的电气控制装置，其将传统的继电器控制技术和计算机控制技术、通信技术融为一体，以显著的优点广泛应用于各种生产机械和生产过程的自动控制中。

20 世纪 60 年代末，美国的汽车制造业竞争十分激烈，各生产厂家的汽车型号不断更新，也必然要求其加工生产线随之改变，并重新配置整个控制系统。1968 年，美国最大的汽车制造商通用汽车公司（GM）为了适应汽车型号的不断更新，提出了这样的设想：把计算机的功能完善、通用灵活等优点与继电—接触器控制简单易懂、操作方便、价格便宜等优点结合起来，制成一种通用控制装置，以取代原有的继电线路，并且要求把计算机的编程方法和程序输入方法加以简化，用“自然语言”进行编程，使不熟悉计算机的人也能方便地使用。美国数字设备公司（DEC）根据以上设想和要求，在 1969 年研制出世界上第一台可编程控制器，并在通用汽车公司的汽车生产线上使用并获得了成功。这就是第一台 PLC 的产生。当时的 PLC 仅有执行继电器逻辑控制、计时、计数等较少的功能。

图 6-4 西门子 S7-200 系列可编程控制器

20 世纪 70 年代中期出现了微处理器和微型计算机，人们把微型计算机技术应用到可编程控制器中，使其兼有计算机的一些功能，不但用逻辑编程取代了硬连线，而且增加了数据运算、数据传送与处理以及对模拟量进行控制等功能，使之真正成为一种电子计算机工业控制设备。图 6-4 所示为西门子 S7-200 系列可编程控制器的外形。

2．可编程控制器的特点

（1）可靠性高、抗干扰能力强。PLC 是专为工业控制设计的，在设计与制造过程中均采用了屏蔽、滤波、光电隔离等有效措施，并且采用模块式结构，出现故障更换迅速，故 PLC 平均无故障 2 万小时以上。此外，PLC 还具有很强的自诊断功能，可以迅速方便地检查判断出故障，缩短检修时间。

（2）编程简单，使用方便。编程简单是 PLC 优于微型计算机的一大特点。目前大多数 PLC 都采用与实际电路接线图非常相近的梯形图编程，这种编程语言形象直观，易于掌握。

（3）功能强、速度快、精度高。PLC 具有逻辑运算、定时、计数等很多功能，还能进行 D/A、A/D 转换，数据处理，通信联网，并且运行速度很快，精度高。

（4）通用性好。PLC 品种多，档次也多，许多 PLC 制成模块式，可灵活组合。

（5）体积小、重量轻、功能强、耗能低、环境适应性强。从上述 PLC 的特点可见，PLC 控制系统具有许多优点，在许多方面都可以取代继电接触控制。但是，目前 PLC 价格还较高，使用高档、中档 PLC 需要具有相当的计算机知识，且 PLC 制造厂家和 PLC 品种类型很多，而指令系统和使用方法不尽相同，这给用户带来不便。

3．可编程控制器的分类

（1）按结构分类，PLC 可分为整体式和机架模块式 2 种。

① 整体式。整体式结构的 PLC 是将中央处理器、存储器、电源部件、输入和输出部件集中配置在一起，结构紧凑、体积小、重量轻、价格低，小型 PLC 常采用这种结构，适用于工业生产中的单机控制，如 FX_2-32MR、S7-200 等。

② 机架模块式。机架模块式 PLC 是将各部分单独的模块分开，如 CPU 模块、电源模块、输入模块、输出模块等。使用时可将这些模块分别插入机架底板的插座上，配置灵活、方便，便于扩展。可根据生产实际的控制要求配置各种不同的模块，构成不同的控制系统，一般大、中型 PLC，如西门子 S7-300、S7-400 采用这种结构。图 6-5 所示为 S7-300 系列 PLC 的外形。

图 6-5 西门子 S7-300 系列 PLC

（2）按 PLC 的 I/O 点数、存储容量和功能不同，大体可以分为大、中、小 3 个等级。

① 小型 PLC 的 I/O 点数在 120 以下，用户程序存储器容量为 2 K 字（1 K=1 024，存储一个"0"或"1"的二进制码称为一"位"，一字为 16 位）以下，具有逻辑运算、定时、计数等功能。也有些小型 PLC 增加了模拟量处理、算术运算功能，其应用面更广，主要适用于对开关量的控制，可以实现条件控制，定时、计数控制，顺序控制等。

② 中型 PLC 的 I/O 点数为 120～512，用户程序存储器容量达 2～8K 字，具有逻辑运算、算术运算、数据传送、数据通信、模拟量输入/输出等功能，可完成既有开关量，又有模拟量的较为复杂的控制。

③ 大型 PLC 的 I/O 点数在 512 以上，用户程序存储器容量达到 8K 以上，具有数据运算、模拟调节、联网通信、监视、记录、打印等功能，能进行中断控制、智能控制、远程控制。在用于大规模的过程控制中时，可构成分布式控制系统或整个工厂的自动化网络。

（3）PLC 还可根据功能分为低档机、中档机和高档机。

4. 可编程控制器的应用和发展

可编程控制器在国内外已广泛应用于钢铁、石化、机械制造、汽车装配、电力、轻纺等各行各业，目前 PLC 主要应用于以下几方面。

（1）开关逻辑控制。这是 PLC 最基本的应用。可用 PLC 取代传统继电接触器控制，如普通机床、数控机床电气 PLC 控制，也可取代顺序控制，如高炉上料，电梯控制，货物存取、运输、检测等。总之，PLC 可用于单机、多机群控以及生产线的自动化控制。

（2）闭环过程控制。过程控制是指对温度、压力、流量等连续变化的模拟量的闭环控制。PLC 通过模拟量 I/O 模块，实现模拟（Analog）量和数字（Digital）量之间的转换，一般称为 A/D 转换和 D/A 转换，这一闭环控制功能可以用 PID 子程序或专用的 PID 模块来实现。其 PID 闭环控制功能已经广泛应用于塑料挤压成形机、加热炉、热处理炉、锅炉等设备，以及轻工、化工、机械、冶金、电力、建材等行业。

（3）数据处理。现代的 PLC 具有数学运算，数据传送、转换、排序和查表、位操作等功能，可以完成数据的采集、分析和处理。这些数据可以与储存在存储器中的参考值比较，也可以用通信功能传送到其他智能装置，或者将其打印制表。

（4）通信联网。PLC 的通信包括主机与远程 I/O 之间的通信、多台 PLC 之间的通信、PLC 与其他智能设备（如计算机、变频器、数控装置）之间的通信。PLC 与其他智能控制设备一起，可以组成"集中管理、分散控制"的分布式控制系统。

自从美国研制出第一台 PLC 以后，日本、德国、法国等工业发达国家相继研制出各自的

PLC。20 世纪 70 年代中期，在 PLC 中引入了微型计算机技术，使 PLC 的功能不断增强，质量不断提高，应用日益广泛。

1971 年，日本从美国引进 PLC 技术，很快就研制出日本第一台 DSC-8 型 PLC，1984 年日本就有 30 多个 PLC 生产厂家，产品达到 60 种以上。西欧在 1973 年研制出第一台 PLC，并且发展很快，年销售量增长 20%以上。目前，世界上众多的 PLC 制造厂家中，比较著名的几个大公司有美国 AB 公司、歌德公司、德州仪器公司、通用电气公司，德国的西门子公司，日本的三菱、东芝、富士和立石公司等，它们的产品控制着世界上大部分的 PLC 市场。PLC 技术已成为工业自动化三大技术（PLC 技术、机器人、计算机辅助设计与分析）支柱之一。

我国研制与应用 PLC 起步较晚，1973 年开始研制，1977 年开始应用。20 世纪 80 年代初期以前发展较慢，20 世纪 80 年代随着成套设备或专用设备引进了不少 PLC，如宝钢一期工程整个生产线上就使用了数百台 PLC，二期工程使用得更多。近几年来国外 PLC 产品大量进入我国市场，我国已有许多单位，如北京机械自动化研究所、上海起重电器厂、上海电力电子设备厂、无锡电器厂等，在消化吸收引进 PLC 技术的基础上，仿制和研制了 PLC 产品。

微课 6-1　S7-200 PLC 简介

目前，PLC 主要是朝着小型化、廉价化、系列化、标准化、智能化、高速化和网络化的方向发展，这将使 PLC 功能更强、可靠性更高、使用更方便、适应面更广。

（二）PLC 的基本结构、编程语言、工作原理

PLC 是微型计算机技术与机电控制技术相结合的产物，尽管 PLC 的型号多种多样，但其结构组成基本相同，都采用以微处理器为核心的结构。其功能的实现不仅基于硬件的作用，更要靠软件的支持，PLC 实际上就是一种新型的专门用于工业控制的计算机。

1. 硬件组成

PLC 的硬件系统主要由中央处理器（CPU）、存储器（RAM、ROM）、输入/输出单元（I/O）、电源、通信接口、I/O 扩展接口等构成，这些单元都是通过内部的总线连接的。PLC 的硬件构成如图 6-6 所示。

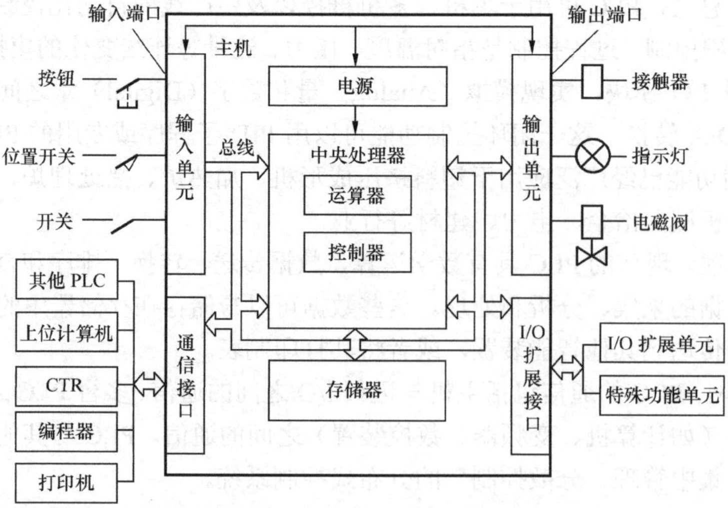

图 6-6　PLC 的硬件构成

（1）输入单元

输入单元是连接 PLC 与其他外部设备的桥梁。生产设备的控制信号通过输入模块传送给 CPU。

开关量输入单元用于连接按钮、选择开关、行程开关、接近开关和各类传感器传来的信号。图 6-7 所示为直流及交流两类 PLC 输入单元的电路图，图中虚线框内的部分为 PLC 内部电路，框外为用户接线。PLC 直流输入单元中有光耦合器隔离，并设有 RC 滤波器，用以消除输入触点的抖动和外部噪声干扰。当输入开关闭合时，一次电路中流过电流，输入指示灯亮，光耦合器被激励，三极管从截止状态变为饱和导通状态，这是一个数据输入过程。在一般整体式 PLC 中，直流输入单元都使用可编程本机的直流电源供电，不再需要外接电源。

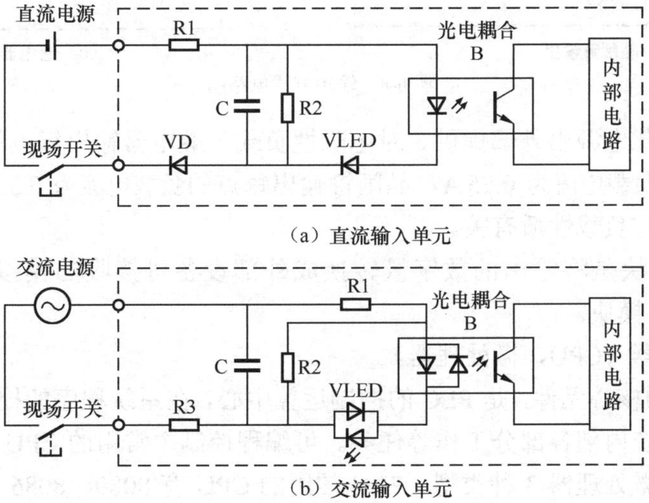

（a）直流输入单元

（b）交流输入单元

图 6-7 输入单元

模拟量输入单元是将输入的模拟量（如电流、电压、温度、压力等）转换成 PLC 的 CPU 可接收的数字量，在 PLC 中将模拟量转化成数字量的模块称为 A/D 模块。

（2）输出单元

开关量输出单元用于连接继电器、接触器、电磁阀线圈，是 PLC 的主要输出口，是连接 PLC 与控制设备的桥梁。CPU 运算的结果通过输出单元模块输出。输出单元模块将 CPU 运算的结果进行隔离和功率放大后来驱动外部执行元件。输出单元类型很多，但是它们的基本原理相似。PLC 有 3 种输出方式，分别为晶体管输出、晶闸管输出、继电器输出。图 6-8 所示为 PLC 的 3 种输出电路图。

继电器输出方式最常用。当 CPU 有输出时，接通或断开输出线路中继电器的线圈，继电器的触点闭合或断开，通过该触点控制外部负载线路的通断。因为继电器输出线圈与触点已完全分离，故不再需要隔离措施，该方式用于开关速度要求不高且又需要大电流输出负载能力的场合，响应较慢。晶体管输出方式通过光电耦合器驱动开关使晶体管截止或饱和来控制外部负载线路，并对 PLC 内部线路和输出晶体管线路进行电气隔离，该方式用于要求快速断开、闭合或动作频繁的场合。另外一种是晶闸管输出方式，该方式采用了光触发型双向晶闸管。

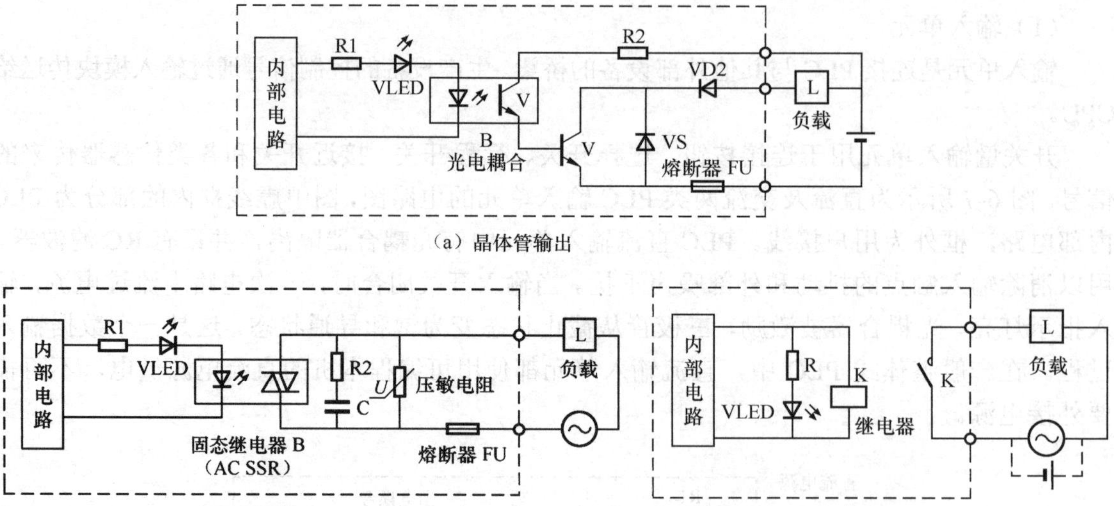

（a）晶体管输出

（b）晶闸管输出

（c）继电器输出

图 6-8　输出方式电路图

输出回路的负载电源由外部提供。对电阻性负载，继电器输出每点的负载电流为 2 A，晶体管输出每点的负载电流为 0.75 A，晶闸管输出每点的负载电流为 0.3 A。在实际应用中，输出电流额定值还与负载性质有关。

模拟量输出模块是将输出的数字量转换成外部设备可接收的模拟量，这样的模块在 PLC 中又称为 D/A 模块。

（3）中央处理器（CPU，微处理器）

CPU 是 PLC 的核心元件，是 PLC 的控制运算中心，在系统程序的控制下完成逻辑运算、数学运算、协调系统内部各部分工作等任务。可编程控制中常用的 CPU 主要采用微处理器、单片机和双极片式微处理器 3 种类型。PLC 常用的 CPU 有 8080、8086、80286、80386、单片机 8031、8096 以及位片式微处理器（如 AM2900、AM2901、AM2903）等。PLC 的档次越高，CPU 的位数越多，运算速度越快，功能指令就越强。

（4）存储器

存储器是可编程控制器存放系统程序、用户程序及运算数据的单元。与一般计算机一样，PLC 的存储器有只读存储器（ROM）和随机读写存储器（RAM）两大类。只读存储器用来保存那些需要永久保存的存储器，主要用来存放系统程序。随机读写存储器的特点是写入与擦除都很容易，但在掉电情况下，存储的数据会丢失，一般用来存放用户程序及系统运行中产生的临时数据。为了能使用户程序及某些运算数据在 PLC 脱离外界电源后也能保持，在实际使用中都为一些重要的随机读写存储器配备电池或电容等掉电保持装置。

（5）外部设备

① 编程器。编程器是 PLC 必不可少的重要外部设备，主要用来输入、检查、修改、调试用户程序，也可用来监视 PLC 的工作状态。编程器分为简易编程器和智能型编程器。简易编程器价廉，用于小型 PLC；智能型编程器价高，用于要求比较高的场合。另一类是个人计算机，在个人计算机上安装编程软件，即可用计算机对 PLC 编程。利用微型计算机作为编程器，可以直接编制、显示、运行梯形图，并能进行 PC—PLC 的通信。

② 其他外部设备。根据需要，PLC 还可能配设其他外部设备，如盒式磁带机、打印

机、EPROM 写入器以及高分辨率大屏幕彩色图形监控系统（用于显示或监视有关部分的运行状态）。

（6）电源部分

PLC 的供电电源是一般市电，电源部分用于将 220 V 交流转换成 PLC 内部 CPU 存储器等电子线路工作所需的直流电源。PLC 内部有一个设计优良的独立电源。常用的是开关式稳压电源，用锂电池作为停电后的后备电源，有些型号的 PLC（如 F1、FX、S7-200 系列）电源部分还有 24 V 直流电源输出，用于对外部传感器供电。

2．软件系统

软件系统是 PLC 使用的各种程序集合，由系统程序（即系统软件）和用户程序（即应用程序或应用软件）组成。

系统程序由 PLC 制造商设计编写并存入 PLC 的系统程序存储器中，用户不能直接读写与更改，包括监控程序、编译程序及系统诊断程序。监控程序又称管理程序，用于管理全机；编译程序用于将程序语言翻译成机器语言；诊断程序用于诊断机器故障。

用户程序是用户根据现场控制要求，使用 PLC 编程语言编制的应用程序。PLC 是专为工业自动控制而开发的装置，使用对象主要是广大电气技术人员及操作维护人员。为符合他们的传统习惯和掌握能力，常采用面向控制过程、面向问题的“自然语言”编程。对于不同的 PLC 厂家，其“自然语言”略有不同，但基本上可分为以下 2 种。

① 采用图形符号表达方式的编程语言，如梯形图。

② 采用字符表达方式的编程语言，如语句表等。

另外，为了增强 PLC 的运算、数据处理、通信等功能，也可采用高级语言编写程序，如 C 语言等。

3．基本工作原理

PLC 的工作原理与计算机的工作原理基本一致，可以简单地表述为在系统程序的管理下，通过运行应用程序完成用户任务。但个人计算机与 PLC 的工作方式有所不同，计算机一般采用等待命令的工作方式，如常见的键盘扫描方式或 I/O 扫描方式。当键盘有键按下或 I/O 口有信号输入时，中断转入相应的子程序。PLC 在确定工作任务并装入专用程序后成为一种专用机，采用循环扫描工作方式。系统工作任务管理及应用程序执行都是通过循环扫描方式完成的。

PLC 的工作过程一般可分为 3 个主要阶段：输入采样（输入扫描）阶段、程序执行（执行扫描）阶段和输出刷新（输出扫描）阶段。

（1）输入采样阶段。在输入采样阶段，PLC 扫描全部输入端，读取各开关点的通、断状态以及 A/D 转换值，并写入寄存输入状态的输入映像寄存器中存储，这一过程称为采样。在本工作周期内，采样结果的内容不会改变，而且这个采样结果将在 PLC 执行程序时使用。

（2）程序执行阶段。PLC 按顺序扫描用户程序，按梯形图从左到右、从上到下逐步扫描每条程序，并根据输入/输出（I/O）状态及有关数据进行逻辑运算“处理”，再将结果写入寄存执行结果的输出寄存器中保存，但这个结果在全部程序未执行完毕之前不会送到输出端口上。

（3）输出刷新阶段。在所有指令执行完毕后，把输出寄存器中的内容送入寄存输出状态的输出锁存器中，再以一定方式驱动用户设备，这就是输出刷新。

PLC 的扫描工作过程如图 6-9 所示，PLC 周期性地重复执行上述 3 个阶段，每重复一次的时间称为一个扫描周期。PLC 在一个周期中，输入扫描和输出刷新的时间一般为 4 ms 左右，而程序执行时间会因程序的长度不同而不同。PLC 一个扫描周期一般为 40～100 ms。

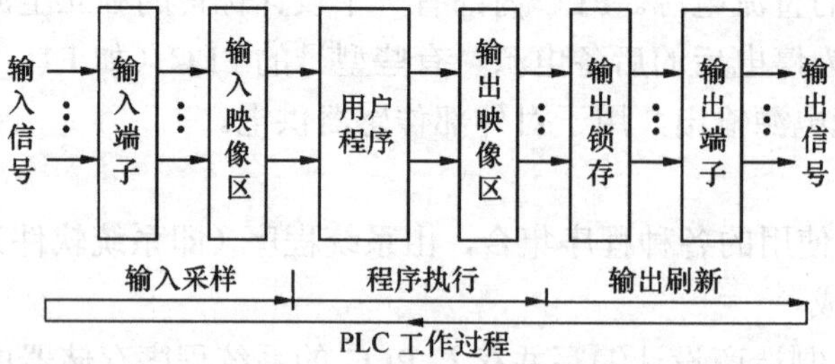

图 6-9　PLC 的扫描工作过程

PLC 对用户程序的执行过程是通过 CPU 周期性的循环扫描工作方式来实现的。PLC 工作的主要特点是输入信号集中采样，执行过程集中批处理和输出控制集中批处理。PLC 的这种“串行”工作方式可以避免继电—接触器控制中触点竞争和时序失配的问题。这是 PLC 可靠性高的原因之一，但是又导致输出对输入在时间上的滞后，降低了系统响应速度。

微课 6-2　S7-200 系列 PLC 的组成和工作原理

微课 6-3　PLC 的产生、结构与特点

微课 6-4　PLC 的工作原理

微课 6-5　PLC 的编程语言

微课 6-6　PLC 的内部器件

（三）S7-200 系列 PLC 的内部元器件

用户程序存储器用来存放用户的应用程序和数据，包括用户程序存储器（程序区）和用户数据存储器（数据区）。数据空间是用户程序执行过程中的 PLC 内部工作区域，该区域主要存放输入信号、运算输出结果、计时值、计数值、模拟量数等。数据空间包括输入映像寄存器 I、输出映像寄存器 Q、变量寄存器 V、内部标志位寄存器 M、顺序控制继电器 S、特殊标志位寄存器 SM、局部存储器 L、定时器存储器 T、计数器存储器 C、模拟量输入映像寄存器 AI、模拟量输出映像寄存器 AQ、累加器 AC、高速计数器 HC。

1．S7-200 系列 PLC 的数据存储器

S7-200 系列的内部元器件的功能相互独立，在数据存储器区中都有对应的地址，可依据存储器地址来存取数据。

（1）数据长度。计算机中使用的都是二进制数，在 PLC 中，通常使用位、字节、字、双字来表示，数据占用的连续位数称为数据长度。

位（bit）是指二进制的一位，是最基本的存储单位，只有“0”或“1”2 种状态。在 PLC 中，一个位可对应一个继电器。若继电器线圈得电，则相应位的状态为“1”；若继电器线圈失电或断开，则其对应位的状态为“0”。8 位二进制数构成一字节（Byte），其中第 7 位为最高位（MSB），第 0 位为最低位（LSB）。两字节构成一个字（Word）。在 PLC 中，字又称为通道，一个字含 16 位，即一个通道由 16 个继电器组成。两个字节构成一个汉字，即双字（Double Word），双字在 PLC 中由 32 个继电器组成。

（2）数据类型及数据范围。S7-200 系列 PLC 的数据存储器中存放数据的类型主要有布尔型（BOOL）、整数型（INT）、实数型（REAL）和字符串型四种。布尔逻辑型数据是由“0”或“1”构成的字节型无符号整数；整数型数据包括 16 位单字和 32 位双字的带符号整数；实数型数据又称浮点型数据，以 32 位的单精度数表示。每种数据类型都有一定的范围，如表 6-1 所示。

表 6-1　　数据类型范围

数据长度、类型	无符号整数	有符号整数	实数（单精度）
字节（8 位）	0～255（十进制）	−128～+127（十进制）	
	0～FF（十六进制）	80～7F（十六进制）	
字（16 位）	0～65 535（十进制）	−32 768～+32 767（十进制）	
	0～FFFF（十六进制）	8 000～7FFF（十六进制）	
双字（32 位）	0～4 294 967 295（十进制）	−2 147 483 648～+2 147 483 647（十进制）	+1.175 495E−38～+3.402 823E+38（正数） −1.175 495E−38～−3.402 823E+38（负数） （十进制）
	0～FFFFFFFF（十六进制）	80 000 000～7FFFFFFF（十六进制）	

（3）数据存储器的编址方式。数据存储器的编址方式主要是对位、字节、字、双字进行编址。

① 位编址。位编址的方式为（区域标志符）字节地址。位地址，如 I0.1、Q1.0、V3.5。

② 字节编址。字节编址的方式为（区域标志符）B 字节地址。例如，IB0 表示输入由映像寄存器 I0.0～I0.7 这 8 位组成的字节；VB0 表示输出由映像寄存器 V0.0～V0.7 这 8 位组成的字节。

③ 字编址。字编址的方式为（区域标志符）W 起始字节地址，最高有效字节为起始字节。例如，VW0 表示由 VB0 和 VB1 这 2 个字节组成的字。

④ 双字编址。双字编址的方式为（区域标志符）D 起始字节地址，最高有效字节为起始字节，例如，VD100 表示由 VB100、VB101、VB102 和 VB103 这 4 字节组成的双字。

2．S7—200 系列 PLC 的内部元器件简介

（1）输入映像寄存器 I。S7-200 的输入映像寄存器又称为输入继电器，是 PLC 用来接收外部输入信号的窗口，PLC 中的输入继电器与继电-接触器中的继电器不同，是“软继电器”，它实质上是存储单元。如图 6-10 所示，当外部输入开关 SB 的信号为闭合时，输入继电器 I0.0 线圈得电，在程序中 I0.0 常开触点闭合，闭合触点断开。这些“软继电器”的最大特点是可以无限次使用。在使用时一定要注意，它们只能由外部信号驱动，用来检测外部信号的变化，不能在内部用指令驱动。因此编程时，只能使用输入继电器触点，不能使用输入继电器线圈。

输入映像寄存器可按位、字节、字或双字等方式进行编址，如 I0.1、IB4、IW5、ID10 等。

S7-200 系列 PLC 的输入映像寄存器区域有 I0～I15 共 16 个字节单元。输入映像寄存器

可按位进行操作，每一位对应一个输入数字量，因此，输入映像寄存器能存储 16 × 8 共计 128 点信息。CPU、226 的基本单元有 24 个数字量输入点：I0.0～I0.7、I1.0～I1.7、I2.0～I2.7，占用 3 字节 IB0、IB1、IB2，其余输入映像寄存器可用于扩展或其他操作。

（2）输出映像寄存器 Q。S7-200 的输出映像寄存器又称为输出继电器，每个输出继电器线圈与相应的 PLC 输出相连，用来将 PLC 的输出信号传递给负载。输出继电器的等效原理如图 6-11 所示。

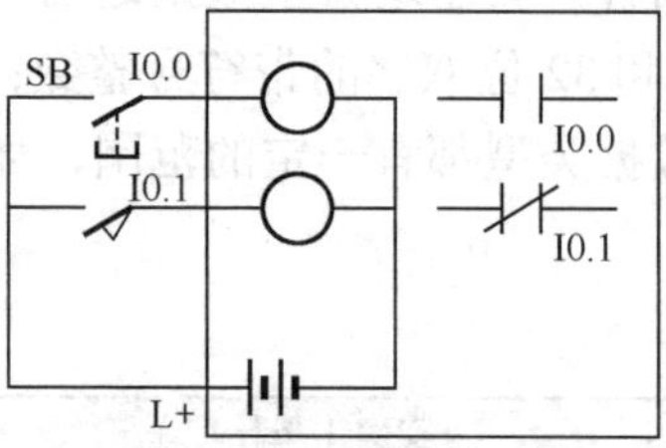

图 6-10　输入继电器等效原理

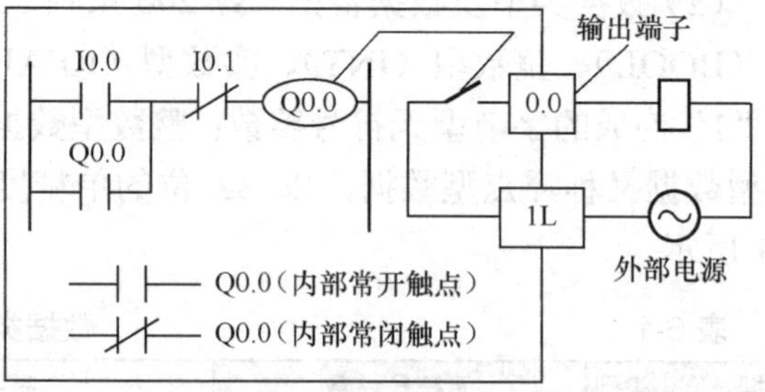

图 6-11　输出继电器等效原理

输入映像寄存器可按位、字节、字或双字等方式进行编址，如 Q0.3、QB1、QW5、QD12 等。同样，S7-200 系列 PLC 的输出映像寄存器区域有 QB0～QB15 共 16 个字节单元，能存储 16 × 8 共计 128 点信息。CPU 226 的基本单元有 16 个数字量输出点：Q0.0～Q0.7、Q1.0～Q1.7，占用两字节 QB0、QB1，其余输出映像寄存器可用于扩展或其他操作。

输入/输出映像寄存器实际上就是外部输入/输出设备状态的映像区，通过程序控制输入/输出映像区的相应位与外部物理设备建立联系，并映像这些端子的状态。

（3）变量寄存器 V。变量寄存器 V 用来存储全局变量、存放数据运算的中间运算结果或其他相关数据，变量存储器全局有效，即同一个存储器可以在任一个程序分区中被访问。在处理数据时，经常会用到变量寄存器。

变量寄存器可按位、字节、字、双字使用。变量寄存器有较大的存储空间，CPU 224/226 有 VB 0.0～VB 5119.7 共 5KB 的存储容量。

（4）内部标志位寄存器 M。内部标志位寄存器 M 相当于继电-接触器控制系统中的中间继电器，用来存储中间操作数或其他控制信息。内部标志位寄存器在 PLC 中没有输入/输出端与之对应，触点不能直接驱动外部负载，只能在程序内部驱动输出继电器的线圈。

内部标志位寄存器可按位、字节、字、双字使用，如 M23.2、MB10、MW13、MD24。CPU226 的有效编址范围为 M0.0～M31.7。

（5）顺序控制继电器 S。顺序控制继电器 S 又称为状态元件，用于顺序控制或步进控制。顺序控制继电器可按位、字节、字、双字使用，有效编址范围为 S0.0～S31.7。

（6）特殊标志位寄存器 SM。特殊标志位寄存器 SM 用于 CPU 与用户程序之间的信息交换，用这些特殊标志可选择和控制 S7-200 系列 CPU 的一些特殊功能，它分为只读区域和可读区域。

特殊标志位寄存器可按位、字节、字、双字使用。CPU 226 特殊标志寄存器的有效编址范围为 SM0.0～SM179.7。其中，特殊存储器的前 30 字节为只读区，即 SM0.0～SM29.7 为只读区。特殊标志位寄存器提供了大量的状态和控制功能。常用的特殊标志位寄存器的功能如下。

SM0.0：运行监控，当 PLC 运行时，SM0.0 接通。

SM0.1：初始化脉冲，PLC 运行开始发一个单脉冲，SM0.1 接通一个扫描周期。

SM0.2：当 RAM 中保存的数据丢失时，SM 0.2 导通一个扫描周期。

SM0.3：PLC 上电进入 RUN 状态时，SM 0.3 导通一个扫描周期。

SM0.4：分脉冲，占空比为 50%，PLC 运行时，导通 30s，断开 30s，即周期 1 min 的脉冲串。

SM0.5：秒脉冲，占空比为 50%，PLC 运行时，导通 0.5s，断开 0.5s，即周期 1 s 的脉冲串。

SM0.6：扫描时钟。本次扫描时置 1，下次扫描时清 0，可以作为扫描计数器的输入。

SM0.7：工作方式开关位置指示。开关放置在 RUN 时为 1，PLC 为运行状态，开关放置在 TERM 时为 0，PLC 可进行通信编程。

SM1.0：零标志位。当执行某些指令，结果为 0 时，该位被置 1。

SM1.1：溢出标志位。当执行某些指令，结果溢出时，该位被置 1。

SM1.2：负数标志位。当执行某些指令，结果为负数时，该位被置 1。

SM1.3：除零标志位。试图除以 0 时，该位被置 1。图 6-12 为特殊标志位寄存器波形。

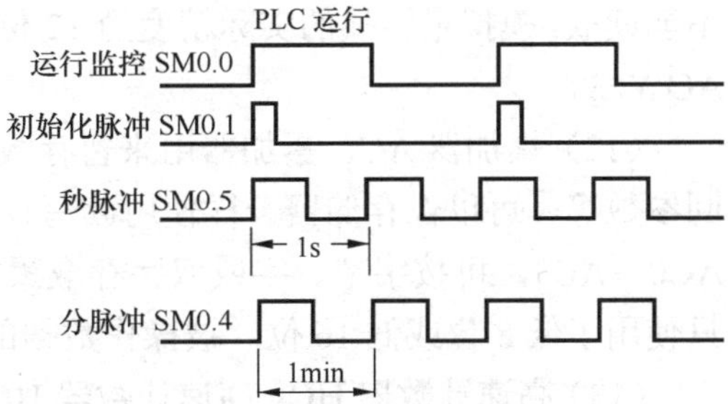

图 6-12　特殊标志位寄存器波形

（7）局部存储器 L。局部存储器 L 用来存储局部变量，类似于变量寄存器 V，但全局变量是对全局有效，而局部变量只和特定的程序相关联，只是局部有效。

S7-200 系列 PLC 有 64 字节的局部存储器，编址范围为 LB0.0～LB63.7。其中，LB60.0～LB63.7 是系统为 Step7-Micro/WIN32 等软件所保留，其余 60 字节可作为暂时寄存器或子程序传递参数。

局部存储器可按位、字节、字、双字使用。PLC 运行时，可根据需求动态分配局部存储器。当执行主程序时，64 字节的局部存储器分配给主程序，而分配给子程序或中断服务程序的局部变量存储器不存在；执行子程序或中断程序时，将局部存储器重新分配给相应程序。不同程序的局部存储器不能互相访问。

（8）定时器存储器 T。PLC 中的定时器相当于继电-接触器中的时间继电器，是 PLC 内部累计时间增量的重要编程元件，主要用于延时控制。

PLC 中的每个定时器都有 1 个 16 位有符号的当前值寄存器，用于存储定时器累计的时基增量值（1～32 767）。S7-200 定时器的时基有 3 种：1 ms、10 ms、100 ms，有效范围为 T0～T255。

通常，定时器的设定值由程序或外部根据需要设定。定时器的当前值大于或等于设定值时，定时器位被置 1，其常开触点闭合，常闭触点断开。

（9）计数器存储器 C。计数器用于累计输入端脉冲电平由低到高的次数，结构与定时器类似，通常在程序中赋予设定值，有时也可根据需求在外部设定。S7-200 中提供了 3 种类型的计数器：加计数器、减计数器和加减计数器。

PLC 中的每个计数器都有 1 个 16 位有符号的当前值寄存器，用于存储计数器累计的脉冲数（1～32 767）。S7-200 计数器的有效范围为 C0～C255。

当输入触发条件满足时，相应计数器开始对输入端的脉冲进行计数。若当前计数值大于或等于设定值，计数器位被置 1，其常开触点闭合，常闭触点断开。

（10）模拟量输入映像寄存器 AI。模拟量输入模块将外部输入的模拟量转换成 1 字长（16 位）的数字量，并存入模拟量输入映像寄存器 AI 中，供 CPU 运算处理。

在模拟量输入映像寄存器中，1 个模拟量等于 16 位的数字量，即两字节，因此其地址均以偶数表示，如 AIW0、AIW2、AIW4。模拟量输入值为只读数据，模拟量转换的实际精度为 12 位。CPU 224/226/226XM 的有效地址范围为 AIW0～AIW62。

（11）模拟量输出映像寄存器 AQ。模拟量输出模块将 CPU 已运算好的 1 字长（16 位）的数字量按比例转换为电流或电压的模拟量，用来驱动外部模拟量控制设备。

在模拟量输出映像寄存器中，1 个模拟量等于 16 位的数字量，即两字节，因此其地址均以偶数表示，如 AQW0、AQW2、AQW4。模拟量输出值为只写数据，用户只能为其置数而不能读取。模拟量转换的实际精度为 12 位，CPU 224/226/226XM 的有效地址范围为 AQW0～AQW62。

（12）累加器 AC。累加器用来暂存数据、计算的中间结果、子程序传递参数、子程序返回参数等，可以像存储器一样使用读写存储区。S7-200 系列 PLC 提供了 4 个 32 位累加器 AC0～AC3，可按字节、字或双字存取累加器中的数据。以字节或字为单位存取时，累加器只使用了低 8 位或低 16 位。被操作数据的长度取决于访问累加器时使用的指令。

（13）高速计数器 HC。高速计数器 HC 用来累计比 CPU 扫描速度更快的高速脉冲，工作原理与普通计数器基本相同。高速计数器的当前值为 32 位的双字长的有符号整数，并且为只读数据。单脉冲输入时，计数器最高频率达 30 kHz，CPU 224/226/226XM 为 6 路高速计数器 HC0～HC5；双脉冲输入时，计数器最高频率达 20 kHz，CPU 224/226/226XM 提供了 4 路高速计数器 HC0～HC3。

微课 6-7　S7-200 系列 PLC 的内部元器件

3．S7-200 系列 PLC 元器件的寻址方式

S7-200 系列 PLC 将信息存储在不同的存储单元中，每个单元都有唯一的地址，系统允许用户以字节、字、双字的方式存取信息。使用数据地址访问数据称为寻址，指定参与的操作数据或操作数据地址的方法称为寻址方式。S7-200 系列 PLC 有立即数寻址、直接寻址和间接寻址 3 种寻址方式。

（1）立即数寻址。数据在指令中以常数形式出现，取出指令的同时也就取出了操作数据，这种寻址方式称为立即数寻址方式。常数可分为字节、字、双字型数据。CPU 以二进制方式存储常数，指令中还可用十进制、十六进制、ASCII 码或浮点数来表示数据。

（2）直接寻址。在指令中直接使用存储器或寄存器元件名称或地址编号来查找数据的寻址方式称为直接寻址。直接寻址可按位、字节、字、双字进行寻址，如图 6-13 所示。

（3）间接寻址。数据存放在存储器或者寄存器中，在指令中只出现所需数据所在单元的内存地址，需通过地址指针来存取数据，这种寻址方式称为间接寻址。在 S7-200 系列 PLC 中，可间接寻址的元器件有 I、Q、V、M、S、T 和 C。其中，T 和 C 只能对当前值进行数据存取。使用间接寻址时，首先要建立指针，然后利用指针存取数据。S7-200 系列 PLC 可直接寻址的内部元器件如表 6-2 所示。

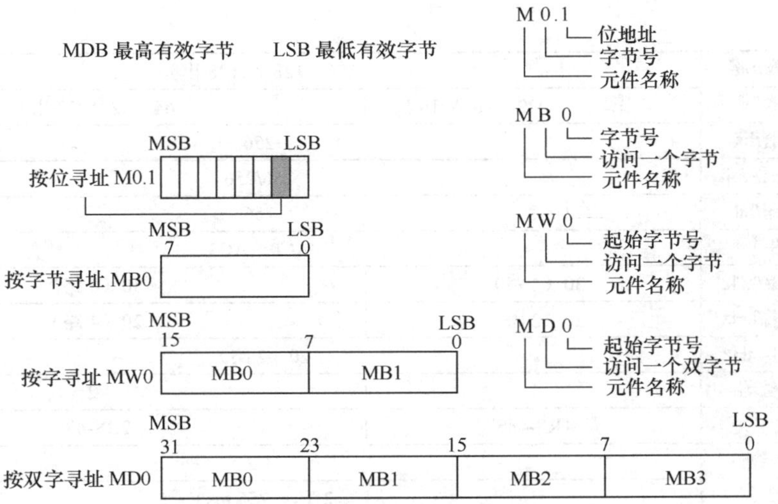

图 6-13　位、字节、字、双字直接寻址方式

表 6-2　S7-200 系列 PLC 可直接寻址的内部元器件

元件符号	所在数据区域	位寻址	字节寻址	字寻址	双字寻址
I	数字量输入映像区	Ix.y	IBx	IWx	IDx
Q	数字量输出映像区	Qx.y	QBx	QWx	QDx
V	变量寄存器区	Vx.y	VBx	VWx	VDx
M	内部标志位寄存器区	Mx.y	MBx	MWx	MDx
S	顺序控制继电器区	Sx.y	SBx	SWx	SDx
SM	特殊标志位寄存器区	SMx.y	SMBx	SMWx	SMDx
L	局部存储器区	Lx.y	LBx	LWx	LDx
T	定时器存储器区	无	无	Tx	无
C	计数器存储器区	无	无	Cx	无
AI	模拟量输入映像寄存器区	无	无	AIx	无
AQ	模拟量输出映像寄存器区	无	无	AQx	无
AC	累加器区	无	任意		
HC	高速计数器区	无	无	无	HCx

注：“x”表示字节号，“y”表示字节内的位地址。

（四）S7-200 系列 PLC 的主要技术指标

S7-200 系列 PLC 有 CPU21X 和 CPU22X 两代产品，其中 CPU22X 是 S7-200 的第二代产品，CPU22X 有 CPU221、CPU222、CPU224、CPU226、CPU226XM 共 5 种基本型号，它们的主要技术性能有所不同，如表 6-3 所示。

表 6-3　CPU22X 的主要技术性能

型号	CPU221	CPU222	CPU224	CPU226	CPU226XM
外形尺寸/mm	90 × 80 × 62	90 × 80 × 62	120.5 × 80 × 62	190 × 80 × 62	190 × 80 × 62
程序存储区/bit	4 096		8 192		16 384
数据存储区/bit	2 048		5 120		10 240
用户存储类型	EEPROM				
掉电保护时间/h	50		190		
本机 I/O 点数	6 入/4 出	8 入/6 出	14 入/10 出	24 入/16 出	
扩展模块数量	无	2	7		

续表

数字量 I/O 映像/bit		256（128 入/128 出）		
模拟量 I/O 映像/bit		无	32（16 入/16 出）	64（32 入/32 出）
内部通用继电器/bit		256		
内部定时器/计数器/bit		256/256		
顺序控制继电器/bit		256		
累加寄存器		AC0～AC3		
高速计数器	单相/kHz	30（4 路）		30（6 路）
	双相/kHz	20（2 路）		20（4 路）
脉冲输出（DC）/kHz		20（2 路）		
模拟量调节电位器		1		2
通信口		1RS-485		2RS-485
通信中断发送/接收		1/2		
定时器中断		2（1～255 ms）		
硬件输入中断		4		
实时时钟		需配时钟卡		内置
口令保护		有		
布尔指令执行速度		0.37μs/指令		

从表 6-3 可以看出，CPU221 有 6 输入/4 输出的 I/O 点数，程序和数据存储容量较小，有一定的高速计数处理能力，非常适合于点数少的控制系统；CPU222 有 8 输入/6 输出的 I/O 点数，能扩展 2 个外部功能模块，因此其应用面更广；CPU224 有 14 输入/10 输出的 I/O 点数，程序和数据存储容量较大，并最多能扩展 7 个外部功能模块，内置时钟，因此成为 S7-200 系列中应用最多的产品；CPU226 有 24 输入/16 输出的 I/O 点数，比 CPU224 增加了 1 路通信口，因此适用于控制要求较高、点数多的小型或中型控制系统；CPU226XM 在 CPU226 的基础上进一步增大了程序和数据存储空间，其他指标与 CPU226 相同。

（五）S7-200 系列 PLC 常用的基本逻辑指令

梯形图（LAD）和指令表（STL）是可编程控制器最基本的编程语言。梯形图直接脱胎于传统的继电器控制系统，其符号及规则充分体现了电气技术人员的读图及思维习惯，简洁直观，即便是没有学习过计算机技术的人，也极易接受。指令表则是可编程控制器最基础的编程语言。本部分以 S7-200 系列 PLC 的指令系统为例，说明指令的含义、梯形图的编制方法及对应的指令表形式。与绝大部分 PLC 一样，S7-200 系列 PLC 的指令系统也分为基本逻辑指令、顺序控制指令和功能指令 3 部分。

SIMATICS7-200 系列 PLC 共有 20 多条逻辑指令，现按用途分类如下。

1．取指令及线圈驱动指令 LD（Load）、LDN（Load Not）、=（Out）

LD：取指令，常开触点逻辑运算开始。

LDN：取反指令，常闭触点逻辑运算开始。

=：线圈驱动。

用梯形图及指令表表示上述 3 条基本指令的用法，如图 6-14 所示。

2．触点串联 A（And）和 AN（And Not）

A：与指令，用于单个常开触点的串联。

AN：与非指令，用于单个常闭触点的串联。

用梯形图及指令表示上述两条基本指令的用法，如图 6-15 所示。

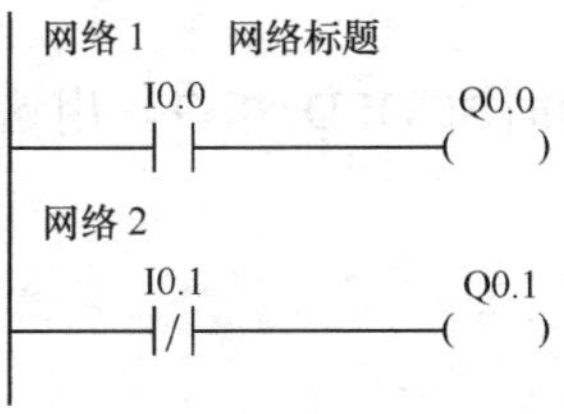


```
网络 1    网络标题
LD        I0.0
=         Q0.0
网络 2
LDN       I0.1
=         Q0.1
```

图 6-14 LD、LDN 和=指令的应用

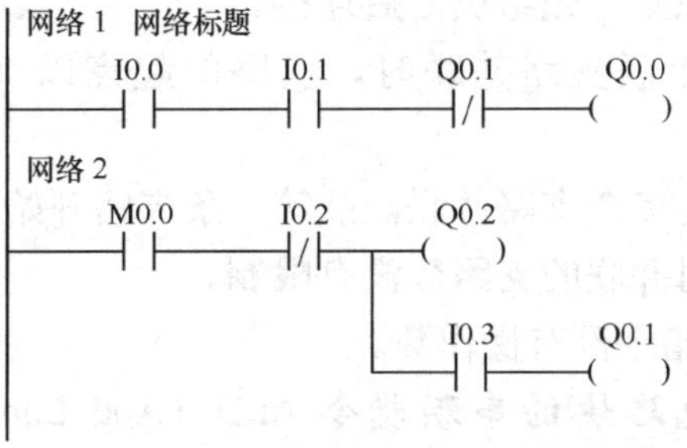


```
网络 1    网络标题
LD        I0.0
A         I0.1
AN        Q0.1
=         Q0.0
网络 2
LD        M0.0
AN        I0.2
=         Q0.2
A         I0.3
=         Q0.1
```

图 6-15 A 和 AN 指令的应用

3．触点并联指令 O（Or）和 ON（Or Not）

O：用于单个常开触点的并联。

ON：用于单个常闭触点的并联。

用梯形图及指令表表示上述基本指令的用法，如图 6-16 所示。

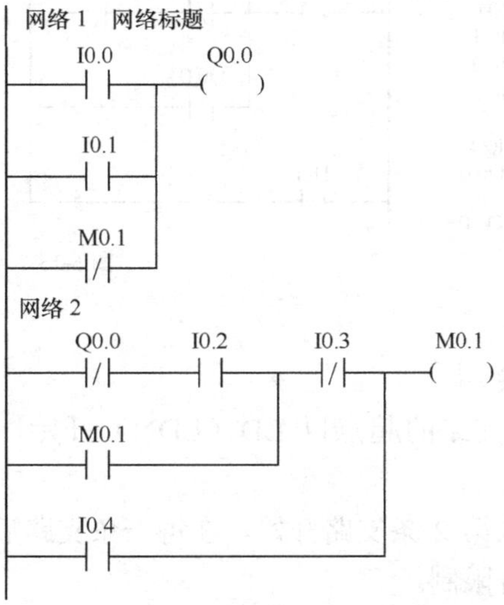


```
网络 1    网络标题
LD        I0.0
O         I0.1
ON        M0.1
=         Q0.0
网络 2
LDN       Q0.0
A         I0.2
O         M0.1
AN        I0.3
O         I0.4
=         M0.1
```

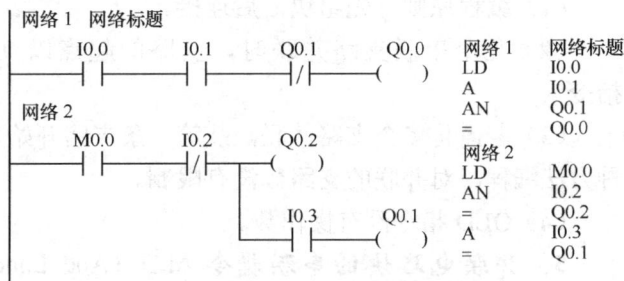

图 6-16 O 和 ON 指令的应用

上述 3 类指令使用说明如下。

（1）LD、LDN 指令不仅可以用于公共母线相连的触点，还可以与块指令 OLD、ALD 配合，用于分支回路的起点。

（2）“=”指令不能用于驱动输入继电器线圈。

（3）“=”指令可连续使用若干次，相当于线圈并联。

（4）A、AN、O、ON 指令可重复多次使用。

（5）纵接输出：输出“=”指令后，通过 A 指令，再输出，若顺序不错，则可使用 A（AN）指令。

（6）操作元件：I、Q、M、SM、T、C、V、S（“=”指令不能操作 I）。

4．串联电路块并联指令 OLD（Or Load）

OLD：或块指令，将一个串联电路块与前面的电路并联，用于分支电路并联。

OLD 指令的应用如图 6-17 所示。

OLD 指令使用说明如下。

（1）编程原则：先组块，后连接。

（2）几个串联支路并联时，支路的起点以 LD（LDN）开始，支路的终点用 OLD 指令。

（3）若需将多个支路并联，从第二条支路开始，在每一条支路后面加 OLD 指令，用这种方法编程，对并联的支路数没有限制。

（4）OLD 指令没有操作数。

5．并联电路块的串联指令 ALD（And Load）

ALD：与块指令，将一个并联电路块与前面的电路串联，用于分支电路串联。

ALD 指令的应用如图 6-18 所示。

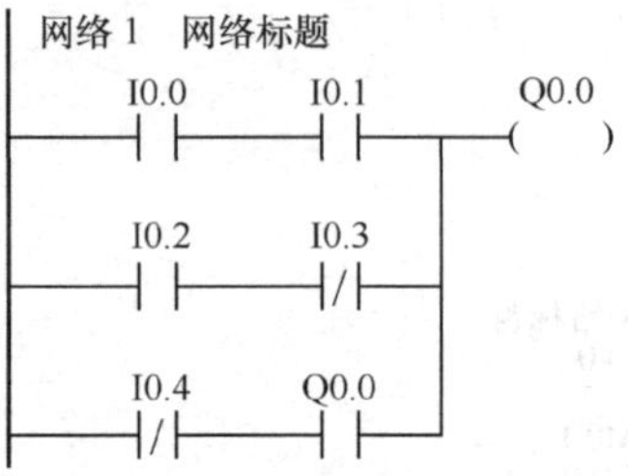

网络 1	网络标题
LD	I0.0
A	I0.1
LD	I0.2
AN	I0.3
OLD	
LDN	I0.4
A	Q0.0
OLD	
=	Q0.0

图 6-17　OLD 指令的应用

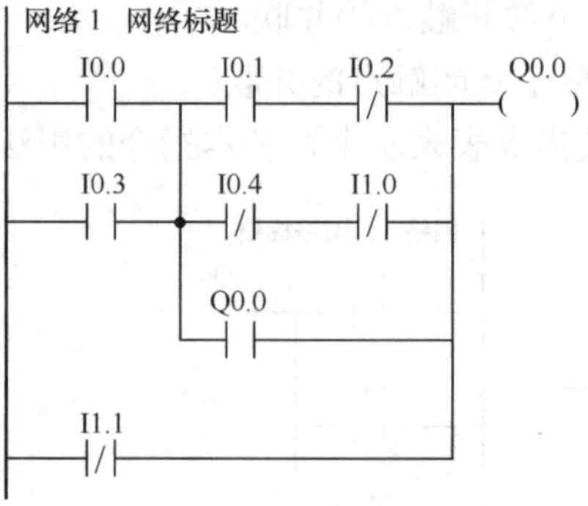

网络 1	网络标题
LD	I0.0
O	I0.3
LD	I0.1
AN	I0.2
LDN	I0.4
AN	I1.0
OLD	
O	Q0.0
ALD	
ON	I1.1
=	Q0.0

图 6-18　ALD 指令的应用

ALD 指令使用说明如下。

（1）编程原则：先组块，后连接。

（2）几个并联支路串联时，其支路的起点以 LD（LDN）开始，支路的终点用 ALD 指令。

（3）若需将多个支路串联，则从第 2 条支路开始，在每一条支路后面加 ALD 指令，用这种方法编程，对串联的支路数没有限制。

（4）ALD 指令没有操作数。

6．逻辑堆栈的操作

S7-200 系列 PLC 中有一个 9 层堆栈，用于处理所有逻辑操作，称为逻辑堆栈。

LPS（Logic Push）：进栈指令，把栈顶值复制后压入堆栈，栈底值压出丢失。

LRD（Logic Read）：读栈指令，把逻辑堆栈第 2 级的值复制到堆顶，堆栈没有压入和弹出。

LPP（Logic Pop）：出栈指令，把堆栈弹出第 1 级，原第 2 级的值变为新的栈顶值。

逻辑堆栈指令使用说明如下。

（1）这组指令用于多输出指令，可先储存连接点，用于连接后面的电路。

（2）这组指令都为无操作器件指令。

（3）LPS、LPP 必须成对使用，且连续使用应少于 9 次。

（4）若 LPS 等堆栈指令后串接单个触点，就用串联指令编程；若 LPS 等堆栈指令后串电路块，就用块 ALD（OLD）指令编程。

堆栈指令应用如图 6-19 所示。

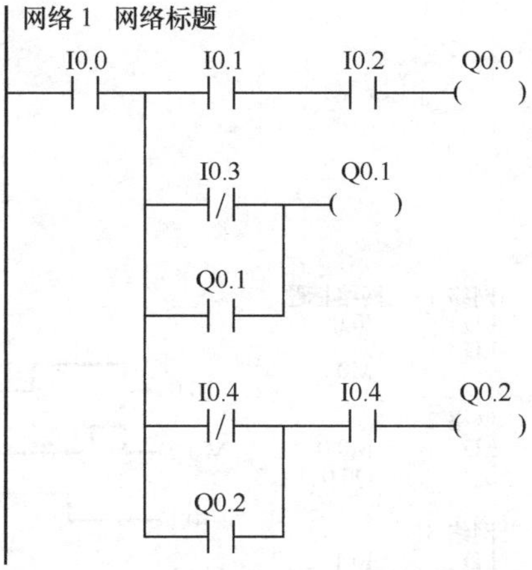

网络 1	网络标题
LD	I0.0
LPS	
A	I0.1
A	I0.2
=	Q0.0
LRD	
LDN	I0.3
O	Q0.1
ALD	
=	Q0.1
LPP	
LDN	I0.4
O	Q0.2
ALD	
A	I0.4
=	Q0.2

图 6-19　堆栈指令应用

7. 置位/复位指令 S/R

置位/复位指令 S/R 如下所示。

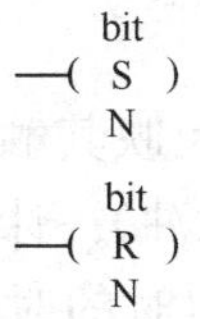

S bit, N
R bit, N

S：置位指令，接通并保持。

R：复位指令，使输出断开。

S：S-BIT 开始的 *N* 个元件置 1 并保持。

R：S-BIT 开始的 *N* 个元件清零并保持。

上述指令相当于 S-R 触发器（反过来 R-S 触发器），可成对使用，也可单独使用。

S/R 操作数：Q、M、SM、V、S。

置位/复位指令应用说明如图 6-20 所示。

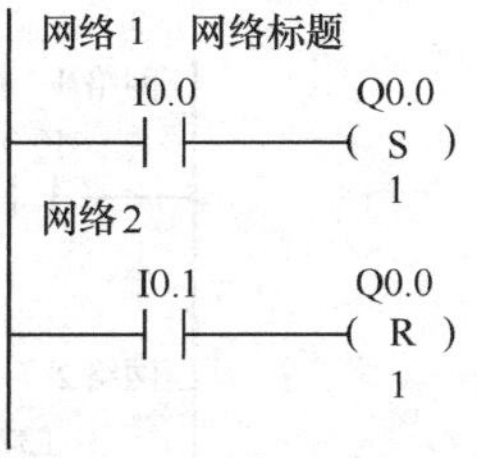

网络 1	网络标题
LD	I0.0
S	Q0.0,1
网络 2	
LD	I0.1
R	Q0.0,1

图 6-20　置位/复位指令应用说明

8. 脉冲生成指令 EU/ED

EU：上沿微分，输入信号上升沿产生脉冲输出，也称为前沿微分，在对应上升沿时产生一个宽度为一个扫描周期的脉冲，驱动其后面的输出线圈。

ED：下沿微分，输入信号下降沿产生脉冲输出，在对应输入信号的下降沿产生宽度为一个扫描周期的脉冲，驱动其后面的输出线圈。规范的宽度为一个扫描周期的脉冲，常用作后面应用指令的执行条件。

脉冲生成指令，应用说明如图 6-21 所示。

9. 定时器

S7-200 系列 PLC 按工作方式可以分为两大类定时器：延时通定时器（On Delay Timer，

TON）和积算型延时通定时器（Retentive On Delay Timer，TONR ）。按时基脉冲分，则有 1 ms、10 ms、100 ms 3 种定时器。

（1）延时通定时器

1 ms：T32、T96。

10 ms：T33～T36、T97～T100。

100 ms：T37～T63、T101～T255。

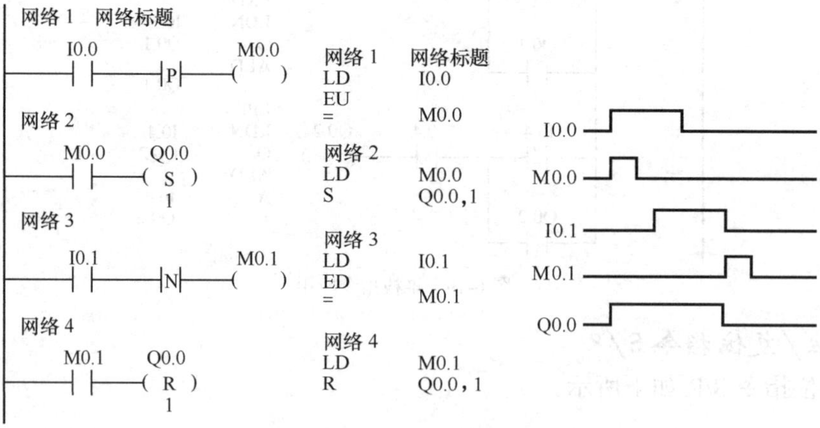

图 6-21 脉冲生成指令应用说明

每个定时器均有 1 个 16 位当前值寄存器和 1 个 1 bit 的状态位——T-bit（反映其触点状态）。在图 6-22 所示的例子中，当 I0.0 接通时，驱动 T37 开始计数（数时基脉冲）；计时到设定值 PT 时，T37 状态位置 1，其常开触点接通，驱动 Q0.0 有输出；定时的时间为 100 × 100 ms =10 s。其后当前值仍增加，但不影响状态值。当 I0.0 分断时，T37 复位，当前值清零，状态位也清零，即恢复原始状态。若 I0.0 接通时间未到设定值就断开，则 T37 跟随复位，Q0.0 不会有输出。当前值寄存器为 16 位，最大定时数值为 32 767 s。

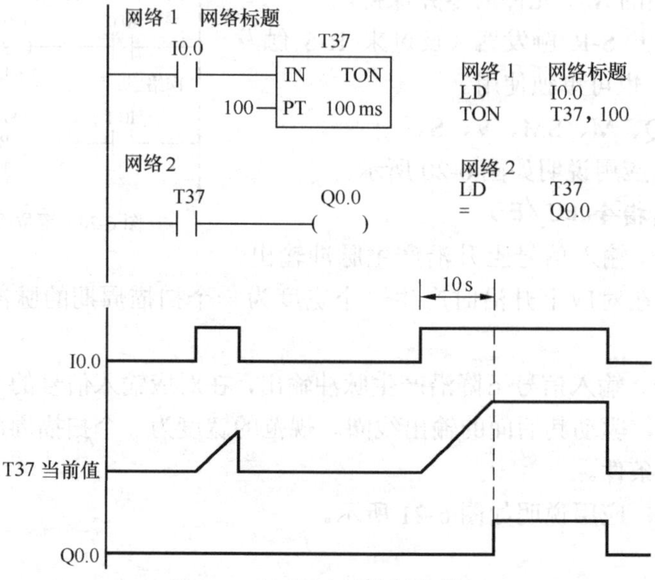

图 6-22 延时通定时器应用示例

（2）积算型延时通定时器。

1 ms：T0、T64。

10 ms：T1～T4、T65～T68。

100 ms：T5～T31、T69～T95。

对于积算型延时通定时器 T5，当输入 I0.0 为 1 时，定时器计时（计数时基脉冲）；当 I0.0 为 0 时，当前值保持（不像 TON 一样复位）；下次 I0.0 再为 1 时，T5 当前值从原保持值开始再往上加，并将当前值与设定值 PT 比较，当前值大于或等于设定值时，T5 状态位置 1，驱动 Q0.0 有输出，定时的时间为 100 × 100 ms = 10 s。以后即使 I0.0 再为 0，也不会使 T5 复位，要令 T5 复位，就必须用复位指令。I0.1 闭合，T5 及 Q0.0 都复位。其程序及时序如图 6-23 所示。S7-200 CPU226 的 PLC 还有断电延时性，原理与前面相似，此处不再赘述。

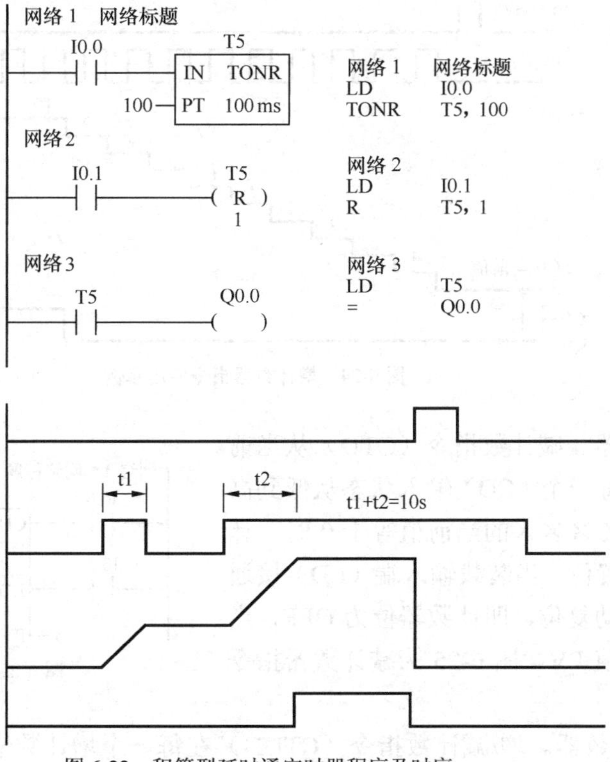

图 6-23 积算型延时通定时器程序及时序

10．计数器

S7-200 系列 PLC 有内部计数器和高速计数器，S7-200 系列 CPU 提供了 256 个内部计数器（C0～C256），计数范围为 1～32 767，S7-200 内部计数器分为 3 种类型：增计数、减计数和增/减计数，本项目只介绍内部计数器。高速计数器在后面的项目中介绍。

计数器用来累计输入脉冲的次数，与定时器的使用基本类似。编程时输入计数器预置值，计数器累计脉冲输入端信号上升沿的数量。当计数达到预置值时，计数器发生动作，完成计数控制的任务。

（1）增计数器。增计数器指令（CTU）应用示例如图 6-24 所示，从当前计数值开始，在每一个（CU）输入状态 I0.0 从低到高时，C0 计数器当前值递增计数加 1。达到设定值 10 时，计数器停止计数。计数器位 C0 被置位，Q0.0 也输出。当复位端（R）I0.1 接通或者执行复位指令时，计数器 C0 被复位。计数器清零，同时 C0 线圈、触点、Q0.0 都复位。

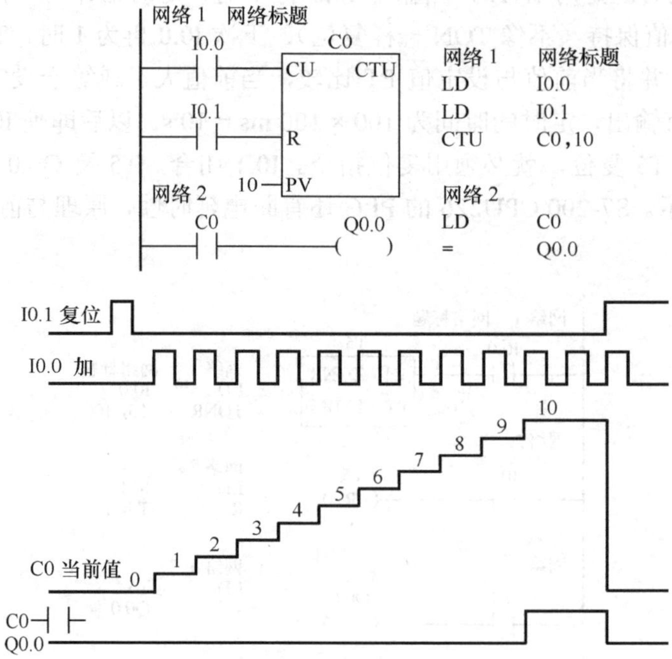

图 6-24　增计数器指令应用示例

（2）减计数器。减计数指令（CTD）从当前计数值开始，在每一个（CD）输入状态从低到高时递减计数。当 C×××的当前值等于 0 时，计数器位 C×××置位。当装载输入端（LD）接通时，计数器位自动复位，即计数器位为 OFF，当前值复位为预置值 PV。图 6-25 为减计数器指令格式。

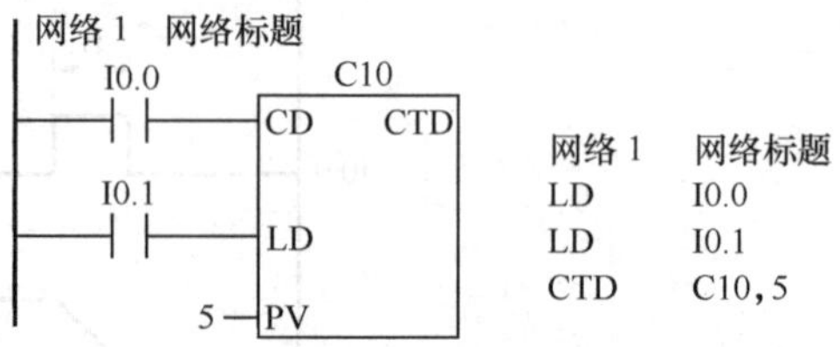

图 6-25　减计数器指令格式

（3）增/减计数器。增/减计数指令（CTUD）在每一个增计数输入（CU）从低到高时增计数，在每一个减计数输入（CD）从低到高时减计数。计数器的当前值 C×××保存当前计数值。在每次执行计数器时，预置值 PV 与当前值比较。

当达到最大值（32 767）时，在增计数器输入端的一个上升沿导致当前计数值变为最小值（–32 768）。达到最小值（–32 768）时，在减计数器输入端的下一个上升沿导致当前计数值变为最大值（32 767）。

当 C×××的当前值大于或等于预置值 PV 时，计数器位 C×××置位；否则，计数器位关断。当复位端（R）接通或者执行复位指令后，计数器被复位。当达到预置值 PV 时，CTUD 计数器停止计数。增/减计数器指令应用示例如图 6-26 所示。

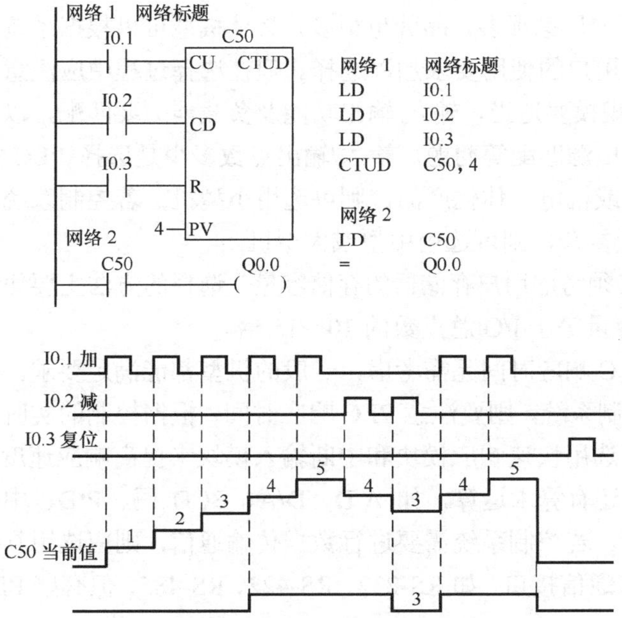

图 6-26　增/减计数器指令应用示例

微课 6-8　S7-200 系列 PLC 的基本指令

（六）系统设计过程及梯形图设计规则

学习 PLC 的基本原理和指令系统以后，可以结合实际问题设计 PLC 控制系统，并将 PLC 应用于实际。PLC 的应用就是以 PLC 为程控中心，组成电气控制系统，实现对生产过程的控制。PLC 的程序设计是 PLC 应用最关键的问题，也是整个电气控制系统设计的核心。本部分将介绍 PLC 系统的设计步骤，以及梯形图设计规则。

1. PLC 系统设计步骤

设计一个 PLC 应用系统，需要解决的第 1 个问题是设计 PLC 应用系统的功能，即根据受控对象的功能和工艺要求，明确系统必须做的工作和因此必备的条件。第 2 个问题是分析 PLC 应用系统的功能，即通过分析系统功能，提出 PLC 控制系统的结构形式，控制信号的种类、数量，系统的规模、布局。第 3 个问题是根据系统分析的结果，具体确定 PLC 的机型和系统的具体配置。设计 PLC 控制系统可以按如下步骤进行。

（1）熟悉被控对象，制定控制方案。在进行系统设计之前，要深入控制现场，熟悉被控对象。全面详细地了解被控对象的机械工作性能、基本结构特点、生产工艺和生产过程。要了解系统的运动机构、运动形式和电气拖动要求，必要时可以画出系统的功能图、生产工艺流程图，从而形成整个控制系统硬件设计的初步方案。

在分析被控对象的基础上，根据 PLC 的技术特点，与继电-接触器控制系统、DCS 系统、微型计算机控制系统进行比较，优选控制方案。

（2）确定 I/O 点数。根据被控对象对 PLC 控制系统的技术指标和要求，确定用户所需的输入/输出设备，据此确定 PLC 的 I/O 点数。在估算系统的 I/O 点数和种类时，要全面考虑输入/输出信号的数量，I/O 信号类型（数字量、模拟量），电流、电压等级，是否有其他特殊控制要求等因素。以上统计的数据是一台 PLC 完成系统功能必须满足的，但具体要确定 I/O 点数时，要按实际 I/O 点数再向上附加 20%～30%的备用量。

（3）选择 PLC 机型。选择 PLC 机型时应考虑厂家、性能结构、I/O 点数、存储容量、特殊功能等方面。目前，国内外生产 PLC 的厂家很多，品牌也很多，具体机型可以根据系统的控制要求以及产品的性能、技术指标和用户的使用要求加以选择。但在选择过程中应注意：CPU 功能要强，结构要合理，I/O 控制规模要适当，输入/输出功能及负载能力要匹配，以及对通信系统响应速度的要求，还要考虑电源匹配等问题。输入/输出点数多少是选择 PLC 规模大小的依据。如果是用于单机自动化或机电一体化产品，则可选用小型机；若控制系统较大，输入/输出点数较多，控制要求比较复杂，则可选用中型或大型机。

在选择 PLC I/O 点数的同时，还必须考虑用户存储器的存储容量。选择的方法主要凭经验估算。常用的估算方法是 PLC 内存容量等于 I/O 总点数的 10～15 倍。

对于以开关量控制为主的系统，PLC 响应时间无需考虑，一般的机型都能满足要求。对于有模拟量控制的系统，特别是闭环控制系统，则要注意 PLC 响应时间，根据控制的实时性要求，选择合适的高速 PLC。有时也可选用快速响应模块和中断输入模块来提高响应速度。

若被控对象不仅有逻辑运算处理，还有算术运算，如 A/D、D/A、BCD 码、PID、中断等控制，则需选择指令功能丰富的 PLC。若控制系统需要进行数据传输通信，则应选用具有联网通信功能的 PLC。一般 PLC 都带有通信接口，如 RS-232、RS-422、RS-485，但有些 PLC 的通信口仅能用于连接手持式编程器。

（4）选择输入输出设备，分配 PLC 的 I/O 地址。根据生产设备现场需要，确定控制按钮、行程开关、接触器、电磁阀、信号灯等各种输入/输出设备的型号、规格、数量；根据所选 PLC 的型号，列出输入/输出设备与 PLC 的 I/O 端子的对照表，以便绘制 PLC 外部 I/O 接线图和编制程序。

（5）设计 PLC 应用系统电气线路图。PLC 应用系统电气线路图主要包括电动机的主电路图、PLC 外部 I/O 电路图、系统电源供电线路图、电气元件清单以及电气控制柜内电器安装位置图、电气安装接线图等工艺设计图。

（6）程序设计。PLC 的程序设计就是以生产工艺要求、现场信号与 PLC 编程元件的对照表为依据，根据程序设计思想，绘制出程序流程框图，然后以编程指令为基础，画出程序梯形图，编写程序注释。

编程时需要注意以下 3 点。

① 认真分析被控对象工艺过程的控制要求，用功能流程图的形式表示程序设计的思想，为编程做好准备。

② 根据现场信号、PLC 外部电路图或 PLC 软继电器编号对照表以及程序功能流程图进行编程。

③ 要严格遵守梯形图、指令语句表的格式规则，编写程序。

（7）系统调试。根据电气接线图安装接线，用编程工具将用户程序输入计算机，经过反复编辑、编译、下载、调试、运行，直至运行正确。

（8）建立文档。整理全部电路设计图、程序流程框图、程序清单、元器件参数计算公式、结果，列出元件清单，编写系统的技术说明书以及用户使用、维护说明书。

2．梯形图设计规则

（1）梯形图使用的元件编号应在所选用的 PLC 机规定范围内，不能随意选用。

（2）使用输入继电器触点的编号，应与 PLC 所接输入端编号一致。使用输出继电器触点的编号，应与 PLC 所接负载的输出端编号一致。

（3）触点画在水平线上。

（4）触点画在线圈的左边，线圈右边不能有触点。

（5）串联多的电路尽量放在上部，并联多的电路尽量靠近母线，如图 6-27 所示。

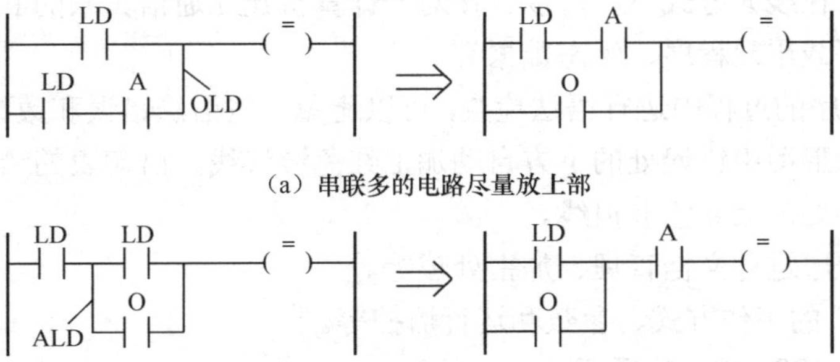

（a）串联多的电路尽量放上部

（b）并联多的电路尽量靠近母线

图 6-27　梯形图画法之一

有串联线路并联时，应将触点最多的那个串联回路放在梯形图最上部。有并联线路串联时，应将触点最多的那个并联回路放在梯形图最左边。这样安排的程序简洁，语句少。

（6）对不可编程或不便于编程的线路，必须将线路进行等效变换，以便于编程。例如，图 6-28 所示的桥式线路不能直接编程，必须按逻辑功能进行等效变换才能编程。

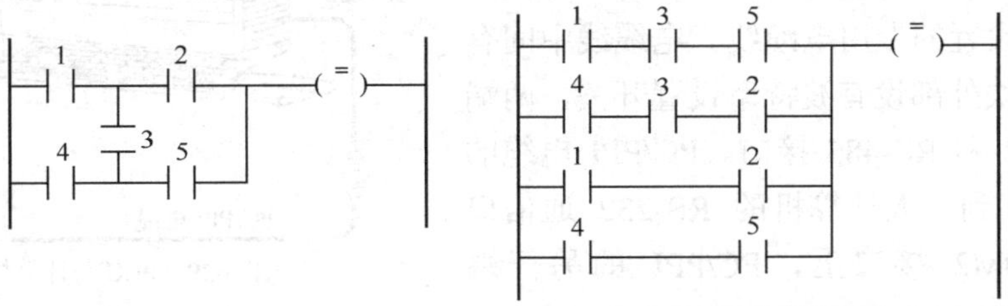

（a）桥式电路　　（b）等效变换电路

图 6-28　梯形图画法之二

（七）S7-200 系列 PLC 的 STEP-Micro/WIN 编程软件

随着 PLC 应用技术的不断进步，西门子公司 S7-200 系列 PLC 编程软件的功能也在不断完善，尤其是汉字化工具的使用，使 PLC 的编程软件更具有可读性。以下介绍 SIMATIC S7-200 编程软件的安装、功能和使用方法。

1．编程软件 STEP7—Micro/WIN 的安装

编程软件 STEP7-Micro/WIN 可以安装在 PC 及 SIMATIC 编程设备 PG70 上，在 PC 上安装的方法如下。

插入安装光盘，让安装向导自动启动或双击安装软件包中的安装程序 Setup.exe，在弹出的安装对话框中选择安装过程中使用的语言，然后根据安装向导中的提示完成安装。首次运行 STEP7-Micro/WIN 软件时，系统默认语言为英语，可根据需要修改编程语言，如将英语改为中文，具体操作是：运行 STEP7-Micro/WIN，在主菜单下选择 Tools→Options→Ceneral，然后在右边对话框中将 English 改选为 Chinese 即可。

2．STEP7—Micro/WIN 编程软件的主要功能

STEP7-Micro/WIN 编程软件的主要功能是协助用户完成应用软件的开发，具体如下。

（1）在脱机（离线）方式下创建用户程序，修改和编辑原有的用户程序。在脱机方式时，

计算机与 PLC 断开连接，此时编程软件能完成大部分的基本功能，如编程、编译、系统组态等，但所有的程序和参数都只能存放在计算机上。

（2）在联机（在线）方式下，可以直接对与计算机建立通信关系的 PLC 进行各种操作，如调试、上传、下载用户程序、组态数据等。

（3）在编辑程序的过程中进行语法检查，可以避免一些语法错误和数据类型方面的错误。经语法检查后，梯形图中错误处的下方自动加上红色波浪线，语句表的错误行前自动画上红色叉，并且在错误处加上红色波浪线。

（4）对用户程序进行文档管理、加密处理等。

（5）设置 PLC 的工作方式、参数和运行监控等。

3．建立 S7—200 CPU 的通信

S7-200 CPU 与 PLC 之间有 2 种通信连接方式：一种是采用专用的 PC/PPI 电缆；另一种是采用 MPI 卡和普通电缆。可以使用 PLC 作为主设备，通过 PC/PPI 电缆或 MPI 卡与一台或多台 PLC 相连，实现主、从设备之间的通信。

PLC 与计算机的连接如图 6-29 所示，一台 PLC 用 PC/PPI 电缆与 PLC 连接，不需要外加其他硬件设备。PC/PPI 电缆是一条支持 PLC、按照 PPI 通信协议设置的专用电缆线。电缆线中间有通信模块，模块外部设有波特率设置开关，两端分别为 RS-232 和 RS-485 接口。PC/PPI 电缆的 RS-232 端连接到个人计算机的 RS-232 通信口 COM1 或 COM2 接口上，PC/PPI 的另一端（RS-485 端）接到 S7-200 CPU 通信口上。

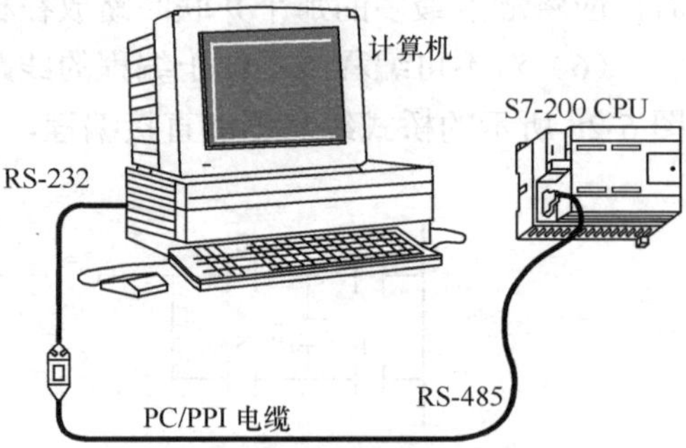

图 6-29　PLC 与计算机的连接

其中，有 5 种支持 PPI 协议的波特率可以选择，系统默认值为 9 600 bit/s。PC/PPI 电缆波特率选择 PPI 开关的位置应与软件系统设置的通信波特率一致。

通信参数设置的内容有 S7-200CPU 地址、PLC 软件地址和接口（PORT）地址等。图 6-30 所示为设置通信参数的对话框。打开主菜单“查看(V)”—“组件(C)”—“通信（M)”，出现通信参数。系统编程器的本地地址默认为 0。远程地址项实际 PC/PPI 电缆所带 PLC 的地址设定。

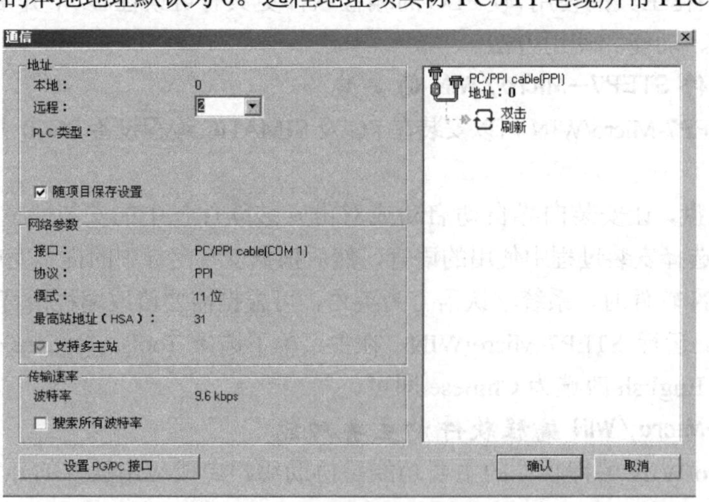

图 6-30　通信参数设置对话框

需要修改其他通信参数时，双击 PC/PPI Cable（电缆）图标，可以重新设置通信参数。远程通信地址可以采用自动搜索的方式获得。

4．STEP7—Micro/WIN 窗口组件

STEP7-Micro/WIN 窗口的菜单栏包括“文件”“编辑”“查看”“PLC”“调试”“工具”“窗口”“帮助”等菜单，菜单栏下方两行为工具条快捷按钮，其他为窗口信息显示区，如图 6-31 所示。

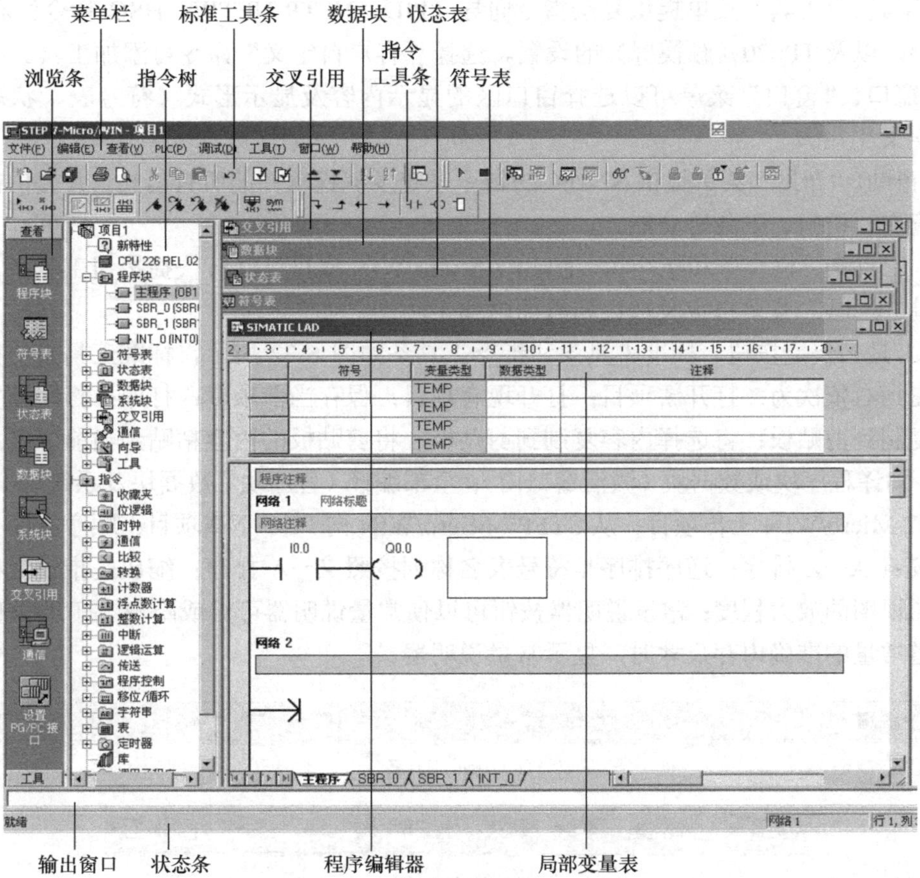

图 6-31　STEP7-Micro/WIN 窗口组件

窗口信息显示区分别为程序编辑器、浏览条、指令树和输出窗口。当在“查看”菜单的工具栏中选中浏览栏和指令树时，可在窗口左侧垂直地依次显示浏览条和指令树窗口，选中工具栏的输出窗口时，可在窗口的下方横向显示输出窗口框。非选中时为隐藏方式。输出窗口下方为状态条，提示 STEP7-Micro/WIN 的状态信息。

（1）菜单栏及子目录的状态信息。

① 文件。“文件”菜单新建、打开、关闭、保存、另存、导入、导出、上传、下载、页面设置、打印、预览等命令。

② 编辑。“编辑”菜单提供程序的撤销、剪切、复制、粘贴、全选、插入、删除、查找、替换等命令，用于程序的修改操作。

③ 查看。“查看”菜单的功能有 6 项：选择在程序数据显示窗口区显示不同的程序编辑器，如语句表（STL）、梯形图（LAD）、功能图（FBD）；设定数据块、符号表；设置系统

块配置、交叉引用、通信参数；在工具栏区可以选择是否显示浏览条、指令树及输出窗口；“缩放图像”命令可以设定程序区显示的百分比等内容；设定程序块的属性。

④ PLC。PLC 菜单用于建立与 PLC 联机时的相关操作，如用软件改变 PLC 的工作模式，编辑用户程序、清除 PLC 程序及重置电源启动、显示 PLC 信息及设置 PLC 类型等。

⑤ 调试。“调试”菜单用于联机形式的动态调试，有单次扫描、多次扫描、程序状态等命令。

⑥ 工具。“工具”菜单提供复杂指令向导（PID、NETR/NETW、HSC 指令）和 TD200 设置向导，以及 TP070（触摸屏）的设置。选择“客户自定义”命令可添加工具。

⑦ 窗口。“窗口”菜单可以选择窗口区的显示内容及显示形式（符号表、状态表、数据块、交叉引用）。

⑧ 帮助。“帮助”菜单提供 S7-200 的指令系统及编程软件的所有信息，并提供在线帮助和网上查询、访问、下载等功能。

（2）工具条、浏览条和指令树。STEP7-Micro/WIN 提供了 2 行快捷按钮工具条，用户也可以通过“工具”菜单自定义按钮和添加附加工具。

① 工具条快捷按钮。标准工具条和指令工具条如图 6-32 所示，标准工具条快捷按钮的功能从左到右依次为：打开新项目；打开现有项目；保存当前项目；打印；打印预览；剪切选择并复制到剪贴板；将选择内容复制到剪贴板；将剪贴板的内容粘贴到当前位置；撤销最近输入；编译程序块或数据块（激活窗口内）；全部编译（程序块、数据块及系统块）；从 PLC 向 STEP7-Micro/WIN 上传项目；从 STEP7-Micro/WIN 向 PLC 下载项目；顺序排序是符号表名称列按照 A～Z 排序；逆序排序是符号表名称列按照 Z～A 排序；缩放是指设定梯形图及功能块图视图的放大程度；常量说明器按钮可以使常量说明器可见或隐藏（打开/关闭切换），需要知道常量的准确内存尺寸时，显示常量说明器。

（a）标准工具条

（b）指令工具条

图 6-32　工具条

指令工具条提供与编程相关的按钮，主要有编程元件类快捷按钮和网络的插入、删除，切换 POU 注释，切换网络注释，切换符号信息表等。不同程序编辑器的指令工具条的内容不同。

② 浏览条。浏览条中设置了控制程序特性的按钮，包括程序块显示、符号表、状态图表、数据块、系统块、交叉参考、通信等控制按钮。

③ 指令树。以树形结构提供所有项目对象和当前编程器的所有指令。用鼠标左键双击指令树中的指令符，能自动在梯形图显示区光标位置插入所选的梯形图指令（语句表程序中，指令树只作参考）。

（3）程序编辑器窗口。程序编辑器窗口包含项目所用编辑器的局部变量表、符号表、状态图表、数据块、交叉引用程序视图（梯形图、功能块图或语句表）和制表符。制表符在窗口的最下方，可在制表符上单击，使编程器显示区的程序在子程序、中断及主程序之间移动。

① 交叉引用。交叉引用窗口提供用户程序所用的 PLC 资源信息。在编译程序后，单击浏览条中的交叉参考按钮，可以查看程序的交叉参考窗口或打开“查看”菜单，单击交叉引用按钮，进入交叉引入窗口，了解程序在何处使用了什么符号及内存赋值情况。

② 数据块。数据块允许对变量寄存器赋初始数据。操作形式有字节、字或双字 3 种。

③ 状态图。在向 PLC 下载程序后，可以建立一个或多个状态图表，用于联机调试时，监视各变量的值和状态。在 PLC 运行方式时，可以打开状态图窗口，在执行程序扫描时，连续、自动更新状态图表的数值。打开状态图是为了检查程序，但不能编辑程序，编辑程序必须在关闭状态图的情况下进行。

④ 符号表/全局变量表。在编程时，为了增加程序的可读性，可以不采用元件的直接地址作为操作数，而用带有实际含义的自定义符号名作为编程元件的操作数。这时需要用符号表建立自定义符号名与直接地址编号之间的对应关系。

符号表与全局变量表的区别是数据类型列。符号表是 SIMATIC 编程模式，无数据类型；全局变量表是 IEC 编程模式，有数据类型。利用符号表或全局变量表可以对 3 种程序组织单位（POU）中的全局符号进行赋值，该符号值能在任何 POU（S7-200 的 3 种程序组织单位是指主程序、子程序和中断程序）中使用。

⑤ 局部变量表。局部变量包括 POU 中局部变量的所有赋值，变量在表内的地址（暂时存储区）由系统处理。

5. 程序编制及运行

（1）建立项目（用户程序）

① 打开已有的项目文件。打开已有项目常用的方法有两种：由“文件”菜单打开，引导到现存项目，并打开文件；由文件名打开，最近工作项目的文件名在“文件”菜单下列出，可直接选择而不必打开对话框。

② 创建新项目（文件）。创建新项目的方法有 3 种：单击“新建”快捷按钮；打开“文件”菜单，单击“新建”命令，建立一个新文件；单击浏览条中的程序块图标，新建一个“STEP7-Micro/WIN32”项目。

③ 确定 CPU 类型。打开一个项目，开始写程序之前，可以选择 PLC 的类型。选择 CPU 类型有两种方法：在指令树中右击项目 1（CPU），在弹出的对话框中单击类型，即弹出“PLC 类型”对话框，选择所用的 PLC 型号后，确认；选择 PLC 菜单中的“类型”项，弹出“PLC 类型”对话框，选择正确的 CPU 类型，如图 6-33 所示。

（2）梯形图编辑器

① 梯形图元素的工作原理。触点代表电流可以通过的开关，线圈代表由电流充电的中间继电器或输出；指令盒代表电流到达此框时执行指令盒的功能。例如，计数、定时或数学操作。

② 梯形图排布规则。网络必须从触点开始，以线圈或没有 ENO 端的指令盒结束。指令盒有 ENO 端时，电流扩展到指令盒以外，能在指令盒后放置指令。

注 意

每个用户程序中，一个线圈或指令盒只能使用一次，并且不允许多个线圈串联使用。

③ 在梯形图中输入指令（编程元件）。

进入梯形图（LAD）编辑器，打开“查看”菜单，单击“梯形图”命令，可以进入梯形图编辑状态，程序编辑窗口显示梯形图编辑图标。

编程元件包括线圈、触点、指令盒、导线等，程序一般是顺序输入，即自上而下，自左而右地在光标所在处放置编程元件（输入指令），也可以移动光标在任意位置输入编程元件。每输入一个编程元件，光标自动向前移到下一列。换行时单击下一行位置移动光标，如图 6-34 所示。图中方框即为光标：“⊢⟶ ”是一个梯形图的开始；“⟶≫ ”表示可以继续输入编程元件。

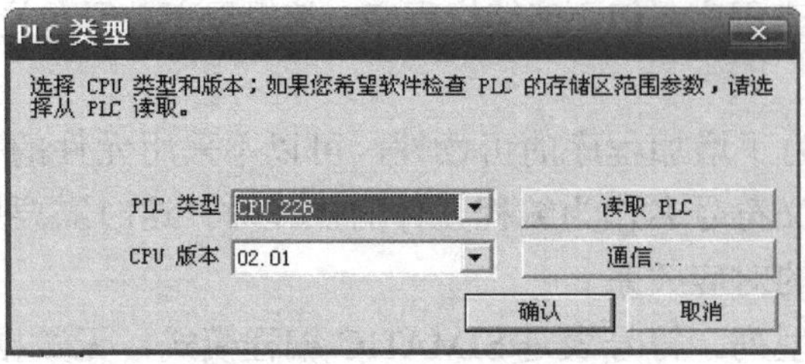

图 6-33　选择 PLC 类型

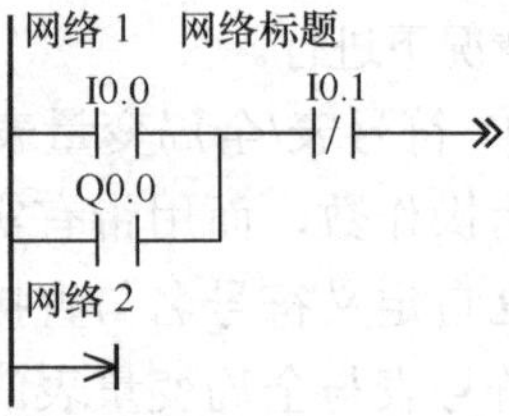

图 6-34　梯形图指令编程器

输入编程元件有双击、拖放指令树和单击工具条快捷按钮或快捷键操作等若干方法。在梯形图编辑器中，单击工具条快捷按钮或按快捷键 F4（触点）、F6（线圈）、F9（指令盒）及双击指令树均可以选择输入编程元件。

工具条有 7 个编程按键，前 4 个为连接导线，后 3 个为触点、线圈、指令盒。

首先在程序编辑窗口中将光标移到需要放置元件的位置，然后输入编程元件。编程元件的输入有 2 种方法。一种是用鼠标左键输入编程元件，如触点元件。将光标移到编程区域，用鼠标左键单击工具条的触点按钮，出现下拉菜单，如图 6-35（a）所示。单击选中编程元件，按回车键，输入编程元件图形，再单击编程元件符号上方的“??.?”，输入操作数。另一种是采用功能键（F4、F6、F9 等）、移位键和回车键放置编程元件。例如，放置输出触点，按 F6 键，弹出图 6-35（b）所示的下拉菜单，在下拉菜单中选择编程元件（可使用移位键寻找需要的编程元件）后，按回车键，编程元件出现在光标处，再次按回车键，光标选中元件符号上方的“??.?”，输入操作数后，按回车键确认，然后用移位键将光标移到下一行，输入新的程序。当输入地址、符号超出范围或与指令类型不匹配时，在该值下面出现红色波浪线。一行程序输入结束后，单击该行下方的编程区域，输入触点生成新的一行。上、下行线的操作是：将光标移到要合并的触点处，单击上行或下行线按钮。

④编辑程序及设定参数。编辑程序包括程序的剪切、复制、粘贴、插入和删除以及字符串替换、查找等。

程序删除和插入的选项有行、列、阶梯、向下分支的竖直垂线、中断或子程序等。插入和删除的方法有 2 种：一种是在程序编辑区单击鼠标右键，弹出图 6-36 所示的下拉菜单，单击“插入”或“删除”选项，在弹出的子菜单中单击“插入”或“删除”选项来编辑程序；另一种是选择“编辑”菜单中的“插入”或“删除”选项，弹出子菜单后，单击要插入或删除的选项来编辑程序。

程序的复制、粘贴可以选择“编辑”菜单中的“复制”和“粘贴”选项，也可以单击工具条中的“复制”和“粘贴”按钮，还可以选中复制的内容后点击鼠标右键，在弹出的快捷菜单中单击“复制”命令，然后粘贴。

程序复制分为单个元件复制和网络复制两种。单个元件复制是单击“复制”选项。网络复制可以在复制区拖动光标或使用 Shift 键及上下移位键，选择单个或多个相邻网络，网络变成选中的蓝色后单击“复制”。光标移到粘贴处后，可以用已有效的粘贴按钮进行粘贴。

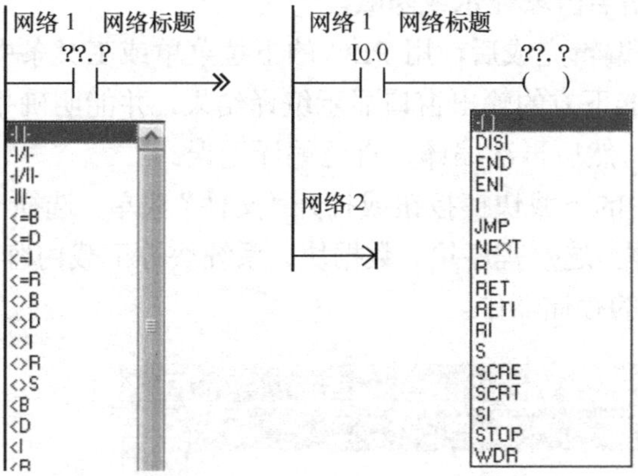

（a）触点的下拉菜单　（b）线圈指令的下拉菜单

图 6-35　触点、线圈指令的下拉菜单

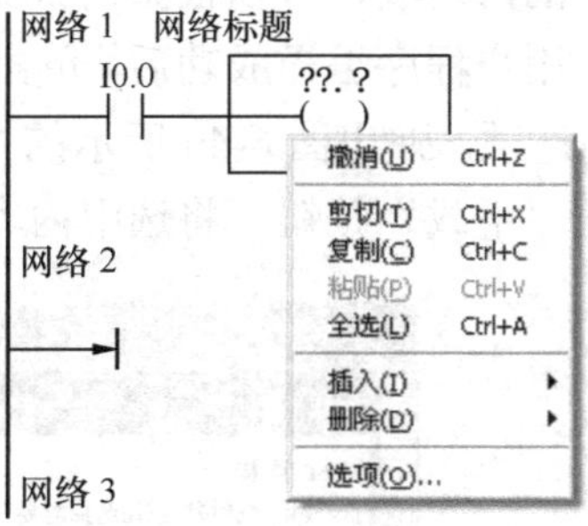

图 6-36　程序编辑菜单

利用符号为 POU 中的符号赋值的方法：单击浏览条中的“符号表”按钮，在程序显示窗口的符号表内输入参数，建立符号表，如图 6-37 所示。符号表的使用方法有 2 种：一种是编程时使用符号名称，在符号表中填写符号名和对应的直接地址；另一种是编程时使用直接地址，在符号表中填写符号名和对应的直接地址，编译后，软件直接赋值。使用上述两种方法编译后，在“查看”菜单选中“符号寻址”选项，然后直接地址将转换成符号表中对应的符号名。带符号表的梯形图如图 6-38 所示。

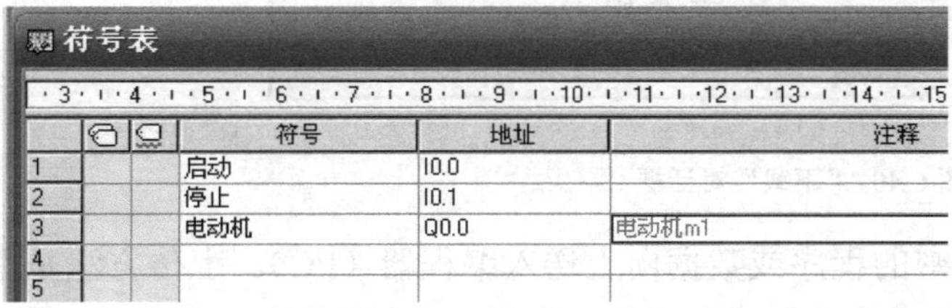

图 6-37　符号表

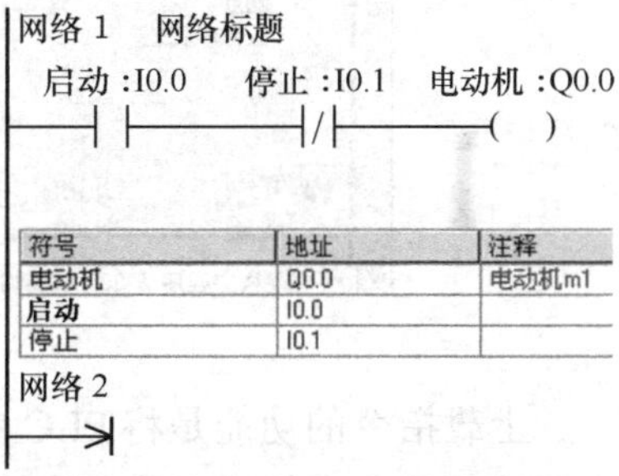

图 6-38　带符号表的梯形图

可以拖动分割条，展开局部变量表并覆盖程序视图。此时可设置局部变量表，图 6-39 所示为局部变量表的格式。

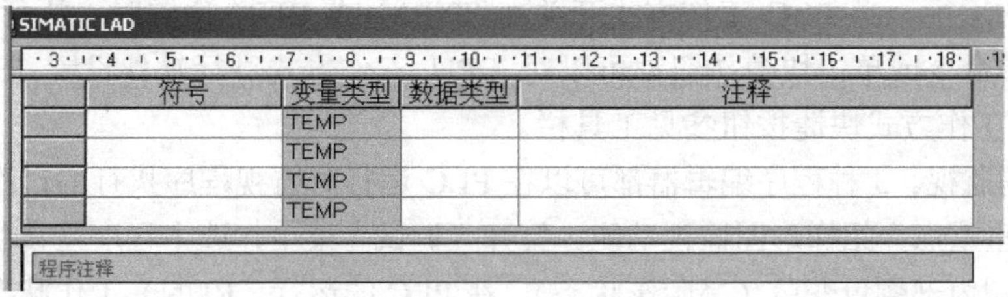

图 6-39　局部变量表的格式

TEMP 类型的局部变量：临时保存在局部数据堆栈区内的变量，一旦 POU 执行完成，临时变量的数据就不再有效。

⑤ 程序注释。网络题目区又称网络名区，可用鼠标左键双击，在弹出的对话框中输入网络题目区的中英文注释，可在程序段中的网络名区域显示或隐藏。

⑥ 程序的编译及上传、下载。用户程序编辑完成后，用 PLC 的下拉菜单或工具条中的“编译”快捷按钮编译程序，编译后，在显示器下方的输出窗口显示编译结果，并能明确指出错误的网络段，可以根据错误提示修改程序，然后再次编译，直至编译无误。

用户程序编译成功后，单击标准工具条中的下载快捷按钮或打开“文件”菜单，选择“下载”选项，弹出图 6-40 所示的“下载”对话框，选定程序块、数据块、系统块等下载内容后，单击“下载”按钮，将选中内容下载到 PLC 的存储器中。

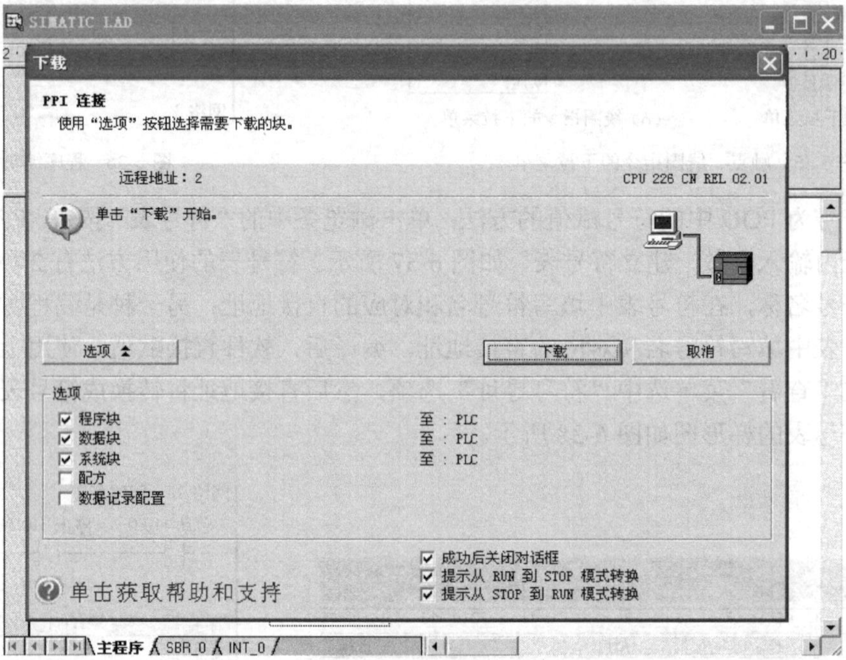

图 6-40 “下载”对话框

上载指令的功能是将 PLC 中未加密的程序或数据向上送入编程器（PC）。上传方法是单击标准工具条中的“上载”快捷键或者打开“文件”菜单，选择“上载”选项，弹出“上载”对话框。选择程序块、数据块、系统块等上载内容后，可在程序显示窗口上载 PLC 内部程序和数据。

（3）程序的监视、运行、调试及其他功能

① 程序的运行。当 PLC 工作方式开关在 TERM 或 RUN 位置时，执行 STEP7-Micro/WIN32 的菜单命令或单击快捷按钮都可以对 CPU 工作方式进行软件设置 RUN（运行）或 STOP(停止)，工作方式快捷按钮参见工具栏。

② 程序的监视。3 种程序编辑器都可以在 PLC 运行时监视程序执行的过程、各元件的状态及数据，这里重点介绍梯形图监视功能。打开“调试”菜单，选中程序监视状态，这时闭合触点和通电线圈内部颜色变蓝（呈阴影状态）。在 PLC 的运行（RUN）工作状态，随输入条件的改变、定时及计数过程的进行，在每个扫描周期的输出处理阶段，刷新各个器件的状态，可

以动态显示各个定时器、计数器的当前值，并用阴影表示触点和线圈通电状态，以便在线动态观察程序的运行，如图 6-41 所示。

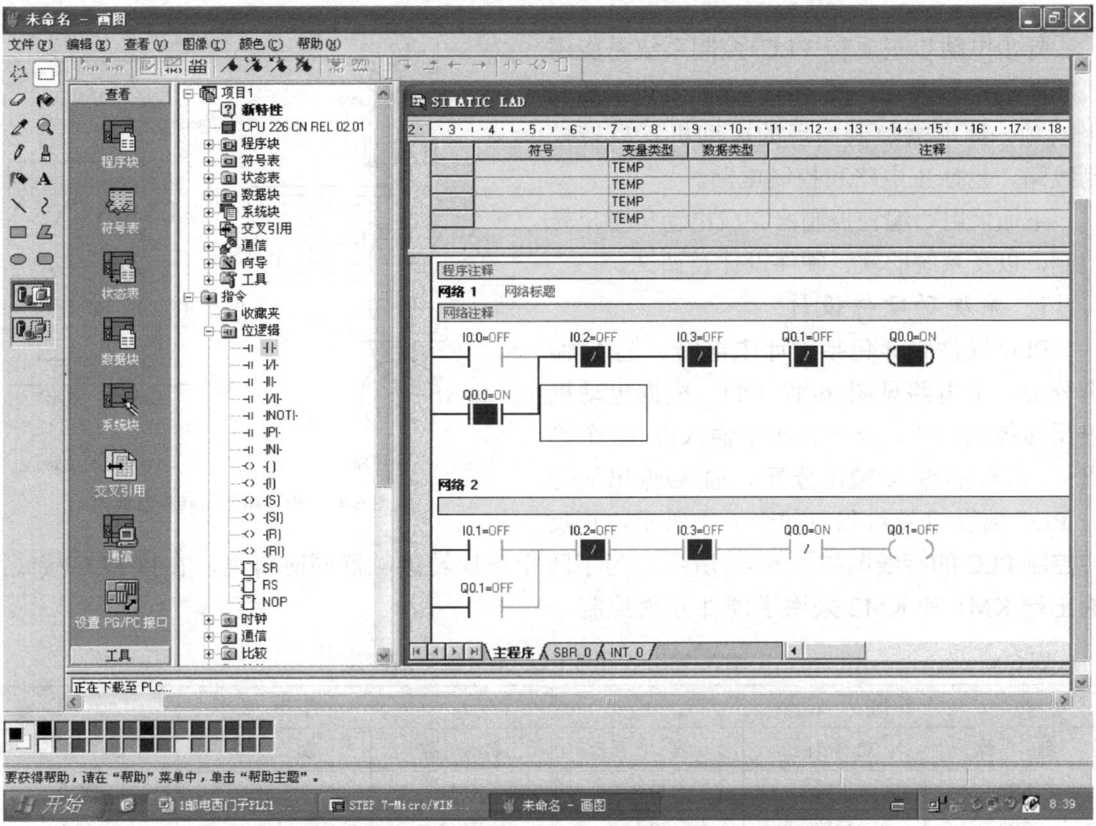

图 6-41　梯形图运行状态的监视

微课 6-9　S7-200 编程软件　　　　微课 6-10　PLC 控制与继电控制的区别

③ 动态调试。结合程序监视运行的动态显示，分析程序运行的结果，以及影响程序运行的因素，然后退出程序运行和监视状态，在 STOP 状态下对程序进行修改编辑、重新编译、下载、监视运行，如此反复修改调试，直至得出正确的运行结果。

④ 其他功能。STEP7-Micro/WIN32 编程软件提供 PID（闭环控制）、HSC（高速计数）、NETR/NETW（网络通信）和人机界面 TD200 的使用向导功能。

选择"工具"菜单下的"指令向导"选项可以为 PID、NETR/NETW 和 HSC 指令快捷简单地设置复杂的选项，设置选项后，指令向导将为所选设置生成程序代码。

三、应 用 举 例

前面讲述了 PLC 的基本知识，下面利用 PLC 设计异步电动机正反转、工作台自动往返、异步电动机 Y—△降压起动等控制系统。

（一）异步电动机正反转 PLC 控制

异步电动机正反转 PLC 控制系统是应用最广泛的控制方式，图 6-42 所示为传统的利用接触—继电器控制实现的电动机正反转控制线路，包括主电路和控制电路。

下面采用可编程控制器完成电动机正反转控制，以及系统的软、硬件设计及调试。

1．系统的硬件设计

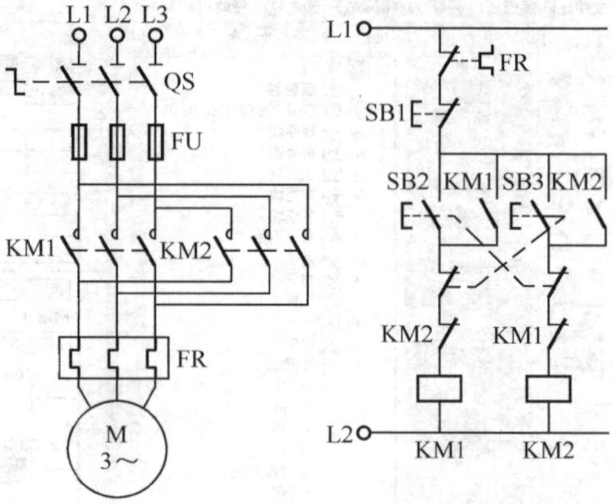

（a）主电路　　（b）控制电路

图 6-42　电动机正反转控制线路

PLC 硬件设计包括设计主电路、输入/输出分配，主电路见图 6-42（a），根据电动机正反转控制要求，应该有 4 个输入点、2 个输出点。PLC 的输入/输出分配即输入/输出信号与 PLC 地址编号对照表如表 6-4 所示，正反转控制 PLC 的接线图如图 6-43 所示。为了防止正反转接触器同时得电，在该 PLC 接线图输出端 KM1 和 KM2 采用了硬件互锁控制。

表 6-4　　输入/输出信号与 PLC 地址编号对照表

输入信号			输出信号		
名　称	功　能	编　号	名　称	功　能	编　号
SB2	正转	I0.0	KM1	正转	Q0.0
SB3	反转	I0.1	KM2	反转	Q0.1
SB1	停止	I0.2			
FR	过载	I0.3			

2．系统的软件设计

系统的软件设计要设计梯形图和编写程序，梯形图和指令表如图 6-44 所示。在图 6-44（a)中，Q0.0、Q0.1 常闭实现正反转软件互锁，I0.0、I0.1 常闭实现按钮软件互锁。

在图 6-44（a）中，正反转线路一定要有联锁，否则按下“SB2”“SB3”按钮，KM1、KM2 会同时输出，引起电源短路。

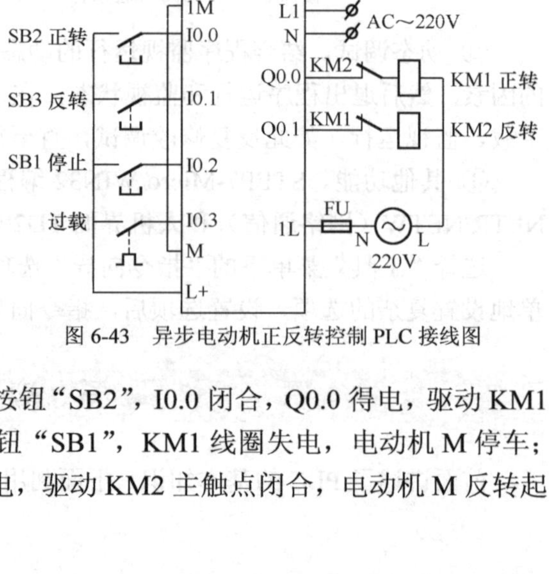

图 6-43　异步电动机正反转控制 PLC 接线图

3．系统调试运行

按照图 6-43 连接好 PLC 的输入和输出，将图 6-44（a)所示的梯形图程序下载到 PLC 中，将 PLC 运行开关打到 RUN，按下正转起动按钮“SB2”，I0.0 闭合，Q0.0 得电，驱动 KM1 主触点闭合，电动机 M 正转起动，按下停止按钮“SB1”，KM1 线圈失电，电动机 M 停车；按下反转起动按钮“SB3”，I0.1 闭合，Q0.1 得电，驱动 KM2 主触点闭合，电动机 M 反转起动，按下停止按钮“SB1”，KM2 线圈失电，电动机 M 停车。

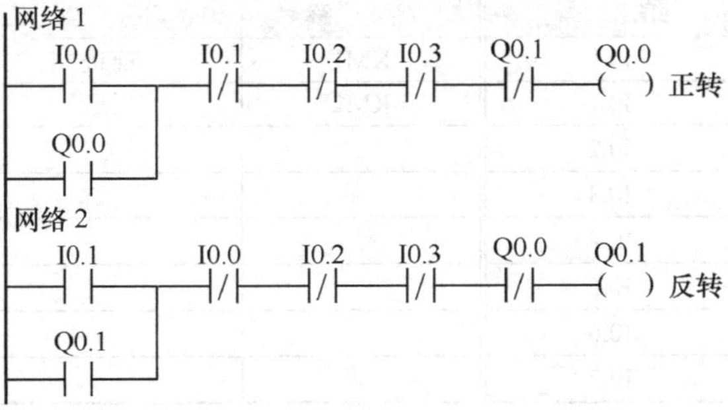

（a）梯形图

网络 1

```
LD    I0.0
O     Q0.0
AN    I0.1
AN    I0.2
AN    I0.3
AN    Q0.1
=     Q0.2
```

网络 2

```
LD    I0.1
O     Q0.1
AN    I0.0
AN    I0.2
AN    I0.3
AN    Q0.0
=     Q0.1
```

（b）指令表

图 6-44　异步电动机正反转控制程序

（二）工作台自动往返 PLC 控制系统

1. 工作台自动往返控制工作过程

工作台自动往返控制工作过程在前面项目简述时已经介绍，工作示意图参见图 6-1。由继电—接触器控制的工作台自动往返电路如图 6-45 所示，现在用 PLC 来完成这个控制过程。

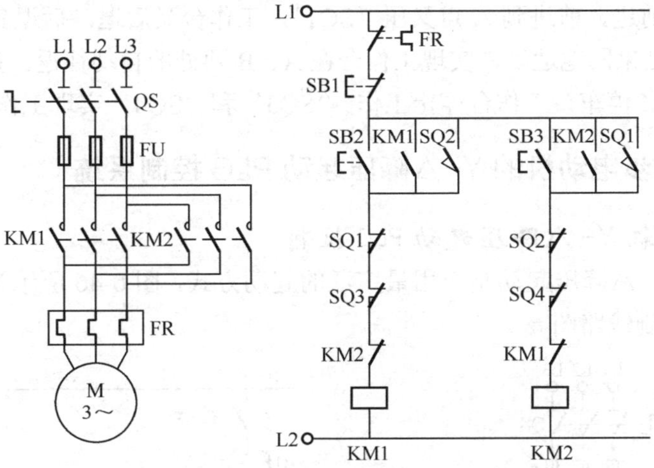

（a）主电路　　　　（b）控制电路

图 6-45　工作台自动往返电路

2. 系统的硬件设计

电动机带动工作台自动往返，要求电动机来回运动实现正反转，故 PLC 控制自动往返的主电路就是电动机正反转主电路，参见图 6-2（a）。

PLC 的硬件接口设计为输入/输出接线图设计，根据电动机工作台自动往返控制要求，按钮、开关和位置开关都是输入，要求有 8 个输入点、2 个输出点。输入/输出信号与 PLC 地址编号对照表如表 6-5 所示，系统的 I/O 分配图如图 6-2（b）所示，为了防止正反转接触器同时得电，在 PLC 的 I/O 分配图输出端 KM1 和 KM2 采用了硬件互锁控制。

表 6-5　　输入/输出信号与 PLC 地址编号对照表

输入信号			输出信号		
名　称	功　能	编　号	名　称	功　能	编　号
SB2	前进	I0.0	KM1	前进	Q0.0
SB3	后退	I0.1	KM2	后退	Q0.1
SB1	停止	I0.2			
FR	过载	I0.3			
SQ1	A 位置开关	I0.4			
SQ3	A 限位开关	I0.5			
SQ2	B 位置开关	I0.6			
SQ4	B 限位开关	I0.7			

3．系统的软件设计

PLC 软件设计包括设计梯形图和编写程序，梯形图和程序如图 6-3 所示。在图 6-3（a）中，Q0.0、Q0.1 常闭实现正反转软件互锁，I0.2、I0.3 实现停车和过载保护。

4．系统调试运行

按照图 6-2 连接好工作台自动往返的主电路和 PLC 的输入和输出，将图 6-3（b）所示的梯形图程序下载到 PLC，将 PLC 运行开关打到 RUN，按下前进起动按钮“SB2”，I0.0 闭合，Q0.0 得电，驱动 KM1 主触点闭合，电动机 M 正转，带动工作台前进，前进到 A 点，压下位置开关“SQ1”，I0.4 动作，Q0.0 失电，Q0.1 得电，KM1 失电，KM2 得电，工作台停止前进，立即后退，后退到 B 点压“SQ2”，I0.6 动作，Q0.1 失电，Q0.0 得电，KM2 失电，KM1 得电，工作台停止后退，接着前进，前进到 A 点又压“SQ1”，工作台又后退，后退到 B 点又前进，这样工作台在 A、B 两处来回地运动，实现工作台在 A、B 两处的自动往返。按下停止按钮 SB1，I0.2 得电，电动机 M 停车，工作台停止工作。“SQ3”和“SQ4”实现工作台两边的限位保护。

（三）三相异步电动机的 Y-△降压起动 PLC 控制系统

1．异步电动机 Y—△降压起动 PLC 控制

异步电动机 Y—△降压起动是应用最广泛的起动方式，图 6-46 所示为异步电动机 Y—△降压起动的电气控制线路图。

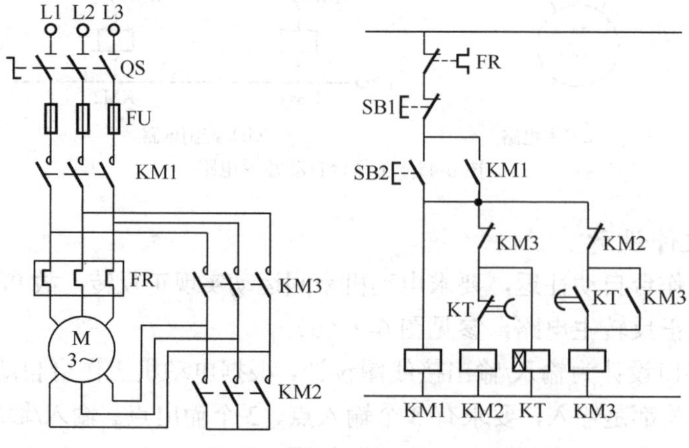

（a）主电路　　（b）控制电路

图 6-46　异步电动机 Y—△降压起动的电气控制线路

2．系统的硬件设计

（1）设计主电路。主电路见图 6-46（a）。

（2）设计输入输出分配，编写元件 I/O 分配表（见表 6-6）以及设计 PLC 接线（见图 6-47）。

表 6-6　　异步电动机 Y—△降压起动 I/O 分配表

输入信号			输出信号		
名　称	功　能	编　号	名　称	功　能	编　号
SB2	起动	I0.0	KM1	电源	Q0.0
SB1	停止	I0.1	KM2	Y 起动	Q0.1
FR	过载	I0.2	KM3	△运行	Q0.2

3．系统的软件设计

根据 Y—△降压起动的控制要求，按下起动按钮“SB2”，电源和 Y 接接触器得电，即 Y0、Y1 得电，异步电动机接成 Y 接降压起动，同时时间继电器得电，延时时间到，Y1 失电，Y2 得电，电动机接成△正常运行，设计的梯形图如图 6-48 所示。

指令表及程序调试过程此处不再赘述，由学生自主完成。

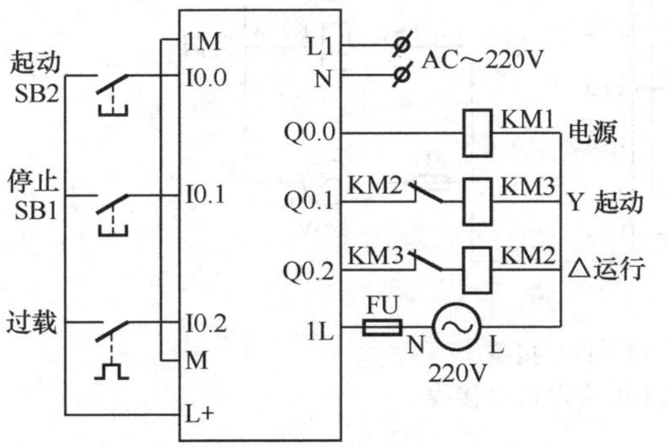

图 6-47　异步电动机 Y—△降压起动 PLC 接线

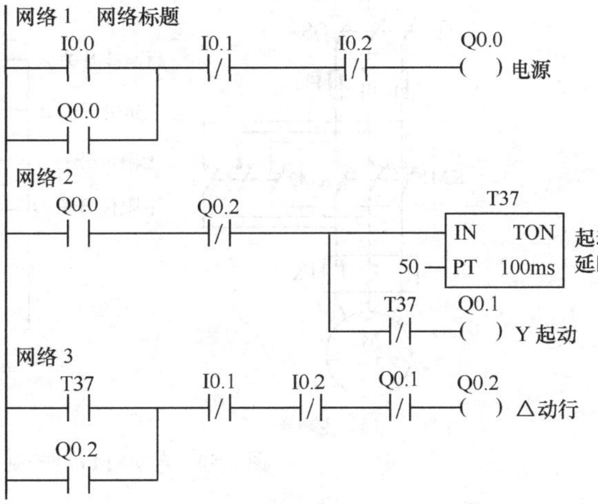

图 6-48　异步电动机 Y—△降压起动梯形图

（四）自动门 PLC 控制系统

1．自动门控制要求

自动门在工厂、企业、医院、银行、超市、酒店等行业应用非常广泛。图 6-49 所示为自动门控制，利用两套不同的传感器系统来完成控制要求。超声开关发射声波，当有人进入超声开关的作用范围时，超声开关便检测出物体反射的回波。光电开关由 2 个元件组成：内光源和接收器。光源连续发射光束，由接收器接收。如果人或其他物体遮断了光束，光电开关便检测到这个人或物体。作为对这 2 个开关的输入信号的响应，PLC

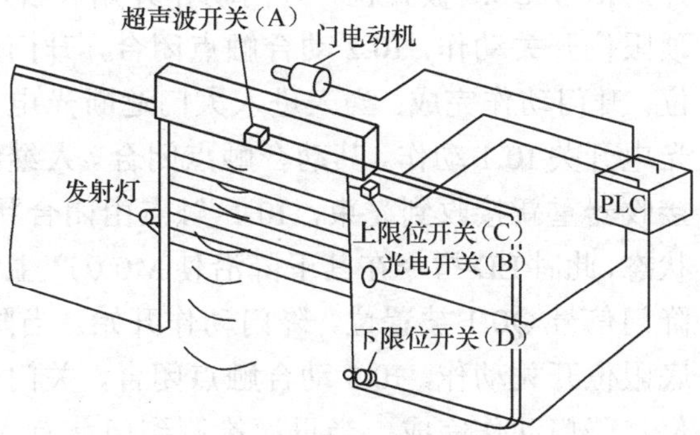

图 6-49　自动门控制

产生输出控制信号驱动门电动机，从而实现升门和降门。除此之外，PLC还接受来自门顶和门底两个限位开关的信号输入，用于控制完成升门动作和降门动作。

2．系统硬件设计

（1）设计主电路。主电路如图6-50（a）所示。

（2）设计输入输出分配，编写元件I/O分配表（见表6-7），设计PLC接线如图6-50（b）所示。

表6-7　　自动门控制系统元件分配表

输入信号			输出信号		
名　称	功　能	编　号	名　称	功　能	编　号
A	超声波开关	I0.0	KM1	升门	Q0.0
B	光电开关	I0.1	KM2	关门	Q0.1
C	上限位开关	I0.2			
D	下限位开关	I0.3			

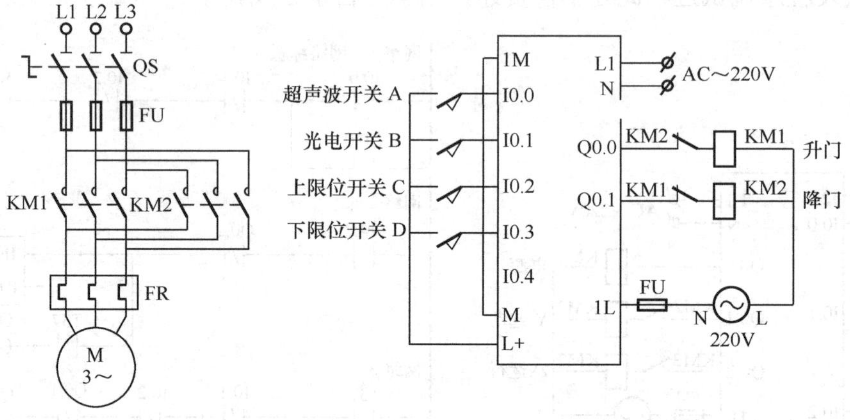

（a）主电路　　（b）PLC接线

图6-50　自动门PLC控制系统主电路和PLC接线

3．系统的软件设计

根据自动门控制要求，设计梯形图如图6-51所示。

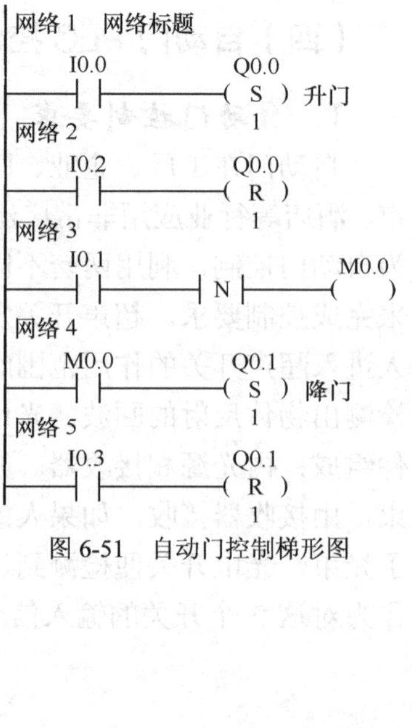

图6-51　自动门控制梯形图

当超声开关检测到门前有人时，I0.0动合触点闭合，升门信号Q0.0被置位，升门动作开始。当升门到位时，门顶限位开关动作，I0.2动合触点闭合，升门信号Q0.0被复位，升门动作完成。当人进入大门遮断光电开关的光束时，光电开关I0.1动作，其动合触点闭合。人继续进入大门后，接收器重新接收到光束，I0.1触点由闭合状态变化为断开状态，此时ED指令在其下降沿使M0.0产生一个脉冲信号，降门信号Q0.1被置位，降门动作开始。当降门到位时，门底限位开关动作，I0.3动合触点闭合，关门信号Q0.1被复位，降门动作完成。当再次检测到门前有人时，又重复开始动作。

（五）送料小车三点往返运行 PLC 控制系统

1．送料小车三点自动往返控制

图 6-52 所示为某送料小车三点自动往返控制示意，其一个工作周期的控制工艺要求如下。

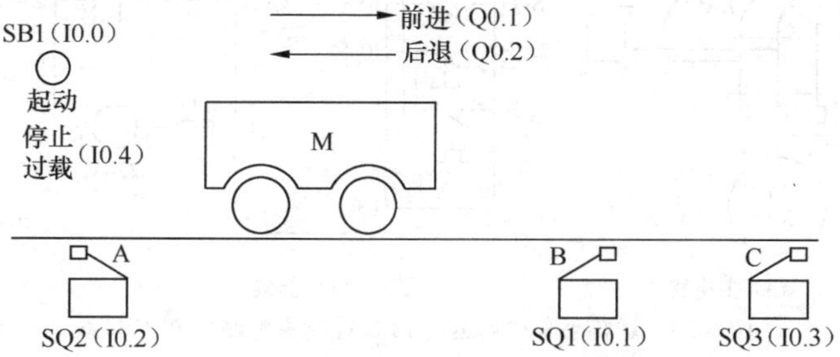

图 6-52　送料小车三点自动往返控制示意

（1）按下起动按钮“SB1”，台车电机 M 正转，台车前进，碰到限位开关 SQ1 后，台车电动机反转，台车后退。

（2）台车后退碰到限位开关 SQ2 后，台车电动机 M 停转，停 5 s。第 2 次前进，碰到限位开关 SQ3，再次后退。

（3）当后退再次碰到限位开关 SQ2 时，台车停止。延时 5 s 后重复上述动作。

2．系统的硬件设计

（1）设计主电路。主电路如图 6-53（a）所示。

（2）设计输入输出分配，编写元件 I/O 分配表，如表 6-8 所示，设计 PLC 接线，如图 6-53（b）所示。

表 6-8　　送料小车往返运行 I/O 分配表

输入信号			输出信号		
名　称	功　能	编　号	名　称	功　能	编　号
SB1	起动	I0.0	KM1	正转	Q0.1
SQ1	B 位置开关	I0.1	KM2	反转	Q0.2
SQ2	A 限位开关	I0.2			
SQ3	C 位置开关	I0.3			
SB2、FR	停止、过载	I0.4			

由于停止和过载保护控制过程相同，为了节省输入点，可以并联后控制同一个输入点 I0.4。

3．软件设计及调试运行

根据小车运行要求，设计梯形图程序如图 6-54 所示。按下起动按钮“SB1”，I0.0 闭合，Q0.1 得电自锁，KM1 得电，电动机 M 正转带动小车前进，运行至“SQ1”处，I0.1 动作，Q0.1 失电，M0.0 和 Q0.2 得电，小车停止前进，KM2 得电，小车后退至“SQ2”，I0.2 动作，Q0.2 失电，KM2 失电，定时器 T37 延时 5 s 动作，Q0.1 动作，小车前进，M0.0 动作，因此 I0.1 常闭点被短接，小车运行至“SQ1”处，Q0.1 不失电，小车不停止，小车运行至“SQ3”处，I0.3 动作，Q0.1 失电，Q0.2 得电，M 停止前进，接通后退回路，同时 M0.0 复位，小车后退至“SQ2”处，I0.2 动作，Q0.2 失电，小车停止前进，接通 T37 延时 5 s 动作，小车又开始前进，重复前面的动作。

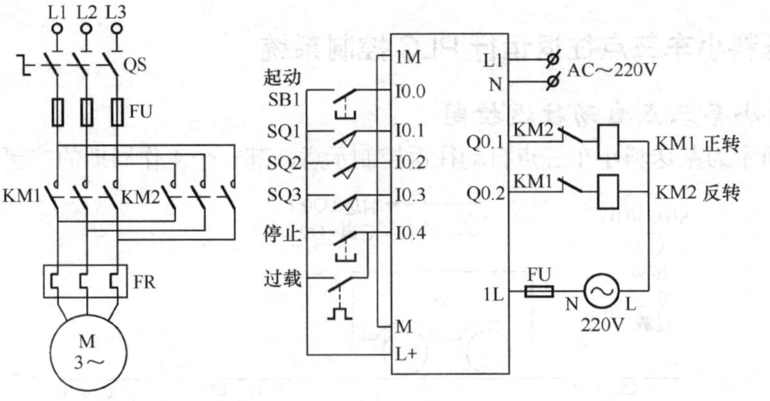

（a）主电路　　（b）PLC 接线

图 6-53　送料小车往返运行 PLC 控制主电路和 PLC 接线

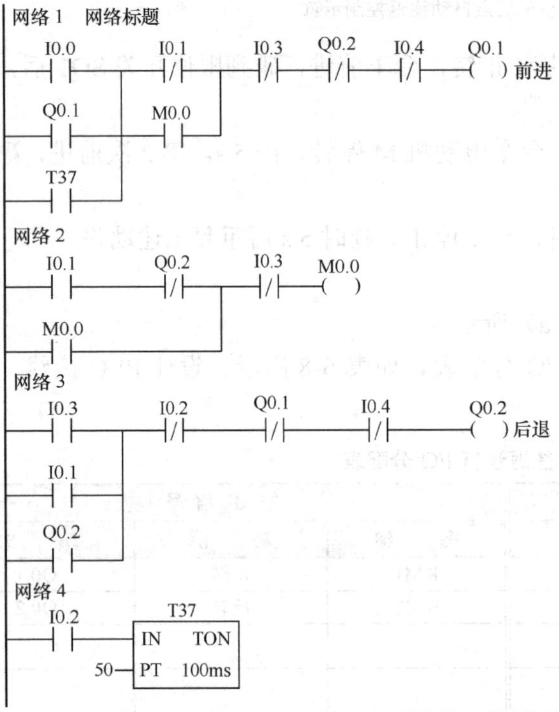

图 6-54　送料小车往返运行 PLC 控制梯形图

微课 6-11　送料小车三点往返运行 PLC 控制系统

项 目 小 结

本项目以工作台自动往返 PLC 控制系统的硬件和软件设计为例，引出 PLC 控制系统，接着以西门子 S7-200 CPU226 系列 PLC 为主，讲述了可编程控制器的特点、组成、内部元器件、基本指令以及程序设计。PLC 内部主要由中央处理器、存储器、基本 I/O 单元、电源、通信接口、扩展接口等单元部件组成。S7-200 系列 PLC 的内部元件主要包括输入映像寄存器 I、输出映像寄存器 Q、变量寄存器 V、内部标志位寄存器 M、顺序控制继电器 S、特殊标志位寄存器 SM、局部存储器 L、定时器存储器 T、计数器存储器 C、模拟量输入映像寄存器 AI、模拟量输出映像寄存器 AQ、累加器 AC 和高速计数器 HC。S7-200 系列 PLC 有立即数寻址、直接寻址和间接寻址 3 种寻址方式。

S7-200 PLC 的基本指令包括位逻辑指令、块操作指令、逻辑堆栈指令、定时器指令、计数器、边沿触发指令等。PLC 程序设计主要是系统的硬件设计、软件设计和系统调试，硬件设计包括设计主电路和输入输出分配，软件设计包括设计梯形图和编写程序，系统调试分为模拟调试和现场调试。STEP7-Micro/WIN 编程软件的基本功能是协助用户完成应用软件的开发，用户可以利用它完成梯形图的编辑，程序的上载、下载，程序的运行，还可以监视系统的工作状态。

讲述了 PLC 的基础知识后，本项目重点讲述了用西门子 S7-200 系列 PLC 完成电动机正反转、工作台自动往返、异步电动机的 Y—△降压起动、自动门控制、送料小车三点自动往返的 PLC 控制系统的硬件、软件设计以及系统调试运行。

| 习题及思考 |

1. PLC 的特点是什么？PLC 主要应用在哪些领域？
2. PLC 有哪几种输出类型，哪种输出形式的负载能力最强？
3. PLC 的工作原理是什么？
4. CPU226 的 PLC 内部主要由哪几部分组成？
5. 梯形图与继电—接触器控制原理图有哪些相同点和不同点？
6. 编译快捷键按钮的功能是什么？
7. 简述网络程序段的复制方法。
8. S7-200 PLC 有哪几种定时器？执行复位指令后，定时器的当前值和位的状态是什么？
9. S7-200 PLC 有哪几种计数器？执行复位指令后，计数器的当前值和位的状态是什么？
10. 用 S、R 跳变指令设计满足图 6-55 所示波形的梯形图。
11. 试设计电动机点动—长车的 PLC 控制程序。
12. 试设计工作台自动往返在两边延时 5s 的 PLC 控制程序。
13. 试设计两台电动机顺序起动、逆序停止的 PLC 控制程序。
14. 根据图 6-56 所示的指令表程序，写出梯形图程序。

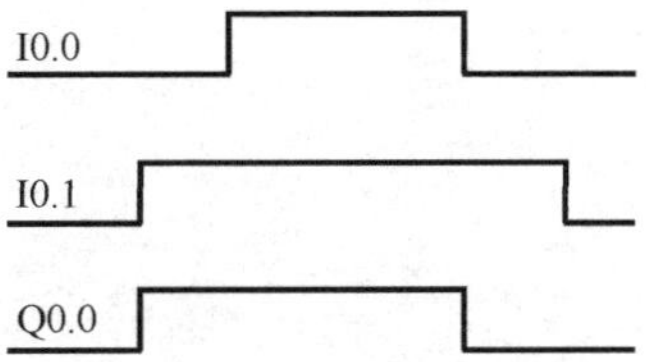

图 6-55　题 10 梯形图

网络 1	网络标题
LD	I0.0
O	I0.1
AN	I0.2
ON	I0.3
A	I0.5
=	M0.0
A	M0.0
=	Q0.0

（a）

网络 1	网络标题
LD	I0.0
A	I0.2
LPS	
AN	I0.3
=	Q0.0
LRD	
LDN	I0.4
O	I0.6
ALD	
A	I0.5
=	Q0.1
LPP	
A	I1.0
=	Q0.2

（b）

图 6-56　题 14 指令表

15．写出如图 6-57 所示梯形图的程序。

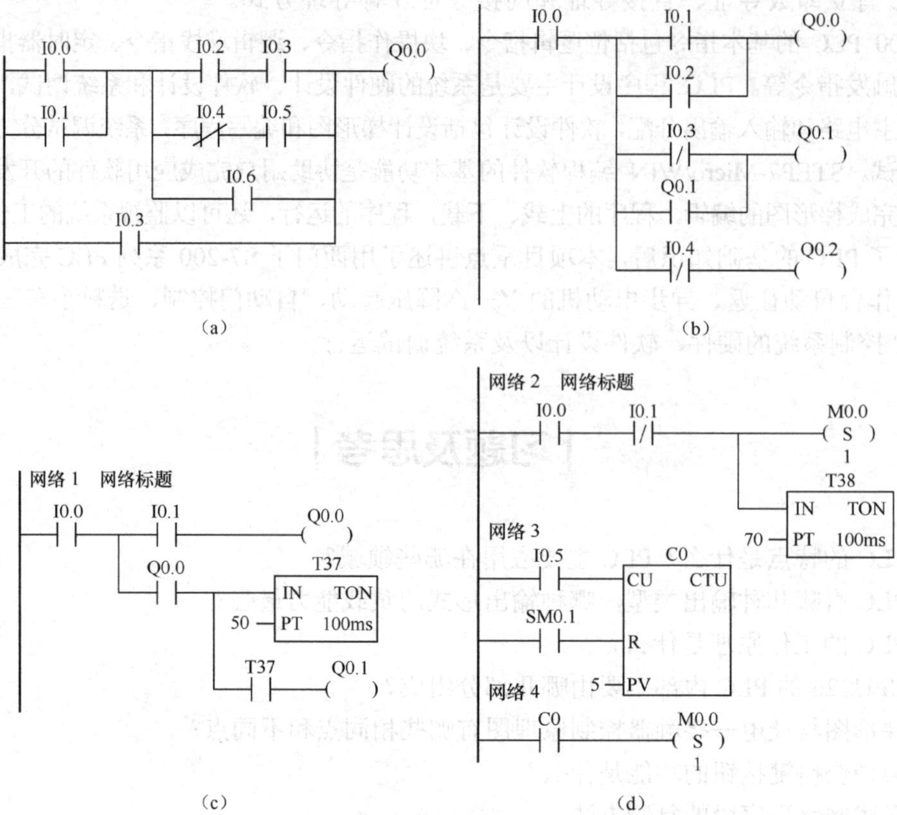

图 6-57　题 15 梯形图

项目七
昼夜报时器 PLC 控制系统

学习目标

1. 掌握比较指令的使用及编程方法。

2. 能熟练利用西门子编程软件进行程序的编辑、下载、调试运行及程序监控。

3. 能熟练使用比较指令设计昼夜报时器 PLC 控制系统的硬件、软件和系统调试。

4. 能熟练设计抢答器、电动机顺序起停、交通灯等 PLC 控制系统的软硬件和安装调试。

一、项目简述

昼夜报时器在工厂、学校、军队、宾馆和家庭中的应用越来越广泛。图 7-1 所示为一个住宅小区的定时昼夜报时器外形。昼夜报时器既可以由电子电路实现，也可以由 PLC 控制。控制要求如下：24 小时昼夜定时报警，早上 6:30，电铃每秒响一次，6 次后自动停止；9:00～17:00，起动住宅报警系统；晚上 6:00，开启园内照明；晚上 10:00，关闭园内照明。

根据控制要求，I0.0 为起停开关；I0.1 为 15 min 快速调整与试验开关；I0.2 为快速试验开关，使用时，在 0:00 时起动定时器，应用计数器、定时器和比较指令，构成 24 小时可设定定时时间的控制器，每 15 min 为一个设定单位，共 96 个单位。元件输入/输出信号与 PLC 地址编号对照表如表 7-1 所示，硬件 I/O 分配如图 7-2 所示，完成的软件梯形图如图 7-3 所示。

表 7-1　　输入/输出信号与 PLC 地址编号对照表

输入信号		输出信号	
名称	地址编号	名称	地址编号
起停开关	I0.0	电铃	Q0.0
15 min 快速调整与试验开关	I0.1	园内照明	Q0.1
快速试验开关	I0.2	住宅报警	Q0.2

图 7-1　昼夜报时器外形

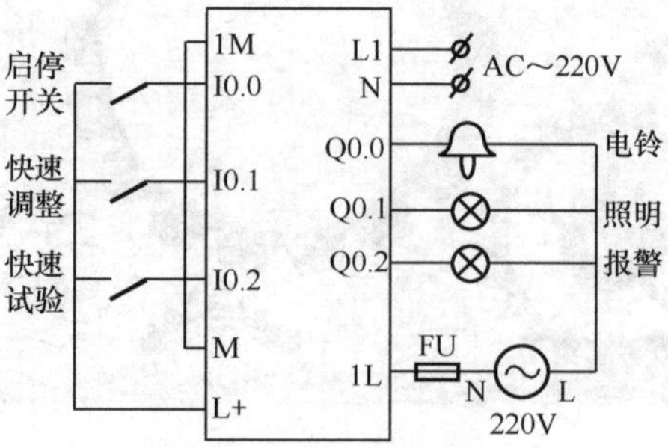

图 7-2　报时器 I/O 分配

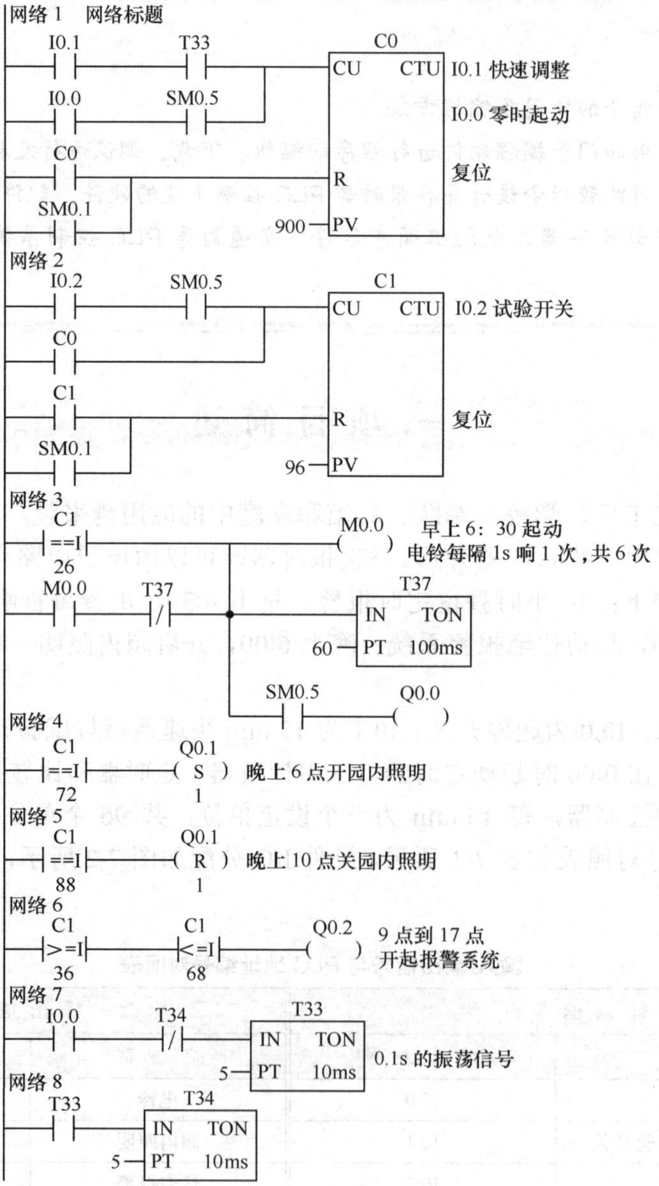

图 7-3　报时器梯形图

二、相关知识

本项目的昼夜报时器 PLC 控制系统，除了用到项目六中的定时器和计数器等基本指令系统外，还用到了常用的比较指令，下面就讲述比较指令。

比较指令用于比较两个数值 IN1 和 IN2 或字符串的大小。在梯形图中，满足比较关系式给出的条件时，触点闭合。比较指令为上下限控制以及判断数值条件提供了方便。

比较指令格式如图 7-4 所示。

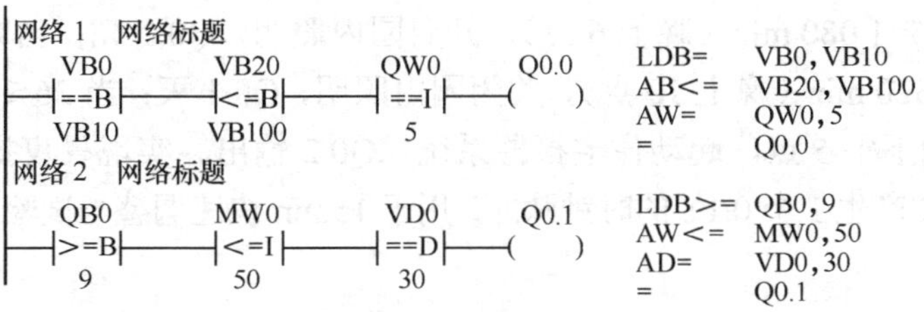

图 7-4　比较指令格式

比较指令有 5 种类型：字节比较、整数（字）比较、双字比较、实数比较和字符串比较。其中，字节比较是无符号的，整数、双字、实数比较是有符号的。

数值比较指令的运算符有=、＞=、＜=、＞、＜和＜＞等 6 种，字符串比较指令只有“=”和“＜＞”两种。“＜＞”表示不等于，触点中间的 B、I、D、R、S 分别表示字节、整数、双字、实数和字符串比较。以 LD、A、O 开始的比较指令分别表示开始、串联和并联的比较触点。

字节比较用于比较两个字节型无符号整数值 IN1 和 IN2 的大小，整数比较用于比较两个字长的有符号整数值 IN1 和 IN2 的大小，其范围是 16#8000～16#7FFF。双字整数比较用于比较两个有符号双字 INI 和 1N2 的大小，其范围是 16#80000000～16#7FFFFFFF。实数比较指令用于比较两个实数 IN1 和 IN2 的大小，是有符号的比较。字符串比较指令比较两个字符串的 ASCII 码是否相等。比较指令的用法如图 7-5 所示。

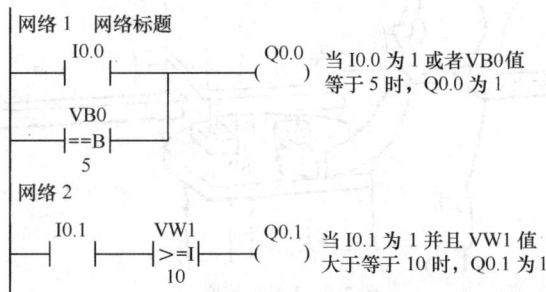

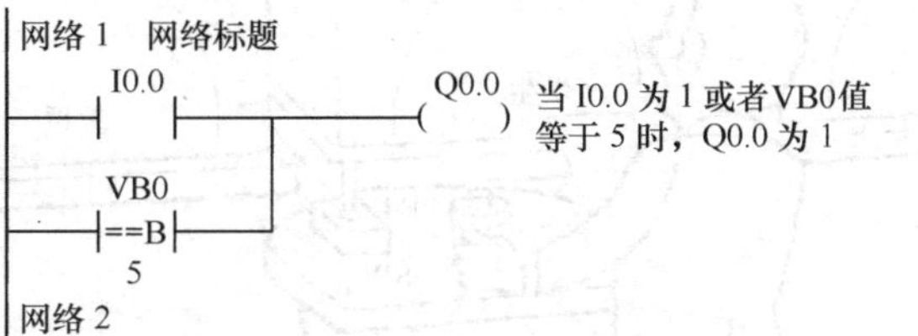

图 7-5　比较指令编程举例

三、应用举例

（一）昼夜报时器 PLC 控制系统

1．昼夜报时器 PLC 控制系统设计

昼夜报时器 PLC 控制系统的工作过程在项目简述中已经介绍了，根据系统要求，系统有

3 个输入、3 个输出。相关图表可以参考“项目简述”部分。

2．昼夜报时器 PLC 控制系统的调试分析

在图 7-3 所示的梯形图程序中，SM0.5 为 1 s 的时钟脉冲。在 0：00 时起动系统，合上起停开关 I0.0，计数器 C0 对 SM0.5 的 1 s 脉冲进行计数，计数到 900 次，即 900 s（15 min）时，C0 动作一个周期，C0 一个常开触点使 C1 计数 1 次，一个常开触点使 C0 自己复位。C0 复位后接着重新开始计数，计数到 900 次，C1 又计数 1 次，同时 C0 又复位。可见，C0 计数器是 15 min 导通一个扫描周期，C1 是 15 min 计一次数。当 C1 当前值等于 26 时，时间是 26 × 15=390 min（早上 6:30），电铃 Q0.0 每秒响 1 次，6 次后自动停止；当 C1 当前值为 72 时，时间是 72 × 15=1 080 min（晚上 6 点），开启园内照明，Q0.1 亮；当 C1 当前值为 88 时，时间是 88 × 15=1 320 min（晚上 10 点），关闭园内照明，Q0.1 灭；当 36≤C1 当前值≤68 时，时间是上午 9 点到下午 5 点，起动住宅报警系统，Q0.2 输出。实现昼夜报时。

I0.0 合上，T33 产生 1 个 0.1 s 的时钟脉冲，用于 15min 快速调整与试验。I0.2 也是快速实验开关。

（二）抢答器 PLC 控制系统

1．控制要求

控制要求如图 7-6 所示，由儿童 2 人、青年学生 1 人和教授 2 人组成 3 组抢答器。

图 7-6　3 组抢答器

（1）竞赛者要回答主持人所提的问题，需抢先按下桌上的按钮。

（2）指示灯亮后，需等到主持人按下复位键“PB4”后才熄灭。为了给参赛儿童一些优待，PB11 和 PB12 中的任意一个按下时，灯 L1 都亮。为了对教授组做一定限制，L3 只有在“PB31”和“PB32”键都按下时才亮。

（3）如果竞赛者在主持人打开“SW”开关的 10 s 内压下按钮，电磁线圈将使彩球摇动，以示竞赛者得到一次幸运的机会。

2．PLC 系统设计

设计以互锁和自锁电路为基础构成各输出电路的程序。

（1）系统的硬件设计。根据抢答器的控制要求，该系统有 7 个输入点，4 个输出点，系统的输入/输出信号与 PLC 地址编号对照表如表 7-2 所示。输入/输出分配接线如图 7-7 所示。

表 7-2　输入/输出信号与 PLC 地址编号对照表

输入信号			输出信号		
名　称	符　号	地址编号	名　称	符　号	地址编号
儿童抢答按钮 1	PB11	I0.0	儿童抢得指示灯	L1	Q0.0
儿童抢答按钮 2	PB12	I0.1	学生抢得指示灯	L2	Q0.1
学生抢答按钮	PB2	I0.2	教授抢得指示灯	L3	Q0.2
教授抢答按钮 1	PB31	I0.3	彩球	L4	Q0.3
教授抢答按钮 2	PB32	I0.4			
主持人复位按钮	PB4	I0.5			
主持人开始开关	SW	I0.6			

（2）系统的软件设计。3 组抢答器的梯形图如图 7-8 所示。

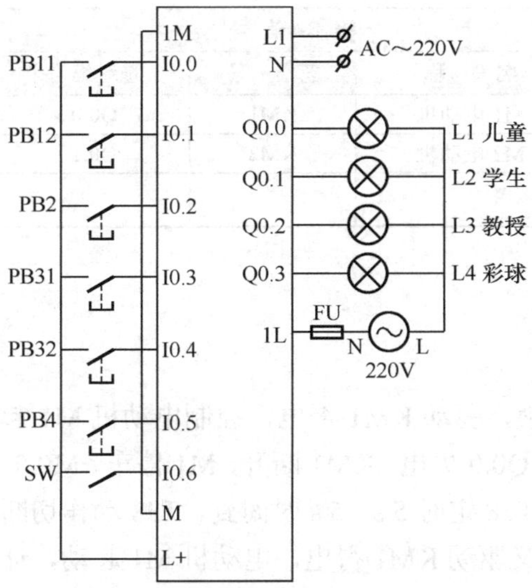

图 7-7　抢答器输入/输出分配接线

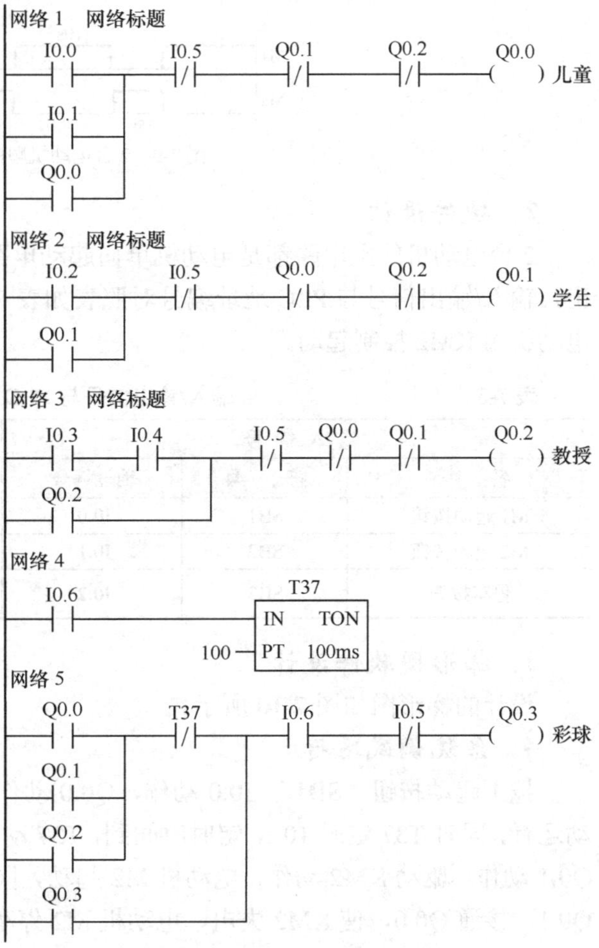

图 7-8　3 组抢答器的梯形图

3．系统调试运行

根据抢答器的要求，2 个儿童只要有一个抢得，指示灯就亮，儿童抢得按钮 I0.0、I0.1 并联；2 个教授要同时抢得指示灯才亮，教授抢得按钮 I0.3、I0.4 串联。

抢答器的重要性能是竞时封锁，也就是若已有某组先按按钮抢答，则其他组无效，梯形图中的 Q0.0、Q0.1、Q0.2 指示灯间互锁，在 Q0.0、Q0.1、Q0.2 支路中互串其余 2 个输出继电器的常闭触点。

在主持人宣布开始抢答时，合上开关“SW”，I0.6 动作，T37 开始延时，若 10 s 内有某组抢得，某组指示灯亮，同时彩球 Q0.3 输出，彩球转动庆贺。按复位按钮“PB4”，I0.5 动作，切断输出，指示灯和彩灯都复位。

（三）两台电动机顺序起停 PLC 控制系统

1．控制要求

2 台电动机相互协调运转，其动作要求是：M1 运转 10 s，停止 5 s，M2 与 M1 相反，M1 运行，M2 停止；M2 运行，M1 停止，如此反复动作 3 次，M1、M2 均停止。动作示意如图 7-9 所示。

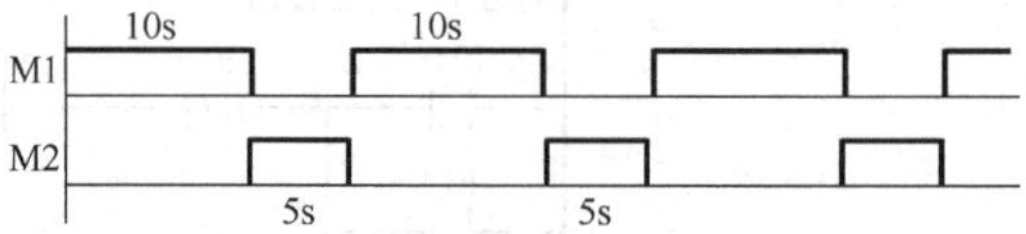

图 7-9　2 台电动机顺序起停动作示意

2．硬件设计

2 台电动机的主电路都是电动机单向起动电路，此处略。该控制系统有 3 个输入、2 个输出，输入/输出信号与 PLC 地址编号对照表如表 7-3 所示。M1 电动机由 KM1 控制起动，M2 电动机由 KM2 控制起动。

表 7-3　输入/输出信号与 PLC 地址编号对照表

输入信号			输出信号		
名　称	符　号	地址编号	名　称	符　号	地址编号
M1 起动按钮	SB1	I0.0	M1 电动机	KM1	Q0.0
M2 起动按钮	SB2	I0.1	M2 电动机	KM2	Q0.1
停车按钮	SB3	I0.2			

3．梯形图软件设计

设计的梯形图如图 7-10 所示。

4．系统调试运行

按下起动按钮“SB1”，I0.0 动作，Q0.0 动作自锁，驱动 KM1 得电，控制电动机 M1 起动运行，同时 T37 定时 10 s，定时时间到，T37 动作，Q0.0 失电，KM1 断开，M1 停车，M0.0、Q0.1 动作，驱动 KM2 动作，电动机 M2 起动，同时 T38 定时 5 s，5 s 时间到，T38 动作切断 Q0.1，接通 Q0.0，使 KM2 失电、电动机 M2 停车，又驱动 KM1 得电，电动机 M1 起动，计数器计数一次。以上过程重复 3 次，计数器计数 3 次，C0 动作，切断电动机回路，M1、M2 停车。

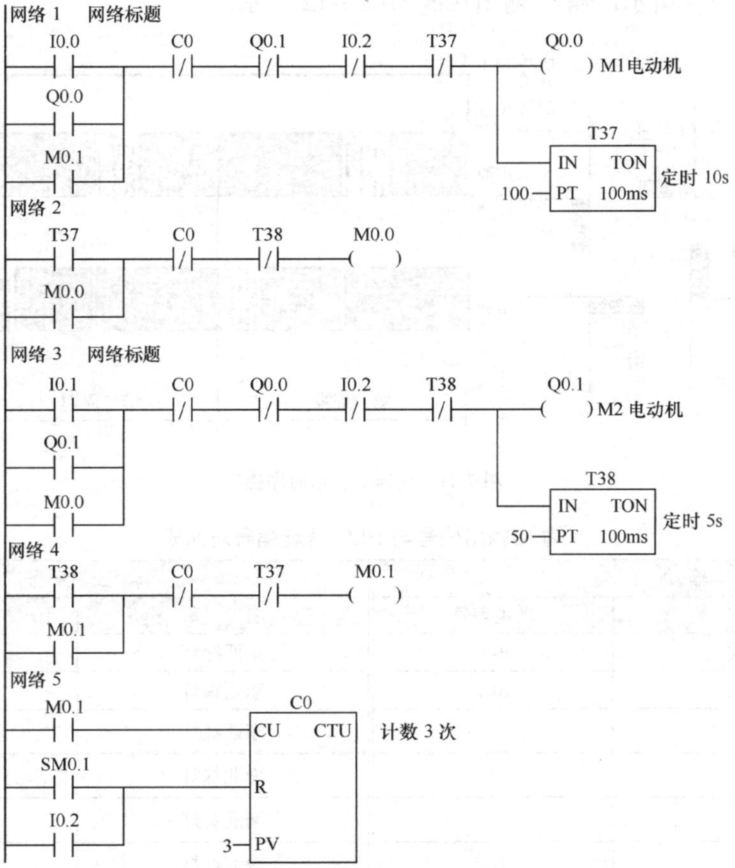

图 7-10　2 台电动机顺序起停的梯形图

"SB2"（I0.1）是 M2 电动机起动按钮，"SB3"（I0.2）是停车按钮。

（四）十字路口交通灯 PLC 控制系统

1．控制要求

图 7-11 为交通灯正常时序控制图 。在十字路口的东西南北方向装设红、绿、黄灯，它们按照一定时序轮流发亮。信号灯受一个起动开关控制，当起动开关接通时，信号灯系统开始工作，首先南北红灯亮，东西绿灯亮，南北红灯亮维持 15 s，东西绿灯亮维持 10 s；到 10 s 时，东西绿灯闪亮，绿灯闪亮周期为 1 s（亮 0.5 s，熄 0.5 s）；绿灯闪亮 3 s 后熄灭，东西黄灯亮，并维持 2 s；到 2 s 时，东西黄灯熄灭，东西红灯亮，同时南北红灯熄灭，南北绿灯亮，绿灯亮维持 10 s；到 10 s 时，南北绿灯闪亮，绿灯闪亮周期为 1 s（亮 0.5 s，熄 0.5 s），绿灯闪亮 3 s 后熄灭，南北黄灯亮，并维持 2 s，到 2 s 时，南北黄灯熄灭，南北红灯亮，同时东西红灯熄灭，东西绿灯亮；开始第二周期的动作，以后周而复始地循环。当起动开关断开时，所有信号灯熄灭。

2．系统的硬件设计

交通灯的硬件设计包括输入/输出 PLC 地址编号、输入/输出分配。根据交通灯的控制要求，该系统有 1 个起动开关、1 个停止开关、共 2 个输入点，12 盏灯，东西方向、南北方向的同一类灯可以共用 1 个点，故只用 6 个输出就可以。交通灯的输入/输出信号与 PLC 地址编号对照表如表 7-4 所示，输入/输出接线如图 7-12 所示。

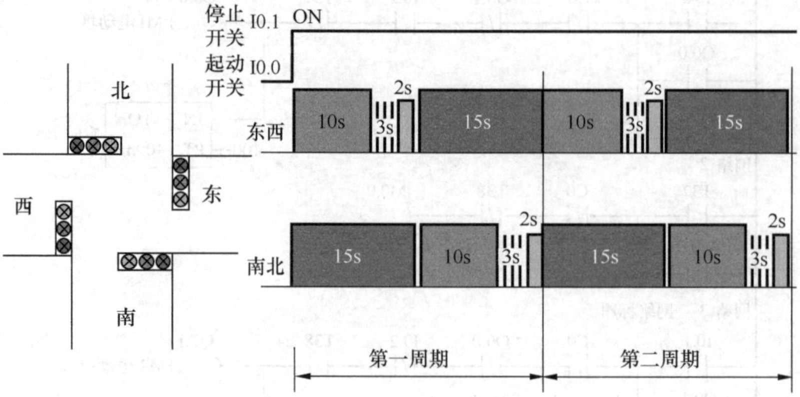

图 7-11　交通灯正常时序控制

表 7-4　　输入/输出信号与 PLC 地址编号对照表

输入信号		输出信号	
名　称	地址编号	名　称	地址编号
起动开关	I0.0	东西绿灯	Q0.0
停止开关	I0.1	东西黄灯	Q0.1
		东西红灯	Q0.2
		南北绿灯	Q0.3
		南北黄灯	Q0.4
		南北红灯	Q0.5

3．梯形图软件设计

设计的梯形图如图 7-13 所示。

4．系统调试运行

合上起动开关 I0.0，M1.0、M0.0 得电自锁，Q0.0、Q0.5 输出，东西绿灯亮，南北红灯亮，T37 开始定时。15 s 到 T37 动作，接通 T38 的 1 s 时钟，东西绿灯闪亮。T39 是 1 s 导通 1 个周期的时钟，C0 对 T39 输出进行计数，3 次（即 3 s）后，C0 动作，Q0.0 失电，Q0.1 得电，东西绿灯灭，接通黄灯，T40 开始定时。2 s 到 T40 动作，Q0.1 失电，Q0.2 得电，东西黄灯灭、东西红灯亮，同时 Q0.5 失电，Q0.3 动作，南北红灯灭、绿灯亮，T41 开始定时。15 s 后，T41 定时器动作，接通 T42 的 1 s 时钟，使 Q0.3 闪亮，

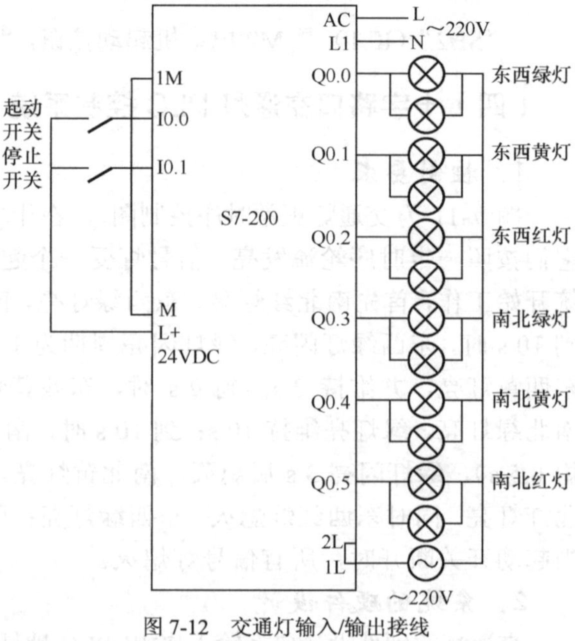

图 7-12　交通灯输入/输出接线

即南北绿灯闪亮，C1 计数 3 次（也是 3 s）后，Q0.3 失电，Q0.4 动作，南北绿灯灭、黄灯亮，T44 开始定时。2 s 后，T44 动作，切断南北 Q0.4 黄灯，同时 M0.0 复位一个扫描周期，定时器、

计数器输出也都复位，一个扫描周期后，M0.0 又得电自锁，东西绿灯亮，南北红灯亮，重复前面的过程。

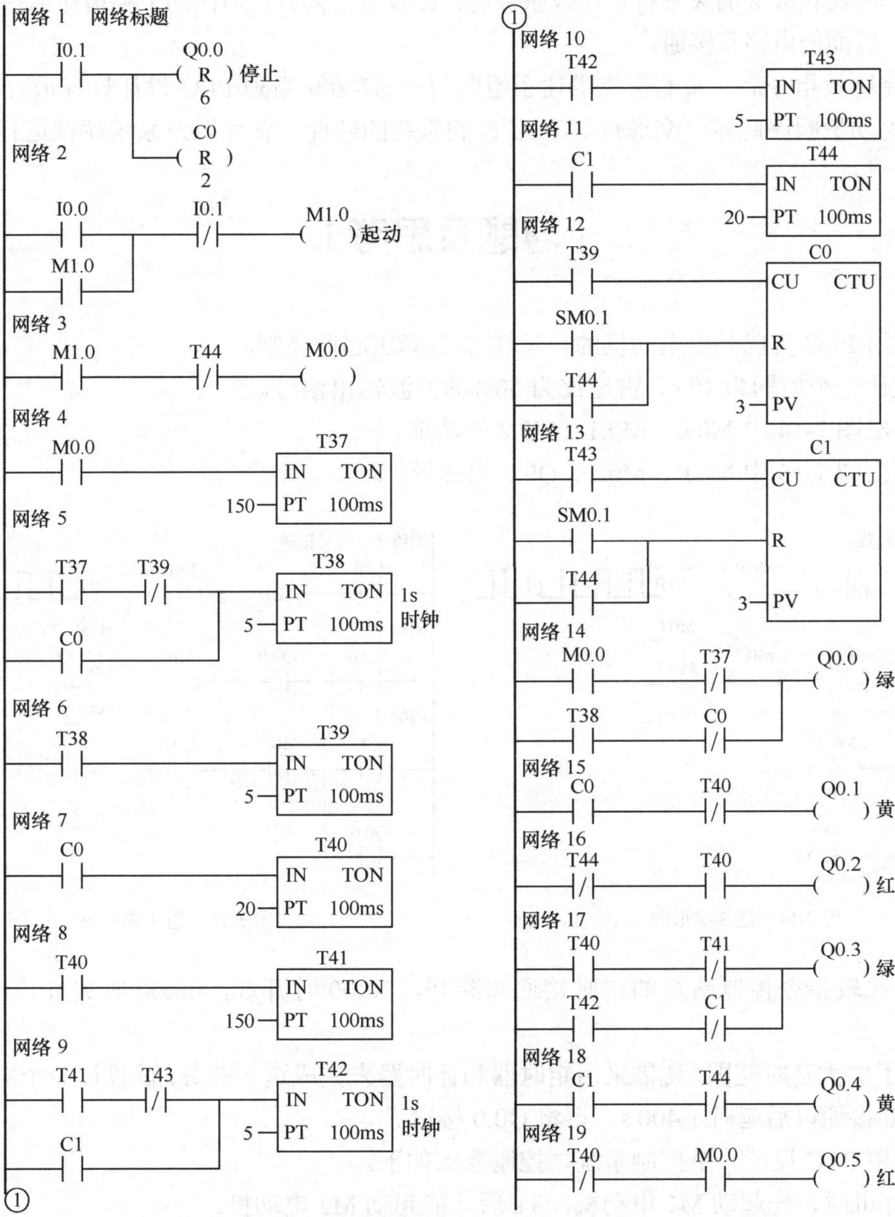

图 7-13 交通灯梯形图

接通 I0.1，定时器、计数器和输出全部复位，交通灯停止工作。

项 目 小 结

本项目以昼夜报时器 PLC 控制系统的设计为例，引出比较指令的格式、功能和使用方法。比较指令有 5 种类型：字节比较、整数（字）比较、双字比较、实数比较和字符串比较。

其中，字节比较是无符号的，整数、双字、实数比较是有符号的。数值比较指令的运算符有=、>=、<=、>、<和<>6 种，字符串比较指令只有“=”和“<>”2 种。这些比较指令都是当比较数 1 和比较数 2 的关系符合比较条件时，比较触点闭合，后面的电路被接通；否则比较触点断开，后面的电路不接通。

介绍完比较指令后，接着重点讲述了用西门子 S7-200 系列 PLC 设计昼夜报时器、抢答器、两台电动机顺序起停、交通灯等 PLC 控制系统的硬件、软件以及系统调试运行。

习题及思考

1．试用 PLC 实现异步电动机的正反转 Y-△降压起动控制。

2．设计一个周期为 10 s、占空比为 50%的方波输出信号。

3．画出图 7-14 中 M0.0、M0.1、M0.2 的波形。

4．画出图 7-15 中 M0.0、M0.1、Q0.0 的波形。

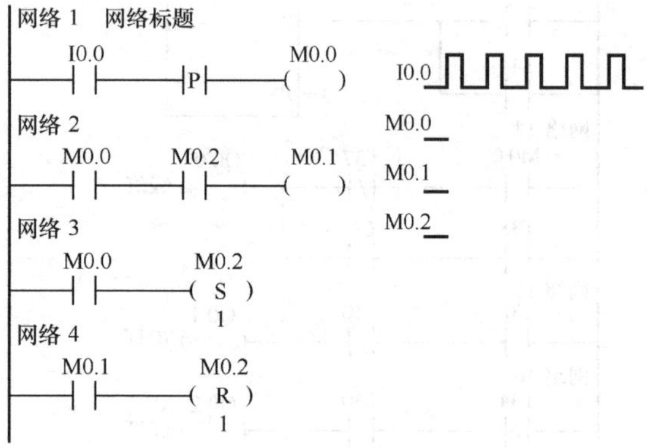

图 7-14 题 3 梯形图

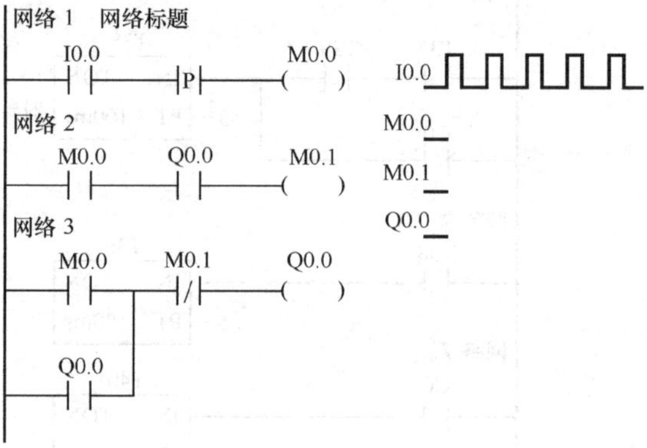

图 7-15 题 4 梯形图

5．用比较指令控制路灯的定时接通和断开，20:00 时开灯，06:00 时关灯，设计 PLC 程序。

6．为了扩大延时范围，现需采用定时器和计时器来完成这一任务，试设计一个定时电路。要求在 I0.0 接通以后延时 1 400 s，再将 Q0.0 接通。

7．试用 PLC 设计一个控制系统，控制要求如下。

（1）开机时，先起动 M1 电动机，5 s 后才能起动 M2 电动机。

（2）停止时，先停止 M2 电动机，2 s 后才能停止 M1 电动机。

8．某通风机运转监视系统，如果 3 台通风机中有 2 台在工作，信号灯就持续发亮；如果只有 1 台通风机工作，信号灯就以 0.5 Hz 的频率闪亮；如果 3 台通风机都不工作，信号灯就以 0.25 Hz 频率闪亮；如果运转监视系统关断，信号灯就停止运行。试设计 PLC 控制程序。

项目八
全自动洗衣机 PLC 控制系统

学习目标

1. 掌握顺序控制指令的使用及编程方法。
2. 掌握顺序功能图编程思想及应用。
3. 掌握单流程、选择性分支和汇合、并行分支汇合顺序功能图的编程方法及程序设计。
4. 能根据顺序控制系统的要求编写状态转移图并写出步进梯形图。
5. 能熟练利用编程器或编写软件输入程序。
6. 能利用顺序功能图进行交通灯、物料混合、洗衣机等顺序控制系统的设计与安装、调试。

一、项目简述

本项目以全自动洗衣机为例，讲述 PLC 的顺序控制指令、顺序功能图的编程思想等基本知识，从而掌握 PLC 顺序控制系统的设计方法和技能。

全自动洗衣机是现代家庭生活必备的家用电器之一，其结构示意图如图 8-1 所示。

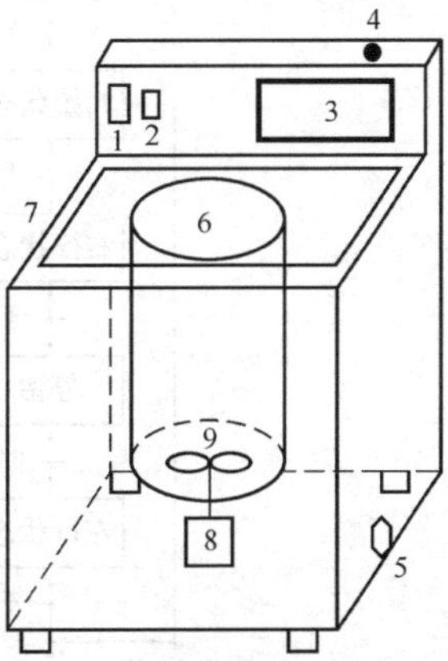

图 8-1 全自动洗衣机结构示意
1—电源开关 2—起动按钮 3—PLC 控制器
4—进水口 5—出水口 6—洗衣桶
7—外桶 8—电动机 9—波轮

全自动洗衣机的洗衣桶和脱水桶以同一中心安装。外桶固定作盛水用。内桶的四周有很多小孔，使内、外桶的水流相通。洗衣机的进水和排水分别由进水电磁阀和排水电磁阀实现。进水时，通过电控系统使进水电磁阀打开，将水注入外桶内。排水时，通过电控系统使排水阀打开，将水排到机外。洗涤的正向转动、反向转动由电动机驱动波轮正、反转实现。脱水时，通过电控系统将离合器合上，洗涤电动机带动内桶正转进行甩干。高、低水位由水位检测开关检测（检测开关提供一对常开触点）。启动按钮用来起动洗衣机工作。洗衣结束后，洗衣机自动停机。

控制要求：洗衣机接通电源后，按下起动按钮，洗衣机开始进水。当水位达到高水位时，停止进水并开始正向洗涤。正向洗涤 5 s 以后，停止 2 s，然后开始反向洗涤，反向洗涤 5 s 以后，停止 2 s……如此反复进行。当正向洗涤和反向洗涤满 10 次时，开始排水，当水位降低到低水位时，开始脱水，并且继续排水。脱水 10 s 后，就完成一次从进水到脱水的大循环过程。然后进入下一次大循环过程。当大循环满 3 次时，洗完报警。报警维持 2 s，结束全部过程，洗衣机自动停机。

从以上控制要求可以看出，洗衣机的一个循环过程具有明显的阶段性，每个不同的阶段具有不同的动作，具有这种特征的系统称为顺序控制系统。通过前面的学习可以知道，用基本指令能够实现顺序控制，但是洗衣机这样复杂的顺序控制，用基本指令完成，会使梯形图比较复杂，相互间的联锁控制也很繁琐，程序不直观、可读性差。在本项目中，将使用顺序控制功能图来实现。顺序控制功能图具有直观、简单的特点，是设计 PLC 顺序控制程序的有力工具。

二、相关知识

（一）顺序控制功能图概述

顺序控制功能图（SFC）主要用于设计具有明显阶段性工作顺序的系统。一个控制过程可以分为若干工序（或阶段），将这些工序称为状态。状态与状态之间由转换条件分隔，相邻的状态具有不同的动作形式。

以小车的自动往返控制系统为例，运料小车在 A、B 两点间自动往返控制的每一道工序可用图 8-2（a）来描述，将图中的文字说明用 PLC 的状态元件来表示就得到了送料小车自动往返控制的顺序控制功能图［见图 8-2（b）］。从图中可以看出，用顺序控制功能图设计的小车自动往返程序比用基本指令设计的梯形图更直观、易懂。

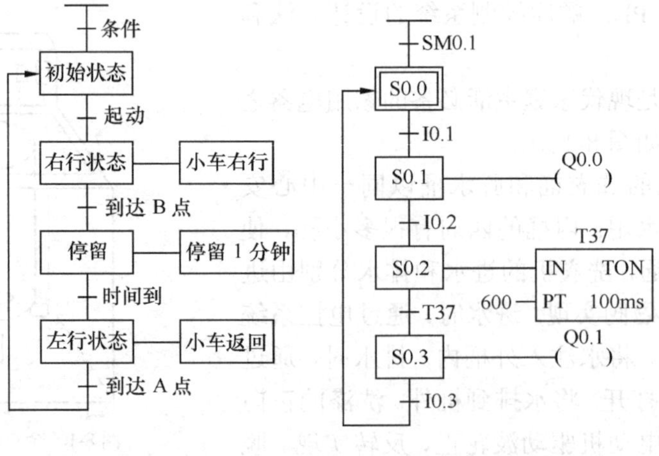

（a）送料小车工作顺序图　　（b）顺序控制功能图

图 8-2　顺序控制功能图在顺序控制系统中的应用

在 PLC 中，每个状态用状态软元件—顺序控制继电器 S 表示。S7-200 PLC 的顺序控制继电器编号为 S0.0～S31.7。

（二）顺序控制指令

对应顺序控制编程的指令有以下几种。

（1）LSCR S_bit。装载顺序控制继电器（Load Sequence Control Relay）指令，用来表示一个 SCR（即顺序功能图中的步）的开始。指令中的操作数 S_bit 为顺序控制继电器的地址，顺序控制继电器状态为 1 时，执行对应 SCR 段中的程序，反之则不执行。SCR 指令直接连接到左侧母线上。

（2）SCRT S_bit。顺序控制继电器转换（Sequence Control Relay Transition）指令，用来表示 SCR 段之间的转换，即活动状态的转换。当 SCRT 线圈“通电”时，SCRT 指令中指定的顺序功能图中的后续步对应的顺序控制继电器变为状态 1，同时当前活动步对应的顺序控制继电器被系统复位为状态 0，当前步变为非活动步。

（3）SCRE。顺序控制继电器结束（Sequence Control Relay End）指令，用来表示 SCR 段的结束。

使用顺序控制功能图编程的注意事项如下。

（1）不用在顺序控制程序中时，顺序控制继电器 S 可作为普通辅助继电器 M 在程序中使用，但各顺序控制继电器的常开和常闭接点在梯形图中可以自由使用，次数不限。

（2）不能在同一个程序中使用相同的 S 位。

（3）不能在程序中出现双线圈。

（4）不能在 SCR 段之间使用 JMP 及 LBL 指令，即不允许用跳转的方法跳入或跳出 SCR 段。

（5）不能在 SCR 段中使用 FOR、NEXT 和 END 指令。

（6）因为将顺序控制功能图转换成梯形图时，线圈不能直接和母线相连，所以一般在前面加上 SM0.0 的常开触点。

（三）顺序控制功能图的三要素

从图 8-2 可以看出，使用顺序控制指令编制的顺序控制功能图每个状态的表述十分规范。图 8-3 是图 8-2 中的状态 S0.1 和 S0.2 梯形图和指令语句表。从中可以看出每个状态程序段都由 3 个要素构成。

（1）驱动有关负载。在本状态下做什么。如图 8-2 所示，在 S0.1 状态下，驱动 Q0.0，在 S0.3 状态下，驱动 Q0.1。状态后的驱动可以使用“=”指令，也可以使用 S 置位指令，区别是使用“=”指令时，驱动的负载在本状态关闭后自动关闭，而使用 S 指令驱动的输出可以保持，直到在程序的其他位置使用了 R 指令使其复位。在顺序控制功能图中适当使用 S 指令，可以简化某些状态的输出。例如，在机械手控制过程中，在机械手的抓手抓住工件后，必须一直保持电磁阀通电，直到把工件放下。因此在抓取工件这个状态下，最好使用 S 指令，而在放下工件时使用 R 指令。

（2）指定转移条件。在顺序功能图中，相邻的两个状态之间实现转移必须满足一定的条件。见图 8-3，当 T37 接通时，系统从 S0.2 转移到 S0.3。

（3）转移方向（目标）：置位下一个状态。见图 8-2，当 T37 动作时，如果原来处于 S0.2 这个状态，则程序将从 S0.2 转移到 S0.3。

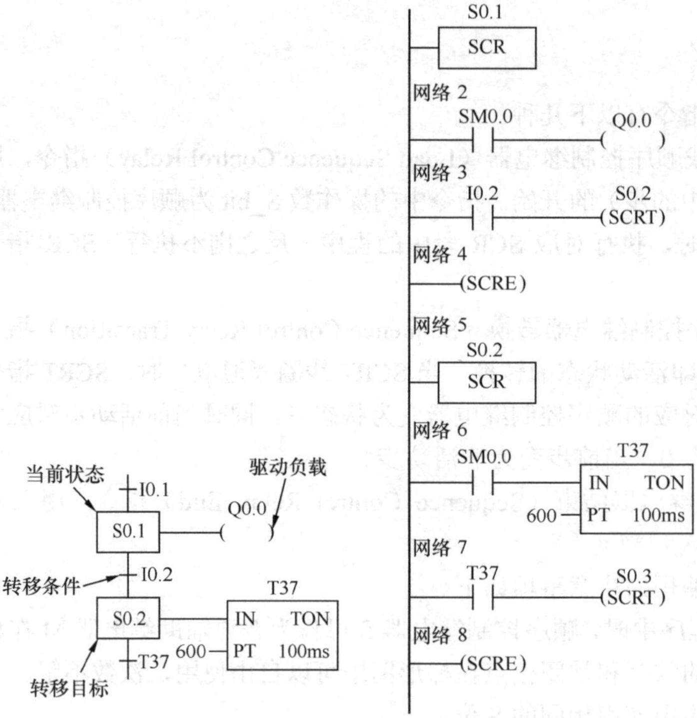


```
网络 1    网络标题
LSCR      S0.1
网络 2
LD        SM0.0
=         Q0.0
网络 3
LD        I0.2
SCRT      S0.2
网络 4
SCRE
网络 5
LSCR      S0.2
网络 6
LD        SM0.0
TON       T37，600
网络 7
LD        T37
SCRT      S0.3
网络 8
SCRE
```

（a）状态图　　（b）梯形图　　（c）指令语句表

图 8-3　顺序功能图

（四）顺序控制功能图的编程方法

使用顺序控制功能图编程有 3 种形式，即单序列的编程方法、选择序列的编程方法、并行序列的编程方法。

1．单序列的编程方法

程序中只有一个流动路径而没有程序的分支称为单流程。每一个顺序控制功能图一般设定一个初始状态。初始状态的编程要特别注意，在最开始运行时，初始状态必须用其他方法预先驱动，使其处于工作状态。例如，在图 8-2 中，初始状态在系统最开始工作时，由 PLC 停止→起动运行切换瞬间使特殊辅助继电器 SM0.1 接通，从而使状态器 S0.0 被激活。初始状态器在程序中起等待作用。在初始状态下，系统可能什么都不做，也可能复位某些器件，或提供系统的某些指示，如原位指示、电源指示等。

图 8-4 是某小车状态转移图和步进梯形图。设小车在初始位置时停在左边，限位开关“I0.2”为 1 状态。按下起动按钮“I0.0”后，小车向右运动（简称右行），碰到限位开关使“I0.1”动作后，小车停在该处，3 s 后开始左行，碰到“I0.2”后返回初始位置，停止运动。根据 Q0.0 和 Q0.1 状态的变化，可以将一个工作周期分为左行、暂停和右行 3 步。另外，还应设置等待起动的初始步，分别用 S0.0～S0.3 来代表这 4 步。起动按钮“I0.0”和限位开关的常开触点、T37 延时接通的常开触点是各步之间的转换条件。

在设计梯形图时，用 LSCR（梯形图中为 SCR）和 SCRE 指令表示 SCR 段的开始和结束。

在 SCR 段中，用 SM0.0 的常开触点来驱动在该步中应为 1 状态的输出点（Q）的线圈，并用转换条件对应的触点或电路来驱动转换到后续步的 SCRT 指令。系统工作原理如下。

首次扫描时，SM0.1 的常开触点接通一个扫描周期，使顺序控制继电器 S0.0 置位，初始步变为活动步，只执行 S0.0 对应的 SCR 段。如果小车在最左边，“I0.2”为 1 状态，此时按下起动按钮“I0.0”，指令“SCRT S0.1”对应的线圈得电，使 S0.1 变为 1 状态，操作系统使 S0.0 变为 0 状态，系统从初始步转换到右行步，只执行 S0.1 对应的 SCR 段。在该段中，SM0.0 的常开触点闭合，Q0.0 的线圈得电，小车右行。在操作系统没有执行 S0.1 对应的 SCR 段时，Q0.0 的线圈不会得电。

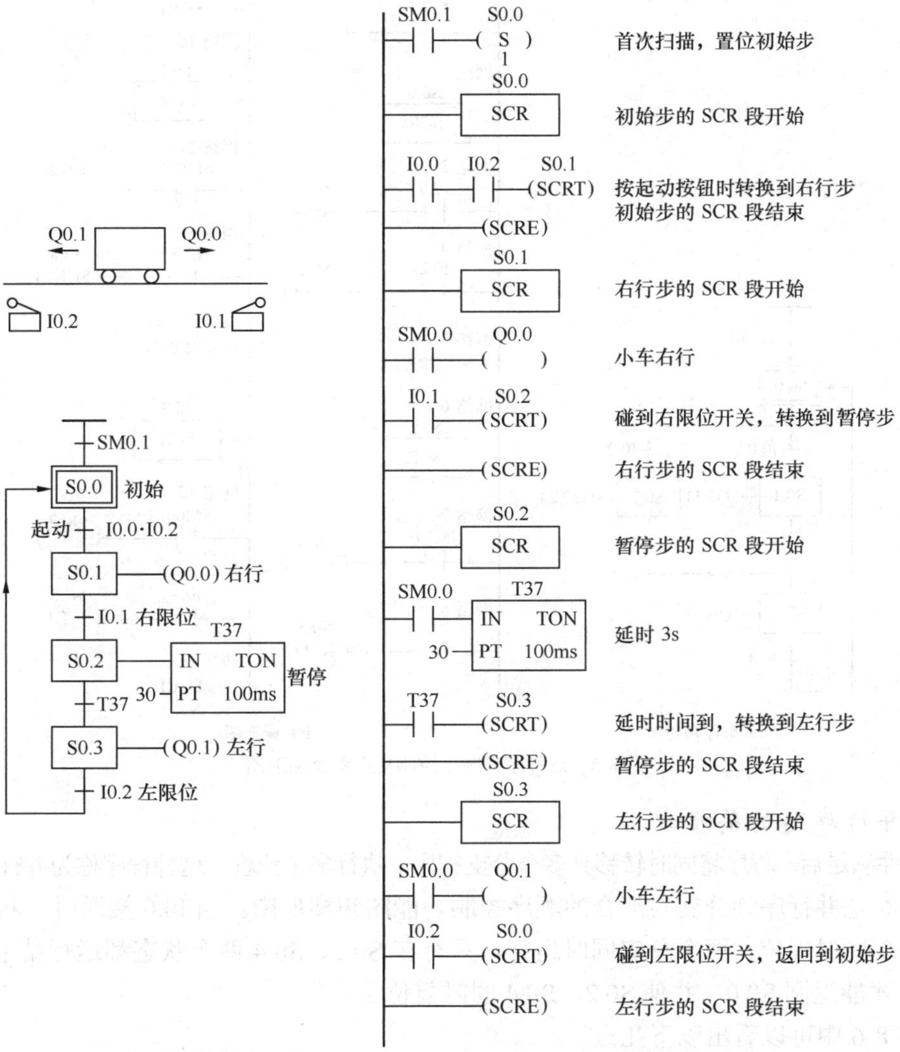

（a）状态转移图　　　　（b）步进梯形图

图 8-4　某小车运动的示意图和顺序控制功能图

右行碰到右限位开关时，I0.1 的常开触点闭合，实现右行步 S0.1 到暂停步 S0.2 的转换。定时器 T37 用来使暂停步持续 3 s。延时时间到时，T37 的常开触点接通，使系统由暂停步转换到左行步 S0.3，直到返回初始步。

微课 8-1　单序列步进顺序控制

在顺序控制功能图的一个单流程中，一次只有一个状态被激活（即为活动步），被激活的状态有自动关闭前一个状态的功能。

2．选择序列的编程方法

在多个分支流程中根据条件选择一条分支流程运行，其他分支的条件不能同时满足。程序中每次只满足一个分支转移条件，执行一条分支流程，就称之为选择性分支程序。图 8-5 是具有两条选择序列的分支与汇合的顺序控制功能图和对应的梯形图。在编写选择序列的梯形图时，一般从左到右，并且每一条分支的编程方法和单流程的编程方法一样。

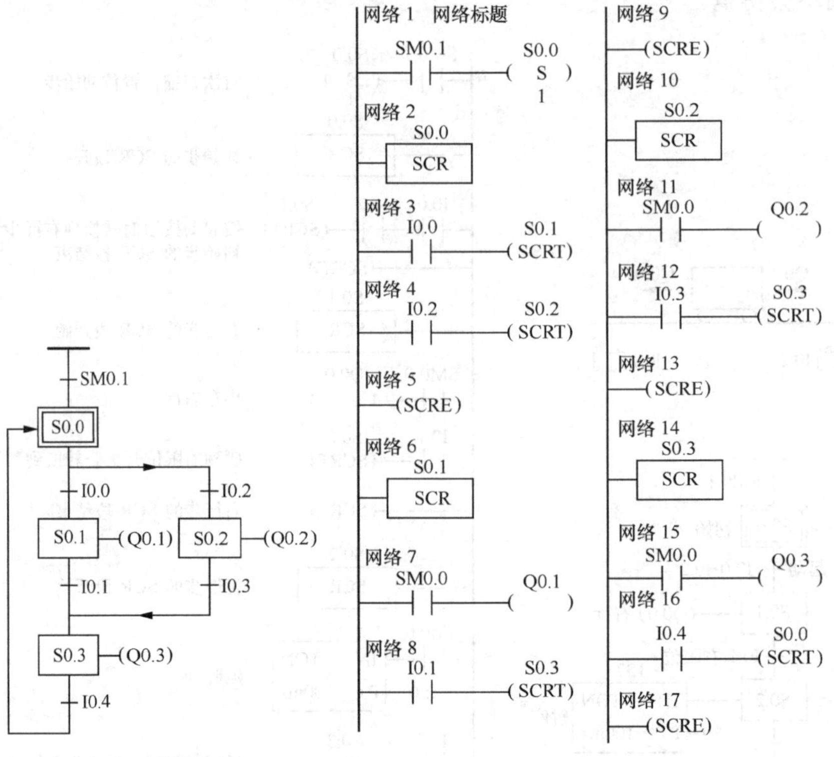

（a）顺序功能图　　（b）梯形图

图 8-5　选择序列顺序控制功能图及梯形图

3．并行序列的编程方法

当条件满足后，程序将同时转移到多个分支程序，执行多个流程，这种程序称为并行序列程序。

图 8-6 是并行序列分支与汇合的顺序控制功能图和梯形图。当 I0.0 接通时，状态转移使 S0.1、S0.3 同时置位，两个分支同时运行，只有在 S0.2、S0.4 两个状态都运行结束并且 I0.3 接通时，才能返回 S0.0，并使 S0.2、S0.4 同时复位。

从图 8-6 中可以看出以下几点。

（1）并行分支与汇合的顺序控制功能图为区别于选择性分支与汇合，在分支的开始和汇合处以双横线表示。

（2）分支状态器后的条件对每条支路而言是相同的，应该画在公共支路中。因为分支汇合时，每条支路可能有不同的条件，必须每个条件都满足时才能汇合，所以多个转移条件应以串联的形式画在公共支路中。

（3）并行序列分支顺序控制功能图的编程原则是先集中处理并行分支，再集中处理汇合。也就是说，在公共支路的状态器中同时驱动分支的第一个状态器，再按从左到右编写每一条分支的梯形图，最后一个分支之前的所有支路在 SCR 和 SCRE 之间不用写转移指令，而在最后一条支路集中处理转移。在最后一条支路进行转移时使用 S 指令，同时要将每条支路的最后一个状态器复位。

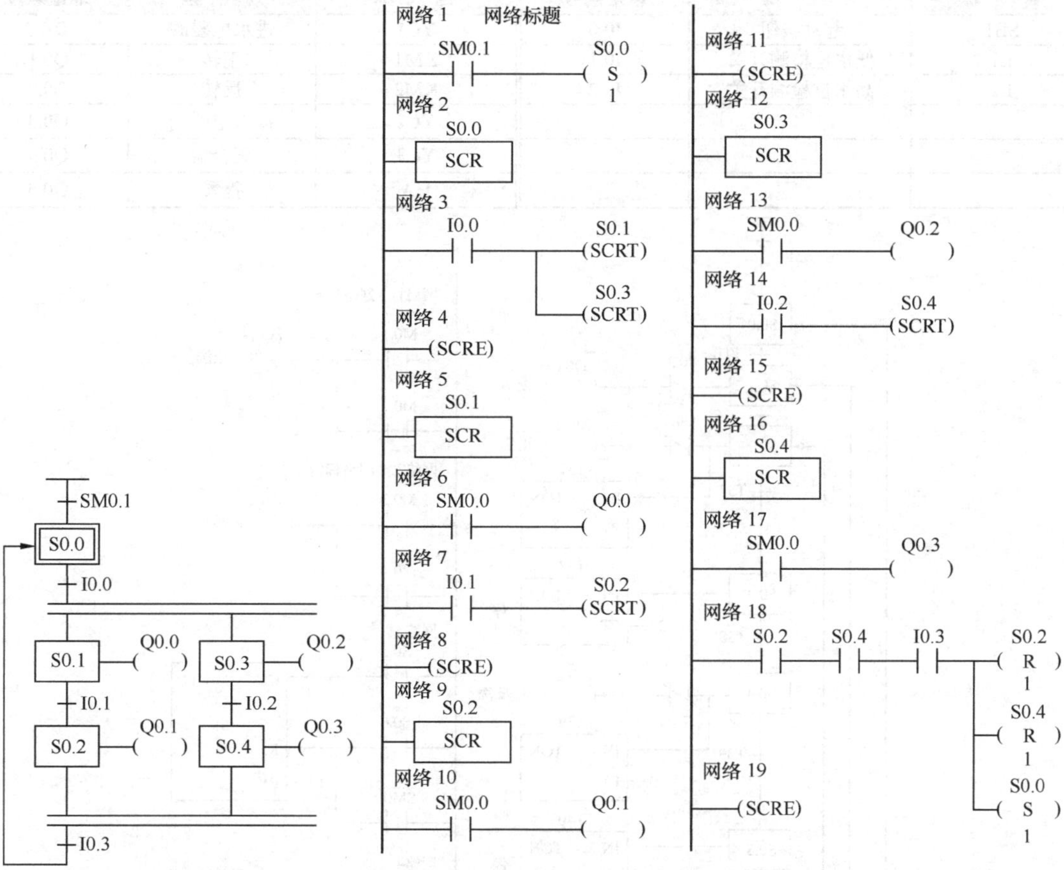

（a）顺序控制功能图　　　　（b）梯形图

图 8-6　并行序列顺序控制功能图及梯形图

微课 8-2　并行和选择序列步进顺序控制

三、应 用 举 例

（一）顺序控制功能图在全自动洗衣机控制中的应用

下面用顺序控制功能图实现全自动洗衣机控制项目控制要求的方案。

1．系统 I/O 分配

输入/输出信号与 PLC 地址编号如表 8-1 所示。

2．控制程序

根据洗衣机控制要求，采用顺序控制功能图设计的程序如图 8-7 所示。

表 8-1　输入/输出信号与 PLC 地址编号

输入信号			输出信号		
名　称	功　能	地址编号	名　称	功　能	地址编号
SB1	起动按钮	I0.0	YC1	进水电磁阀	Q 0.0
L1	低水位检测开关	I0.1	KM1	正转	Q0.1
L2	高水位检测开关	I0.2	KM2	反转	Q0.2
			YC2	排水电磁阀	Q0.3
			YC3	离合器	Q0.4
			HA	报警	Q0.5

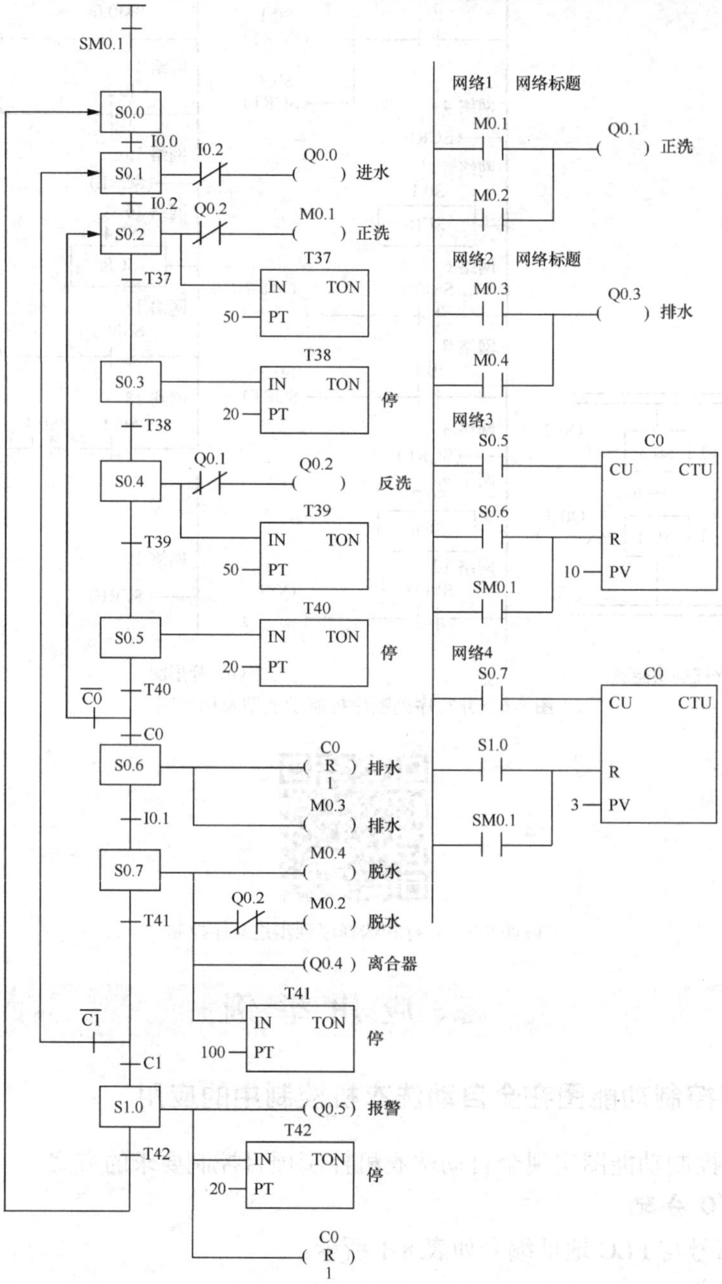

（a）顺序控制功能图

图 8-7　采用顺序控制功能图设计的全自动洗衣机程序

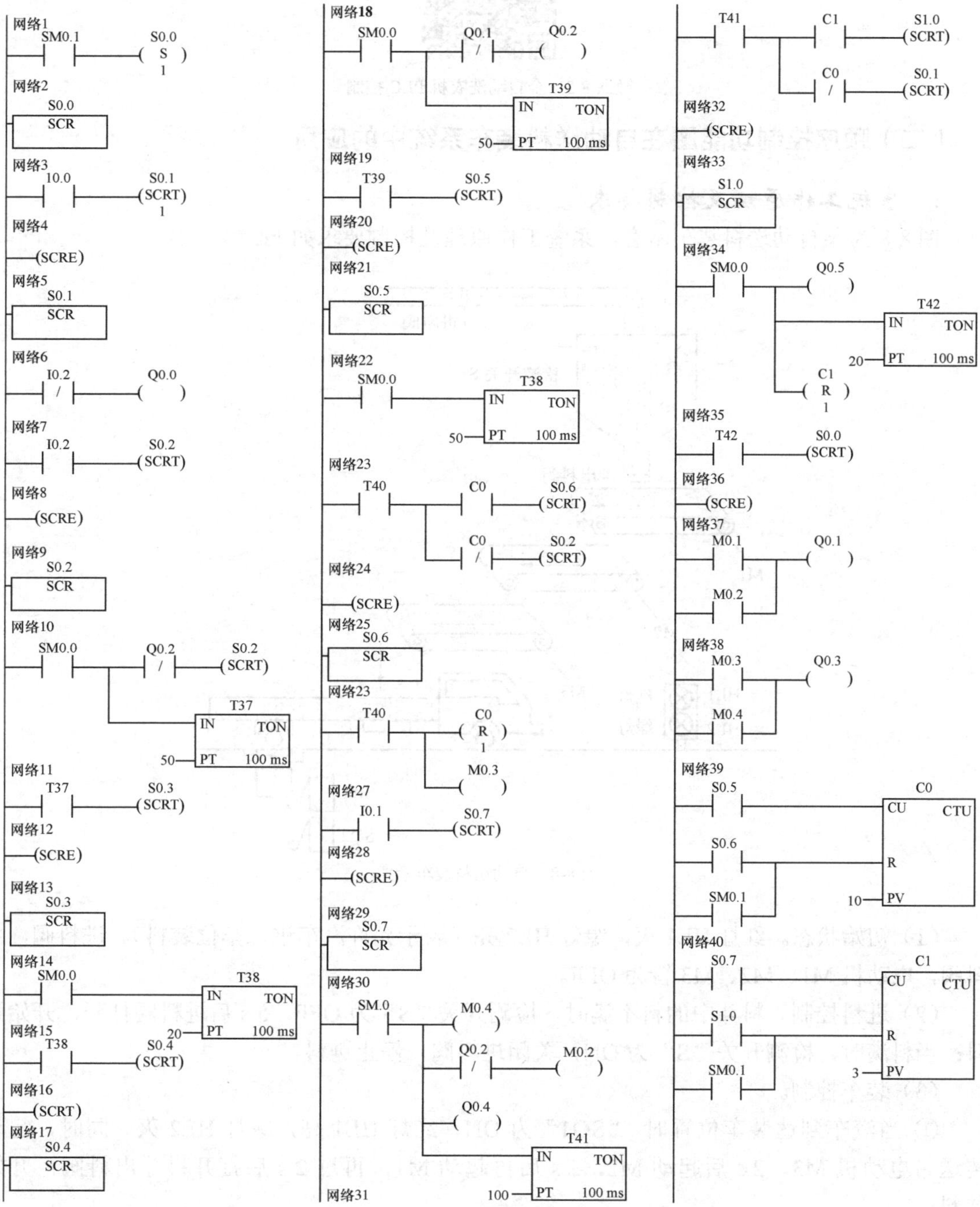

（b）梯形图

图 8-7　采用顺序控制功能图设计的全自动洗衣机程序（续）

微课 8-3　全自动洗衣机 PLC 控制

（二）顺序控制功能图在自动送料装车系统中的应用

1. 系统工作原理及控制要求

图 8-8 为某自动送料装车示意，系统工作原理及控制要求如下。

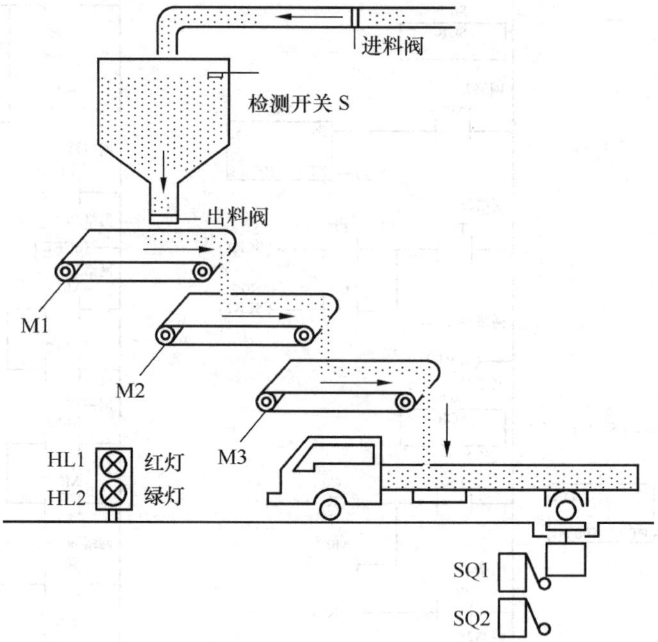

图 8-8　自动送料装车示意

（1）初始状态。红灯 HL1 灭，绿灯 HL2 亮（表示允许汽车进入车位装料）。进料阀，出料阀，电动机 M1、M2、M3 皆为 OFF。

（2）进料控制。料斗中的料不满时，检测开关“S”为 OFF，5 s 后进料阀打开，开始进料；当料满时，检测开关“S”为 ON，关闭进料阀，停止进料。

（3）装车控制。

① 当汽车到达装车位置时，“SQ1”为 ON，红灯 HL1 亮，绿灯 HL2 灭。同时，起动传送带电动机 M3，2 s 后起动 M2，2 s 后再起动 M1，再过 2 s 后打开料斗出料阀，开始装料。

② 当汽车装满料时，“SQ2”为 ON，先关闭出料阀，2 s 后 M1 停转，又过 2 s 后 M2 停转，再过 2 s 后 M3 停转，红灯 HL1 灭，绿灯 HL2 亮。装车完毕，汽车可以开走。

（4）起停控制。按下起动按钮“SB1”，系统起动；按下停止按钮“SB2”，系统停止运行。

（5）保护措施。系统具有必要的电气保护环节。

2. 系统 I/O 分配

自动送料装车系统 I/O 分配如表 8-2 所示。

表 8-2　　自动送料装车系统 I/O 分配

输入设备	输入继电器编号	输出设备		输出继电器编号
SQ1	I0.1	电动机	M1	Q0.0
SQ2	I0.2		M2	Q0.1
S	I0.3		M3	Q0.2
起动 SB1	I0.0	红灯	HL1	Q0.3
停止 SB2	I0.4	绿灯	HL2	Q0.4
保护 FR1		进料阀	YV1	Q0.5
保护 FR2		出料阀	YV2	Q0.6
保护 FR3				

3. 根据 I/O 分配画出 PLC 接线图

PLC 接线如图 8-9 所示。

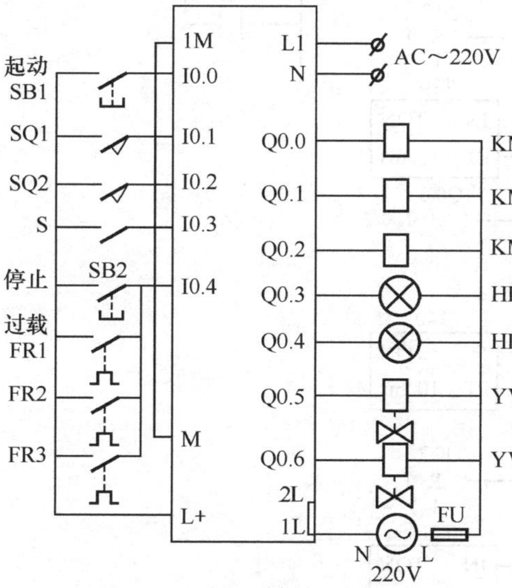

图 8-9　自动送料装车系统 PLC 接线

4. 程序设计

根据系统的动作要求及 I/O 分配，用顺序控制功能图编写的程序如图 8-10 所示。

在程序中，装车过程、出料阀的开起和关闭、传送带的起停采用顺序控制功能图编写；料斗的进料采用基本指令编写的梯形图，这部分梯形图可以放在程序的最前面或最后。如果系统出现故障需要急停时，可增加图 8-11 所示的程序。

当增加急停程序后，如果系统需要重新起动，则必须是 PLC 断电之后重新上电，才能使 SM0.1 产生一个新的脉冲进入 S0.0 初始步。解决这个问题，可按图 8-12 所示的方法处理。

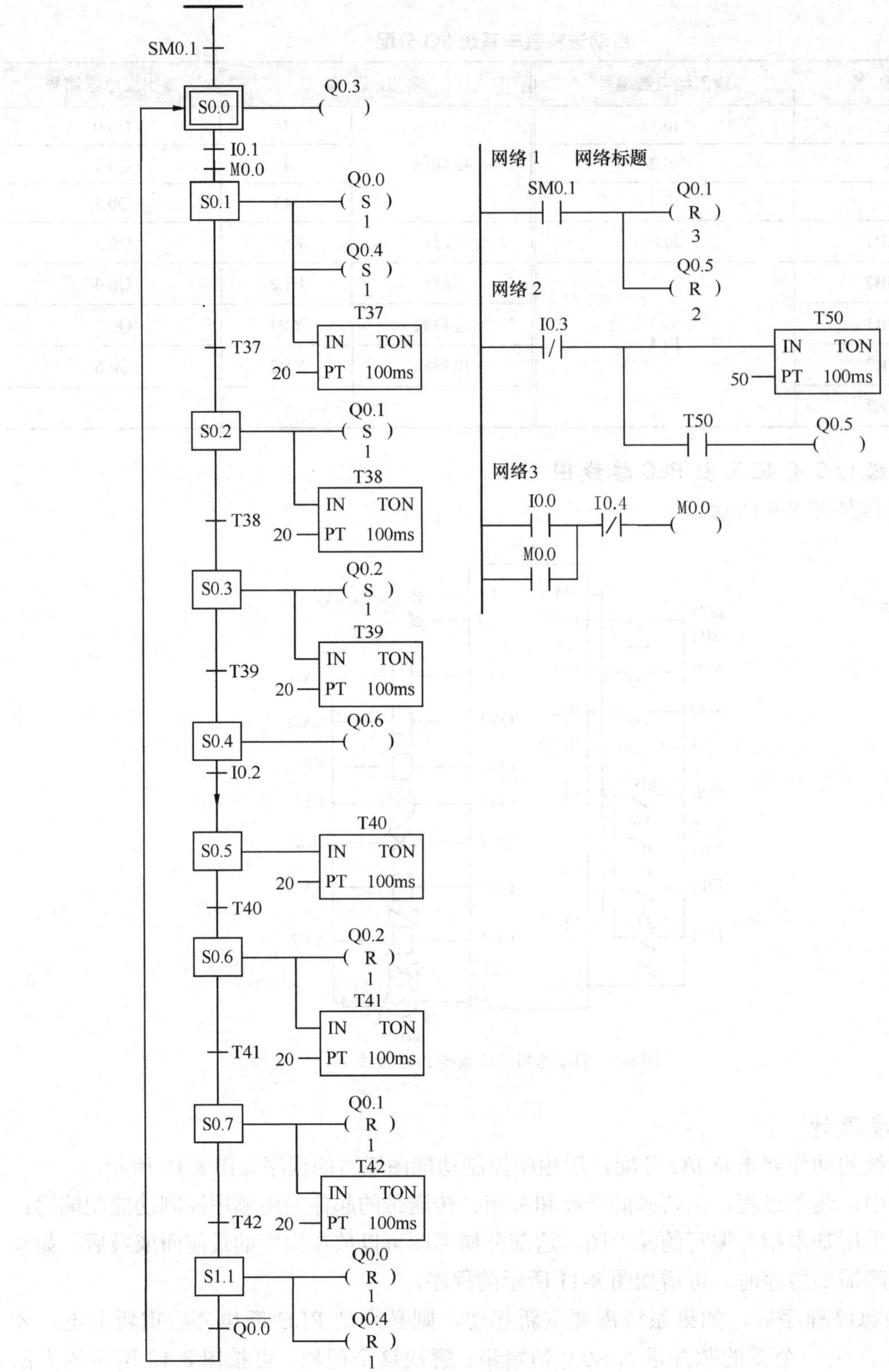

图 8-10 自动送料装车系统程序

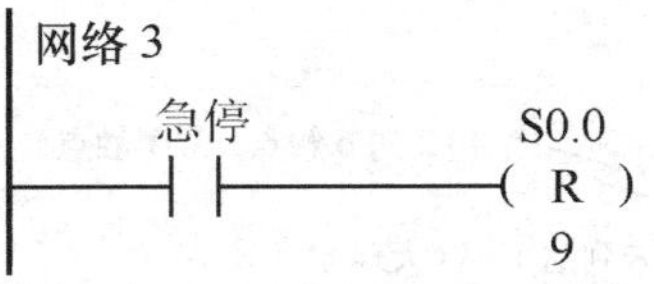

图 8-11　自动送料装车系统急停程序

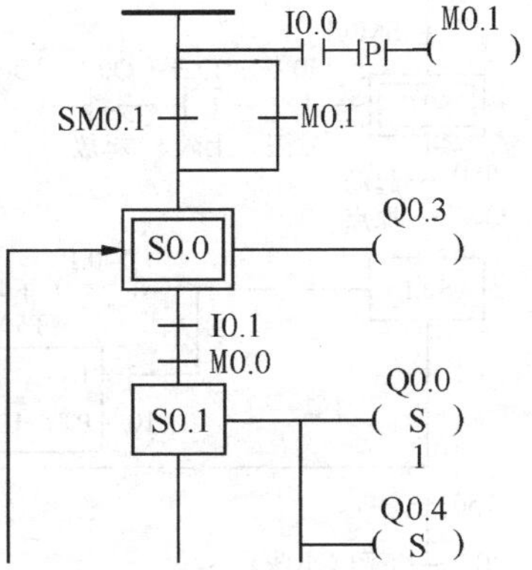

图 8-12　重新启动的解决办法

（三）顺序控制功能图在大小球分类选择传送装置中的应用

图 8-13 为使用传送带将大小球分类选择传送装置的示意图。左上为原点，机械臂的动作顺序为下降、吸住、上升、右行、下降、释放、上升、左行。机械臂下降时，当电磁铁压着大球时，下限位开关“LS2”（I0.2）断开；压着小球时，“LS2”接通，以此可判断吸住的是大球还是小球。左、右移分别由“Q0.4”、“Q0.3”控制；上升、下降分别由“Q0.2”、“Q0.0”控制，吸球电磁铁由 Q0.1 控制。

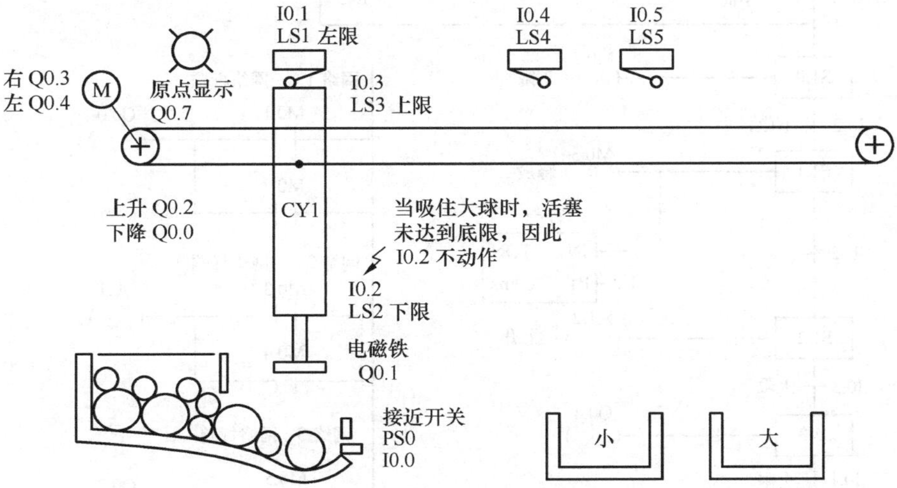

图 8-13　大小球分类传送装置示意

根据工艺要求，该控制流程根据吸住的是大球还是小球有两个分支，并且属于选择性分支。分支在机械臂下降之后根据下限开关“LS2”的通断，分别将球吸住、上升、右行到“LS4”（小球位置“I0.4”动作）或“LS5”（大球位置“I0.5”动作）处下降，然后再释放、上升、左移到原点。其顺序控制功能图如图 8-14 所示。图 8-14 中有两个分支，若吸住的是小球，则“I0.2”为 ON，执行左侧流程；若为大球，“I0.2”为 OFF，执行右侧流程。

若需要系统自动循环工作，可将“I0.0”通过程序转换为“M0.0”，在顺序控制功能图中将“I0.0”替换为“M0.0”，此时需添加停止信号，如图 8-15 所示。

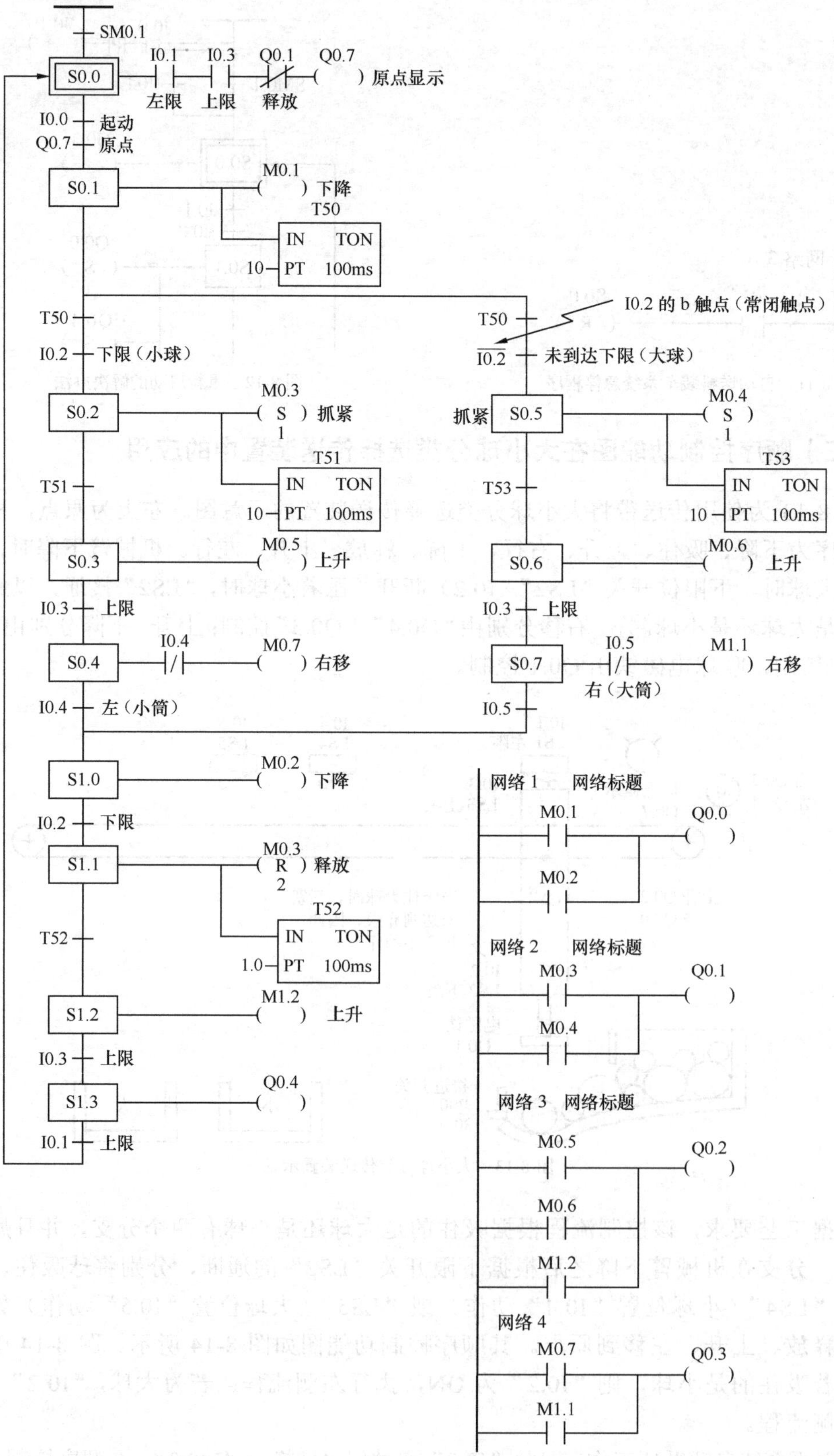

图 8-14　大小球分类传送控制程序

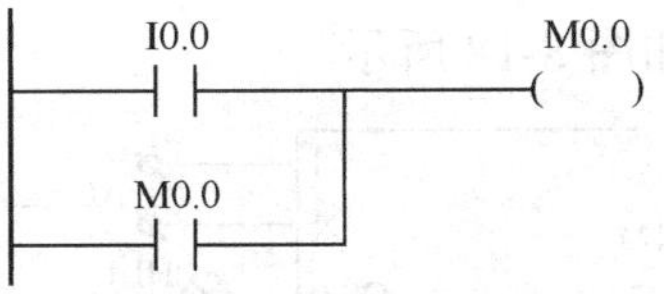

图 8-15 I0.0 转换为保持信号

(四)顺序控制功能图在十字路口交通灯控制中的应用

1. 控制要求

某十字路口东西南北方向均设有红、黄、绿三色信号灯，如图 8-16 所示。交通灯按一定的顺序交替变化，变化时序图如图 8-17 所示。

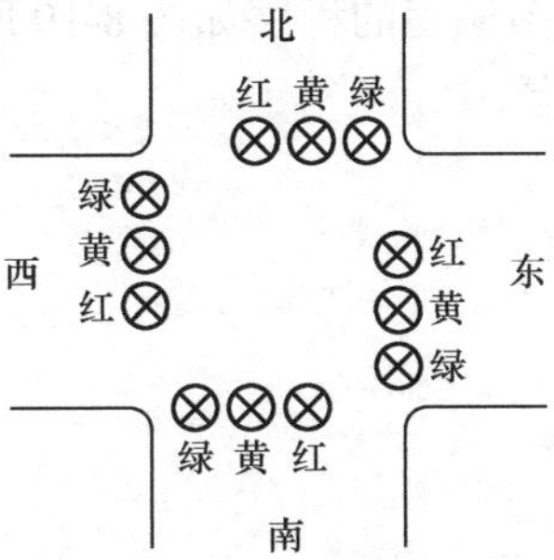

图 8-16 十字路口交通灯

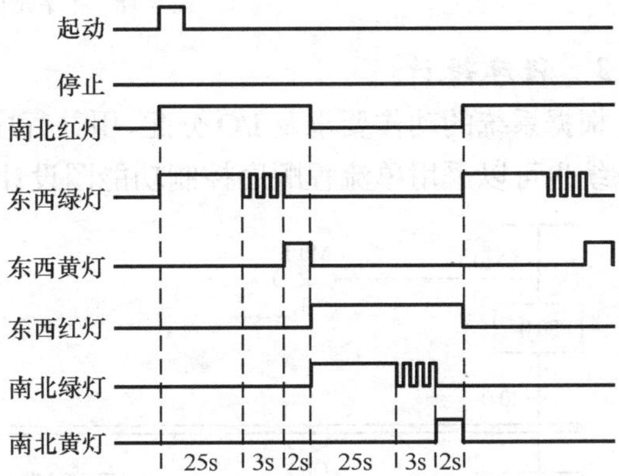

图 8-17 十字路口交通灯变化时序图

交通灯控制要求如下。

(1) 合上开关“QS”时，交通灯系统开始工作，红灯、绿灯、黄灯按一定时序轮流发亮。

(2) 首先东西方向绿灯亮 25 s 后闪 3 s 灭，黄灯亮 2 s 灭，红灯亮 30 s，绿灯亮 25 s……如此循环。

(3) 东西绿灯、黄灯亮时，南北红灯亮 30 s；东西红灯亮时，南北绿灯亮 25 s 后闪 3 s 灭，黄灯亮 2 s，如此循环。

(4) 断开开关时，系统完成当前周期后，所有灯熄灭。

2. 系统 I/O 分配及控制回路接线

系统 I/O 分配如表 8-3 所示。

表 8-3 十字路口交通灯 I/O 分配

输入信号			输出信号		
名称	功能	输入继电器编号	名称	功能	输出继电器编号
QS	起动/停止开关	I0.0	HL1	南北绿灯	Q0.0
			HL2	南北黄灯	Q0.1
			HL3	南北红灯	Q0.2
			HL4	东西绿灯	Q0.3
			HL5	东西黄灯	Q0.4
			HL6	东西红灯	Q0.5

十字路口交通灯 PLC 接线如图 8-18 所示。

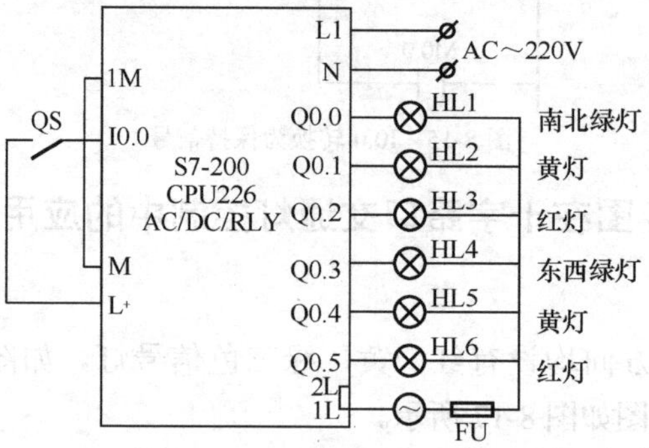

图 8-18　十字路口交通灯 PLC 接线

3. 程序设计

根据系统的动作要求及 I/O 分配，用并行序列顺序控制功能图编写的程序如图 8-19 所示。本系统也可以采用单流程顺序控制功能图设计。读者可自行考虑。

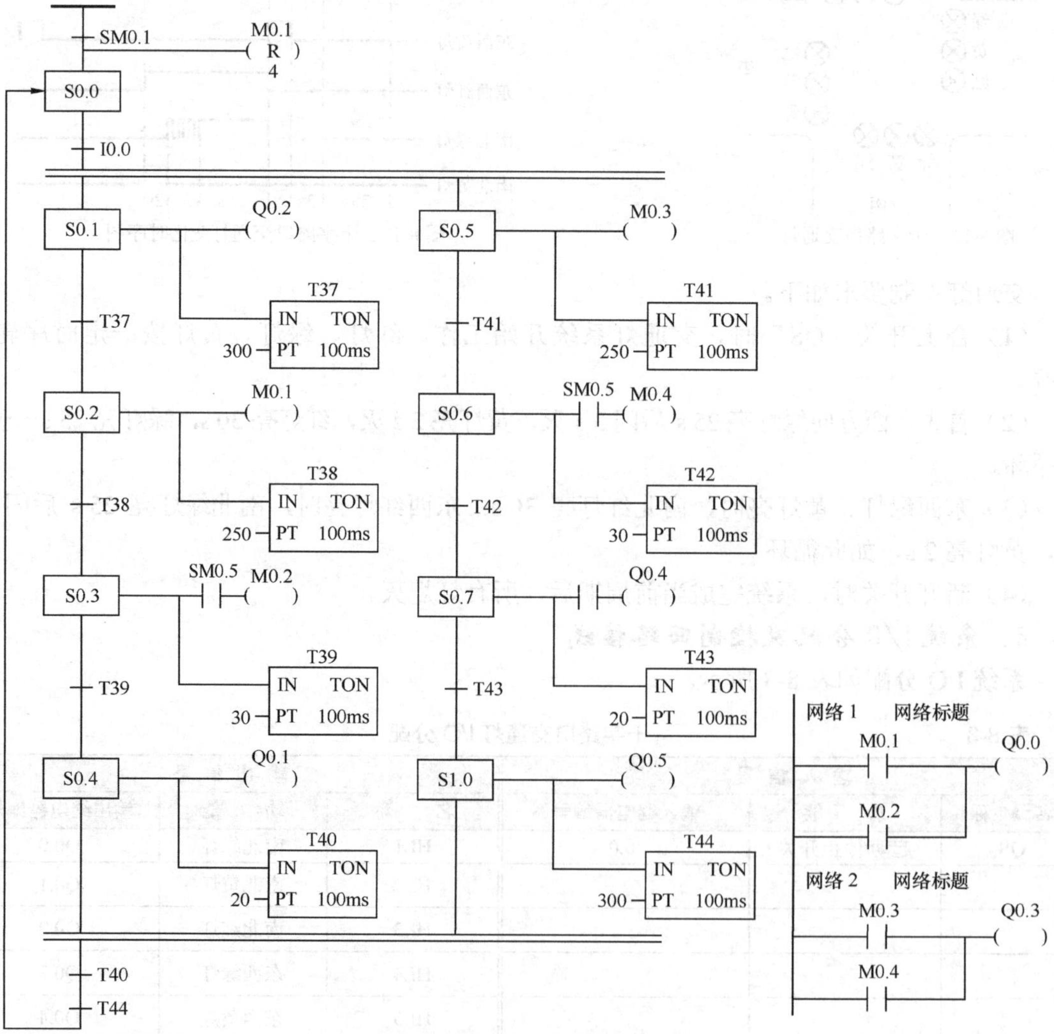

图 8-19　十字路口交通灯控制系统程序

（五）顺序控制功能图在液体混合中的应用

在工业生产中，经常需要将不同的液体按一定比例混合。图 8-20 所示为液体混合装置示意图。上限位、下限位和中限位液位传感器被液体淹没时为 ON。阀 A、阀 B 和阀 C 为电磁阀，线圈通电时打开，线圈断电时关闭。开始时容器是空的，各阀门均关闭，各传感器均为 OFF。按下起动按钮（I0.3）后，打开阀 A，液体 A 流入容器，中限位开关变为 ON 时，关闭阀 A，打开阀 B，液体 B 流入容器。当液面到达上限位开关时，关闭阀 B，电动机 M 开始运行，搅动液体，6 s 后停止搅动，打开阀 C，放出混合液，当液面降至下限位开关之后再过 2 s，容器放空，关闭阀 C，打开阀 A，又开始下一周期的操作。按下停止按钮（I0.4），在当前工作周期的操作结束后才停止操作（停在初始状态）。

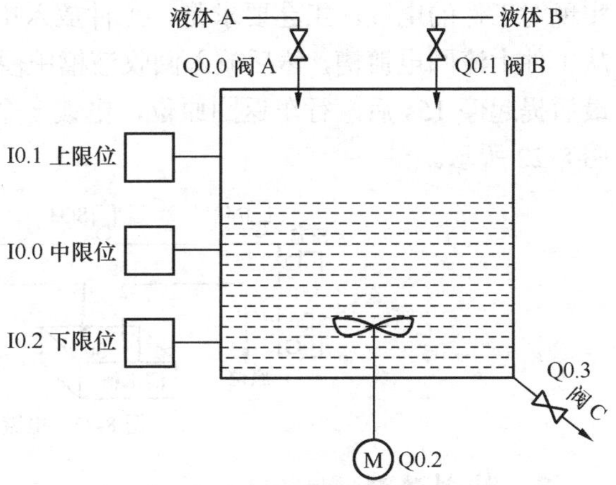

图 8-20　液体混合装置示意

该系统的顺序控制过程为初始状态→进液体 A→进液体 B→搅拌→放混合液，用 S0.0 表示初始状态，S0.1、S0.2、S0.3、S0.4 状态器分别表示进液体 A、进液体 B、搅拌、放混合液 4 个状态。按照控制要求，液体混合的顺序控制功能图和梯形图如图 8-21 所示。

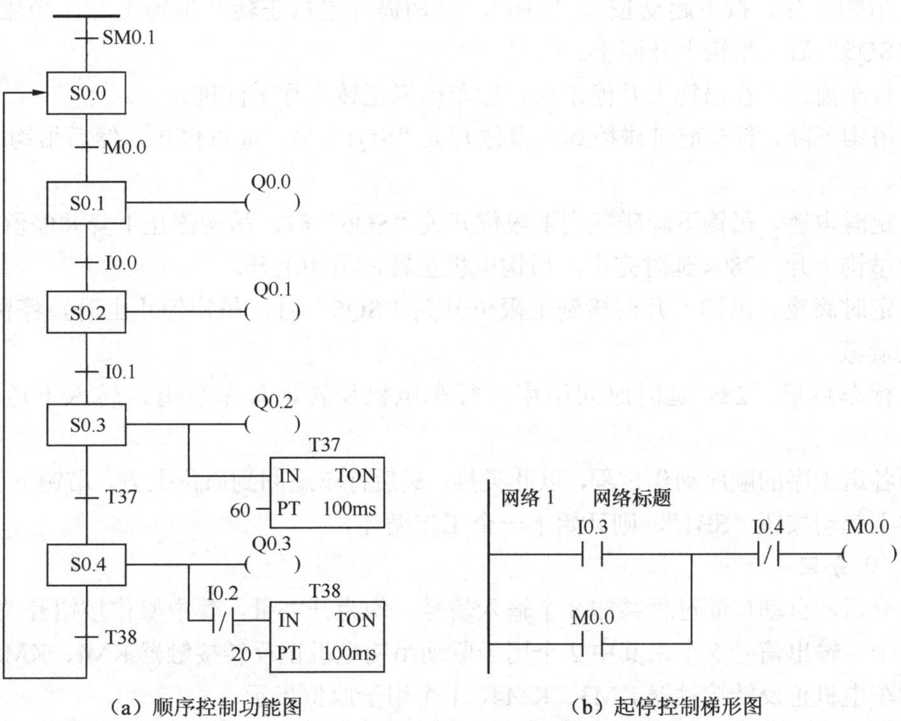

（a）顺序控制功能图　　（b）起停控制梯形图

图 8-21　液体混合控制的顺序控制功能图和梯形图

（六）顺序控制功能图在电镀生产线上的应用

1. 电镀工艺要求

电镀生产线有 3 个槽，工件由可升降吊钩的行车带动，经过电镀、镀液回收、清洗工序，实现对工件的电镀。工艺要求是：工件放入电镀槽中，电镀 280s 后提起，停放 28s，让镀液从工件上流回电镀槽，然后放入回收液槽中浸 30s，提起后停 15s，再放入清水槽中清洗 30s，最后提起停 15s 后，行车返回原位，电镀一个工件的全过程结束。电镀生产线的工艺流程如图 8-22 所示。

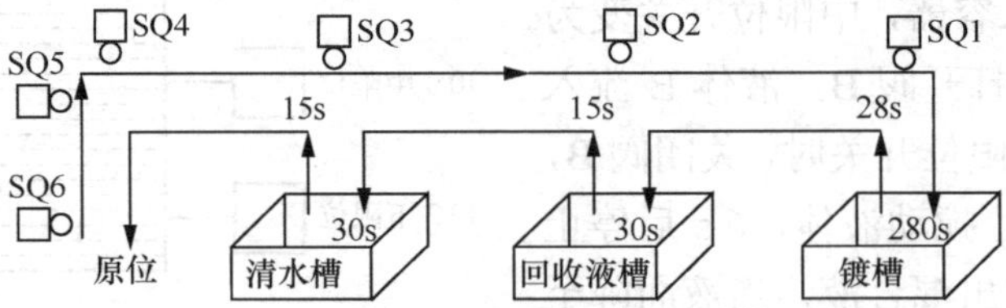

图 8-22　电镀生产线工艺流程

2. 控制流程

电镀生产线除装卸工件外，要求整个生产过程能自动进行，同时行车和吊钩的正反向运行均能实现点动控制，以便对设备进行调整和检修（这里主要完成整个生产过程的自动程序）。

行车自动运行的控制过程是：行车在原位，吊钩下降到最下方，行车左限位开关“SQ4”、吊钩下限开关 SQ6 被压下动作，操作人员将电镀工件放在挂具上，即准备开始进行电镀。

（1）吊钩上升。按下起动按钮“SBl”，吊钩提升电机正转，吊钩上升，当碰撞到上限位开关“SQ5”后，吊钩上升停止。

（2）行车前进。在吊钩上升停止后，行车电机正转，行车前进。

（3）吊钩下降。行车前进碰撞到右限位开关“SQ1”后，前进停止，然后吊钩电机反转，吊钩下降。

（4）定时电镀。吊钩下降碰撞到下限位开关“SQ6”时，吊钩停止下降并停留 280 s。

（5）吊钩上升。280s 延时完毕，吊钩电机正转，吊钩上升。

（6）定时滴液。吊钩上升碰撞到上限位开关“SQ5”时，吊钩停止上升，停留 28s，完成工件的滴液。

（7）行车后退。28s 延时时间结束，行车电机反转，行车后退，转入下道镀液回收工序。

后面各道工序的顺序动作过程，以此类推。最后行车退回到原位上方，吊钩下放到原位。若再次按下起动按钮“SB1”，则开始下一个工作循环。

3. I/O 分配

根据分析，自动控制过程共需 8 个输入信号，均为开关量。其中操作按钮开关 2 个，行程开关 6 个。输出信号 5 个，其中 2 个用于驱动吊钩电机正反转接触器 KMl、KM2，2 个用于驱动行车电机正反转接触器 KM3、KM4，1 个用于原位指示。

将 14 个输入信号、5 个输出信号按各自的功能类型分好，并与 PLC 的 I/O 点一一对应，得出 I/O 分配表如表 8-4 所示。

表 8-4　　电镀生产线 I/O 分配表

输入信号			输出信号		
名称	功　能	输入继电器编号	名称	功　能	输出继电器编号
SB1	起动	I0.0	HL	原点指示灯	Q0.0
SB2	停止	I1.0	KM1	提升电动机正转接触器	Q0.1
SQ1	行车右限位	I0.1	KM2	提升电动机反转接触器	Q0.2
SQ2	回收液槽定位	I0.2	KM3	行车电动机正转接触器	Q0.3
SQ3	清水槽定位	I0.3	KM4	行车电动机反转接触器	Q0.4
SQ4	行车左限位（后退）	I0.4			
SQ5	吊钩限位（提升）	I0.5			
SQ6	吊钩限位（下降）	I0.6			

4．自动方式程序设计

图 8-23 是用顺序控制功能图设计的电镀生产线自动控制程序。

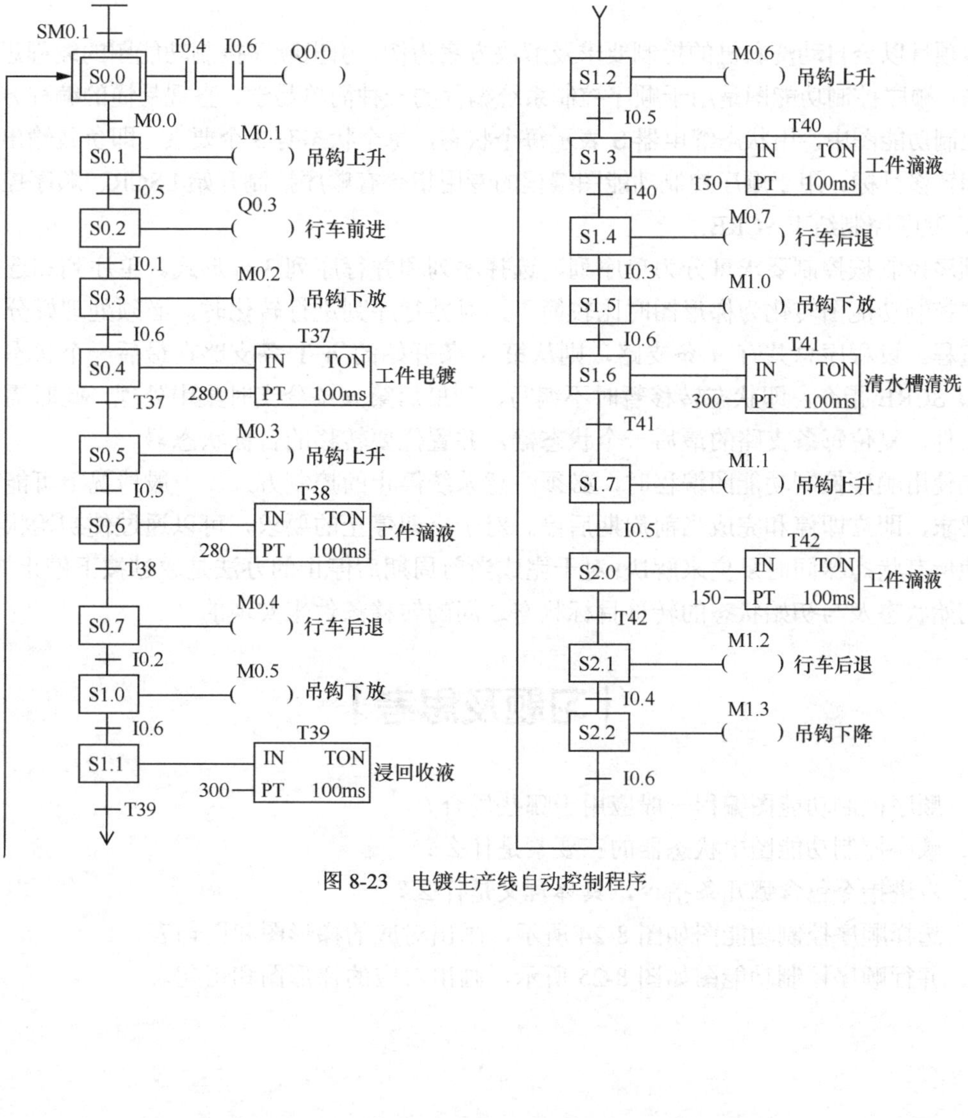

图 8-23　电镀生产线自动控制程序

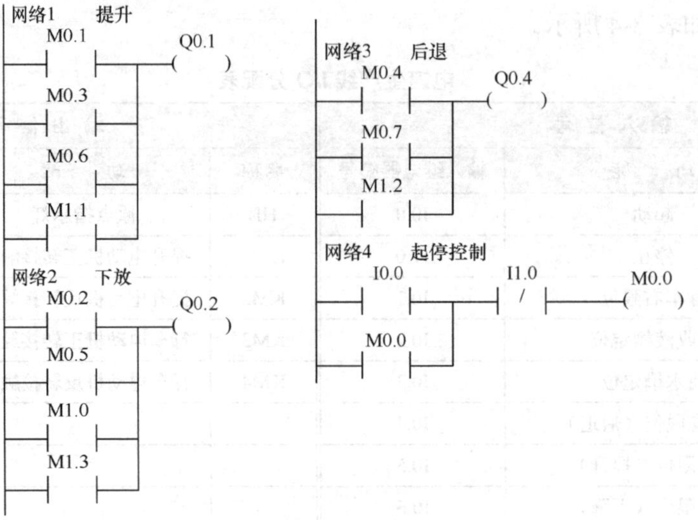

图 8-23 电镀生产线自动控制程序（续）

项 目 小 结

本项目以全自动洗衣机的控制要求及解决方案为例，引出顺序控制功能图的编程思想、编程方法。顺序控制功能图是用于顺序控制系统编程的一种简单易学、直观易懂的编程方法。在顺序控制功能图中，用状态继电器 S 表示每个状态，每个状态有 3 个要素，即负载输出、转移条件和转移目标。用于顺序控制功能图编程的专用指令有顺序控制开始 LSCR、顺序控制转移 SCRT、顺序控制结束 SCRE。

顺序控制按控制要求可分为单序列、选择序列和并行序列 3 种形式。单序列和选择序列的顺序控制功能图转化为梯形图时比较简单，对并行序列进行转化时，必须处理好分支汇合处的编程。设程序总共有 n 条支路，则从第 1 条开始的 $n-1$ 条支路在最后一个状态只用到 LSCR、SCRE 指令，即状态转移暂时不编写，到最后第 n 条分支时集中处理，此时需汇合所有的条件，复位每条支路的最后一个状态器，并置位要转移的目标状态器。

在使用顺序控制功能图编程时，必须注意系统停止的控制方式。一般情况下可能有两种停止要求，即立即停和完成当前周期后停。对于立即停止的要求，可以通过使初始状态以外的其他所有状态器同时复位来解决；对于完成当前周期后停止的办法是通过按下停止按钮后，断开初始状态及与初始状态的转移目标状态之间的转移条件来实现的。

习题及思考

1．顺序控制功能图编程一般应用于哪些场合？

2．顺序控制功能图中状态器的三要素是什么？

3．步进指令包含哪几条指令，具体含义是什么？

4．选择顺序控制功能图如图 8-24 所示，画出对应的梯形图和语句表。

5．并行顺序控制功能图如图 8-25 所示，画出对应的梯形图和语句表。

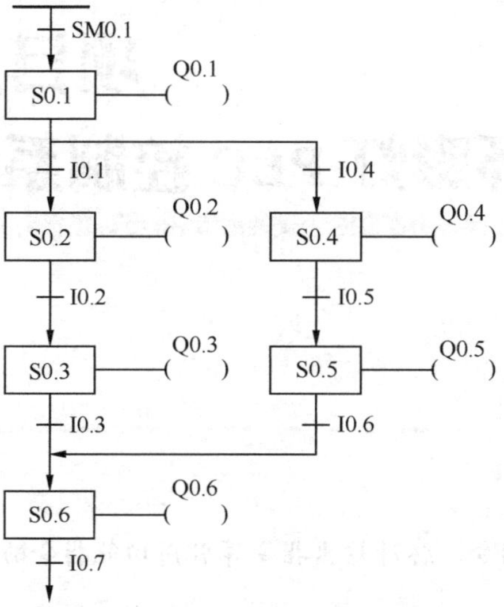

图 8-24　题 4 的选择顺序控制功能图

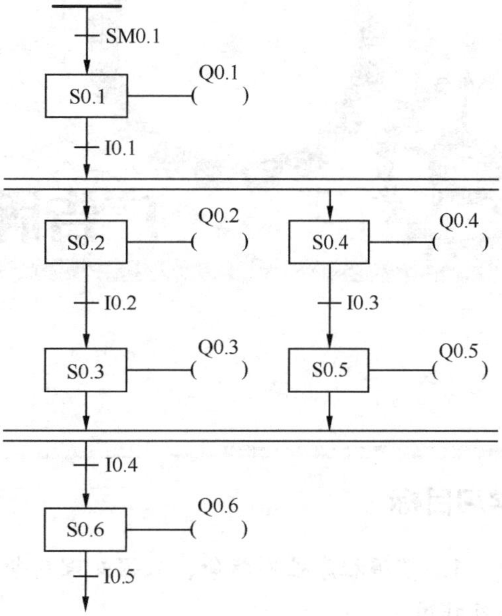

图 8-25　题 5 的并行顺序控制功能图

6．画出图 8-26 所示的梯形图。

7．如图 8-27 所示，小车开始停在左边，限位开关 I0.0 为 1 状态。按下起动按钮后，小车按图中的箭头方向运行，最后返回并停在限位开关 I0.0 处。画出顺序控制功能图和梯形图。

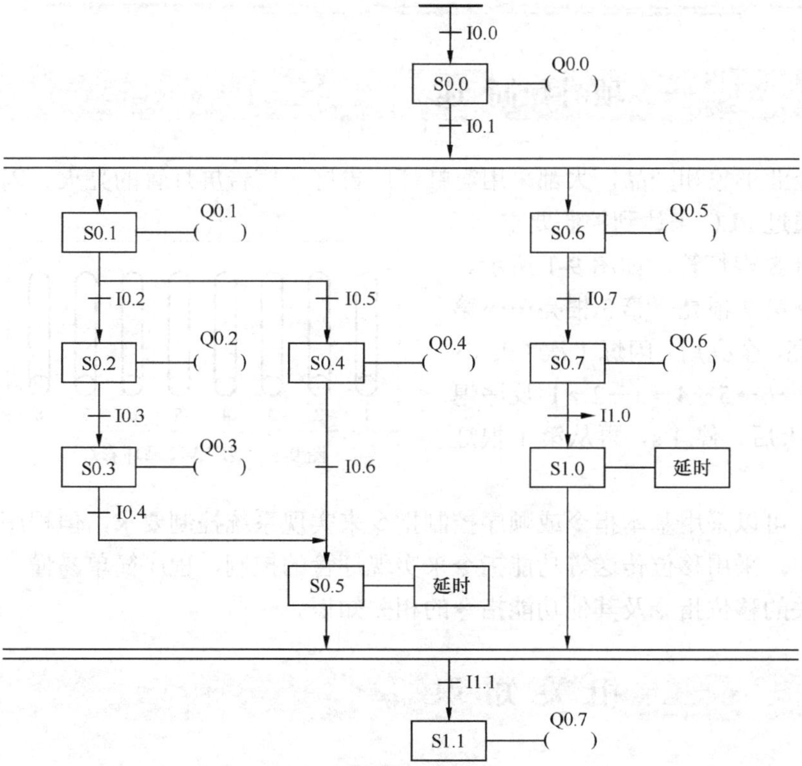

图 8-26　题 6 的顺序控制功能图

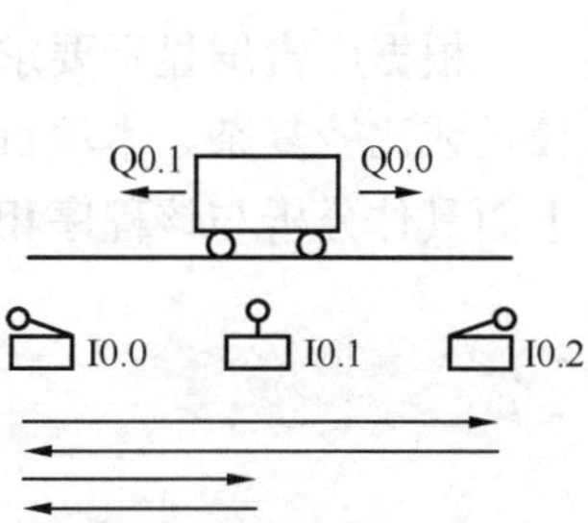

图 8-27　题 7 的小车运行示意

项目九

广告牌循环彩灯 PLC 控制系统

学习目标

1. 掌握程序控制指令、数据处理指令、中断指令、脉冲输出指令等常用功能指令的形式及作用。
2. 熟悉控制程序的结构。
3. 能分析用功能指令编写的程序。
4. 会利用功能指令编写较简单的程序。
5. 能根据程序功能要求采用功能指令或子程序优化程序结构。

一、项目简述

各企业为宣传自己的企业形象和产品，大都采用霓虹灯广告屏。广告屏灯管的亮灭、闪烁时间及流动方向等均可通过 PLC 来达到控制要求。

某广告牌循环彩灯共有 8 根灯管，如图 9-1 所示。其控制要求为：第 1 根亮→第 2 根亮→第 3 根亮……第 8 根亮，即每隔 1 s 依次点亮，全亮后，闪烁 1 次（灭 1 s 亮 1 s），再反过来按 8→7→6→5→4→3→2→1 反序熄灭，时间间隔仍为 1 s。全灭后，停 1 s，再从第 1 根灯管点亮，开始循环。

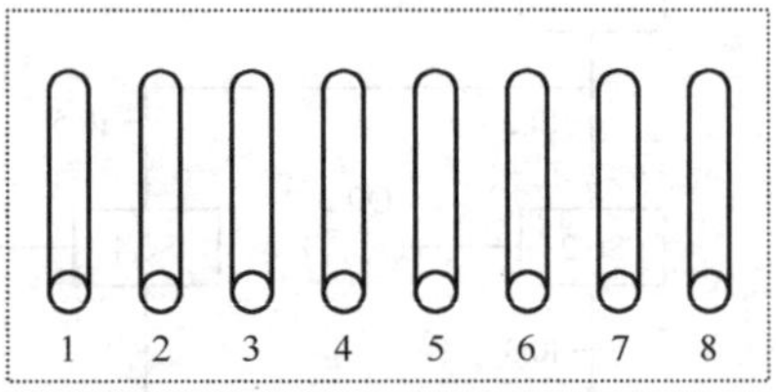

图 9-1　某广告牌循环彩灯

根据广告屏显示要求，可以采用基本指令或顺序控制指令来实现系统控制要求，但程序较长或比较复杂。本项目中，采用移位传送等功能指令来实现灯管的控制，程序简单易懂。下面具体分析与该程序相关的移位指令及其他功能指令的相关知识。

二、相关知识

（一）功能指令概述

PLC 的应用指令也称为功能指令。功能指令是指在完成基本逻辑控制、定时控制、顺序控制的基础上，PLC 制造商为满足用户不断提出的特殊控制要求而开发的指令。PLC 的应用指令越多，其功能就越强。一条功能指令相当于一段程序。使用功能指令可简化复杂控制、优化程序结构、提高系统可靠性。功能指令按用途可分为程序控制指令，传送、移位、循环和填充指令，数学加 1、减 1 指令，实时时钟指令，查表、查找和转换指令，中断指令，通信指令，高速计数器指令等。

（二）功能指令的形式

在梯形图中，用方框表示功能指令，在 SIMATIC 指令系统中将这些方框称为“盒子”(Box)，在 IEC61131-3 指令系统中将之称为“功能块”。功能块的输入端均在左边，输出端均在右边（见图 9-2）。梯形图中有一条提供“能流”的左侧垂直母线，图 9-2 中，“I2.4”的常开触点接通时，能流流到功能块 DIV_I 的数字量输入端 EN（Enable In，使能输入），该输入端有能流时，才能执行功能指令 DIV_I。

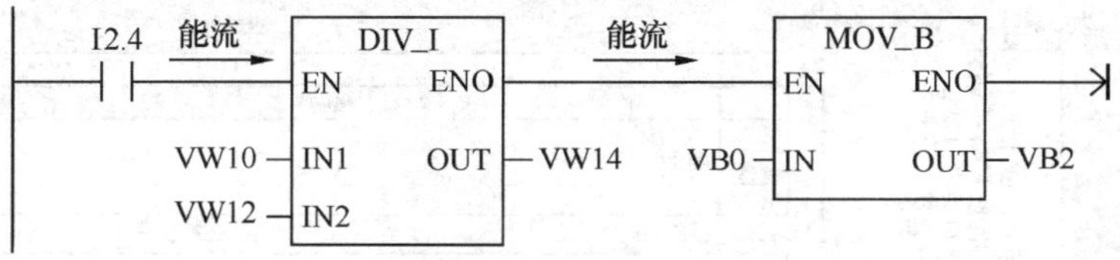

图 9-2 功能指令的形式

如果功能块在 EN 处有能流而且执行时无错误，则 ENO（Enable Output，使能输出）将能流传递给下一个元件。如果执行过程中有错误，能流在出现错误的功能块终止。

ENO 可以作为下一个功能块的 EN 输入，即几个功能块可以串联在一行中（见图 9-2）。只有前一个功能块被正确执行，后一个功能块才能被执行。EN 和 ENO 的操作数均为能流，数据类型为 BOOL（布尔）型。

图 9-2 中的功能块 DIV_I 是 16 位整数除法指令。在 RUN 模式下用程序状态功能监视程序的运行情况，令除数 VW12 的值为 0，当“I2.4”为 1 状态时，可以看到有能流流入 DIV_I 指令的 EN 输入端，因为除数为 0，所以指令执行失败，DIV_I 指令框变为红色，没有能流从 ENO 输出端流出。

语句表（STL）中没有 EN 输入，对于要执行的 STL 指令，与梯形图中的 ENO 相对应，语句表设置了 ENO 位，可以用 AENO（And ENO）指令存取 ENO 位，AENO 用来产生与功能块的 ENO 相同的效果。

（三）S7-200 CPU 控制程序的构成

S7-200 CPU 的控制程序由主程序 OB1、子程序和中断程序组成。STEP7-Micro/WIN 在程序编辑器窗口中为每个 POU 提供一个独立的页。主程序总是在第 1 页，后面是子程序或中断程序。

因为各个程序在编辑器窗口里被分开，编译时在程序结束的地方自动加入无条件结束指令或无条件返回指令，用户程序只能使用条件结束和条件返回指令。主程序在前面的项目中已介绍了，下面主要介绍子程序和中断程序。

1．子程序

（1）子程序的作用。子程序常用于需要多次反复执行相同任务的地方，只需要写一次子程序，其他程序在需要时调用，而无需重写该程序。子程序的调用是有条件的，未调用时不会执行子程序中的指令，因此使用子程序可以减少扫描时间。

使用子程序可以将程序分成容易管理的小块，使程序结构简单清晰，易于查错和维护。

（2）子程序的创建。可以采用下列方法创建子程序：在“编辑”菜单中选择“插入”→“子程序”命令，或在程序编辑器视窗中单击鼠标右键，从弹出的菜单中选择“插入”→“子程序”命令，程序编辑器将从原来的 POU 显示进入新的子程序。用鼠标右键单击指令树中的子程序或中断程序的图标，在弹出的菜单中选择“重新命名”命令，可以修改名称。

名为“冲压定位”的子程序如图 9-3 所示。

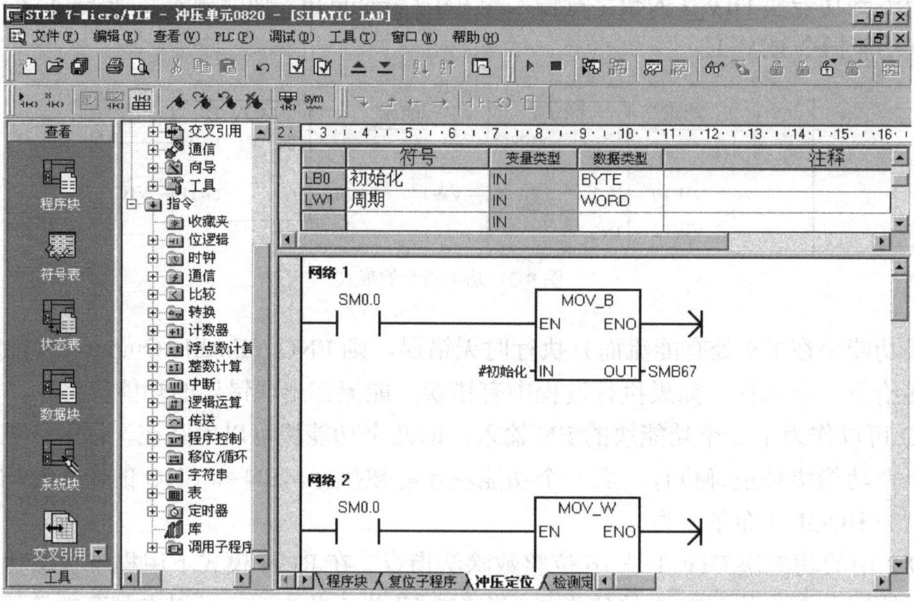

图 9-3 “冲压定位”子程序

（3）子程序的调用。子程序可以在主程序、其他子程序或中断程序中调用，调用子程序时将执行子程序的全部指令，直至子程序结束，然后返回调用它的程序中调用该子程序的下一条指令处。图 9-4 是在主程序中当“I0.2”接通时，调用名为“冲压定位”的子程序。

一个项目中最多可以创建 64 个子程序。子程序可以嵌套调用（在子程序中调用其他子程序），最大嵌套深度为 8。在中断程序中调用的子程序不能再调用其他子程序。不禁止递归调用（子程序调用自己），但是使用时应慎重。

创建子程序后，STEP7-Micro/WIN 在指令树最下面的“调用子例行程序”文件夹下面自动生成刚创建的子程序“冲压定位”对应的图标。

在梯形图程序中插入子程序调用指令时，首先打开程序编辑器视窗中需要调用子程序的 POU，找到需要调用子程序的地方。双击打开指令树最下面的子程序文件夹，将需要调用的子程序图标从指令树拖到程序编辑器中的正确位置，放开左键，子程序块便被放置在该位置。也可以将矩形光标置于程序编辑器视窗中需要放置该子程序的地方，然后双击指令树中要调用的子程序，子程序图标会自动出现在光标所在的位置。

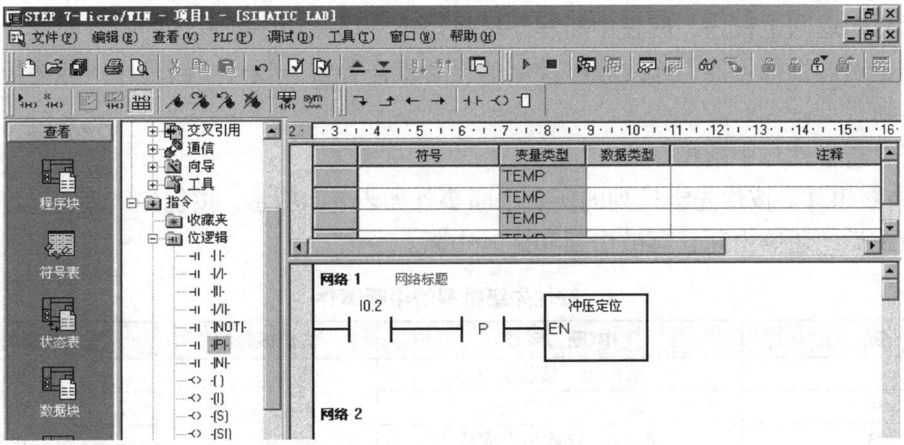

图 9-4　调用子程序

如果用语句表编程，子程序调用指令的格式如下。

```
CALL 子程序号，参数 1，参数 2，……，参数 n
```

其中，n 为 1～16。

（4）子程序的有条件返回。在子程序中用条件控制指令 CRET（从子程序有条件返回），条件满足，子程序被终止。程序返回至原调用指令后，编程软件自动为子程序添加无条件返回指令。图 9-5 为子程序返回指令，当 I0.0 动作时，中止子程序，返回原调用位置。

图 9-6 是子程序调用示例，当 I0.0 动作时，调用子程序 SBR_0，Q0.0 动作。

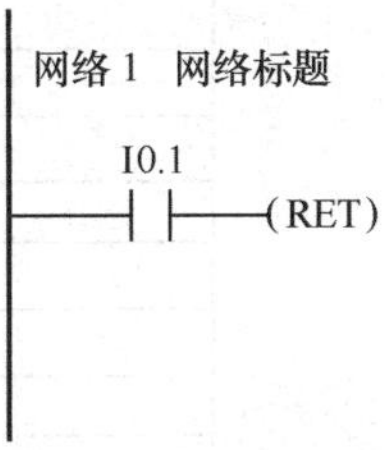

图 9-5　子程序返回指令

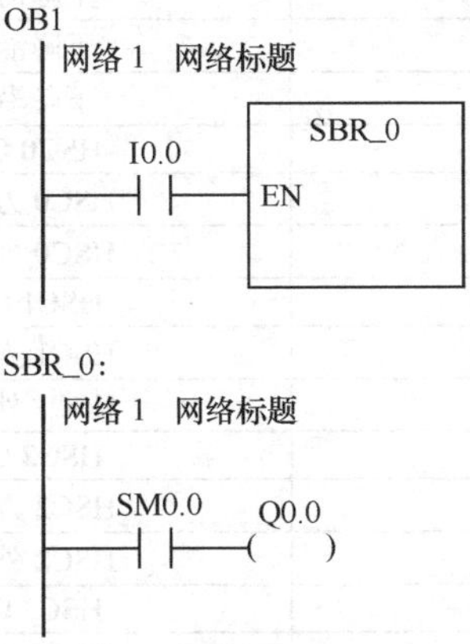

图 9-6　子程序调用示例

2. 中断程序

中断程序不由程序调用，而是在中断事件发生时由操作系统调用。在中断程序中可以调用一级子程序。

（1）中断程序的创建。可以采用下列方法创建中断程序：在“编辑”菜单中选择“插入”→“中断”命令；或在程序编辑器视窗中单击鼠标右键，从弹出的菜单中选择“插入”→“中断”命令；或用鼠标右键单击指令树上的“程序块”图标，从弹出的菜单中选择“插入”→“中断”命令。创建成功后，程序编辑器将显示新的中断程序，程序编辑器底部出现标有新的中断程序的标签，可以对新的中断程序编程。

中断处理提供对特殊内部事件或外部事件的快速响应。应优化中断程序，执行完某项特定任务后立即返回主程序。应使中断程序尽量短小，以减少中断程序的执行时间，减少对其他处理的延迟，否则可能引起主程序控制的设备操作异常。设计中断程序时应遵循“越短越好”的原则。

（2）中断事件与中断指令。

① 中断事件。按优先级排列的所有中断事件如表 9-1 所示。按优先级划分，可以将中断事件分为 3 类：通信中断、离散中断和定时中断。

表 9-1　按优先级排列的中断事件

中断号	中断描述	优先级分组	按组排列的优先级
8	端口 0：接收字符	通信（最高）	0
9	端口 0：传输完成		0
23	端口 0：接收信息完成		0
24	端口 1：接收信息完成		1
25	端口 1：接收字符		1
26	端口 1：传输完成		1
19	PTO 0 脉冲输出完成中断	离散（中等）	0
20	PTO 1 脉冲输出完成中断		1
0	上升沿，I0.0		2
2	上升沿，I0.1		3
4	上升沿，I0.2		4
6	上升沿，I0.3		5
1	下降沿，I0.0		6
3	下降沿，I0.1		7
5	下降沿，I0.2		8
7	下降沿，I0.3		9
12	HSC0 CV=PV		10
27	HSC0 方向改变		11
28	HSC0 外部复位		12
13	HSC1 CV=PV		13
14	HSC1 方向改变		14
15	HSC1 外部复位		15
16	HSC2 CV=PV		16
17	HSC2 方向改变		17
18	HSC2 外部复位		18
32	HSC3 CV=PV		19
29	HSC4 CV=PV		20
30	HSC1 方向改变		21
31	HSC1 外部复原		22
33	HSC2 CV=PV		23
10	定时中断 0	定时（最低）	0
11	定时中断 1		1
21	定时器 T32 CT=PT 中断		2
22	定时器 T96 CT=PT 中断		3

PLC 的串行通信口可以由用户程序控制，通信口的这种操作模式称为自由端口模式。在该模式下，接收信息完成、发送信息完成和接收字符完成均可产生中断事件，利用接收和发送中断可以简化程序对通信的控制。

离散中断包括 I/O 上升沿中断或下降沿中断、高速计数器（HSC）中断和脉冲列输出（PTO）

中断。CPU 可以用输入点 I0.0～I0.3 的上升沿或下降沿产生中断。高速计数器中断允许响应 HSC 的计数当前值等于设定值、计数方向改变（相应于轴转动的方向改变）和计数器外部复位等中断事件。高速计数器可以实时响应高速事件，而 PLC 的扫描工作方式不能快速响应这些高速事件。完成指定脉冲数输出时也可以产生中断，脉冲列输出可以用于步进电动机的控制等。

可以用定时中断（Timed Interrupt）来执行一个周期性的操作，以 1 ms 为增量，周期的时间可以取 1～255 ms。定时中断 0 和中断 1 的时间间隔分别写入特殊存储器字节 SMB34 和 SMB35。每当定时器的定时时间到时，执行相应的定时中断程序，如可以用定时中断来采集模拟量和执行 PID 程序。如果定时中断事件已被连接到一个定时中断程序，为了改变定时中断的时间间隔，首先必须修改 SM34 或 SM35 的值，然后重新把中断程序连接到定时中断事件上。重新连接时，定时中断功能清除前一次连接的定时值，并用新的定时值重新开始定时。

定时中断一旦被允许，中断就会周期性地不断产生，每当定时时间到时，就会执行被连接的中断程序。如果退出 RUN 状态或定时中断被分离，定时中断就会被禁止。如果执行了全局中断禁止指令，定时中断事件仍会连续出现，每个定时中断事件都会进入中断队列，直到中断队列满。

定时器 T32、T96 中断允许及时响应一个给定的时间间隔，这些中断只支持 1 ms 分辨率的通电延时定时器（TON）、断电延时定时器（TOF）T32 和 T96。一旦中断被允许，当定时器的当前值等于设定值时，在 CPU 的 1 ms 定时刷新中，执行被连接的中断程序。

中断按固定的优先级顺序执行：通信中断（最高优先级）、离散中断（中等优先级）和定时中断（最低优先级）。在上述 3 个优先级范围内，CPU 按照先来先服务的原则处理中断，任何时刻只能执行一个用户中断程序。一旦一个中断程序开始执行，就要一直执行到完成，即使另一个程序的优先级较高，也不能中断正在执行的中断程序。正在处理其他中断时发生的中断事件则排队等待处理。

② 中断指令。表 9-2 为所有中断指令的形式及作用。

表 9-2　　中断指令

中断指令	语　句　表	描　　述
RETI	CRETI	从中断程序有条件返回
ENI	ENI	允许中断
DISI	DISI	禁止中断
ATCH	ATCH　INT，EVNT	连接中断事件和中断程序
DTCH	DTCH　EVNT	断开中断事件和中断程序的连接
CLR_EVNT	CEVNT EVNT	清除中断事件

各中断指令在梯形图中的形式如图 9-7 所示。

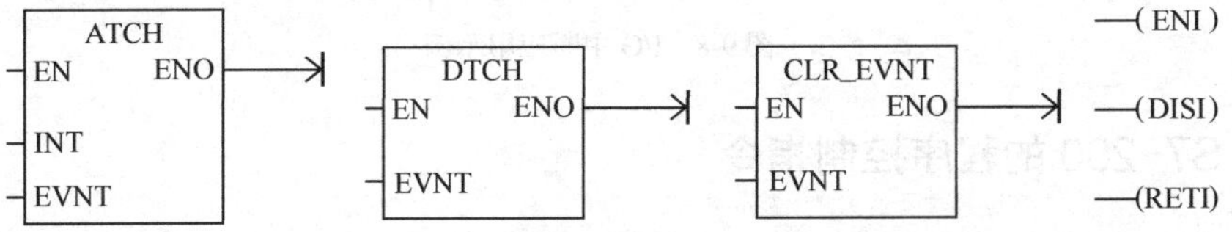

图 9-7　各中断指令在梯形图中的形式

中断允许指令 ENI（Enable Interrupt）全局性地允许所有被连接的中断事件（见表 9-1）。

禁止中断指令 DISI（Disable Interrupt）全局性地禁止处理所有中断事件，允许中断排队等候，但是不允许执行中断程序，直到用全局中断允许指令 ENI 重新允许中断。

进入 RUN 模式时自动禁止中断，在 RUN 模式执行全局中断允许指令后，各中断事件发生时是否会执行中断程序，取决于是否执行了该中断事件的中断连接指令。

中断程序有条件返回指令 CRETI（Return from Interrupt）在控制它的逻辑条件满足时，从中断程序返回，编程软件自动为各中断程序添加无条件返回指令。

中断连接指令 ATCH（Attach Interrupt）用来建立中断事件（EVNT，见图 9-7）和处理此事件的中断程序（INT）之间的联系。中断事件由中断事件号指定，中断程序由中断程序号指定。为某个中断事件指定中断程序后，该中断事件被自动允许处理。

中断分离指令 DTCH（Detach Interrupt）用来断开中断事件（EVNT）与中断程序（INT）之间的联系，从而禁止单个中断事件。

清除中断事件指令 CEVNT（Clear Event）从中断队列中清除所有中断事件，该指令可以用来清除不需要的中断事件。如果用来清除虚假的中断事件，首先应分离事件，否则，在执行该指令之后，新的事件将增加到队列中。

在启动中断程序之前，应在中断事件和该事件发生时希望执行的中断程序之间用 ATCH 指令建立联系。执行 ATCH 指令后，该中断程序在事件发生时自动启动。

多个中断事件可以调用同一个中断程序，但是一个中断事件不能同时调用多个中断程序。

中断被允许且中断事件发生时，将执行为该事件指定的最后一个中断程序。

在中断程序中不能使用 DISI、ENI、HDEF、LSCR 和 END 指令。

图 9-8 所示是在“I0.0”的上升沿通过中断使 Q0.0 立即置位，在“I0.1”的下降沿通过中断使 Q0.0 立即复位并解除中断的程序。

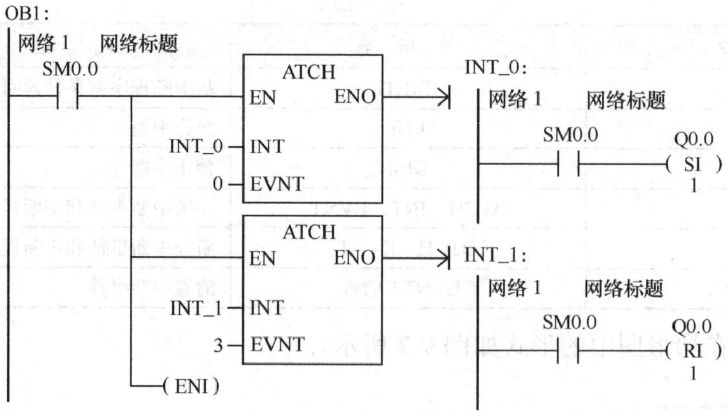

图 9-8　I/O 中断应用示例

（四）S7-200 的程序控制指令

程序控制指令如表 9-3 所示。

表 9-3　　程序控制指令

程序控制指令	语 句 表	描 述
END	END	程序的条件结束
STOP	STOP	切换到 STOP 模式
WDR	WDR	看门狗复位
JMP	JMP n	跳到定义的标号
LBL	LBL n	定义一个跳转的标号
—	CALL n	调用子程序
RET	CRET	从子程序条件返回
FOR	FOR INDX，INIT，FINAL	循环
NEXT	NEXT	循环结束
DIAG_LED	DLED	诊断 LED

1．条件结束指令 END 与暂停指令 STOP

条件结束指令 END 根据前面的逻辑关系终止当前的扫描周期。只能在主程序中使用条件结束指令。

暂停指令 STOP 使 PLC 从运行（RUN）模式进入停止（STOP）模式，立即终止程序的执行。如果在中断程序中执行停止指令，中断程序立即终止，并忽略全部等待执行的中断，继续执行主程序的剩余部分，并在主程序的结束处完成从运行方式至停止方式的转换。

END 和 STOP 在程序中的使用如图 9-9 所示。当 M0.0 动作时，Q0.0 输出，当前扫描周期终止；当 I0.0 动作时，PLC 进入 STOP 模式，立即停止程序。

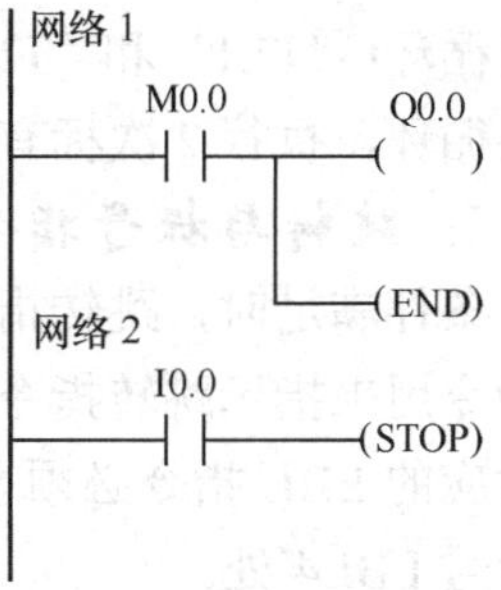

图 9-9　END 指令和 STOP 指令的使用

2．监控定时器复位指令

监控定时器又称为看门狗（Watchdog），定时时间为 500 ms，每次扫描时都被自动复位一次，正常工作时扫描周期小于 500 ms，它不起作用。

当扫描周期大于 500 ms 时，监控定时器会停止执行用户程序，为了防止在正常情况下监控定时器动作，可以将监控定时器复位指令（WDR）插入程序中适当的地方，使监控定时器复位。如果程序的执行时间太长，在终止本次扫描之前，下列操作将被禁止。

（1）通信（自由口模式除外）。

（2）I/O 更新（立即 I/O 除外）。

（3）强制更新。

（4）SM 位更新（不能更新 SM0 和 SM5～SM29）。

（5）运行时间诊断。

（6）在中断程序中的 STOP 指令。

带数字量输出的扩展模块也有一个监控定时器，每次使用 WDR 指令时，应对每个扩展模块的某一个输出字节使用立即写（BIW）指令来复位每个扩展模块的监控定时器。

WDR 指令的使用如图 9-10 所示。

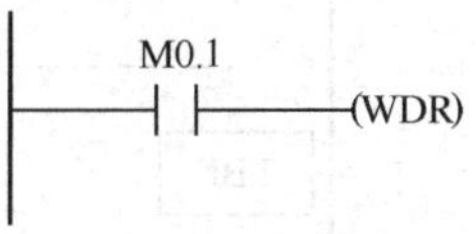

图 9-10　WDR 指令的使用

3．循环指令

在控制系统中经常遇到需要重复执行若干次相同任务的情况，这时可以使用循环指令。

FOR 语句表示循环开始，NEXT 语句表示循环结束。驱动 FOR 指令的逻辑条件满足时，反复执行 FOR 与 NEXT 之间的指令。在 FOR 指令中，需要设置指针 INDX（或称为当前循环次数计数器）、起始值 INIT 和结束值 FINAL，数据类型均为整数。

假设 INIT 等于 1，FINAL 等于 10，每次执行 FOR 与 NEXT 之间的指令后，INDX 的值加 1，并将结果与结束值比较。如果 INDX 大于结束值，则循环终止，FOR 与 NEXT 之间的指令将被执行 10 次。如果起始值大于结束值，则不执行循环。

FOR 指令必须与 NEXT 指令配套使用。允许循环嵌套，即 FOR/NEXT 循环在另一个 FOR/NEXT 循环之中，最多可以嵌套 8 层。

在图 9-11 中，“I2.1”接通时，执行 10 次标有 1 的外层循环；“I2.1”和“I2.2”同时接通时，每执行 1 次外层循环，执行 2 次标有 2 的内层循环。

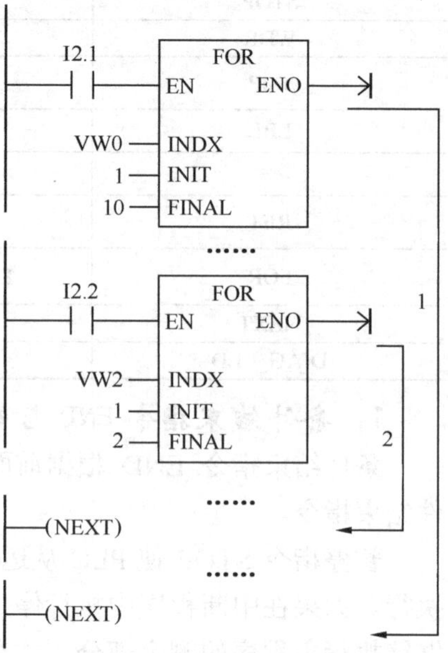

图 9-11　FOR/NEXT 循环指令

4．跳转与标号指令

条件满足时，跳转指令 JMP（Jump）使程序流程转到对应的标号 LBL（Label）处，标号指令用来指示跳转指令的目的位置。JMP 与 LBL 指令中的操作数 n 为常数 0～255，JMP 和对应的 LBL 指令必须在同一程序块中。图 9-12 中 I0.0 的常开触点闭合时，程序流程将跳到标号 LBL4 处。

5．诊断 LED 指令

S7-200 检测到致命错误时，SF/DIAG（故障诊断）LED 发出红光。在 V4.0 版编程软件的系统块“配置 LED”选项卡中，如果选择了有变量被强制或是有 I/O 错误时 LED 亮，出现上述诊断事件时 LED 将发黄光。如果两个选项都没有选择，SF/DIAGLED 发黄光只受 DIAG-LED 指令的控制。此时指令的输入参数 IN 为 0，诊断 LED 不亮；IN 大于 0，诊断 LED 发黄光。图 9-13 的 VB10 中如果有非零的错误代码，将使诊断 LED 亮。

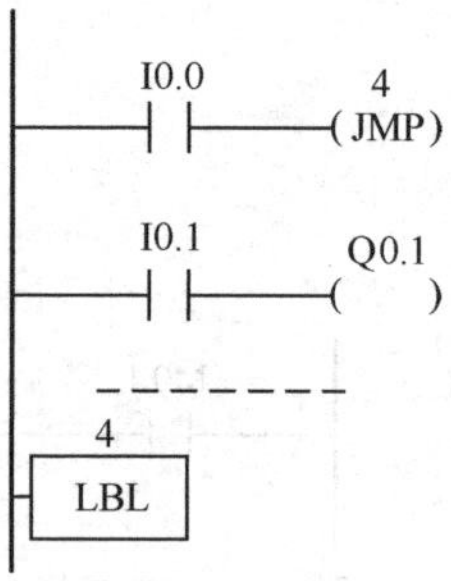

图 9-12　跳转指令

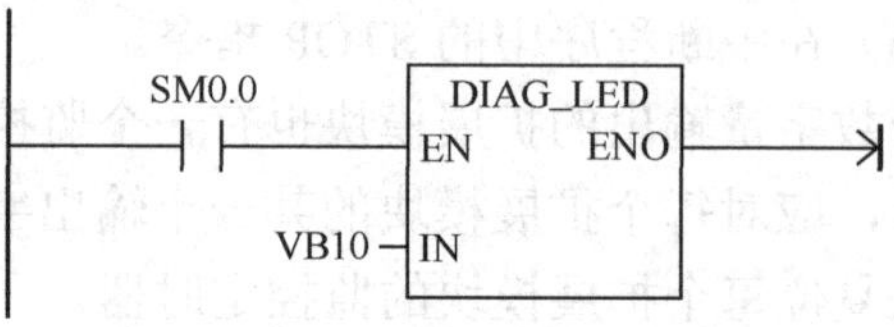

图 9-13　诊断 LED 指令的使用说明

（五）数据处理指令

数据处理指令包括传送指令、字节交换指令、移位指令和填充指令。

1. 传送指令

传送指令用于在各个编程元件之间进行数据传送。根据每次传送数据的数量，可分为数据传送指令和数据块传送指令。在传送过程中不改变数据的原始值。

（1）数据传送指令包括 MOVB、MOVW、MOVD、MOVR。数据传送指令每次传送 1 个数据，传送数据的类型有字节传送、字传送、双字传送和实数传送。其指令的表示符号如图 9-14 所示，EN 为允许输入端，IN 为操作数输入端，OUT 为结果输出端。

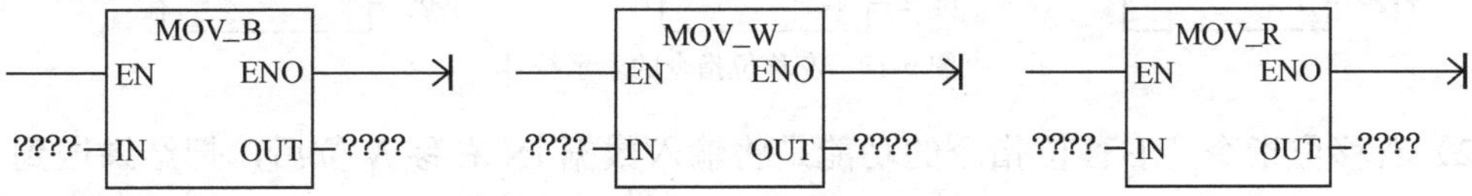

图 9-14　数据传送指令的表示符号

（2）数据块传送指令包括 BMB、BMW、BMD。数据块传送指令每次传送 1 个数据块（最多可达 255 个数据）。数据块的类型可以是字节块、字块和双字块。梯形图形式如图 9-15 所示。

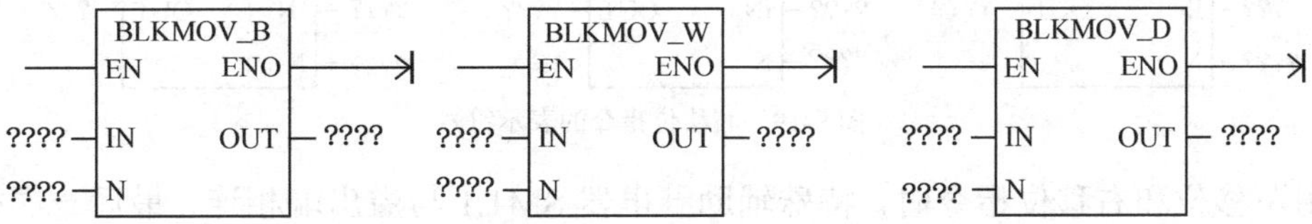

图 9-15　字节块、字块、双字块的梯形图形式

2. 字节交换指令

字节交换指令 SWAP 专用于处理 1 字长的字型数据，功能是将字型输入数据 IN 的高 8 位与低 8 位交换，因此又可称为半字交换指令。字节交换指令在梯形图中的表示符号如图 9-16 所示。

图 9-17 是传送指令和字节交换指令的综合应用，程序的执行过程是将 16#ABCD 传送至 AC1 中，传送完毕，AC1 中的高 8 位和低 8 位互换。程序执行完毕后，AC1 中的数据变为 16#CDAB。

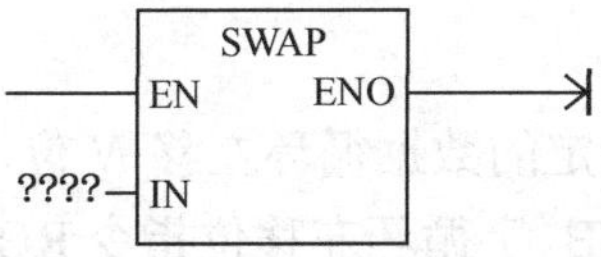

图 9-16　字节交换指令的表示符号

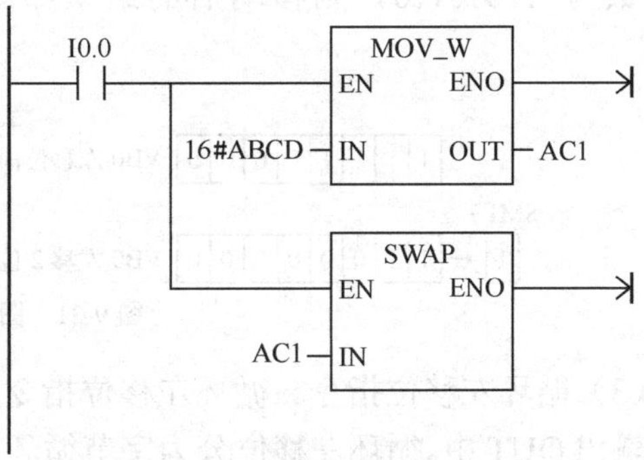

图 9-17　字节交换指令和传送指令的应用

3．移位指令

移位指令在 PLC 控制中是比较常用的，根据移位的数据长度可分为字节型移位、字型移位和双字型移位；根据移位的方向可分为左移和右移，还可以进行循环移位。

（1）左移位指令。左移指令的功能是将输入数据 IN 左移 *N* 位后，把结果送到 OUT。

左移位指令有字节左移位指令 SHL_B、字左移位指令 SHL_W 和双字左移位指令 SHL_DW，其表示符号如图 9-18 所示。

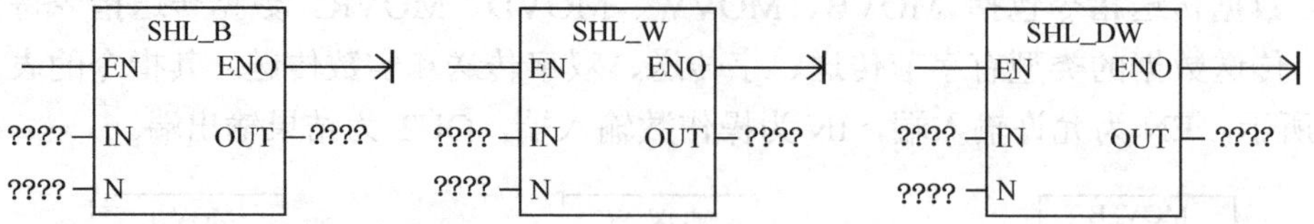

图 9-18　左移位指令的表示符号

（2）右移位指令。右移位指令的功能是将输入数据 IN 右移 *N* 位后，把结果送到 OUT。

右移位指令分为字节右移位指令 SHR_B、字右移位指令 SHR_W 和双字右移位指令 SHR_DW，其表示符号如图 9-19 所示。

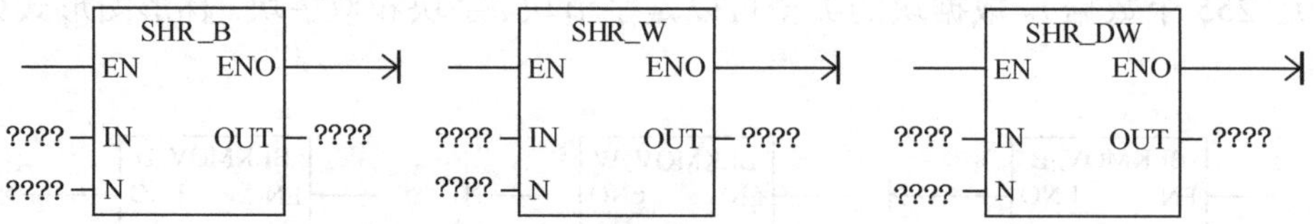

图 9-19　右移位指令的表示符号

使用左移位和右移位指令时，特殊辅助继电器 SM1.1 与溢出端相连，最后一次被移出的位进入 SM1.1，另一端自动补 0。允许移位的位数由移位类型决定，即字节型为 8 位，字型为 16 位，双字为 32 位，如果移动的位数超过允许的位数，则实际移位为最大允许值。如果移位后的结果为 0，则零标志位辅助继电器 SM1.0 置 1。

图 9-20 是将 VB0 中的数据左移 2 位，VB4 中的数据右移 3 位，移位后的数据仍然存入原来的数据寄存器中。设 VB0 中的数原来为 11110000，VB4 中的数为 11010110，则移动后的结果如图 9-21 所示。

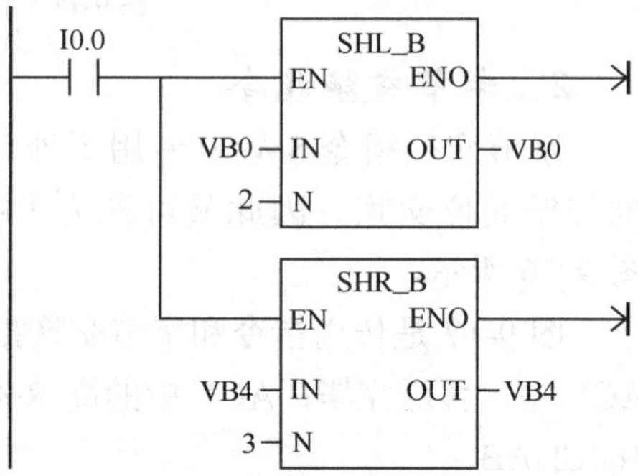

图 9-20　左移位和右移位指令的使用说明

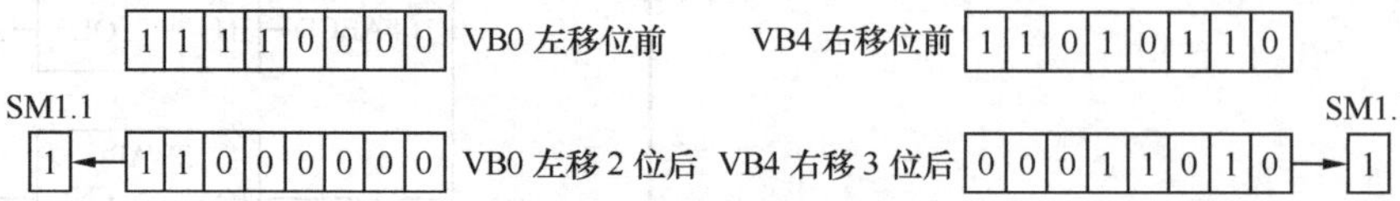

图 9-21　图 9-20 的执行结果

（3）循环左移位指令。循环左移位指令是将输入端 IN 指定的数据循环左移 *N* 位，结果存入输出 OUT 中。循环左移位分为字节循环左移位指令 ROL_B、字循环左移位指令 ROL_W、双字循环左移位指令 ROL_DW，其表示符号如图 9-22 所示。

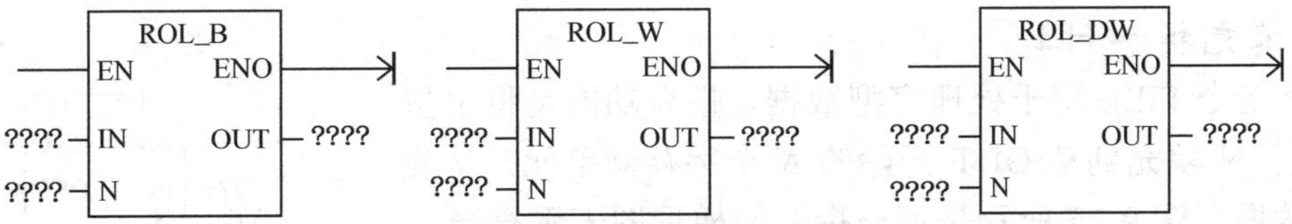

图 9-22 循环左移位指令的表示符号

（4）循环右移位指令。循环右移位指令是将输入端 IN 指定的数据循环右移 *N* 位，结果存入输出 OUT 中。循环右移位分为字节循环右移位指令 ROR_B、字循环右移位指令 ROR_W、双字循环右移位指令 ROR_DW，在梯形图中的表示符号如图 9-23 所示。

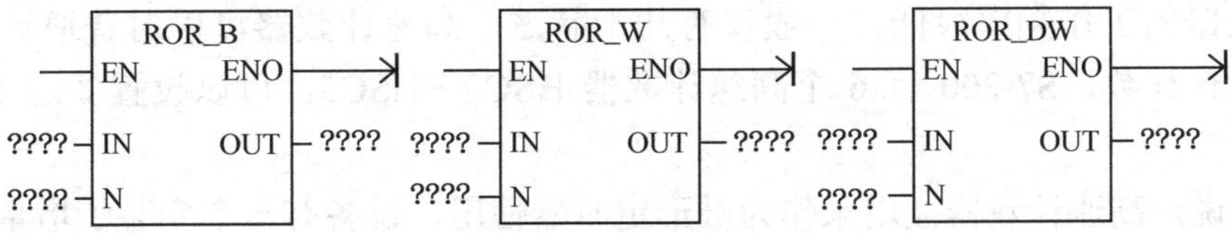

图 9-23 循环右移位指令的表示符号

图 9-24 所示是循环右移位指令的使用说明，当 I0.0 导通一次，则将 VB0 中的数据循环右移 2 位的结果送到 VB0。

（5）移位寄存器指令 SHRB（Shift Register Bit）。在顺序控制或步进控制中，应用移位寄存器编程是很方便的。

移位寄存器指令的功能：当允许输入端 EN 有效时，如果 *N*>0，则在每个 EN 的前沿，将数据输入 DATA 的状态移入移位寄存器的最低位 S_BIT；如果 *N*<0，则在每个 EN 的前沿，将数据输入 DATA 的状态移入移位寄存器的最高位，移位寄存器的其他位按照 *N* 指定的方向（正向或反向）依次串行移位。图 9-25 所示是移位寄存器指令的表示符号。

移位寄存器的移出端同样也与 SM1.1（溢出）连接。

若 I0.0 和 I0.1 为 1，每隔 1 s 从 Q0.0～Q0.7 依次点亮 8 盏灯的程序以及使用说明如图 9-26 所示。

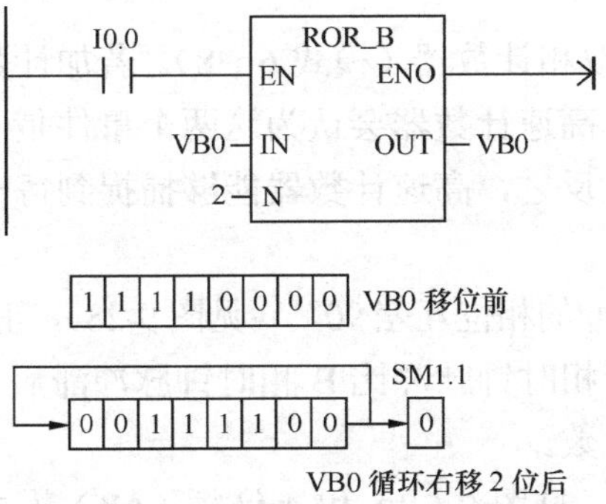

图 9-24 循环右移位指令的使用说明

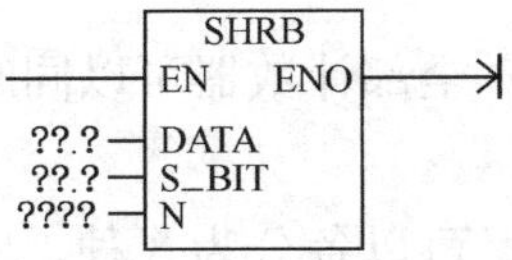

图 9-25 移位寄存器指令的表示符号

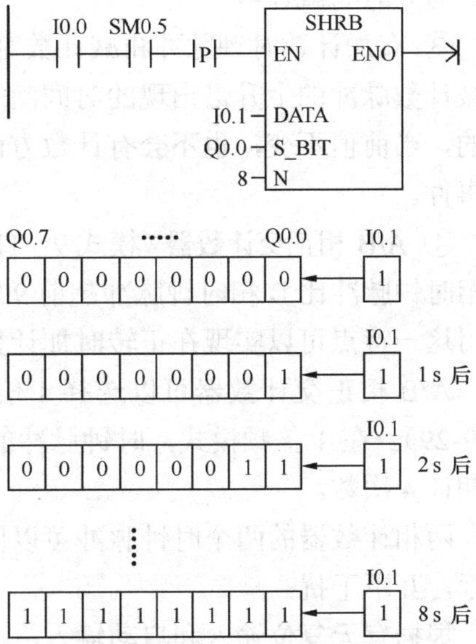

图 9-26 移位寄存器的使用说明

4．填充指令 FILL

填充指令 FILL 用于处理字型数据，指令功能是将字型输入数据 IN 填充到从 OUT 开始的 N 个字存储单元。N 为字节型数据。图 9-27 所示是填充指令的梯形图表示符号。

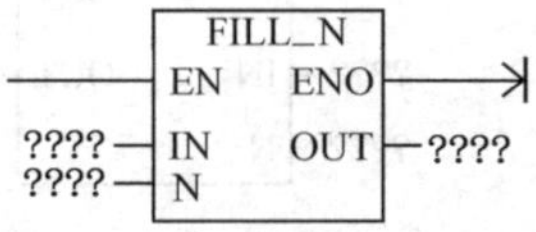

图 9-27　填充指令的梯形图表示符号

（六）高速计数器与高速脉冲输出指令

PLC 的普通计数器的计数过程与扫描工作方式有关，CPU 通过每一扫描周期读取一次被测信号的方法来捕捉被测信号的上升沿，被测信号的频率较高时，会丢失计数脉冲，因为普通计数器的工作频率很低，一般仅有几十赫兹。高速计数器可以对普通计数器无能为力的事件进行计数，S7-200 有 6 个高速计数器 HSC0～HSC5，可以设置多达 12 种不同的操作模式。

一般来说，高速计数器被用来作为鼓形定时器使用，设备有一个安装了增量式编码器的轴，以恒定的转速旋转。编码器每圈发出一定数量的计数时钟脉冲和一个复位脉冲，作为高速计数器的输入。高速计数器有一组预置值，开始运行时装入第一个预置值，当前计数值小于当前预置值时，设置的输出有效。当前计数值等于预置值或有外部复位信号时，产生中断。发生当前计数值等于预置值的中断事件时，装载新的预置值，并设置下一阶段的输出。有复位中断事件发生时，设置第一个预置值和第一个输出状态，循环又重新开始。

因为中断事件产生的速率远远低于高速计数器计数脉冲的速率，用高速计数器可以精确控制高速运动，并且与 PLC 的扫描周期关系不大。

1．高速计数器的工作模式与外部输入信号

（1）高速计数器的工作模式分为下面四大类。

① 无外部方向输入信号的单相加/减计数器（模式 0～2）。可以用高速计数器的控制字节的第 3 位来控制加计数或减计数。该位为 1 时为加计数，为 0 时为减计数。

② 有外部方向输入信号的单相加/减计数器（模式 3～5）。方向输入信号为 1 时为加计数，为 0 时为减计数。

③ 有加计数时钟脉冲和减计数时钟脉冲输入的双相计数器（模式 6～8）。若加计数脉冲和减计数脉冲的上升沿出现的时间间隔不到 0.3 ms，高速计数器会认为这两个事件是同时发生的，当前值不变，也不会有计数方向变化的指示。反之，高速计数器能够捕捉到每一个独立事件。

④ A/B 相正交计数器（模式 9～11）。两路计数脉冲的相位互差 90°（见图 9-28），正转时，A 相时钟脉冲比 B 相时钟脉冲超前 90°，反转时，A 相时钟脉冲比 B 相时钟脉冲滞后 90°。利用这一特点可以实现在正转时加计数，反转时减计数。

A/B 相正交计数器可以选择 1 倍频（1X）模式（见图 9-28）和 4 倍频（4X）模式（见图 9-29）。在 1 倍频模式，时钟脉冲的每一周期计 1 次数；在 4 倍频模式，时钟脉冲的每一周期计 4 次数。

两相计数器的两个时钟脉冲可以同时工作在最大速率，全部计数器可以同时以最大速率运行，互不干扰。

根据有无复位输入和启动输入，上述的 4 类工作模式又可以各分为 3 种，因此 HSC1 和 HSC2 有 12 种工作模式；HSC0 和 HSC4 因为没有启动输入，只有 8 种工作方式；HSC3 和

HSC5 只有时钟脉冲输入，所以只有 1 种工作方式。

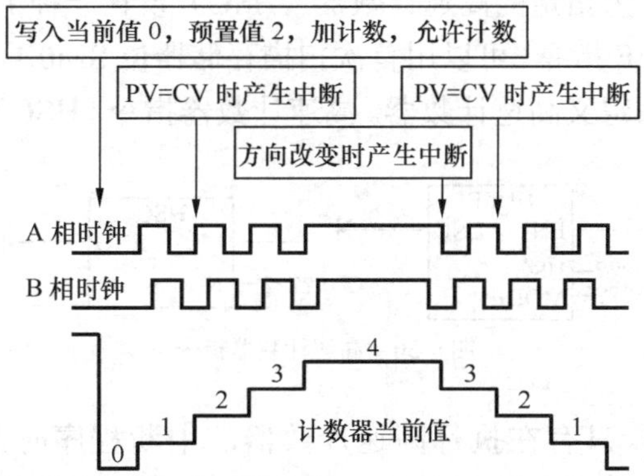

图 9-28　正交 1X 模式操作举例

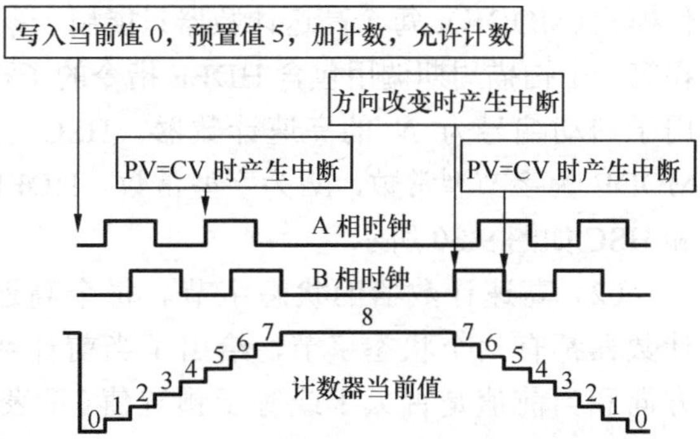

图 9-29　正交 4X 模式操作举例

（2）高速计数器的外部输入信号如表 9-4 所示。有些高速计数器的输入点之间，或它们与边沿中断（I0.0～I0.3）的输入点有重叠，同一输入点不能同时用于两种不同的功能。但是高速计数器当前模式未使用的输入点可以用于其他功能。例如，HSC0 工作在模式 1 时，只使用 I0.0 及 I0.2，I0.1 可供边沿中断或 HSC3 使用。

表 9-4　　速计数器的外部输入信号

模　式	中断描述	输入点			
	HSC0	I0.0	I0.1	I0.2	
	HSC1	I0.6	I0.7	I1.0	I1.1
	HSC2	I1.2	I1.3	I1.4	I1.5
	HSC3	I0.1			
	HSC4	I0.3	I0.4	I0.5	
	HSC5	I0.4			
0		时钟			
1	带内部方向输入信号的单相加/减计数器	时钟		复位	
2		时钟		复位	启动
3		时钟	方向		
4	带外部方向输入信号的单相加/减计数器	时钟	方向	复位	
5		时钟	方向	复位	启动
6		加时钟	减时钟		
7	带加减计数时钟脉冲输入的双相计数器	加时钟	减时钟	复位	
8		加时钟	减时钟	复位	启动
9		A 相时钟	B 相时钟		
10	A/B 相正交计数器	A 相时钟	B 相时钟	复位	
11		A 相时钟	B 相时钟	复位	启动

当复位输入信号有效时，将清除计数当前值并保持清除状态，直至复位信号关闭。当启动输入有效时，将允许计数器计数。关闭启动输入时，计数器当前值保持恒定，时钟脉冲不起作用。如果在关闭启动时使复位输入有效，将忽略复位输入，当前值不变。如果激活复位输入后再激活启动输入，则当前值被清除。

2. 高速计数器指令与有关的特殊存储器

（1）高速计数器指令。高速计数器指令 HDEF 为指定的高速计数器（HSC）设置一种工作模式（MODE）。每个高速计数器只能用一条 HDEF 指令。可以用首次扫描存储器位 SM0.1，在第一个扫描周期调用包含 HDEF 指令的子程序来定义高速计数器。高速计数器指令（HSC）用于启动编号为 *N* 的高速计数器。HSC 与 MODE 为字节型常数，*N* 为字型常数。HDEF 和 HSC 如图 9-30 所示。

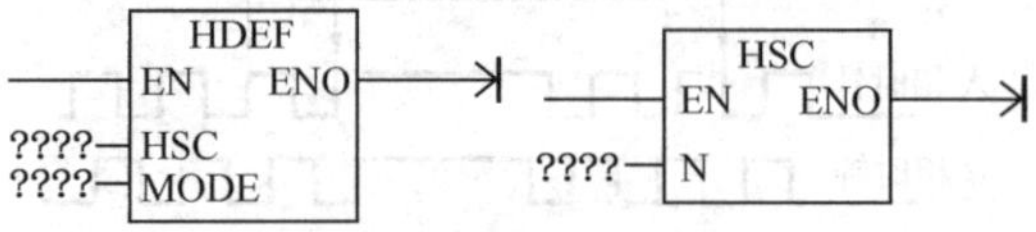

图 9-30 高速计数器指令

（2）高速计数器的状态字节。每个高速计数器都有一个状态字节，给出了当前计数方向和当前值是否大于或等于预置值（见表 9-5）。只有在执行高速计数器的中断程序时，状态位才有效。监视高速计数器状态的目的是响应正在进行的操作所引发的事件产生的中断。

表 9-5 HSC 的状态字节

HSC0	HSC1	HSC2	HSC3	HSC4	HSC5	描　述
SM36.5	SM46.5	SM56.5	SM136.5	SM146.5	SM156.5	计数方向：0=减计数；1=加计数
SM36.6	SM46.6	SM56.6	SM136.6	SM146.6	SM156.6	0=当前值不等于预置值；1=等于
SM36.7	SM46.7	SM56.7	SM136.7	SM146.7	SM156.7	0=当前值小于预置值；1=大于

（3）高速计数器的控制字节。只有定义了高速计数器和计数模式时，才能对高速计数器的动态参数进行编程。各高速计数器均有一个控制字节，各位的含义如表 9-6 所示。执行 HSC 指令时，CPU 检查控制字节和有关的当前值与预置值。

表 9-6 高速计数器的控制字节

HSC0	HSC1	HSC2	HSC3	HSC4	HSC5	描　述
SM37.0	SM47.0	SM57.0		SM147.0		0=复位信号高电平有效，1=低电平有效
	SM47.1	SM57.1				0=启动信号高电平有效，1=低电平有效
SM37.2	SM47.2	SM57.2		SM147.2		0=4 倍频模式，1=1 倍频模式
SM37.3	SM47.3	SM57.3	SM137.3	SM147.3	SM157.3	0=减计数，1=加计数
SM37.4	SM47.4	SM57.4	SM137.4	SM147.4	SM157.4	写入计数方向：0=不更新，1=更新
SM37.5	SM47.5	SM57.5	SM137.5	SM147.5	SM157.5	写入预置值：0=不更新，1=更新
SM37.6	SM47.6	SM57.6	SM137.6	SM147.6	SM157.6	写入当前值：0=不更新，1=更新
SM37.7	SM47.7	SM57.7	SM137.7	SM147.7	SM157.7	HSC 允许：0=禁止，1=允许

执行 HDEF 指令之前必须将这些控制位设置成需要的状态，否则计数器将采用所选计数器模式的默认设置。默认设置为复位输入和启动输入高电平有效，正交计数速率为输入时钟频率的 4 倍。执行 HDEF 指令后，就不能再改变计数器设置，除非 CPU 进入停止模式。

（4）预置值和当前值的设置。各高速计数器均有一个 32 位的预置值和一个 32 位的当前值，预置值和当前值均为有符号双字整数。为了向高速计数器写入新的预置值和当前值，必须先设置控制字节，令其第 5 位和第 6 位为 1，允许更新预置值和当前值，并将预置值和当前值存入表 9-7 所示的特殊存储器中，然后执行 HSC 指令，从而将新的值送给高速计数器。

表 9-7　　　　高速计数器的特殊存储器

高速计数器	HSC0	HSC1	HSC2	HSC3	HSC4	HSC5
新的当前值	SMD38	SMD48	SMD58	SMD138	SMD148	SMD158
新的预置值	SMD42	SMD52	SMD62	SMD142	SMD152	SMD162

高速计数器的当前值（双字）可以用 HCx（HC 为高速计数器当前值，x 为 0~5）的格式读出。因此，读操作可以直接访问当前值，但是写操作只能用上述的 HSC 指令来实现。

在所有的模式下，高速计数器的当前值等于预置值时都会产生中断。如果使用有外部复位输入的计数器模式，外部复位有效时产生中断。除模式 0、1 及 2 以外，其他计数器模式在计数方向改变时可以产生中断，每个中断条件可以分别被允许或禁止。

使用外部复位中断时，不要写入新的当前值，或在与该事件相连的中断程序中先禁止，再允许高速计数器工作，否则将会产生一个致命错误。

图 9-31 是高速计数器 HSC1 的一段初始化程序。

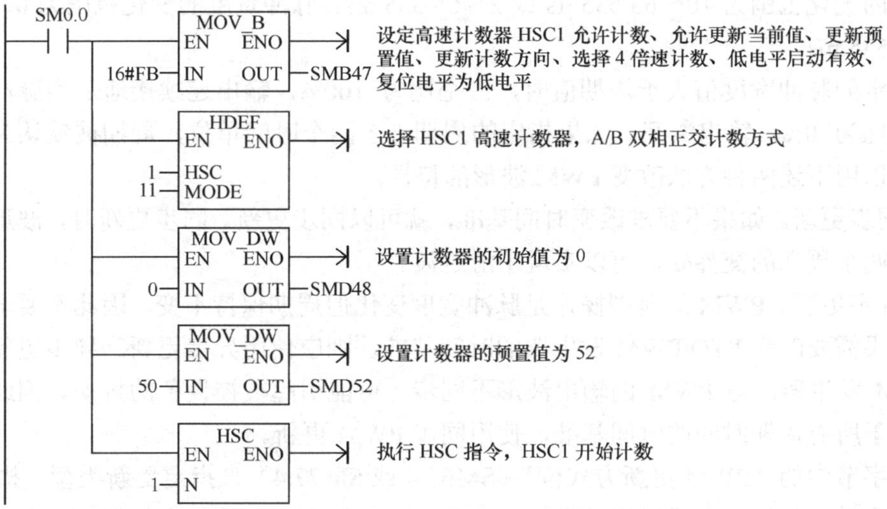

图 9-31　高速计数器初始化程序举例

3. 高速脉冲输出

（1）高速脉冲输出。每个 CPU 都有两个 PTO/PWM（脉冲列/脉冲宽度调制器）发生器，分别通过数字量输出点“Q0.0”或“Q0.1”输出高速脉冲列或脉冲宽度可调的波形。脉冲输出指令（PLS，见图 9-32）检查为脉冲输出（Q0.0 或 Q0.1）设置的特殊存储器位（SM），然后启动由特殊存储器位定义的脉冲操作。指令的操作数 Q=0 或 1，用于指定是“Q0.0”或“Q0.1”输出。

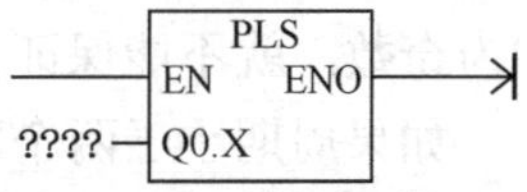

图 9-32　脉冲输出指令的形式

PTO/PWM 发生器与输出映像寄存器共同使用 Q0.0 及 Q0.1。当 Q0.0 或 Q0.1 被设置为 PTO 或 PWM 功能时，PTO/PWM 发生器控制输出，在该输出点禁止使用数字输出功能，此时输出波形不受映像寄存器的状态、输出强制或立即输出指令的影响。不使用 PTO/PWM 发生器时，Q0.0 与 Q0.1 作为普通的数字输出使用。建议在启动 PTO 或 PWM 操作之前，用 R 指令将 Q0.0 或 Q0.1 的映像寄存器置为 0。

脉冲宽度与脉冲周期之比称为占空比，脉冲列（PTO）功能提供周期与脉冲数目可以由用户控制的占空比为 50%的方波输出。脉冲宽度调制（PWM，简称为脉宽调制）功能提供连续的、周期与脉冲宽度可以由用户控制的输出。

每个 PTO/PWM 生成器有一个 8 位的控制字节，一个 16 位无符号的周期值或脉冲宽度值，以及一个无符号 32 位脉冲计数值。这些值全部存储在指定的特殊存储器（SM）区，它们被设置好后，通过执行脉冲输出指令（PLS）来启动操作。PLS 指令使 S7-200 读取 SM 位，并对 PTO/PWM 发生器进行编程。

通过修改 SM 区（包括控制字节），然后执行 PLS 指令，可以改变 PTO 或 PWM 输出波形的特性。将控制字节的 PTO/PWM 允许位（SM67.7 或 SM77.7）置为 0，然后执行 PLS 指令，在任意时刻均可以禁止 PTO 或 PWM 波形输出。

所有控制字节、周期、脉冲宽度和脉冲数的默认值均为 0。PTO/PWM 的输出负载至少应为额定负载的 10%，才能提供陡直的上升沿或下降沿。

（2）脉宽调制（PWM）。PWM 功能提供可变占空比的脉冲输出，时间基准可以为μs 或 ms，周期的变化范围为 10～65 535 μs 或 2～65 535 ms，脉冲宽度的变化范围为 0～65 535 μs 或 0～65 535 ms。

当指定的脉冲宽度值大于周期值时，占空比为 100%，输出连续接通。当脉冲宽度为 0 时，占空比为 0%，输出断开。如果指定的周期小于两个时间单位，周期被默认为两个时间单位。可以用下述两种方法改变 PWM 波形的特性。

① 同步更新。如果不要求改变时间基准，就可以同步更新。同步更新时，波形特性的变化发生在两个周期的交界处，可以实现平滑过渡。

② 异步更新。PWM 的典型操作是脉冲宽度变化但周期保持不变，因此不要求改变时间基准。如果需要改变 PTO/PWM 发生器的时间基准，则应使用异步更新。异步更新瞬时关闭 PTO/PWM 发生器，与 PWM 的输出波形不同步，可能引起被控设备的抖动。因此建议选择一个适用于所有周期时间的时间基准，使用同步 PWM 更新。

控制字节中的“PWM 更新方式位”（SM67.4 或 SM77.4）来指定更新类型，执行 PLS 指令使改变生效。如果改变了时间基准，不管 PWM 更新方式位的状态如何，都会产生一个异步更新。

（3）脉冲串操作（PTO）。PTO 功能生成指定脉冲数目的方波（占空比为 50%）脉冲列。周期的单位可以选用 μs 或 ms，周期的范围为 10～65 535 μs 或 2～65 535 ms。如果设定的周期为奇数，就不能保证占空比为 50%。脉冲计数范围为 1～4 294 967 295。

如果周期小于两个时间单位，则周期被默认为两个时间单位。如果指定的脉冲数为 0，则脉冲数默认为 1。

状态字节中的 PTO 空闲位（SM66.7 或 SM76.7）用来指示可编程脉冲列输出结束。可以在脉冲列结束时启动中断程序。

PTO 功能允许脉冲列“链接”或“排队”。当激活的脉冲列输出完成时，立即开始新脉冲列的输出，这样可以保证输出脉冲列的连续性。

（4）与 PTO/PWM 有关的特殊存储器。PTO/PWM0 和 PTO/PWM1 的状态字节、控制字节和其他 PTO/PWM 寄存器如表 9-8 所示。如果要装入新的脉冲数、脉冲宽度或周期，应在执行 PLS 指令前将它们装入相应的控制寄存器。

表 9-8　　TO/PWM 控制寄存器与有关的特殊存储器

高速脉冲输出点特殊寄存器	Q0.0	Q0.1	描　述
控制字节	SM67.0	SM77.0	PTO/PWM 更新周期值：0＝ 无更新，1＝ 更新周期
	SM67.1	SM77.1	PWM 更新脉宽时间值：0＝ 无更新，1＝ 更新脉宽
	SM67.2	SM77.2	PTO 更新脉冲值：0＝ 无更新，1＝ 更新脉冲计数
	SM67.3	SM77.3	PTO/PWM 选择：0＝1 μs，1＝1 ms
	SM67.4	SM77.4	PWM 更新方法：0＝ 异步更新，1＝ 同步更新
	SM67.5	SM77.5	PTO 操作：0＝ 单段操作，1＝ 多段操作
	SM67.6	SM77.6	PTO/PWM 模式选择：0＝ 选择 PTO，1＝ 选择 PWM
	SM67.7	SM77.7	PTO/PWM 启用：0＝ 禁用 PTO/PWM，1＝ 启用 PTO/PWM
其他 PTO/PWM 寄存器	SMW68	SMW78	PTO/PWM 周期值（范围是 2～65 535）
	SMW70	SMW80	PWM 脉宽值（范围是 0～65 535）
	SMD72	SMD82	PTO 脉冲计值（范围是 1～4 294 967 295）
	SMB166	SMB176	运行中的段数（仅用于多段 PTO 操作）
	SMW168	SMW178	轮廓表起始位置，用从 V0 开始的字节偏移量表示（仅用于多段 PTO 操作）
	SMB170	SMB180	线性轮廓状态字节
	SMB171	SMB181	线性轮廓结果寄存器
	SMD172	SMD182	手动模式频率寄存器

（七）PID 回路控制指令

在过程控制中，经常涉及模拟量的控制，构成闭环控制系统。而对于模拟量的处理，除了要对模拟量进行采样检测外，一般还要对采样值进行比例+积分+微分（Proportional Integral Derivative，PID）运算，根据运算结果，完成对模拟量的控制作用。

在 S7-200 中，通过 PID 回路指令来处理模拟量是非常方便的。

1．PID 算法

在工业现场中，经常需要使某个物理量保持恒定，如恒温控制箱中的温度、供水中的水压。PID 控制就是根据被控制输入量的实际数值与目标值的差值，进行 PID 运算，将运算的结果输出到执行机构进行调节，最后达到自动维持被控制的量的实际数值与目标值保持一致。

典型的 PID 算法一般包括比例项、积分项、微分项。设偏差（E）为系统给定值（SP）与过程变量（PV）之差，即回路偏差，则输出 M（t）与比例项、积分项和微分项的运算关系为

$$M(t) = K_c \times e + K_c \int_0^{\tau} e\mathrm{d}t + M_0 + K_c \mathrm{d}e/\mathrm{d}t \qquad (9\text{-}1)$$

式（9-1）中的各量都是时间 t 的连续函数，K_c 为回路增益，M_0 为回路输出的初始值。

为了便于计算机处理，需要将连续函数通过周期性采样的方式离散化。式（9-1）可以转化为在计算机中实际使用的公式。

$$M_n=K_c \times (SP_n-PV_n) + K_c \times T_S/T_I \times (SP_n-PV_n) + MX + K_c \times T_D/T_S \times (PV_{n-1}-PV_n) \qquad (9\text{-}2)$$

2．PID 参数表及初始化

在式（9-2）中，共包含 9 个参数，用于监视和控制 PID 运算。在执行 PID 指令前，要建立一个 PID 参数表，PID 回路参数表的格式如表 9-9 所示。

表 9-9　　PID 回路参数表

地址偏移量	参　数	数据格式	参数类型	说　明
0	PV_n	实数	输入	过程变量 0.0～1.0
4	SP_n	实数	输入	给定值 0.0～1.0
8	M_n	实数	输入/输出	输出值 0.0～1.0
12	K_c	实数	输入	增益，比例常数，可正可负
16	T_S	实数	输入	采样时间单位为 s，正数
20	T_I	实数	输入	积分时间单位为 min，正数
24	T_D	实数	输入	微分时间单位为 min，正数
28	MX	实数	输入/输出	积分项前项，0.0～1.0
32	PV_{n-1}	实数	输入/输出	最近一次 PID 运算的过程变量
36～76	保留给自整定变量	实数	输入/输出	

为执行 PID 指令，要对 PID 参数表进行初始化处理，即将 PID 参数表中有关的参数（给定值 M_n、回路增益 K_c、采样时间 T_S、积分时间常数 T_I、微分时间常数 T_D）按照地址偏移量写入变量寄存器 V 中。一般是调用一个子程序，在子程序中，对 PID 参数表进行初始化处理。

例如，设 PID 参数表的首地址为 VD100，M_n 为 0.6，K_c 为 0.5，T_S 为 1 s，T_I 为 10 min，T_D 为 5 min，则 PID 参数表的初始化程序如图 9-33 所示。

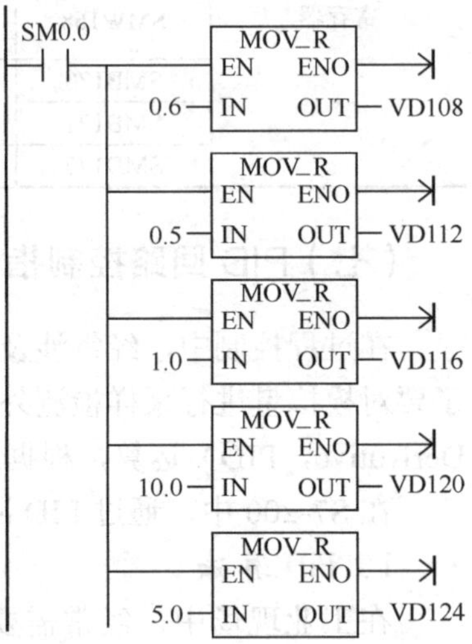

图 9-33　PID 参数表初始化程序

3．PID 指令功能

PID 指令的功能是进行 PID 运算。图 9-34 所示是 PID 指令的梯形图形式。

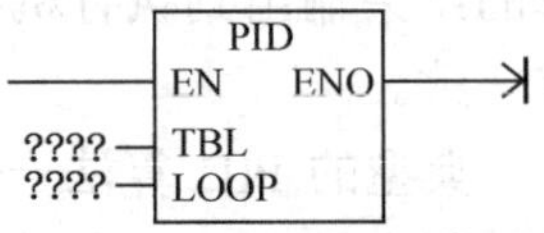

图 9-34　PID 指令的梯形图符号

指令中，TBL 是参数表的首地址，是由变量寄存器 VB 指定的字节型数据；LOOP 是回路号，是 0～7 的常数。当允许输入 EN 有效时，根据 PID 参数表中的输入信息和组态信息进行 PID 运算。在 S7-200 的应用程序中，最多可以使用 8 条 PID 指令，即在一个应用程序中，最多可以使用 8 个 PID 控制回路，一个 PID 控制回路只能使用 1 条 PID 指令，每个 PID 控制回路必须使用不同的回路号。

4．PID 的组合选择

PID 运算是比例+积分+微分运算的组合，在很多控制场合，往往只需要 PID 中的 1 种或 2 种运算（如 PI 运算），不同运算功能的组合选择可以通过设定不同的参数来实现。

（1）不需要积分运算。此时，关闭积分控制回路，将积分时间常数设置为无穷大，虽然有初始值 MX 使积分项不为 0，但其作用可忽略。

（2）不需要微分运算。此时，将微分时间常数设置为 0，即可关闭微分控制回路。

（3）不需要比例运算。此时，将回路增益 K_c 设置为 0，即可关闭比例控制回路，但是积分项和微分项与 K_c 有关系，因此，约定此时用于积分项和微分项的增益为 1。

5．输入模拟量的转换及标准化

每个 PID 控制回路有两个输入量，即给定量和过程变量。给定量一般为固定数值，过程变量则受 PID 的控制作用。在实际控制问题中，无论是给定量，还是过程变量，都是工程实际值，它们的取值范围和测量单位可能不一致，因此在进行 PID 运算前，必须将工程实际值标准化，即转换成无量纲的相对值格式。

（1）将工程实际值由 16 位整数转换为浮点数，即实数形式。

（2）将实数形式的工程实际值转换为[0.0，1）区间的无量纲相对值，即标准化值，又称为归一化值，转换公式如下。

$$R_{Norm}=R_{RaW}/S_{pan}+Offset \tag{9-3}$$

式（9-3）中，R_{Norm} 为工程实际值的标准化值；R_{RaW} 为工程实际值的实数形式值：S_{pan} 为最大允许值减去最小允许值，通常取 32 000（单极性）或 64 000（双极性）；Offset 取 0（单极性）或 0.5（双极性）。

转换一个双极性的输入模拟量的标准化程序如图 9-35 所示。

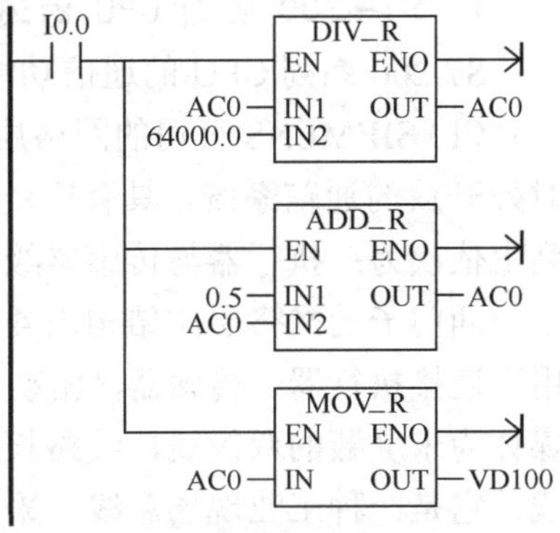

图 9-35　输入模拟量的转换

6．输出模拟量转换为工程实际值

在对模拟量进行 PID 运算后，对输出产生的控制作用是在[0.0～1]范围的标准化值，为了能够驱动实际的驱动装置，必须将其转换成工程实际值。

（1）将标准化值转换为按工程量标定的工程实际值的实数格式。这一步实质上是式（9-3）的逆运算，将式（9-3）赋以实际意义，并整理，得到：

$$R_{scal}=(M_n-Offset)\times S_{pan} \tag{9-4}$$

式（9-4）中，R_{scal} 为按工程量标定的过程变量的实数格式；M_n 为过程变量的标准化值。

（2）将已标定的工程实际值的实数格式转换为 16 位整数格式。下面的程序段将 PID 控制回路输出转换为按工程量标定的整数值。

```
MOVR VD108, AC0        //将输出结果存放 AC0
-R0.5, AC0             //对于双极性的场合（单极性时无此条语句）
×R64000.0, AC0         //将 AC0 中的值按工程量标定
TRUNC AC0, AC0         //将实数转换为 32 位整数
MOVW  AC0, AQW0        //将 16 位整数值输出到模拟量模板
```

7．PID 指令的控制方式

在 S7-200 中，PID 指令没有考虑手动/自动控制的切换方式。所谓自动方式，是指只要 PID 功能框的允许输入 EN 有效，就周期性地执行 PID 运算指令。手动方式是指 PID 功能框的允许输入 EN 无效时，不执行 PID 运算指令。

在程序运行过程中，如果 PID 指令的 EN 输入有效，即进行手动/自动控制切换，为了保证在切换过程中无扰动、无冲击，在手动控制过程中，要将设定的输出值作为 PID 指令的一个输入（作为 M_n 参数写到 PID 参数表中），使 PID 指令根据参数表的值进行下列操作。

（1）使 SP_n（设定值）$=PV_n$（过程变量）。

（2）使 PV_{n-1}（前一次过程变量）$=PV_n$。

（3）使 MX（积分值）$=M_n$（输出值）。

一旦 EN 输入有效（从 0 到 1 的跳变），就从手动方式切换到自动方式。

（八）西门子 PLC 的网络通信

PLC 通信包括 PLC 之间、PLC 与上位计算机之间、PLC 和其他智能设备之间的通信。可编程控制器相互之间的连接，使众多相对独立的控制任务构成一个控制工程整体，形成模块控制体系；可编程控制器与计算机的连接，将可编程控制器应用于现场设备直接控制，计算机用于编程、显示、打印和系统管理，构成“集中管理，分散控制”的分布式控制系统（DCS），满足工厂自动化（FA）系统发展的需要。

1．S7—200 系列 CPU 的通信性能

S7-200 系列 CPU 的通信功能来自它们标准的网络通信能力。

（1）SIEMENS 公司的网络层次结构。SIEMENS 公司 PLC 的网络 SIMATIC NET 是一个对外开放的通信系统，具有广泛的应用领域。西门子公司的控制网络结构由 4 层组成，从下到上依次为：执行器与传感器级、现场级、车间级、管理级。其网络结构如图 9-36 所示。

西门子的网络层次结构由 4 个层次、3 级总线复合而成。最底一级为 AS—I 总线，它是用于连接执行器、传感器、驱动器等现成器件实现通信的总线标准，扫描时间为 5 ms，传输媒体为未屏蔽的双绞线，线路长度为 300 m，最多为 31 个从站。中间一级是 PROFIBUS 总线，它是一种工业现场总线，采用数字通信协议，是用于仪表和控制器的一种开放、全数字化、双向、多站的通信系统，其传输媒体为屏蔽双绞线（最长 9.6 km）或光缆（最长 90 km），最多可接 127 个从站。最高一级为工业以太网，使用通用协议，负责传送生产管理信息，网络规模可达 1 024 站，长度可达 1.5 km（电气网络）或 200 km（光学网络）。

在这一网络体系中，PROFIBUS 总线是目前最成功的现场总线之一，已得到了广泛的应用。它是不依赖生产厂家的、开放的现场总线，各种各样的自动化设备均可通过同样的接口交换信息。为众多的生产厂家提供了优质的 PROFIBUS 产品，用户可以自由选择最合适的产品。

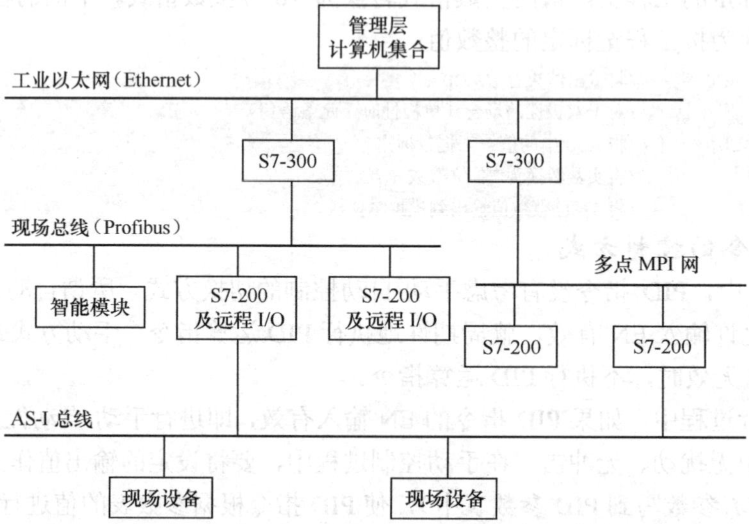

图 9-36　SIEMENS 公司 S7 系列 PLC 网络层次结构

（2）S7 系列的通信协议。SIEMENS 公司工业通信网络的通信协议包括通用协议和公司专用协议。SIEMENS 公司的通信协议基于开放系统互连 OSI 7 层通信结构模型。协议定义了两类网络设备：主站与从站。主站可以申请对网络上的任意一个设备进行初始化，从站只能

响应来自主站的申请，从站不初始化本身。S7-200CPU 支持多种通信协议，所使用的通信协议有以下 3 个标准和 1 个自由口协议。

① PPI 协议。点对点接口（Point-to-Point Interface，PPI）协议是一个主/从协议。协议规定主站向从站发出申请，从站进行响应。从站不初始化信息，但只有主站发出申请或查询时，从站才对其响应。

PPI 通信协议是西门子专为 S7-200 系列 PLC 开发的通信协议。可通过普通的两芯屏蔽双绞电缆进行联网。波特率为 9.6kbit/s、19.2kbit/s 和 187.5kbit/s。S7-200 系列 CPU 上集成的编程器接口同时就是 PPI 通信接口。

主站可以是其他 CPU 主机（如 S7-300 等）、SIMATIC 编程器或 TD200 文本显示器等。网络中的所有 S7-200CPU 都默认为从站。如果在用户程序中允许 PPI 主站模式，S7-200 系列中的一些 CPU 在 RUN 模式下可以用作主站。此时可以利用相关的通信指令来读写其他主机 CPU，同时它还可以作为从站来响应其他主站的申请或查询。对于任何一个从站有多少个主站与它通信，PPI 协议没有限制，但在 PPI 网络中最多只能有 32 个主站。

② MPI 协议。多点接口（Multi-Point Interface，MPI），即可以是主/主协议或主/从协议，协议如何操作取决于设备的类型。

如果网络中有 S7-300 CPU，则建立主/主连接。因为 S7-300CPU 都默认为网络主站，如果设备中有 S7-200CPU，则可建立主/从连接。因为 S7-200CPU 都默认为网络从站。

S7-200CPU 可以通过内置接口连接到 MPI 网络上，波特率为 19.2kbit/s、187.5kbit/s。

MPI 协议总是在两个相互通信的设备之间建立连接。这种连接可以是两个设备之间的非公用连接，连接数量有一定限制。主站为了应用需要，可以在短时间内建立一个连接，或是无限期地保持连接断开。运行时，另一个主站不能干涉两个设备之间已经建立的连接。

③ PROFIBUS 协议。PROFIBUS 协议用于分布式 I/O 设备（远程 I/O）的高速通信。该协议的网络使用 RS-485 标准双绞线，适合多段、远距离通信。PROFIBUS 网络常有一个主站和几个 I/O 从站。主站初始化网络并核对网络上的从站设备和配置中的匹配情况。如果网络中有第二个主站，则它只能访问第一个主站的从站。

在 S7-200 系列的 CPU 中，CPU222/224/226 都可以通过增加 EM227 扩展模块来支持 PROFIBUS- DP 网络协议。最高传输速率可达 12 Mbit/s。

④ 自由口协议。自由口通信方式是 S7-200CPU 很重要的功能。在自由口模式下，S7-200CPU 可以与任何通信协议公开的其他设备进行通信。即 S7-200CPU 可以由用户自己定义通信协议（如 ASCII 协议）来提高通信范围，使控制系统配置更加灵活、方便。任何具有串行接口的外设，如打印机、条形码阅读器、变频器、调制解调器和其他上位机等可与 PLC 进行数据通信。在自由口模式下，主机只有在 RUN 方式时，用户才可以用相关的通信指令编写用户控制通信口的程序。当主机处于 STOP 方式时，自由口通信被禁止，通信口自动切换到正常的 PPI 协议操作。

（3）通信设备。能够与 S7-200CPU 组网通信的相关网络设备主要有以下几种。

① 通信口。S7-200CPU 主机上的通信口是符合欧洲标准 EN50170 中的 PROFIBUS 标准的 RS-485 兼容 9 针 D 型连接器。图 9-37 所示是通信口的引脚分配。端口 0 或端口 1 的引

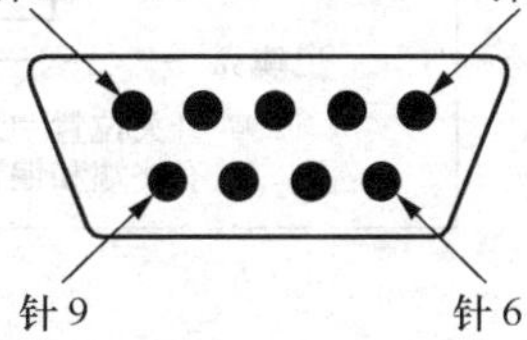

图 9-37　S7-200 通信口引脚分配

脚与 PROFIBUS 的名称对应关系如表 9-10 所示。S7-200CPU 的通信性能见表 9-11。

表 9-10　　S7-200 通信口端口 0 与端口 1 的引脚与 PROFIBUS 名称对应关系

针	PROFIBUS 名称	端口 1/端口 0
1	屏蔽	逻辑地
2	24 V 返回	逻辑地
3	RS-485 信号 B	RS-485 信号 B
4	发送申请	RTS（TTL）
5	5 V 返回	逻辑地
6	+5 V	+5V，100 Ω 串联电阻
7	+24 V	+24 V
8	RS-485 信号 A	RS-485 信号 A
9	不用	10-位协议选择（输入）
连接器外壳	屏蔽	机壳接地

表 9-11　　S7-200CPU 的通信性能

CPU 类型	端口类型	从站	主站	DP 通信	自由口
CPU221	端口 0	是	是	否	是
CPU222	端口 0	是	是	否	是
CPU224	端口 0	是	是	否	是
CPU226	端口 0	是	是	否	是
	端口 1	是	是	否	是

② 网络连接器。网络连接器可以用来把多个设备连接到网络中。网络连接器有两种类型：一种仅提供连接到主机的接口，另一种则增加了一个编程接口。两种连接器都有两组螺丝端子，可以连接网络的输入和输出，并且都有网络偏置和终端匹配的选择开关。网络连接器内部连接电缆的偏置和终端如图 9-38 所示。

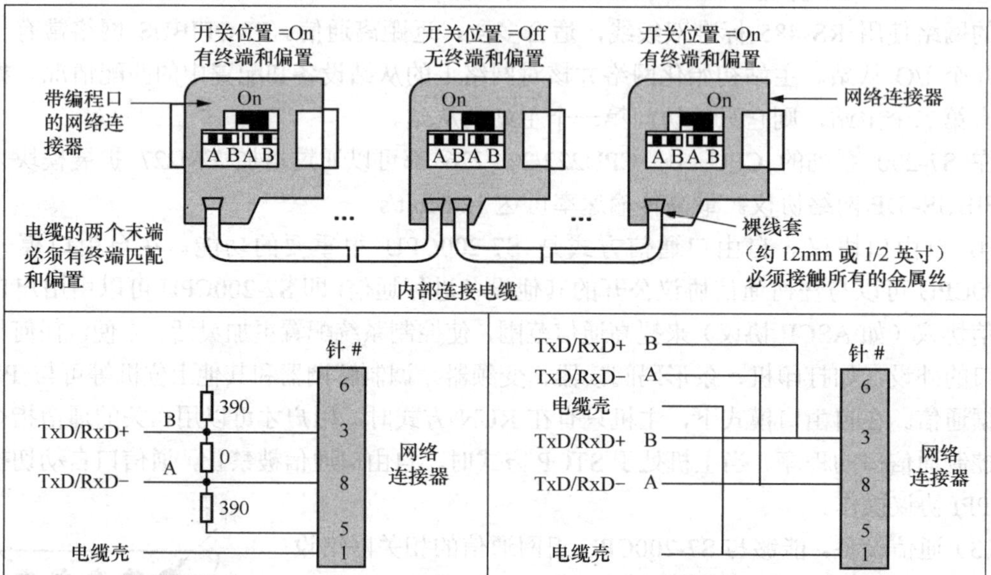

图 9-38　网络连接器内部连接电缆的偏置和终端

③ 通信电缆。通信电缆主要有网络电缆和 PC/PPI 电缆两种。

a. 网络电缆。现场 PROFIBUS 总线使用屏蔽双绞线电缆。网络连接时，网络段的电缆长度与电缆类型和波特率要求有很大关系。网络段的电缆越长，传输速率越低。

b. PC/PPI 电缆。许多电子设备都配置有 RS-232 标准接口，如计算机、编程器和调制解调器等。PC/PPI 电缆可以借助 S7-200CPU 的通信口功能把 PLC 主机和这些设备连接起来。

PC/PPI 电缆的 1 端是 RS-485 端口，用来连接 PLC 主机；另一端是 RS-232 端口，用于连接计算机等设备。电缆中部有 1 个开关盒，上面有 4 个或 5 个 DIP 开关，用来设置波特率、传送字符格式和设备模式。5 个 DIP 开关与 PC/PPI 通信方式如图 9-39 所示。

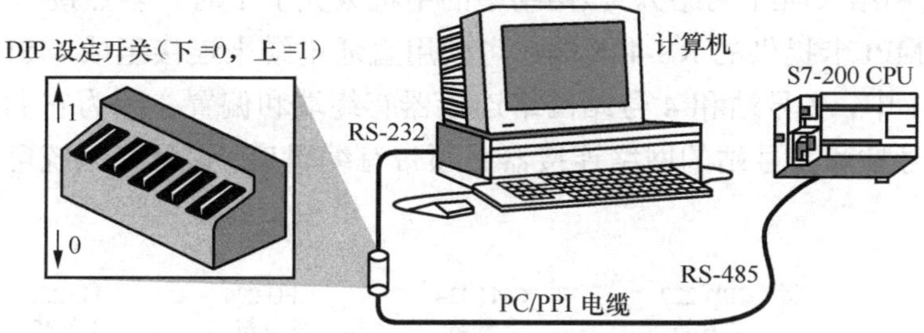

图 9-39　5 个 DIP 开关与 PC/PPI 通信方式

④ 网络中继器。网络中继器在 PROFIBUS 网络中，可以用来延长网络的距离，允许给网络加入设备，并且提供一个隔离不同网络段的方法。每个网络中最多有 9 个中继器，每个中继器最多可再增加 32 个设备。

⑤ 其他设备。除了以上设备之外，常用的还有通信处理器 CP、多机接口卡（MPI 卡）和 EM277 通信模块等。

2. 个人计算机与 S7—200 之间的联网通信

（1）链接。S7-200 与计算机直接相连，结构简单，易于实现。如图 9-40 所示，该通信系统包括一个 CPU 模块、一台个人计算机、PC/PPI 电缆或 MPI 卡和西门子公司 STEP7-Micro/WIN 编程软件。在 PPI 通信时，PC/PPI 电缆提供了 RS-232 到 RS-485 的接口转换，从而把个人计算机和 S7-200 CPU 连接起来，传输速率为 9.6kbit/s。此时个人计算机为主站，站地址默认为 0，S7-200 CPU 为从站，站地址范围为 2～126，默认值为 2。

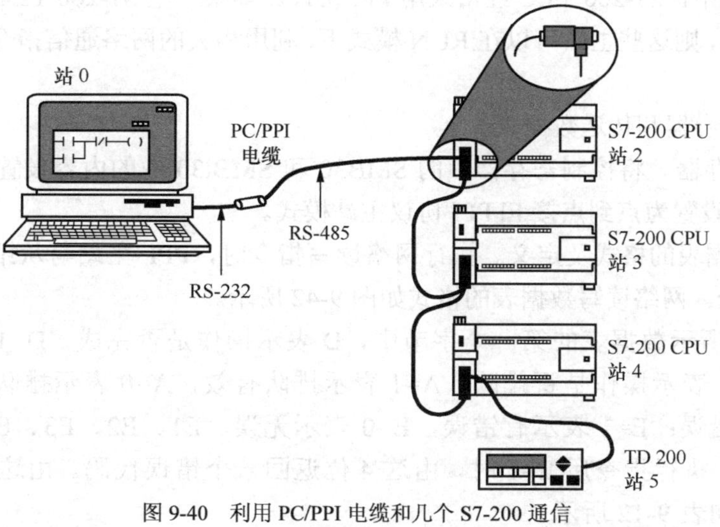

图 9-40　利用 PC/PPI 电缆和几个 S7-200 通信

（2）PC/PPI 网络。PC/PPI 网络是由一个主机和多个 PLC 从机组成的通信网络，如图 9-40 所示。在该网络中，S7-200 的 CPU 的个数不超过 30 个，站地址范围为 2～31。网络线长在 1.2km 以内，无需中继器。若使用中继器，则最多可以连接 125 台 CPU。安装有 STEP7-Micro/WIN 软件的计算机每次只能同其中一台 CPU 通信。这里个人计算机是唯一的主机，所有 S7-200CPU 站都必须是从机。各从机的 CPU 不能使用网络指令 NETR 和 NETW 来发送信息。网络结构中的所有 CPU 都通过自身携带的 RS-485 口和网络连接器连到一条总线上。

（3）多主机网络（MPI 网络）。当网络中的主机数大于 1 时，多点接口 MPI 卡必须装到个人计算机上，MPI 卡提供的 RS-485 端口可使用直通电缆来连接组成 MPI 网络，如图 9-41 所示。在图 9-41 中，2 号站和 4 号站网络连接器有终端和偏置，因为它们处于网络末端，并且 2 号站、3 号站和 4 号站的网络连接器必须带有编辑口。该网络系统可以实现以下通信功能。

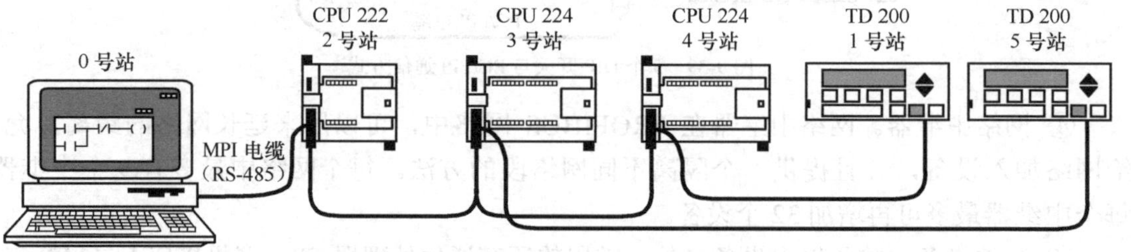

图 9-41　利用 MPI 或 CP 卡和 S7-200 CPU 通信

STEP7-Micro/WIN32（在 0 号站）可以监视 2 号站的状态，同时 TD200（5 号站和 1 号站）和 CPU 224 模块（3 号站和 4 号站）可以实现通信。

两个 CPU 224 模块可以通过网络指令 NETR 和 NETW 相互发送信息。

3 号站可以从 2 号站（CPU 222）和 4 号站（CPU 224）读写数据。

4 号站可以从 2 号站（CPU 222）和 3 号站（CPU 224）读写数据。

3．网络通信运行

在实际应用中，S7-200 PLC 经常采用 PPI 协议。如果一些 S7-200 PLC 在用户程序中允许做主站控制器，则这些主站可以在 RUN 模式下，利用相关的网络通信指令来读写其他 PLC 主机的数据。

（1）控制寄存器和传送数据表。

① 控制寄存器。将控制寄存器中的 SMB30 和 SMBl30 中的内容设置为 $(2)_{16}$，则可将 S7-200 CPU 设置为点到点接 El PPI 协议主站模式。

② 传递数据表的格式及定义。执行网络读写指令时，PPI 主站与从站之间的数据以数据表的格式传送。网络读写数据表的格式如图 9-42 所示。

在图 9-42 所示数据表的第一个字节中，D 表示操作是否完成，D=1 表示完成，D=0 表示未完成；A 表示操作是否排队，A=1 表示排队有效，A=0 表示排队无效；E 表示操作返回是否有错误；E=1 表示有错误，E=0 表示无误。E1、E2、E3、E4 这 4 位数显示的为错误代码，执行指令后 E=1 时，由这 4 位返回一个错误代码。由这 4 位组成的错误代码及其含义如表 9-12 所示。

字节偏移量	7			0	
0	D	A	E	0	错误码
1	远程站地址				
2 3 4 5	远程站的数据指针 （I、Q、M 或 V）				
6	数据长度				
7	数据字节 0				
8	数据字节 1				
……	…				
22	数据字节 15				

图 9-42 网络读写数据表的格式

表 9-12 错误代码及其含义

E1 E2 E3 E4	错 误 代 码	说 明
0 0 0 0	0	无错误
0 0 0 1	1	超时错误：远程站无响应
0 0 1 0	2	接收错误
0 0 1 1	3	脱机错误：重复站地址或失败，硬件引起冲突
0 1 0 0	4	队列溢出错误：多于 8 个 NETR 和 NETW 方框被激活
0 1 0 1	5	违反协议：未启动 SMB30 内的 PPI 协议而执行网络指令
0 1 1 0	6	非法参数：NETR/NETW 表包含非法或无效数值
0 1 1 1	7	无资源：远程站忙（正在进行上装或下载操作）
1 0 0 0	8	第七层错误：违反应用协议
1 0 0 1	9	信息错误：数据地址错误或数据长度不正确
1010-1111	A～F	未开发

（2）网络运行指令。SIEMENS 公司 S7-200 系列 CPU 的网络运行指令有 2 条，分别是网络读指令（NETR）和网络写指令（NETW）。网络运行指令的格式如表 9-13 所示。

表 9-13 网络运行指令的格式

LAB	STL	功 能 描 述
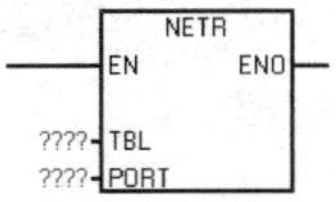	NETR TABLE，PORT	网络读取 NETR 指令，在使能端输入有效时，指令初始化通信操作，并通过端口 PORT 从远程设备接收数据，形成数据表 TABLE
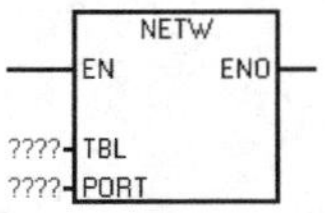	NETW TABLE，PORT	网络写入 NETW 指令，在使能端输入有效时，指令初始化通信操作，并通过指定端口 PORT 将数据表中的数据发送到远程设备

说明：

（1）数据表最多可以有 16 字节的信息。

（2）操作数类型。

TABLE：VB，MB，*VD，*AC。

PORT：0，1

（3）设定 ENO=0 的错误条件：SM4.3（运行时间），0006（间接寻址错误）。

微课 9-1　S7-200 PLC 的功能指令　　　　微课 9-2　广告牌循环彩灯的 PLC 控制

三、应用举例

（一）广告牌循环彩灯的 PLC 控制

下面用传送和移位功能指令实现广告牌循环彩灯的 PLC 控制。

1．系统 I/O 分配

系统 I/O 分配如表 9-14 所示。

表 9-14　系统 I/O 分配表

输入信号			输出信号		
名　称	功　能	编　号	名　称	功　能	编　号
SB1	起动	I0.0	KA1～KA8	控制 8 根霓虹灯管	Q0.0～Q0.7
SB2	停止	I0.1			

2．PLC 电气接线图

PLC 与循环彩灯广告显示屏之间的 I/O 电气接线图如图 9-43 所示。在实际应用中，还应在输出接口电路部分加入适当的保护措施，如阻容吸收电路等。

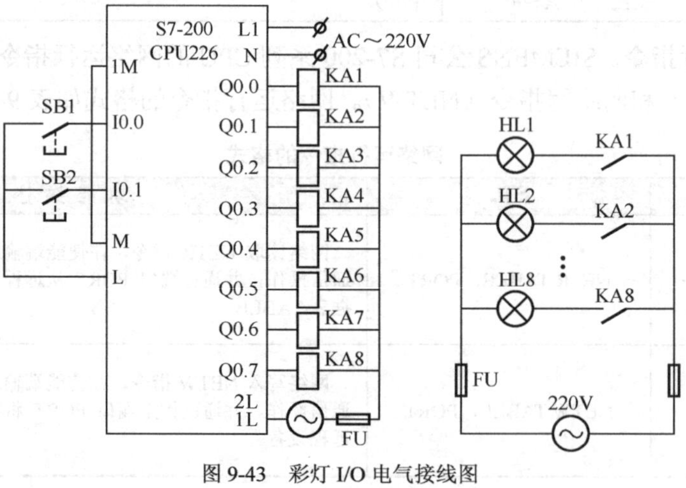

图 9-43　彩灯 I/O 电气接线图

3．控制程序

根据彩灯要求，采用移位指令及传送指令设计的程序如图 9-44 所示。

（二）送料小车多种工作方式的控制

送料小车在生产中经常用来在两地或多地间运输物资，如给加热炉加料等。现场小车系统的控制根据需要可能有多种方式，如点动控制、单周期控制、连续控制等，此时仅仅使用简单的 PLC 基本指令及步进指令来设计程序是比较复杂的。利用功能强大的功能指令或子程序来组织程序块可以使设计变得简单、易行。

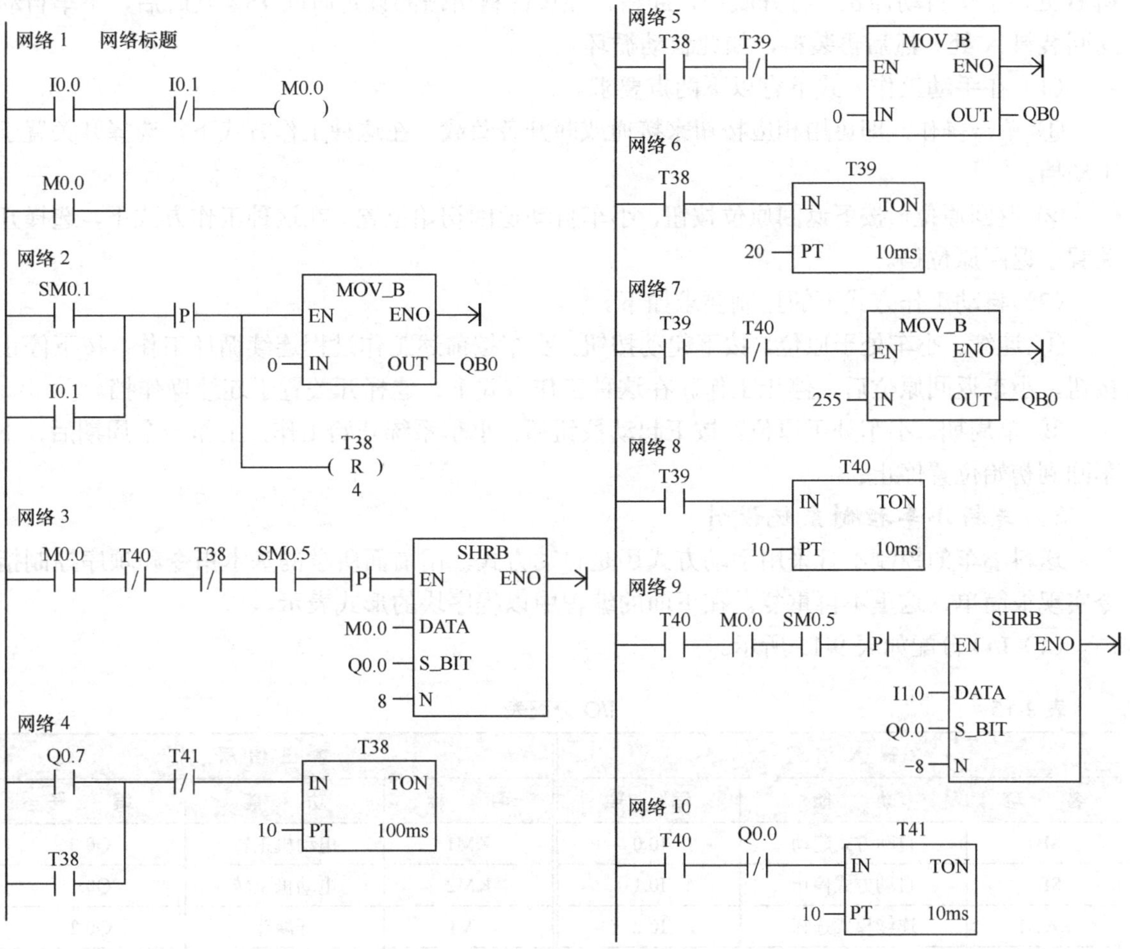

图 9-44　彩灯控制参考程序

1. 某送料小车控制系统控制要求

图 9-45 是某送料小车工作示意。小车由电动机拖动，电动机正转时小车前进，电动机反转时小车后退。对送料小车控制的要求如下。

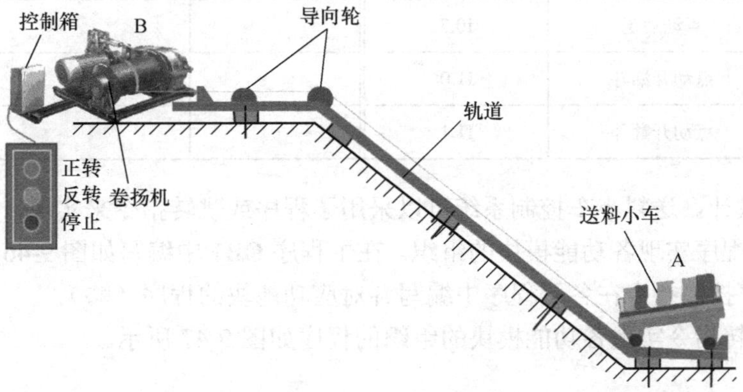

图 9-45　送料小车工作示意

小车的初始位置在最左端 A 处，小车能在任意位置起动和停止。

按下起动按钮，漏斗打开，小车装料，装料 10 s 后，漏斗关闭，小车开始前进。到达卸料 B 处，小车自动停止，打开底门，卸料，经过卸料所需的设定时间 15 s 延时后，小车自动返回装料 A 处。然后再装料，如此自动循环。

（1）在手动工作方式下有以下两点要求。

① 单一操作，即可用相应按钮来接通或断开各负载。在这种工作方式下，选择开关置于手动挡。

② 返回原位。按下返回原位按钮，小车自动返回初始位置。在这种工作方式下，选择开关置于返回原位挡。

（2）自动工作方式下的控制要求如下。

① 连续。小车处于原位，按下起动按钮，小车按前述工作过程连续循环工作。按下停止按钮，小车返回原位后，停止工作。在这种工作方式下，选择开关置于连续操作挡。

② 单周期。小车处于原位，按下起动按钮后，小车系统开始工作，工作一个周期后，小车回到初始位置停止。

2．送料小车控制系统设计

送料小车的控制不管采用手动方式还是自动方式，用前面所学的基本指令和顺序控制指令实现很简单，这里不再重复。在下面的编程中以程序块的形式表示。

（1）I/O 分配如表 9-15 所示。

表 9-15　　I/O 分配表

输入信号			输出信号		
名　称	功　能	编　号	名　称	功　能	编　号
SB1	自动方式起动	I0.0	KM1	电动机正转	Q0.0
SB2	自动方式停止	I0.1	KM2	电动机反转	Q0.1
SA1-1	连续模式选择	I0.2	YV1	开漏斗	Q0.2
SA1-2	单周期模式选择	I0.3	YV2	开翻斗	Q0.3
SA1-3	点动模式选择	I0.4			
SA1-4	回原位选择	I0.5			
SB3	点动前进	I0.6			
SB4	点动后退	I0.7			
SB5	点动开漏斗	I1.0			
SB6	点动开翻斗	I1.1			

（2）程序设计。送料小车控制系统可以采用子程序或跳转指令来实现。

① 采用子程序实现各功能模块的组织。在主程序 OB1 中编写如图 9-46 所示的程序。用基本指令或顺序控制指令在各子程序中编写各对应功能块的程序（略）。

② 采用跳转指令实现各功能模块的组织的程序如图 9-47 所示。

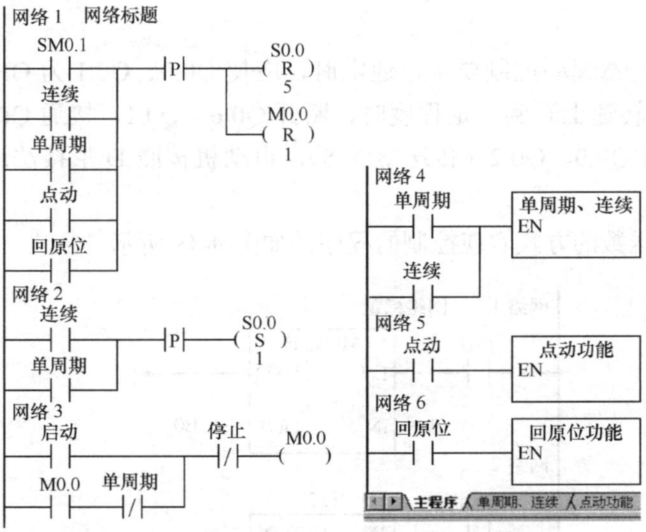

图 9-46　在子程序中编写各功能块的送料小车控制程序

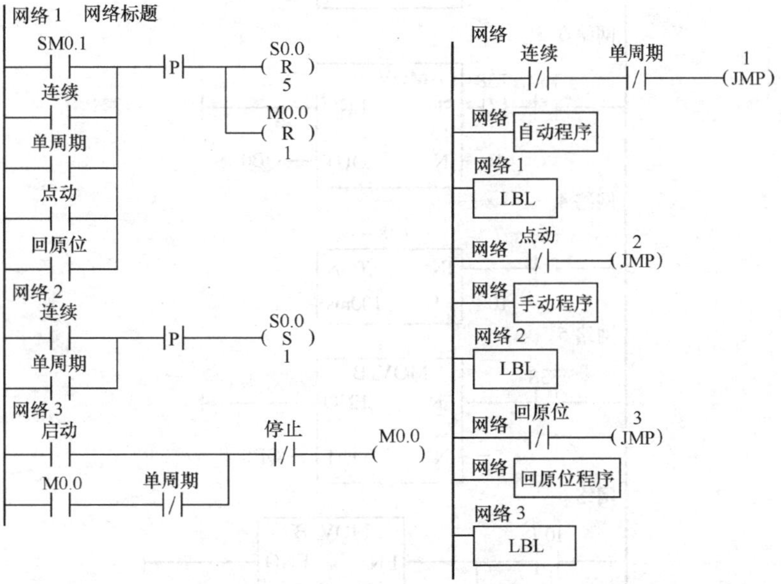

图 9-47　用跳转指令选择执行功能块的送料小车控制程序

（三）三相异步电动机 Y—△降压起动控制

三相异步电动机 Y—△降压起动控制用基本指令很容易实现，图 9-48 所示是采用传送指令实现电动机 Y—△降压起动梯形图。

1．系统 I/O 分配

系统 I/O 分配如表 9-16 所示。

表 9-16　　系统 I/O 分配表

输入信号			输出信号		
名　称	功　能	编　号	名　称	功　能	编　号
SB1	起动	I0.0	KM1	电源接触器	Q0.0
SB2	停止	I0.1	KM2	Y 形接触器	Q0.1
FR	过载	I0.2	KM3	D 形接触器	Q0.2

2．程序设计

根据电动机 Y—△起动控制要求，通电时，应使 Q0.0、Q0.1 为 ON（传送常数为 3），电动机 Y 起动；当转速上升到一定程度时，断开 Q0.0、Q0.1，接通 Q0.2（传送常数为 4）。然后延时 1 s，接通 Q0.0、Q0.2（传送常数 5），电动机按照 D 形接法运行。停止时，应传送常数 0。

使用向输出口送数的方式实现控制的程序，如图 9-48 所示。

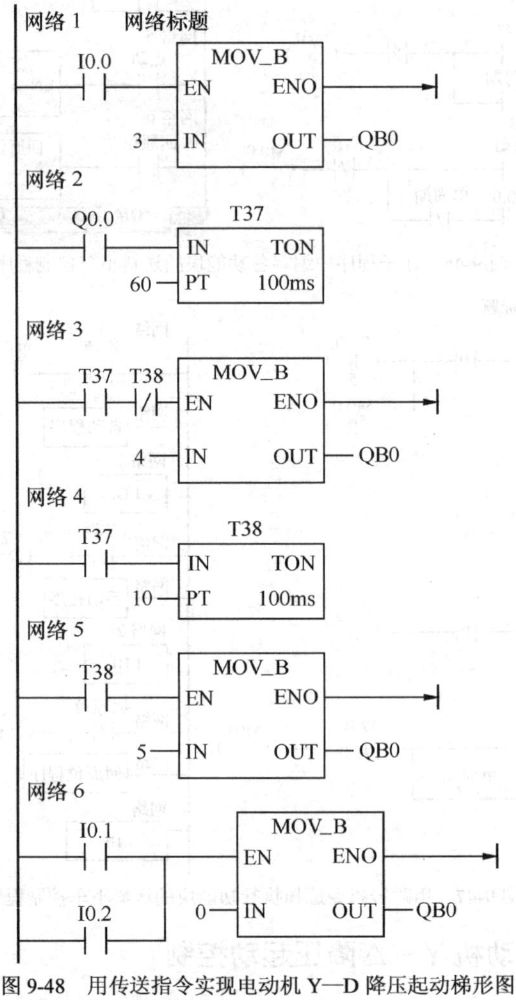

图 9-48　用传送指令实现电动机 Y—D 降压起动梯形图

（四）包装生产线产品累计和包装的 PLC 控制

某产品包装生产线应用高速计数器对产品进行累计和包装，要求每检测到 1 000 个产品时，自动启动包装机进行包装，计数方向由外部信号控制。

设计方案：选择高速计数器 HC0，计数方向可由外部信号控制，不要求复位信号输入，工作模式为 3。采用当前值等于设定值时执行中断事件，中断事件号为 12，当 12 号事件发生时，启动包装机工作子程序 SBR_2。高速计数器的初始化采用子程序 SBR_1。

调用高速计数器初始化子程序的条件采用 SM0.1 初始脉冲信号。

HC0 的当前值存入 SMD38，设定值 1 000 写入 SMD42。

按控制要求编写的程序，如图 9-49 所示。

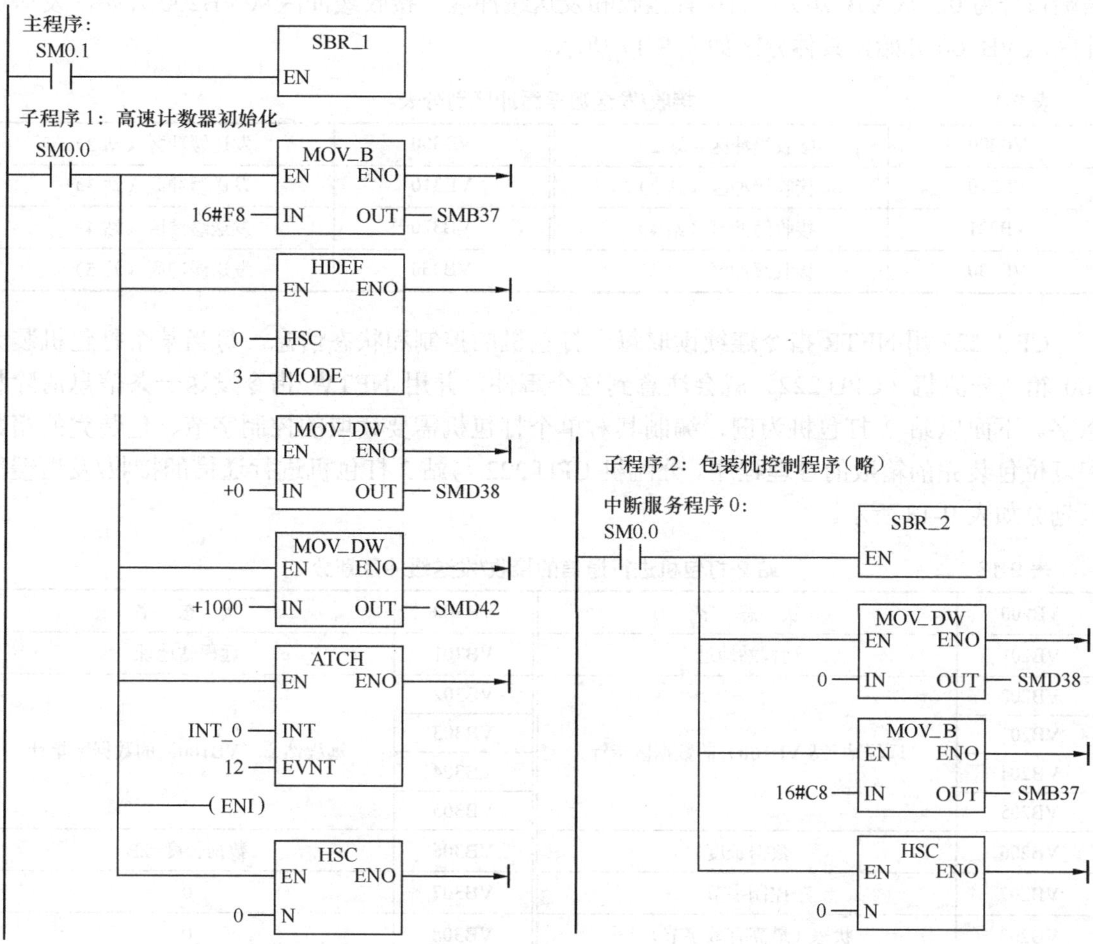

图 9-49　自动包装机控制程序

（五）西门子网络读写指令在包装机上的应用

1．控制要求

如图 9-50 所示，某产品自动装箱生产线将产品送到 4 台包装机中的一台上，包装机把每 10 个产品装到一个纸板箱中，一个分流机控制产品流向各个包装机（4 个）。CPU 221 模块用于控制打包机。一个 CPU 222 模块安装了 TD200 文本显示器，用来控制分流机。

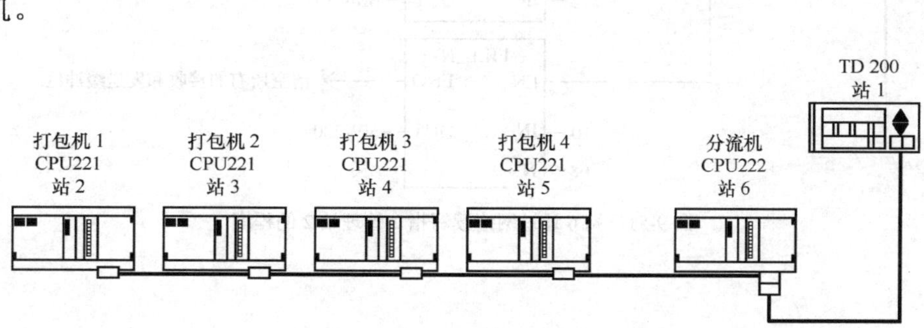

图 9-50　产品自动装箱生产线控制结构

网络站 6 要读写 4 个远程站（站 2、站 3、站 4、站 5）的状态字和计数值。CPU 222 通信端口号为 0。从 VB 200 开始设置接收和发送缓冲区。接收缓冲区从 VB200 开始，发送缓冲区从 VB300 开始，具体分区如表 9-17 所示。

表 9-17　接收/发送数据缓冲区划分表

VB200	接收缓冲区（站 2）	VB300	发送缓冲区（站 2）
VB210	接收缓冲区（站 3）	VB310	发送缓冲区（站 3）
VB221	接收缓冲区（站 4）	VB320	发送缓冲区（站 4）
VB230	接收缓冲区（站 5）	VB330	发送缓冲区（站 5）

CPU 222 用 NETR 指令连续读取每个打包机的控制和状态信息。每当某个打包机装完 100 箱，分流机（CPU 222）就会注意到这个事件，并用 NETW 指令发送一条信息清除状态字。下面以站 2 打包机为例，编制其对单个打包机需要读取的控制字节、包装完的箱数和复位包装完的箱数的管理程序。分流机 CPU 222 与站 2 打包机进行通信的接收/发送缓冲区划分如表 9-18 所示。

表 9-18　站 2 打包机进行通信的接收/发送缓冲区划分

VB200	状　态　字	VB300	状　态　字
VB201	远程站地址	VB301	远程站地址
VB202	远程站（&VB100）的数据区指针	VB302	远程站&（VB100）的数据区指针
VB203		VB303	
VB204		VB304	
VB205		VB305	
VB206	数据长度	VB306	数据长度=2B
VB207	控制字节	VB307	0
VB208	状态（最高有效字节）	VB308	0
VB209	状态（最低有效字节）		

2．程序清单及注释

网络站 6 通过网络读写指令管理站 2 的程序及其注释，如图 9-51 所示。

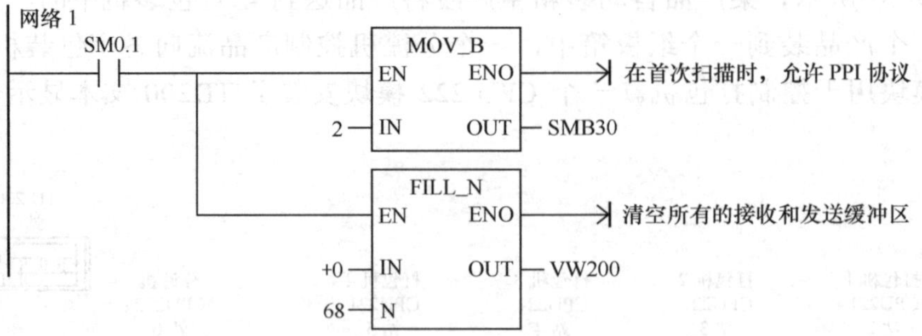

图 9-51　站 6 通过网络读写指令管理站 2 的程序

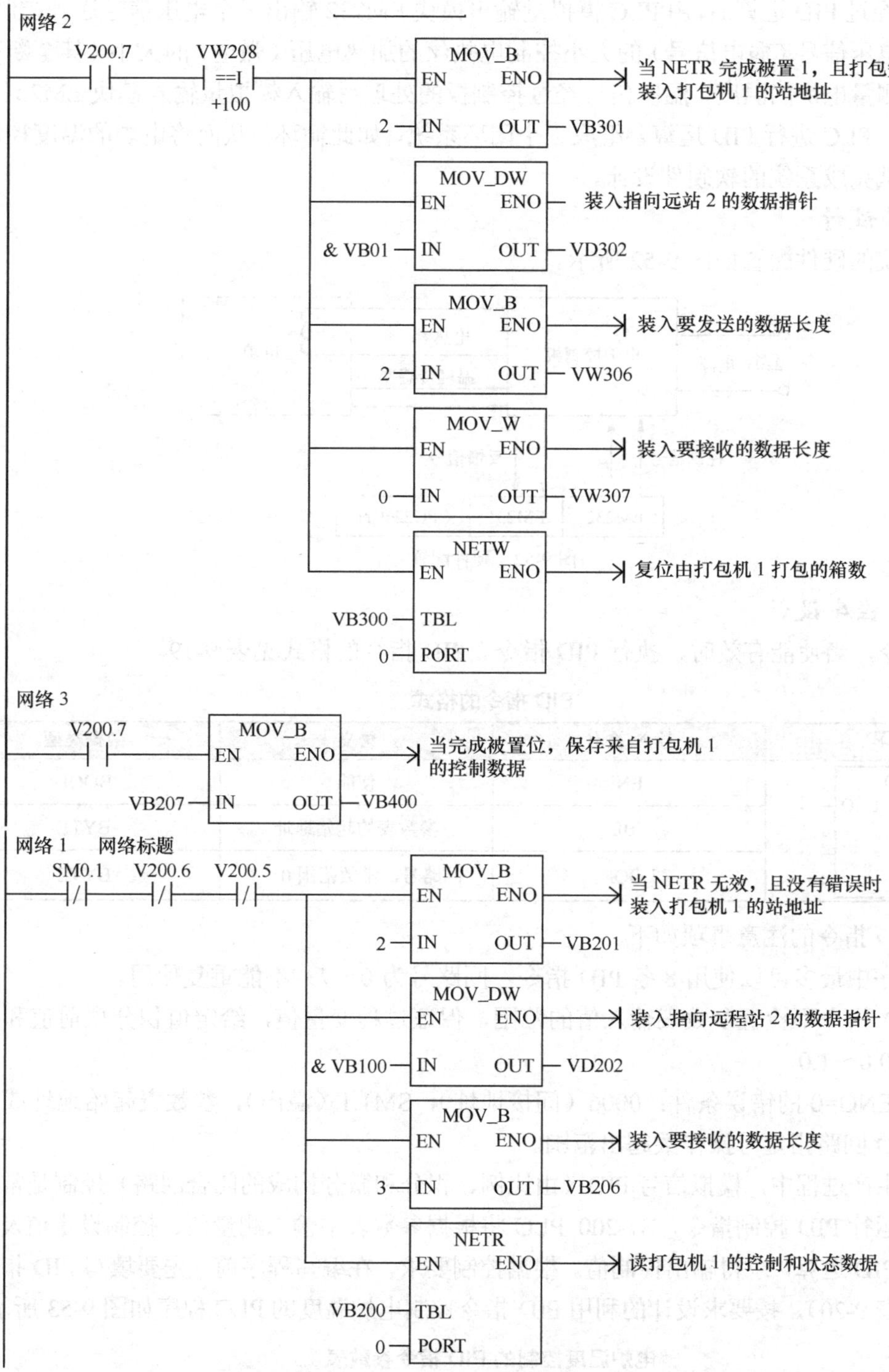

图 9-51　站 6 通过网络读写指令管理站 2 的程序（续）

（六）西门子 S7-200 PID 指令在电炉温度控制中的应用

1．控制要求

有一台电炉要求炉温控制在一定的范围，电炉的工作原理如下：当设定电炉温度后，

S7-200 PLC 经过 PID 运算后，由 PLC 模拟量输出模块 EM232 输出一个电压信号送到控制板，控制板根据电压信号（弱电信号）的大小控制电热丝的加热电压（强电）的大小（甚至断开）。温度传感器测量电炉的温度，温度信号经过控制板的处理后输入模拟量输入模块 EM231，再送到 S7-200　PLC 进行 PID 运算，组成一个闭环系统，如此循环，从而将电炉的温度控制在一定范围。试完成系统的软硬件设计。

2．硬件设计

整个系统的硬件配置如图 9-52 所示。

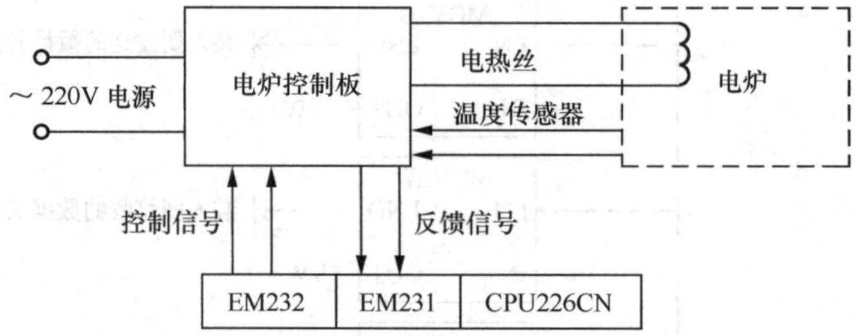

图 9-52　硬件配置

3．PLC 程序设计

PID 指令，当使能有效时，执行 PID 指令。PID 指令的格式见表 9-19。

表 9-19　PID 指令的格式

LAD	输入/输出	含义	数据类型
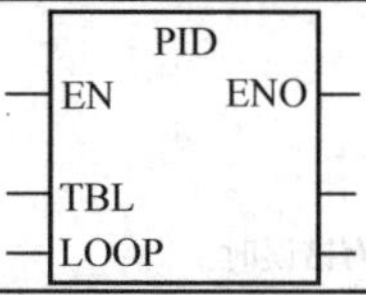	EN	使能	BOOL
	TBL	参数表的起始地址	BYTE
	LOOP	回路号，常数范围 0～7	BYTE

使用 PID 指令的注意事项如下。

（1）程序中最多可以使用 8 条 PID 指令，回路号为 0～7，不能重复使用。

（2）PID 指令不检查参数表输入值的范围，保证过程变量值，给定值积分项前值和过程变量前值在 0.0～1.0。

（3）使 ENO=0 的错误条件：0006（间接地址），SM1.1（溢出），参数表起始地址或指令中指定的 PID 回路指定号操作数超出范围。

在工业生产过程中，模拟信号 PID（由比例、积分和微分构成的闭合回路）控制是常见的控制方法。运行 PID 控制指令，S7-200 PLC 将根据参数表中输入测量值、控制设定值及 PID 参数，进行 PID 运算，求得输出控制值。根据控制要求，在编写程序前，先要填写 PID 指数的参数表（见表 9-20），按要求设计的利用 PID 指令控制电炉温度的 PLC 程序如图 9-53 所示。

表 9-20　电炉温度控制的 PID 指令参数表

地　址	参　数	描　述
VD100	过程变量 PVn	温度经过 A/D 转换后的标准化数值
VD104	给定值 SPn	0.335（最高温度为 1，调节到 0.335）
VD108	输出值 Mn	PID 回路输出值
VD112	增益 Ke	0.15
VD116	采样时间 Ts	35
VD120	积分时间 Ti	30

续表

地　址	参　数	描　述
VD124	微分时间 Td	0
VD128	上一次积分值 Mx	根据 PID 运算结果更新
VD132	上一次过程变量 PVn-1	最后一次 PID 运算过程变量值

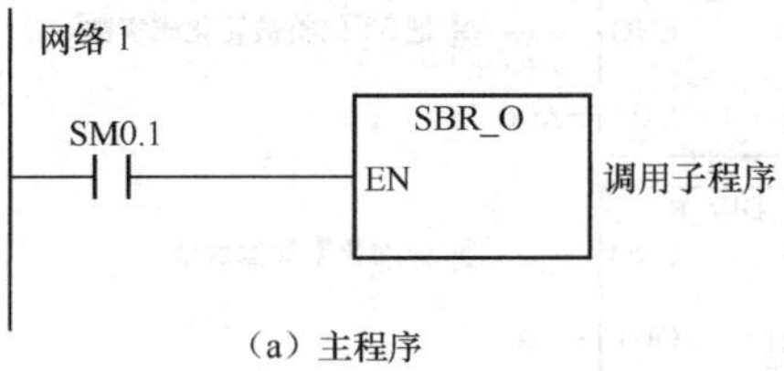

（a）主程序

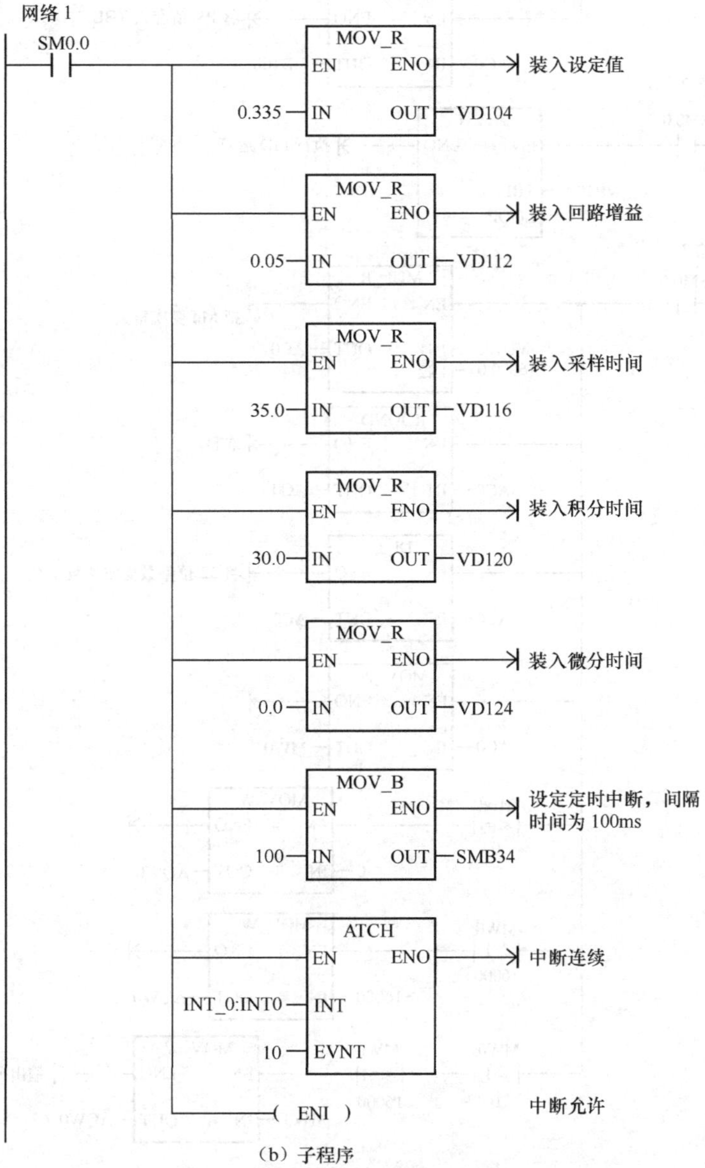

（b）子程序

图 9- 53　控制电炉温度的 PLC 程序

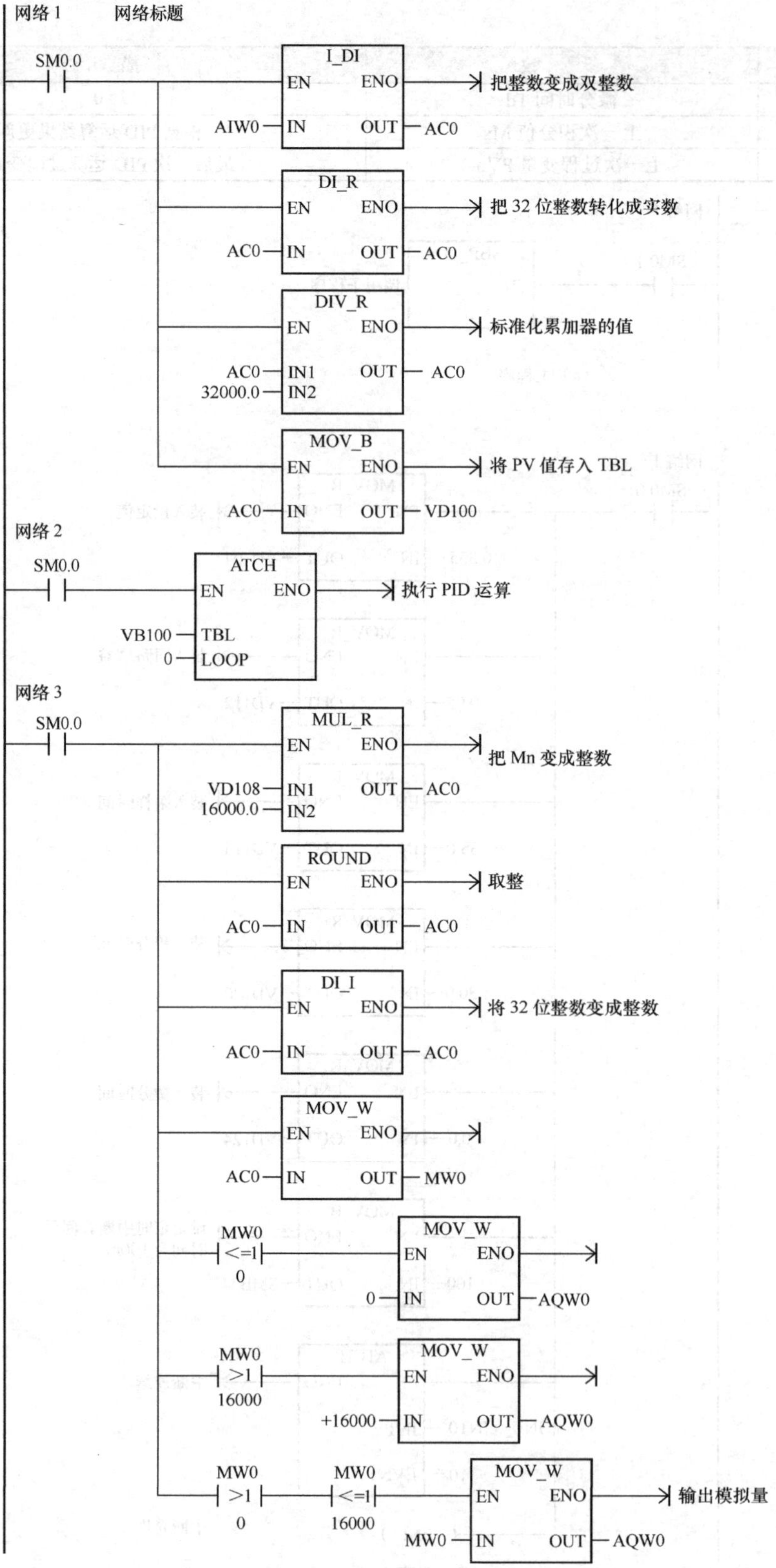

（c）中断服务程序

图 9-53　控制电炉温度的 PLC 程序（续）

项目小结

本项目以霓虹灯的控制要求及解决方案为例引出移位指令、数据传送指令等常用功能指令的基础知识及使用。功能指令是 PLC 制造商为满足用户不断提出的一些特殊控制要求而开发的指令。一条功能指令即相当于一段程序。使用功能指令可简化复杂控制，优化程序结构，提高系统可靠性。在梯形图中，功能指令一般用功能框的形式表示。

当程序较复杂时，可以根据功能的不同将整个程序分为若干不同的程序块，并使用子程序指令、跳转指令、循环指令、中断指令等优化程序结构，缩短扫描周期。

使用高速计数器可以使 PLC 不受扫描周期的限制，实现对位置、行程、角度、速度等物理量的高精度控制。使用高速脉冲输出，可以完成对步进电动机和伺服电动机的高精度控制。使用 PID 指令可以控制温度、压力、电压等现场物理量的稳定。使用这些指令编写程序非常容易，但这些功能指令一般都调用了大量的特殊继电器，不仅要进行初始化，还经常涉及中断处理。因此，当使用这些特殊指令编程时，应注意对应的端口、控制位及相关继电器的设定。

习题及思考

1．使用传送指令设计当“I0.0”动作时，Q0.0～Q0.7 全部输出为 1。

2．分析循环彩灯项目中是如何实现隔灯点亮和熄灭的。

3．编写一段程序，检测传输带上通过的产品数量，当产品数达到 100 时，停止传输带进行包装。

4．当“I0.1”动作时，使用 0 号中断，在中断程序中将 0 送入 VB0。试设计程序。

5．用定时器 T32 进行中断定时，控制接在 Q0.0～Q0.7 的 8 个彩灯循环左移，每秒移动一次，设计程序。

6．编写一段程序，用定时中断 0 实现每隔 4 s 时间 VB0 加 1。

7．编写一段程序，用 Q0.0 发出 10 000 个周期为 50 μs 的 PTO 脉冲。

项目十
综合控制系统

学习目标

1. 了解PLC可靠性设计的措施和方法。
2. 熟悉PLC的常见故障和排除方法。
3. 能用S7-200系列PLC改造T68卧式镗床、Z3050钻床、X62万能铣床的硬件和软件。
4. 能正确完成步进电动机、步进电动机驱动器和PLC之间的硬件连接。
5. 能用S7-200系列PLC进行步进电动机复位和定位编程控制。
6. 能用S7-200系列PLC对柔性生产加工控制系统进行综合程序开发。
7. 能完成PLC与变频器综合控制电动机正反转的软硬件设计。
8. 能完成PLC与变频器综合控制电机多段速的软硬件设计。

一、项目简述

（一）PLC系统可靠性设计

1．对供电电源干扰采取的措施

PLC系统的电源一般是普通市电，其电网电压存在±10%的波动，且市电电压经常发生瞬变，在感性负载或可控硅装置中，切换时易造成电压毛刺，这样的电源会引起PLC系统工作不稳定。为控制来自电源方面的干扰，可采用以下4种方法。（1）使用隔离变压器，衰减电源进线的干扰。如果没有隔离变压器，也可用普通变压器代替。为改善隔离变压器抗干扰的效果，其屏蔽层要良好接地，初次级连接线要用双绞线，以便抑制电源线间干扰。（2）使用交流稳压电源抑制电网中电压的波动，可接在隔离变压器之后。（3）采用晶体管开关电源。当市电网或其他外部电源电压波动很大时，开关电源输出电压不会有很大的影响，因而抗干扰能力强。（4）分离供电系统，将控制器、I/O通道与其他设备的供电分离开，也有利于抗电网干扰。

2．采用光电隔离技术

PLC系统中的输入、输出信号大多是开关元件，虽然PLC的抗干扰能力相当强，但是应用中还要注意进行隔离，把它们有效地与 PLC 隔离，以免受到干扰。把大信号缩小或小信号放大到 PLC 可接受的范围，能够很好地抑制共模干扰。

3. 对感性负载采取的措施

在工业控制系统中，有很多感性负载，如继电器、接触器、电磁阀等。因此，当控制触点开关转换时，将产生较高的反电动势，从而造成较大干扰。对直流、交流感性负载要区别对待。

对于直流感性负载，应在负载两端并联续流二极管，二极管要靠近负载，二极管的反向耐压应大于电源电压的 3 倍，额定电流为 1 A。对于交流感性负载，应在负载两端并接阻容吸收电路，其中，电阻取 51～120 Ω，功率为 2W；电容取 0.1～0.47 μF，电容额定电压应大于电源峰值电压，RC 越靠近负载，其抗干扰效果越好。感性负载的抗干扰措施如图 10-1 所示。

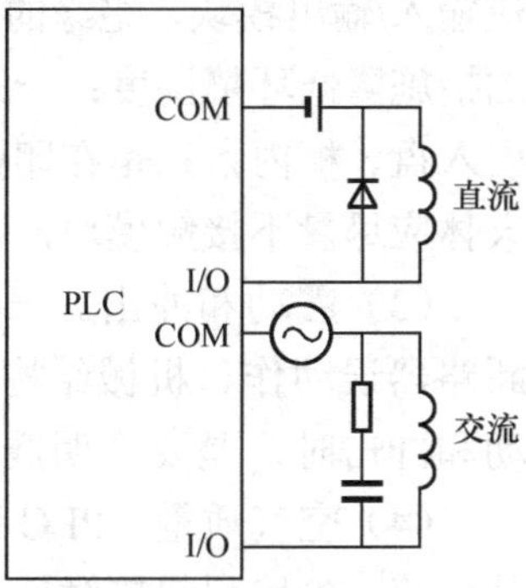

图 10-1 感性负载抗干扰措施

对控制器触点（开关量）输出场合，不管控制器本身有无抗干扰措施，最好采取上述抗干扰方法。

4. 减少外部配线的干扰

工程布线时需要注意，外部配线也可能会引入干扰。交直流输入、输出信号线分别使用各自的电缆；数字量和模拟量信号线也一定要用独立的电缆；模拟量信号线要用屏蔽电缆；集成电路或半导体设备的输入、输出信号线必须使用屏蔽电缆，屏蔽电缆的屏蔽层应该在控制器侧接地；对信号电缆和动力线应分开配线。

5. 接地处理

接地问题必须引起足够的重视。接地的好坏对系统的影响很大，尤其是模拟量信号。注意模拟地、数字地的处理，在系统内部它们应分别连接，单点引出后连接在一个接地点，引到接地地桩。接地电阻要小于 100 Ω，接地线的截面积应大于 2 mm^2，而且接地点尽量靠近 PLC 装置，其间的距离不大于 50 m。接地线应尽量避开强电回路和主回路的电线，不能避开时，应垂直相交，且尽量缩短平行走线的长度。

6. 软件抗干扰方法

软件滤波也是现在经常采用的方法，该方法可以很好地抑制对模拟信号的瞬时干扰。在控制系统中，最常用的是均值滤波法：用 N 次采样值的平均值来代替当前值，每重新采样一次就与最近的 N−1 次的历史采样值相加，然后除以 N，结果作为当前采样值。软件滤波的算法很多，根据控制要求来决定具体的算法。另外，在软件上还可以做其他处理，比如看门狗定时设置。

7. 工作环境处理

环境条件对可编程控制器的控制系统的可靠性影响很大，必须针对具体应用场合采取相应的改善环境措施。环境条件主要包括温度、湿度、震动和冲击以及空气质量等。

（1）温度。高温容易使半导体器件性能恶化，使电容器件等漏电流增大，模拟回路的漂移较大、精度降低，结果造成 PLC 故障率增大，寿命降低。温度过低，模拟回路的精度也会降低，回路的安全系数变小，甚至引起控制系统的动作不正常，特别是温度急剧变化时，影响更大。

解决高温问题，一是在盘、柜内设置风扇或冷风机；二是把控制系统置于有空调的控制室内；三是安装控制器时，上下要留有适当的通风距离，I/O 模块配线时要使用导线槽，以免妨碍通风。电阻器或电磁接触器等发热体应远离控制器，并把控制器安装在发热体的下面。解决低温问题则相反，一是在盘、柜内设置加热器；二是停运时，不切断控制器和 I/O 模块的电源。

（2）湿度。在湿度大的环境中，水分容易通过金属表面的缺陷浸入内部，引起内部元件恶化，印刷板可能由于高压或高浪涌电压而引起短路。在极干燥的环境下，绝缘物体上会产生静电，特别是集成电路，由于输入阻抗高，因此可能因静电感应而损坏。

控制器不运行时，温度、湿度急骤变化可能引起结露，使绝缘电阻大大降低，特别是交流输入/输出模块，绝缘的恶化可能产生预料不到的事故。对于湿度过大的环境，要采取适当的措施降低环境湿度：一是把盘、柜设计成密封型，并加入吸湿剂；二是把外部干燥的空气引入盘、柜内；三是在印刷板上涂覆一层保护层，如松香水等。在湿度低、干燥的环境下，人体应尽量不接触模块，以防感应静电而损坏器件。

（3）震动和冲击。一般可编程控制器的震动和冲击频率超过极限时，会引起电磁阀或断路器误动作、机械结构松动、电气部件疲劳损坏以及连接器的接触不良等后果。在有震动和冲击时，是要查明震动源，采取相应的防震措施，如采用防震橡皮，隔离震动源等。

（4）空气质量。PLC 系统周围空气中不能混有尘埃、导电性粉末、腐蚀性气体、油雾和盐分等。尘埃引起接触部分接触不良，或堵住过滤器的网眼；导电性粉末可引起误动作，使绝缘性能变差和短路等；油雾可能会引起接触不良和腐蚀塑料；腐蚀性气体和盐分会腐蚀印刷电路板、接线头及开关触点，造成继电器或开关类的可动部件接触不良。

对于不清洁环境中的空气可采取以下措施：一是盘、柜采用密封型结构；二是盘、柜内充入正压清洁空气，使外界不清洁空气不能进入盘、柜内部；三是在印刷板表面涂覆一层保护层，如松香水等。

（二）PLC 的常见故障和排除方法

1．PLC 的维护

PLC 的可靠性很高，但环境的影响及内部元件的老化等因素也会造成 PLC 不能正常工作。PLC 的维护主要包括以下方面。

（1）对于大中型 PLC 系统，应制定维护保养制度，做好运行、维护、保养记录。

（2）定期对系统进行检查保养，时间间隔为半年，最长不超过一年，特殊场合应缩短时间间隔。

（3）检查设备安装、接线有无松动现象，焊点、接点有无松动或脱落。

（4）除尘去污，清除杂质。

（5）检查供电电压是否在允许范围之内。

（6）重要器件或模块应有备件。

（7）校验输入元件、信号是否正常，有无出现偏差异常现象。

（8）定期更换机内后备电池。锂电池寿命通常为 3～5 年，当电池电压降低到一定值时，电池电压指示 BATT.V 亮。

（9）加强维护和使用人员的思想教育，提高业务素质。

2．故障检查与排除

（1）PLC 的自诊断。PLC 本身具有一定的自诊断能力，使用者可从 PLC 面板上各种指示灯的发亮和熄灭来判断 PLC 系统是否出现故障，这给用户初步诊断故障带来很大的方便。PLC 基本单元面板上的指示灯如下。

① POWER：电源指示灯。当供给 PLC 的电源接通时，该指示灯亮。

② RUN：运行指示灯。SW1 置于“RUN”位置或基本单元的 RUN 端与 COM 端的开关合上时，PLC 处于运行状态，该指示灯亮。

③ BATT.V：机内后备电池电压指示灯。PLC 的电源接通，锂电池电压跌落到一定值时，该指示灯亮。

（2）故障检查与排除。利用 PLC 基本单元面板上各种指示灯的运行状态，可初步判断发生故障的范围，在此基础上可进一步查清故障。

① 电源系统的检查。从 POWER 指示灯的亮或灭较容易判断出电源系统正常与否。因为只有电源正常工作时，才能检查其他部分的故障，所以应先检查或修复电源系统。电源系统故障往往是由于供电电压不正常、熔断器熔断或连接不好、接线或插座接触不良，有时也可能是指示灯或电源部件坏了。

② 系统异常运行检查。先检查 PLC 是否置于运行状态，再监视检查程序是否有错，若还不能查出，应接着检查存储器芯片是否插接良好，仍然查不出时，则检查或更换微处理器。

③ 检查输入部分。输入部分的常见故障、产生原因和处理建议如表 10-1 所示。

表 10-1 输入部分的常见故障、产生原因和处理建议

故障现象	可能的原因	处理建议
输入均没有接通	① 未向输入信号源供电	① 接通有关电源
	② 输入信号源电源电压过低	② 调整合适：24 V，7 mA
	③ 端子螺钉松动	③ 拧紧
	④ 端子板接触不良	④ 处理后重接
PLC 输入全异常	输入单元电路故障	更换输入部件
某特定输入继电器没有接通（指示灯灭）	① 输入信号源（器件）故障	① 更换输入器件
	② 输入配线断	② 重接
	③ 输入端子松动	③ 拧紧
	④ 输入端接触不良	④ 处理后重接
	⑤ 输入接通时间过短	⑤ 调整有关参数
	⑥ 输入回路（电路）故障	⑥ 检测电路或更换
某特定输入继电器关闭	输入回路（电路）故障	检查电路或更换
输入随机性动作	① 输入信号电平过低	① 检查电源及输入器件
	② 输入接触不良	② 检查端子接线
	③ 输入噪声过大	③ 加屏蔽或滤波措施
动作正确，但指示灯灭	LED 损坏	更换 LED

④ 检查输出部分：输出部分的常见故障、产生原因和处理建议如表 10-2 所示。

表 10-2 输出部分的常见故障、产生原因和处理建议

故障现象	可能的原因	处理建议
输出均不能接通	① 未加负载电源	① 接通电源
	② 负载电源已坏或电压过低	② 调整或修理
	③ 接触不良（端子排）	③ 处理后重接
	④ 保险管已坏	④ 更换保险管
	⑤ 输出回路（电路）故障	⑤ 更换输出部件
	⑥ I/O 总线插座脱落	⑥ 重接
输出均不关断	输出回路（电路）故障	更换输出部件

续表

故 障 现 象	可能的原因	处 理 建 议
特定输出继电器不能接通（指示灯灭）	① 输出接通时间过短	① 修改输出程序或数据
	② 输出回路（电路）故障	② 更换输出部件
特定继电器（输出）不能接通（指示灯亮）	① 输出继电器损坏	① 更换继电器
	② 输出配线断	② 重接或更新
	③ 输出端子接触不良	③ 处理后更新
	④ 输出驱动电路故障	④ 更换输出部件

系统的输入、输出部分通过接线端子、连接线和 PLC 连接起来，而且输入外围设备和输出驱动的外围设备均为硬件和硬件连接，因此输入、输出部分较容易发生故障，这也是 PLC 系统中最常见的故障，因此，检查时需多加注意。

⑤ 检查电池。机内电池部分出现故障，一般是由于电池装接不好或因使用时间过长所致，把电池装接牢固或更换电池即可。若电池异常，则在一周内更换，更换时间小于 5 min。

⑥ 外部环境检查。PLC 控制系统工作正常与否与外部条件环境有关，有时发生故障的原因就是外部环境不符合 PLC 系统工作的要求。检查外部工作环境主要包括以下几个方面。

a．如果环境温度高于 55℃，就应安装电风扇或空调机，以改善通风条件；如果温度低于 0℃，就应安装加热设备。

b．相对湿度高于 85%，容易造成控制柜中挂霜或滴水，引起电路故障，应安装空调器等，同时相对湿度不应低于 35%。

c．周围有无大功率电气设备（如晶闸管变流装置、弧焊机、大电动机起动）产生不良影响，如果有，就应采取隔离、滤波、稳压等抗干扰措施。

二、相关知识

（一）西门子 S7-200 系列 PLC 对卧式镗床的改造

1．确定改造方案

镗床是冷加工中使用比较普遍的设备，属于精密机床，主要用于加工精度、光洁度要求较高的孔以及各孔间的距离要求较为精确的零件，如一些箱体零件。T68 型卧式镗床是应用最广泛的一种。原控制电路为继电器控制，接触触点多，线路复杂，故障多，操作人员维修任务较大。电气控制线路见图 3-16。针对这种情况，使用西门子 S7-200 系列 PLC 对其进行改造，用 PLC 软件控制改造其继电器控制电路，克服了继电器控制的缺点，降低了设备故障率，提高了设备使用效率，改造后运行效果非常好。改造原则如下。

（1）原镗床的工艺加工方法不变。

（2）在保留主电路原有元件的基础上，不改变原控制系统电气操作方法。

（3）电气控制系统控制元件（包括按钮、行程开关、热继电器、接触器）的作用与原电气线路相同。

（4）主轴和进给起动、制动、低速、高速和变速冲动的操作方法不变。

（5）改造原继电器控制中的硬件接线为用 PLC 编程实现。

2．硬件改造

（1）主电路。T68 镗床有 2 台电动机，主轴电动机 M1 拖动主轴的旋转和工作进给，M2 电动机实现工作台的快移。M1 电动机是双速电动机，低速是△接法，高速是 YY 接法，主轴旋转和进给都有齿轮变速，停车时采用了反接制动，主轴和进给的齿轮变速采用了断续自动低速冲动。T68 型卧式镗床的主电路图如图 10-2 所示。

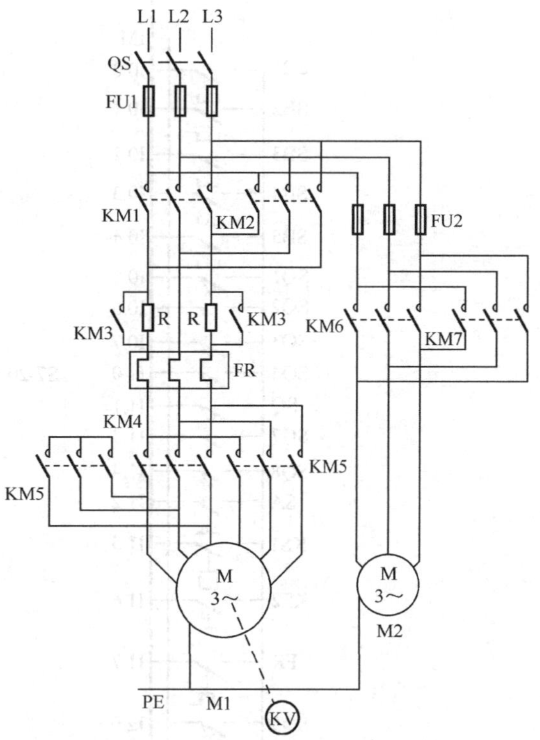

图 10-2　T68 型卧式镗床的主电路

（2）输入/输出信号地址编号。在改造中选用 S7-200 CPU226 系列 PLC，18 个输入信号和 9 个输出信号对应于 PLC 输入端 I0.0～I2.1 及输出端 Q0.0～Q1.4。输入/输出信号及其地址编号如表 10-3 所示。输入/输出接线图如图 10-3 所示。

表 10-3　输入/输出信号及其地址编

输入信号			输出信号		
名称	功能	地址编号	名称	功能	地址编号
SB1	停车制动	I0.0	KM1	主轴正转	Q0.0
SB2	M1 长车正转	I0.1	KM2	主轴反转	Q0.1
SB3	M1 长车反转	I0.2	KM3	主轴制动	Q0.2
SB4	M1 点动正转	I0.3	KM4	主轴低速	Q0.3
SB5	M1 点动反转	I0.4	KM5	主轴高速	Q0.4
SQ1	M1 变速起停	I0.5	KM6	快进	Q0.5
SQ2	M1 变速啮合	I0.6	KM7	快退	Q0.6
SQ3	进给变速起停	I0.7		运行监视	Q1.0
SQ4	进给变速啮合	I1.0	HL	照明	Q1.4
SQ	M1 高低速选择	I1.1			
SA	机床照明	I1.2			
SQ7	快移正转	I1.3			
SQ8	快移反转	I1.4			
KS1	速度继电器正向	I1.5			
KS2	速度继电器反向	I1.6			
FR	过载保护	I1.7			
SQ5	主轴自动进刀与工作台进给互锁	I2.0			
SQ6		I2.1			

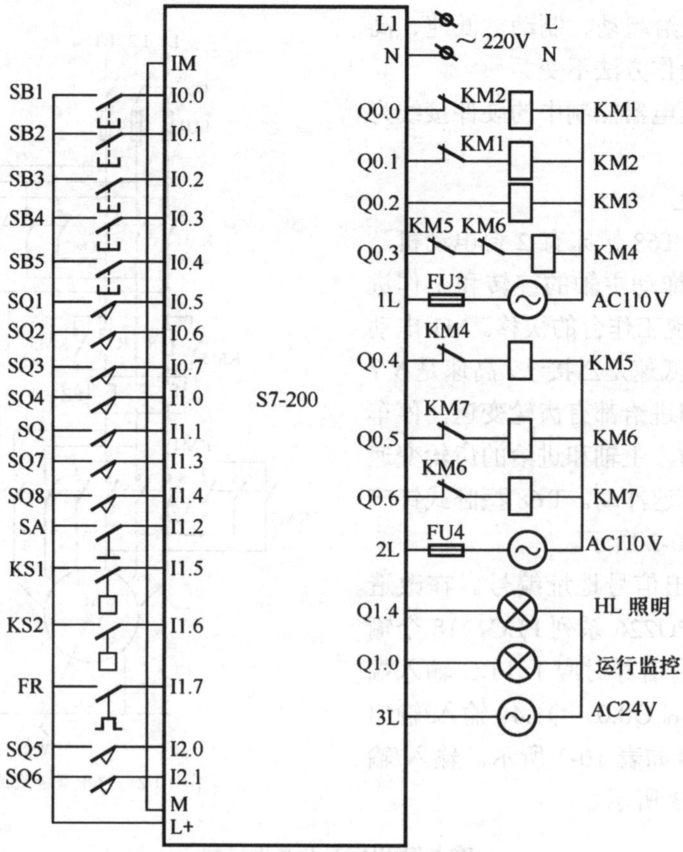

图 10-3　T68 型卧式镗床输入输出接线

3．软件设计

根据卧式镗床工作过程的控制要求，分析输入输出量之间的关系，设计 PLC 的控制程序。图 10-4 所示为改造后的软件梯形图程序。

4．系统调试

PLC 通电，由于主轴自动进刀与工作台进给（I2.0、I2.1）互锁只能有一个动作，因此 M1.0 置 1，M1.0 触点动作。

（1）M1 的正转连续控制。主轴变速杆“SQ1”压下，I0.5 置 1，进给变速杆“SQ3”压下，I0.7 置 1。

① 正转低速起动。主轴变速手柄打到低速，“SQ”不受压，I1.1 置 0。

按下正转起动按钮“SB2”，I0.1 置 1，则 M0.0 置 1 自锁，Q0.2、M0.3、Q0.0、M0.2、Q0.3 置 1，KM1、KM3、KM4 得电，M1 接成△低速全压起动，转速上升，上升到 120 r/min，KS1（XI1.5 动作），为反接制动做准备。

② 正转低速停车。反接制动。

按停车按钮“SB1”，I0.0 闭合，M0.3、Q0.0、Q0.3 置 0，KM1、KM4 失电，同时 Q0.1、M0.2、Q0.3 得电置 1，KM2、KM4 得电，M1 串电阻 R 进行反接制动，转速下降，下降到 100 r/min，KS1 复位，I1.5 断开，Q0.1、M0.2、Q0.3 复位置 0，KM4 失电，M1 停车结束。

③ M1 正转高速起动。主轴变速手柄打到高速，“SQ”受压，I1.1 置 1。

控制过程同低速类似，按下“SB2”按钮，I0.1 置 1，M0.0、M0.2、M0.3、Q0.0、Q0.3 置 1，由于 I1.1 置 1，T37 开始延时，KM1、KM3、KM4 得电，M1 接成△低速全压起动，延时 3 s，T37 动作，Q0.3 复位，T37 延时 3 s，Q0.4 置 1，KM4 失电，KM5 得电，M1 接成 YY 高速运行，转速上升至 100 r/min，KS1（I1.5）动作，为反接制动做准备。

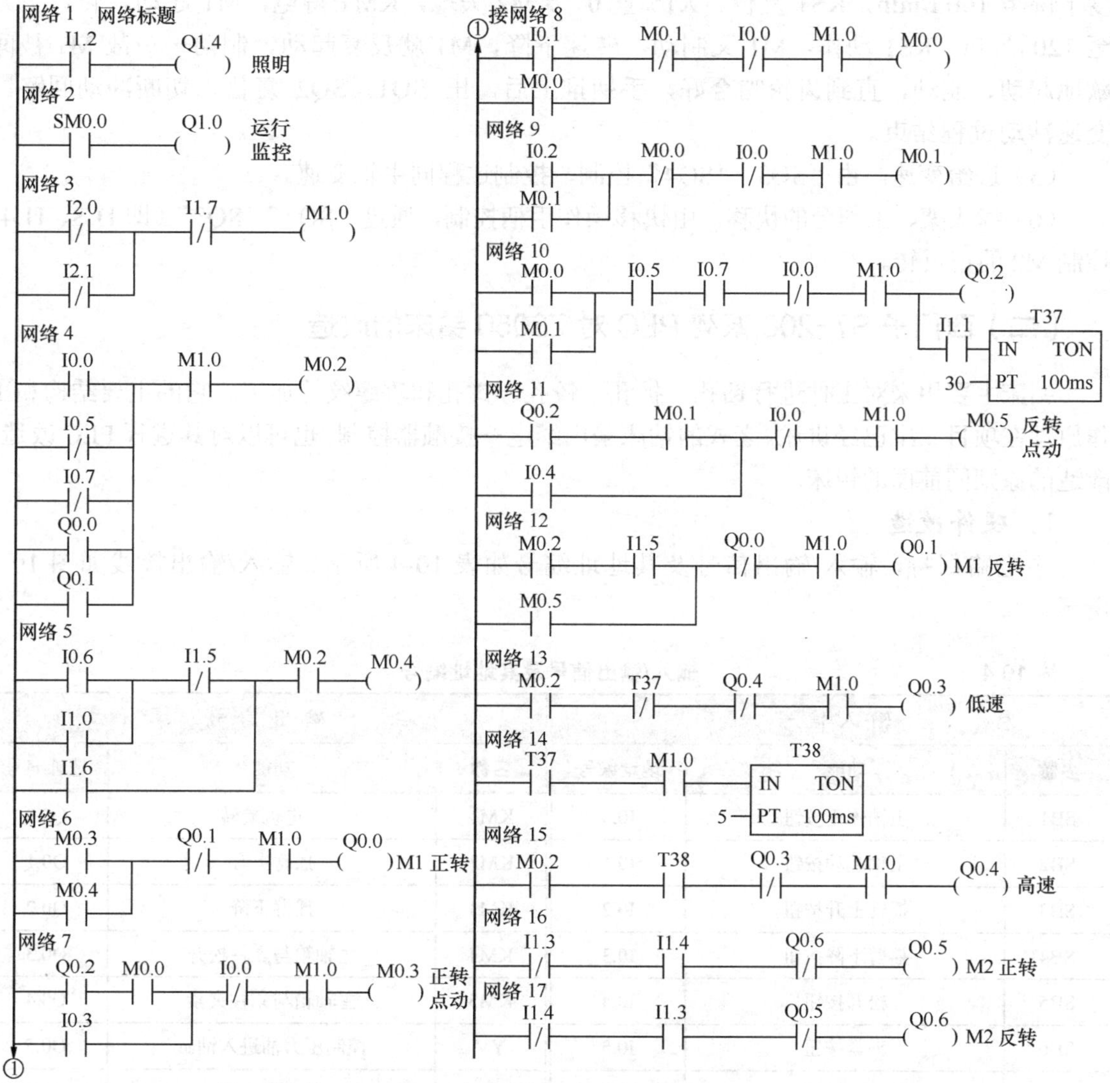

图 10-4 T68 型卧式镗床梯形图

④ 正转高速停车。同正转低速停车类似，采用的是低速反接制动。

（2）M1 的反转控制。同正转低速控制类似，利用 SB3、M0.1、Q0.2、M0.5、Q0.1、M0.2、Q0.3、Q0.4、KS2 来控制实现。

（3）M1 的点动控制。正转点动：按“SB4”按钮，I0.3 置 1，M0.3、Q0.0、M0.2、Q0.3 置 1，KM1、KM4 得电，M1 接成△串电阻低速点动。反转点动按“SB5”按钮实现。

（4）主运动的变速控制。主轴变速“SQ1”：变速完毕，啮合好受压，I0.5 置 1。“SQ2”：在变速过程中，发生顶齿受压，I0.6 置 1。

将主轴变速操作手柄拉出，“SQ1”复位，I0.5 置 0，若正转状态，则反接制动停车，调变速盘至所需速度，将操作手柄推回原位，若发生顶齿现象，则进行变速冲动。

在变速过程中，若发生顶齿受压，则“SQ2”受压，I0.6 置 1，M0.2、M0.4、Q0.0、Q0.3 置 1，KM1、KM4 得电，M1 接成△低速起动，转速上升至 120 r/min，KS1 动作，I1.5 置 1，M0.4、Q0.0 置 0，Q0.1、M0.2、Q0.3 置 1，KM2、KM4 得电，M1 进行反接制动，速度下降至 100 r/min，KS1 复位，X15 置 0，KM2 失电，KM1 得电，M1 起动，转速上升至 120 r/min，KS1 动作，M1 又制动，转速下降，M1 就反复起动、制动……故 M1 被间歇地起动、制动，直到齿轮啮合好，手柄推上后，压 SQ1，SQ2 复位，切断冲动回路。变速冲动过程结束。

（5）进给变速。由“SQ3”“SQ4”控制，控制过程同主轴变速。

（6）镗头架、工作台的快移。由快移操作手柄控制，通过“SQ7”“SQ8”（即 I1.3、I1.4）控制 M2 的正反转。

（二）西门子 S7-200 系列 PLC 对 Z3050 钻床的改造

钻床主要用来对工件进行钻孔、扩孔、铰孔、镗孔和攻螺纹等加工。它的主要结构和工作原理在项目二中已经讲述。老式的钻床采用继电—接触器控制，也可以对其进行 PLC 改造。改造的原则同前面的镗床。

1．硬件改造

主电路保持，输入/输出信号及其地址编号如表 10-4 所示。输入/输出接线如图 10-5 所示。

表 10-4　输入/输出信号及其地址编号

输入信号			输出信号		
名称	功能	地址编号	名称	功能	地址编号
SB1	主轴停止按钮	I0.0	KM1	主电机旋转	Q0.0
SB2	主轴起动按钮	I0.1	KM2	摇臂上升	Q0.1
SB3	摇臂上升按钮	I0.2	KM3	摇臂下降	Q0.2
SB4	摇臂下降按钮	I0.3	KM4	主轴箱与立柱松开	Q0.3
SB5	松开按钮	I0.4	KM5	主轴箱与立柱夹紧	Q0.4
SB6	夹紧按钮	I0.5	YV	控制压力油进入油缸	Q0.5
FR1	主轴电机保护	I0.6	HL1	松开指示灯	Q0.7
FR2	液压泵电机保护	I0.7	HL2	夹紧指示灯	Q1.0
SQ1-1	上升限位开关	I1.0	HL3	旋转指示灯	Q1.1
SQ1-2	下降限位开关	I1.1			
SQ2	摇臂松开后压下	I1.2			
SQ3	摇臂夹紧后压下	I1.3			
SQ4	控制夹紧与松开指示灯	I1.4			

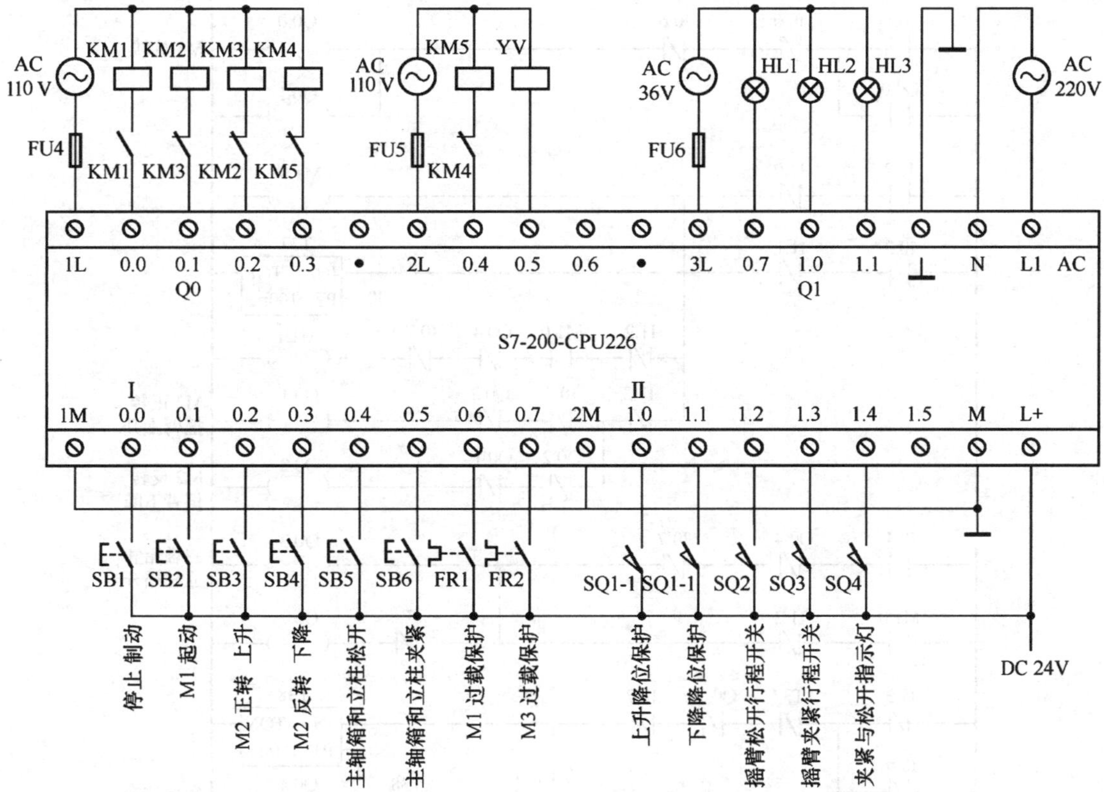

图 10-5　Z3050 钻床输入/输出接线

2．软件设计

根据钻床工作过程的控制要求，分析输入输出量之间的关系，设计 PLC 的控制程序。图 10-6 为改造后的 PLC 梯形图程序。

3．系统调试

Z3040 钻床的 PLC 程序调试过程如下。

（1）主轴电机的控制。

① 起动。按下“SB2”按钮→I0.1 置 1→Q0.0 置 1，自锁，Q1.1 置 1→KM1 得电，M1 起动带动钻头旋转，旋转指示灯 HL3 亮。

② 停转。按下“SB1”按钮→I0.0 置 1→Q0.0 置 0，释放，Q1.1 置 0→KM1 失电，M1 停转，HL3 熄灭。

（2）摇臂升降电机的控制。

① 上升。按下“SB3”按钮→I0.2 置 1→M1.0、M1.1 置 1→Q0.3、Q0.7 置 1→KM4 得电→液压泵电动机 M3 正转，松开指示灯 HL1 亮→同时，Q0.5 置 1→YV 得电→压力油进入摇臂松开油腔，使摇臂松开后压下“SQ2”→I1.2 置 1。

- M1.1、Q0.3、Q0.7 置 0→KM4 失电→M3 停转，HL1 熄灭。
- Q0.1 置 1→KM2 得电，M2 正转，摇臂上升→当上升到所需位置，松开 SB3→I0.2 置 0→M1.0→Q0.1 置 0→KM2 失电→M2 停转，摇臂不再上升→T37 动作，延时 3 s→Q0.4 置 1→KM5 得电→M3 反转，反向供给压力油，使摇臂夹紧后→压下 SQ3→I1.3 置 1→KM5、YV 失电→M3 停转。

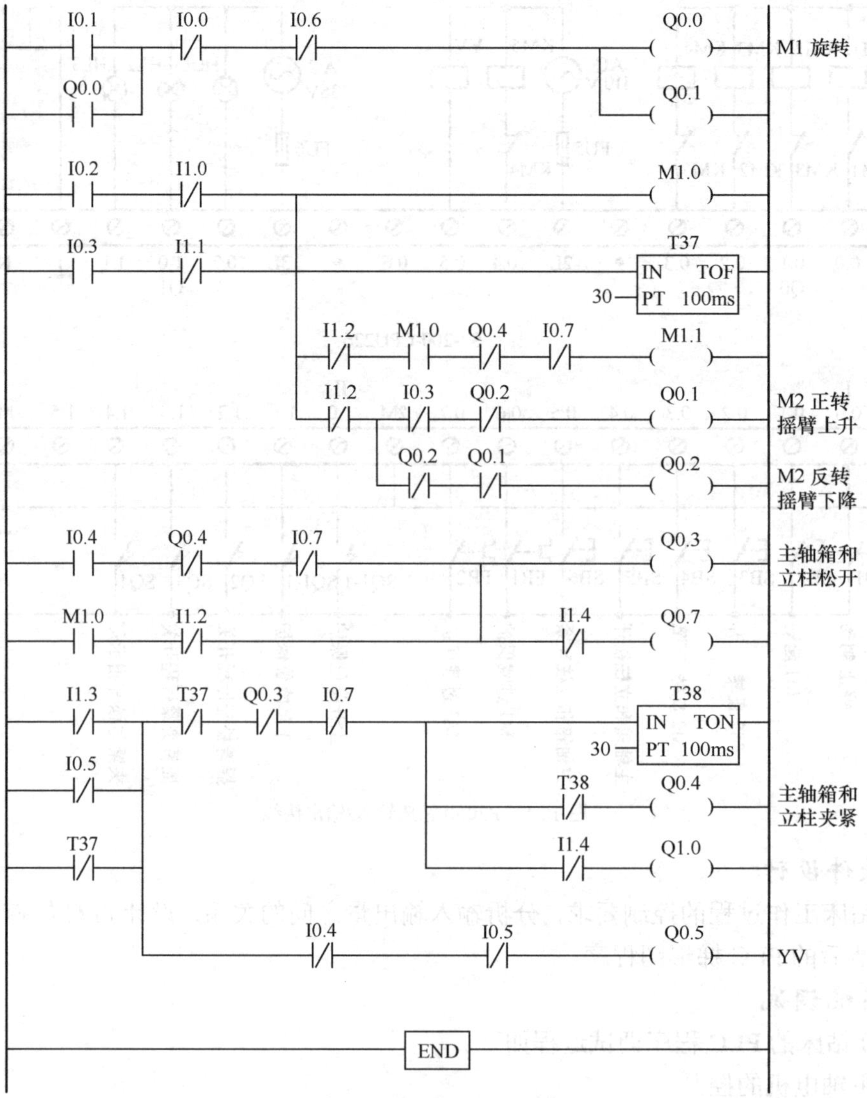

图 10-6 Z3050 钻床 PLC 梯形图

② 下降。按下“SB4”按钮，原理同摇臂上升相似。

（3）主轴箱和立柱松开与夹紧的控制。

① 松开。夹紧行程开关“SQ3”释放→I1.3 为 1→按下“SB5”按钮→I0.4 置 1→Q0.3 置 1，Q0.5 置 0→KM4 得电，YV 失电→M3 正转，压力油进入主轴箱和立柱的松开油缸，使其松开→此时“SQ4”不受压→I1.4 为 0→Q0.7 置 1→HL1 亮→松开“SB5”按钮，M3 停转，松开控制结束。

② 夹紧。松开行程开关“SQ2”释放→I1.2 为 1→按下“SB6”→I0.5 置 1→Q0.4 置 1→KM5 得电→M3 反转，压力油进入主轴箱和立柱的夹紧油缸，使其夹紧→此时压下“SQ4”→I1.4 置 1→Q1.0 置 1→HL2 亮→松开“SB6”按钮，M3 停转，夹紧控制结束。

（三）西门子 S7-200 系列 PLC 对 X62W 型万能铣床的改造

X62W 万能铣床是一种通用的多用途机床，可以进行平面、斜面、螺旋面及成型表面的加工，是一种最常用的加工设备，老式的铣床采用继电-接触器控制，也可以对其进行 PLC 改造。改造的原则同前面的镗床。

1. 硬件改造

主电路保持不变，输入/输出信号及其地址编号如表 10-5 所示。

表 10-5　　输入/输出信号及其地址编号

输入信号			输出信号		
名　称	功　能	地址编号	名　称	功　能	地址编号
KV1	正向速度继电器	I0.0	KM1	冷却泵	Q0.1
KV1	反向速度继电器	I1.0	KM2	主轴	Q0.3
SQ1	工作台右限位	I0.1	KM3	制动	Q0.2
SQ2	工作台左限位	I0.2	KM4	正向进给	Q0.4
SQ3	工作台前、下限位	I0.3	KM5	反向进给	Q0.5
SQ4	工作台后、上限位	I0.4	KM6	工作台快移	Q0.6
SB5（SB6）	工作台快移	I0.5	EL	照明	Q0.7
SQ6	进给变速	I0.6			
SQ7	主轴变速冲动	I0.7			
SB1（SB2）	起动	I1.1			
FR1、FR2、FR3	过载	I1.2			
SB3（SB4）	停车	I1.3			
SA4	照明	I1.4			
SA11、SA13	圆工作台	I1.5			
SA12	圆工作台	I1.6			
SA3	冷却泵	I1.7			

2. 软件设计

根据铣床的要求，设计梯形图，如图 10-7 所示。系统的调试过程在此省略。

程序调试过程不再赘述，由学生自主完成。

（四）PLC 在 EAPS100 柔性生产加工系统中的综合应用

EAPS100 柔性生产加工系统是深圳科莱德公司引进德国技术研制的新一代自动化生产线实训设备，是一套完全工业级的自动化生产制造系统，包括 PLC、步进电动机、机械手、传感器、变频电动机、伺服电动机、同步电动机、机械运输结构等主要元件。整个生产线能够实现工件上料、冲压、清洗、组装、存储等多种复杂功能。图 10-8 是 EAPS100 柔性生产加工系统外形。下面以上料单元为例，讲述步进电动机的复位控制、步进电动机的定位控制、EAPS100 柔性生产加工控制系统上料单元的 PLC 硬件和软件设计。图 10-9 是上料单元外形。

1. PLC 在步进电动机中的综合应用

（1）步进电动机驱动器。步进电动机是将电脉冲信号转变为角位移或线位移的开环控制元件。在非超载的情况下，电动机的转速、停止的位置只取决于脉冲信号的频率和脉冲数，而不受负载变化的影响，即给电动机加一个脉冲信号，电动机则转过一个步距角。这一线性关系的存在，加上步进电动机只有周期性的误差而无累积误差等特点，使得在速度、位置等控制领域用步进电动机来控制变得非常简单。虽然步进电动机已被广泛应用，但步进电动机并不能像普通的直流电动机、交流电动机在常规下通电就可以使用。步进电动机必须由双环形脉冲信号、功率驱动电路等组成控制系统才可使用。图 10-10 为步进电动机驱动器接线示意图。

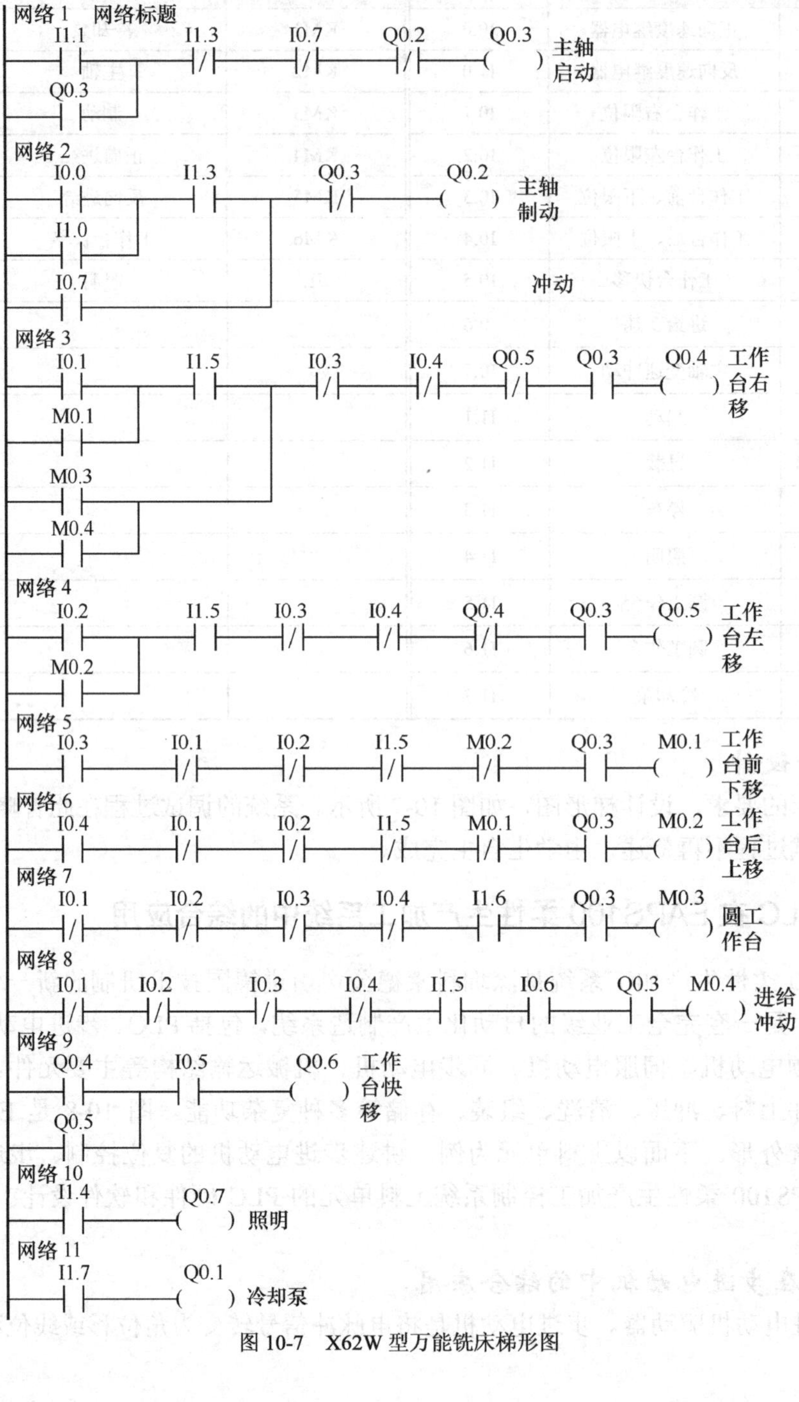

图 10-7　X62W 型万能铣床梯形图

图 10-8　EAPS100 柔性生产加工系统外形图

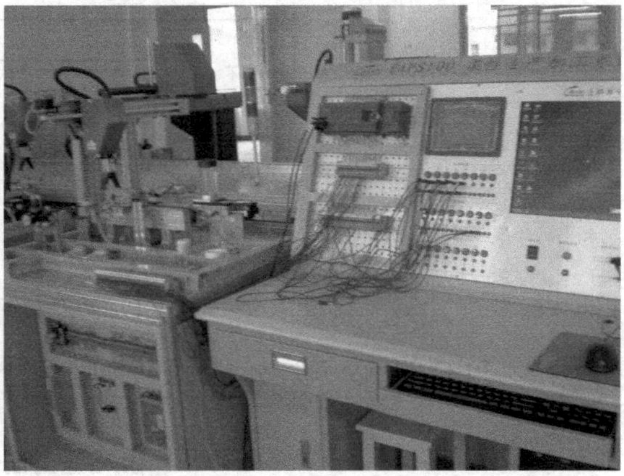

图 10-9　EAPS100 柔性生产加工上料单元外形图

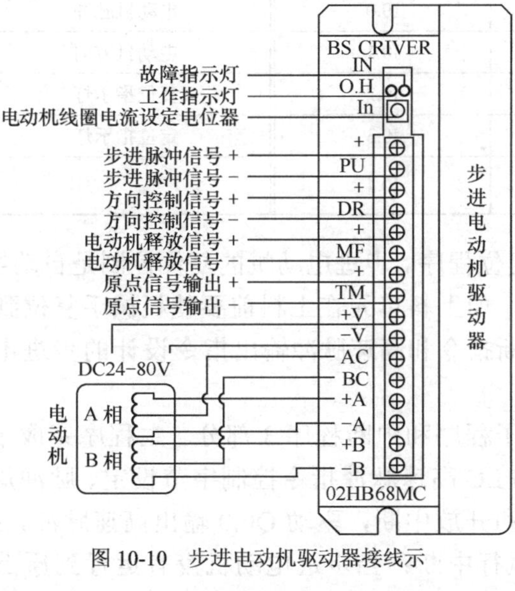

图 10-10　步进电动机驱动器接线示

（2）步进电动机与 PLC 接线。步进电动机不是直接通过 PLC 驱动，而是用专门的步进驱动器驱动，将步进电动机和步进电动机驱动器按要求连接好，PLC 只要给步进驱动器提供脉冲信号和方向信号即可。

在项目九中已经讲述了中断指令、脉冲输出指令，我们知道，S7-200 有两台 PTO/PWM 发生器，建立高速脉冲串或脉宽调节信号波形。一台发生器指定给数字输出点 Q0.0，另一台发生器指定给数字输出点 Q0.1，即只有 Q0.0 和 Q0.1 才能作为高速脉冲输出口。

将步进驱动器“脉冲信号+”接到 PLC 的输出 Q0.0 点，PLC 输出的高速脉冲信号通过 Q0.0 发出驱动步进电动机；“方向控制信号+”接到 Q0.1，通过 Q0.1 的置“1”和置“0”的状态来控制步进电动机的方向；而“脉冲信号−”和“方向控制信号−”直接接到了 PLC 开关电源的负极 1 M 上。图 10-11 为 PLC 与步进电动机驱动器的连接图。

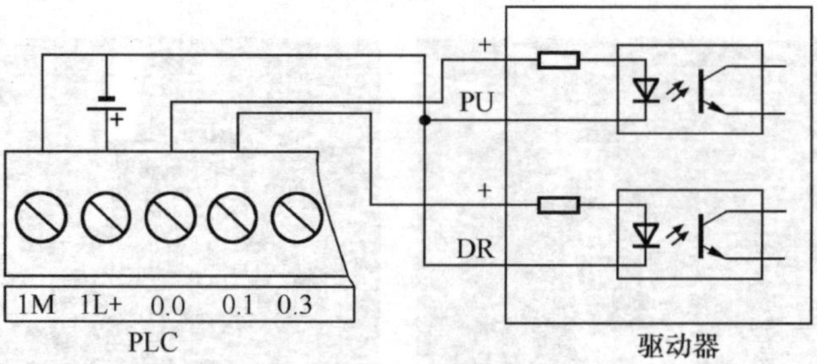

图 10-11　PLC 与步进电动机驱动器的连接

（3）PLC 的输入/输出信号及其地址编号如表 10-6 所示。

表 10-6　　输入/输出信号及其地址编号

输入信号		输出信号	
功　　能	地址编号	功　　能	地址编号
SB1（复位）	I0.0	电动机脉冲	Q0.0
SB2（定位）	I0.1	电动机方向	Q0.1
SB3（步进电动机方向）	I0.2	复位指示灯	Q1.7
机械手前限位 SQ1	I0.3	定位指示灯	Q2.0
机械手后限位 SQ2	I0.4		

（4）步进电动机的复位程序。步进电动机的复位控制是自动线加工系统中每个单元运行开始都要进行的操作，如上料单元在上料前要使机械手复位到原位,即机械手的后限位“SQ1”（I0.4）。利用中断指令和高速脉冲输出指令设计的步进电动机复位程序梯形图如图 10-12 所示。

程序分为主程序、子程序和中断程序 3 部分。主程序完成子程序调用和确定步进电动机方向。子程序完成 PLC 高速脉冲指令控制字节设定、脉冲周期的设定以及输出的脉冲个数设定，完成连接和开放中断，驱动 Q0.0 输出高速脉冲，控制步进电动机的运行。Q0.0 输出脉冲完成后执行中断：当步进电动机没有运行到原点时，机械手后限位 I0.4 不动作，继续调用子程序，Q0.0 继续发脉冲，步进电动机继续运行；当运行到原点时，机械手后限位 I0.4 动作，执行中断返回指令 RET1，同时复位指示灯 Q1.7 亮，步进电动机完成复位。为了保证步进电动机准确复位，需将子程序中 Q0.0 输出的脉冲数设置得尽量小。

（5）步进电动机的定位程序。步进电动机的定位控制是指高速脉冲输出一定数量的脉冲，带动机械运行一定的距离，从而进行机械设备的定位。步进电动机的定位控制程序中的 PLC 与步进电动机驱动器的连接及 PLC 输入/输出信号及其地址编号和复位程序相同。

根据定位控制要求，设计的定位程序与复位程序相似，不同的是，在子程序中，Q0.0 输出脉冲完成后执行中断程序，中断程序不再调用子程序，而是直接执行中断返回指令 RET1，同时定位指示灯 Q2.0 亮，步进电动机完成定位控制。步进电动机定位梯形图程序如图 10-13 所示。

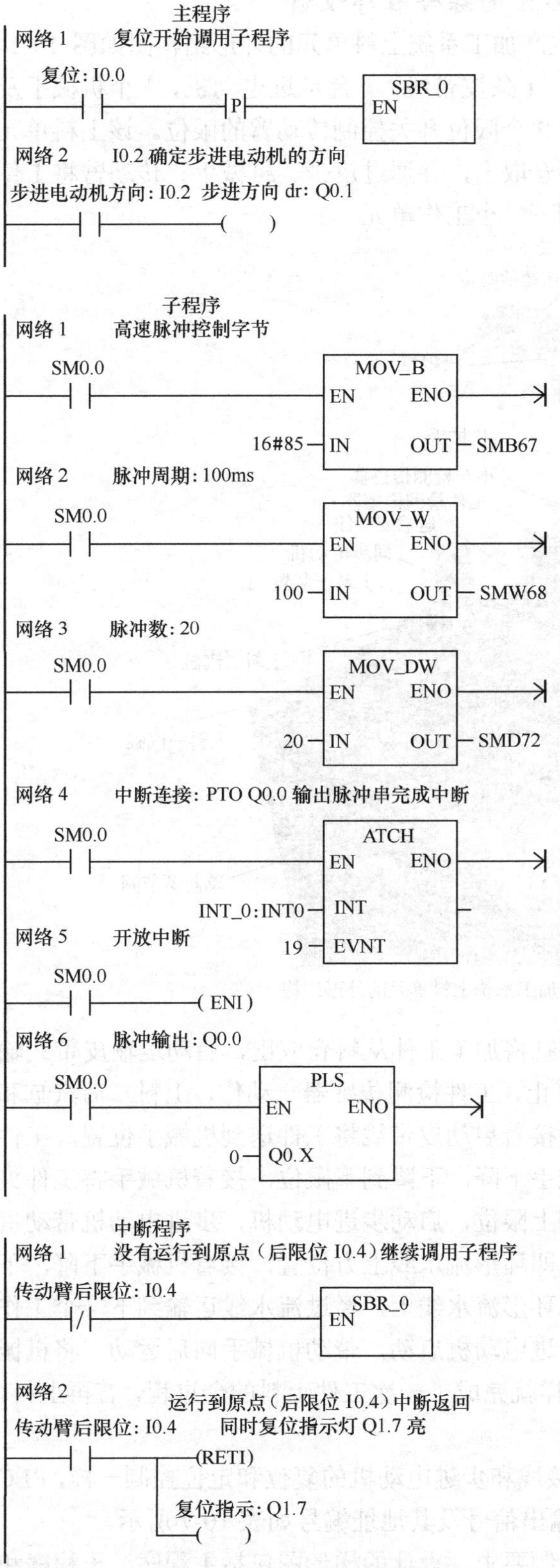

图 10-12 步进电动机复位程序梯形图

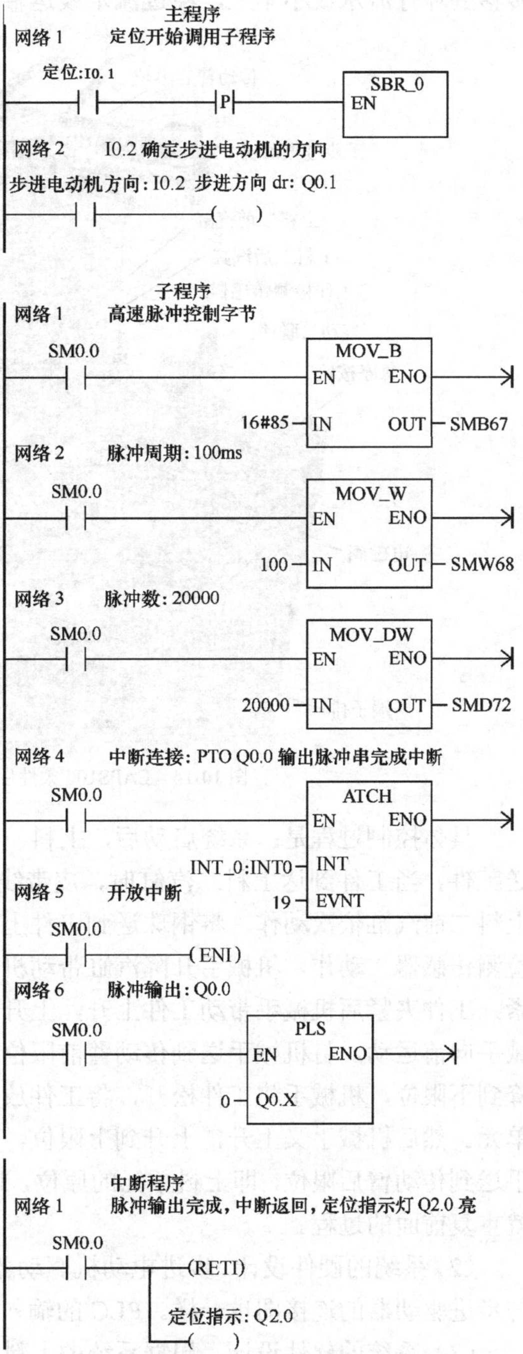

图 10-13 步进电动机定位梯形图

2. EAPS100柔性生产加工系统上料单元的综合程序设计

（1）上料单元工作过程。EAPS100 柔性生产加工系统上料单元的外形结构图如图 10-14 所示，该单元有 3 个上料汽缸、2 个定位汽缸、1 条皮带线、1 台步进电动机，1 个机械手及传动臂、有 3 个传感器检测工件到位情况，有 2 个限位开关控制传动臂的限位。该上料单元的主要功能是通过上料一汽缸将加工工件从料仓取出，并通过皮带、机械手、传动臂将工件转移到环行流水线小车上，经过流水线运输到下一个工作单元。

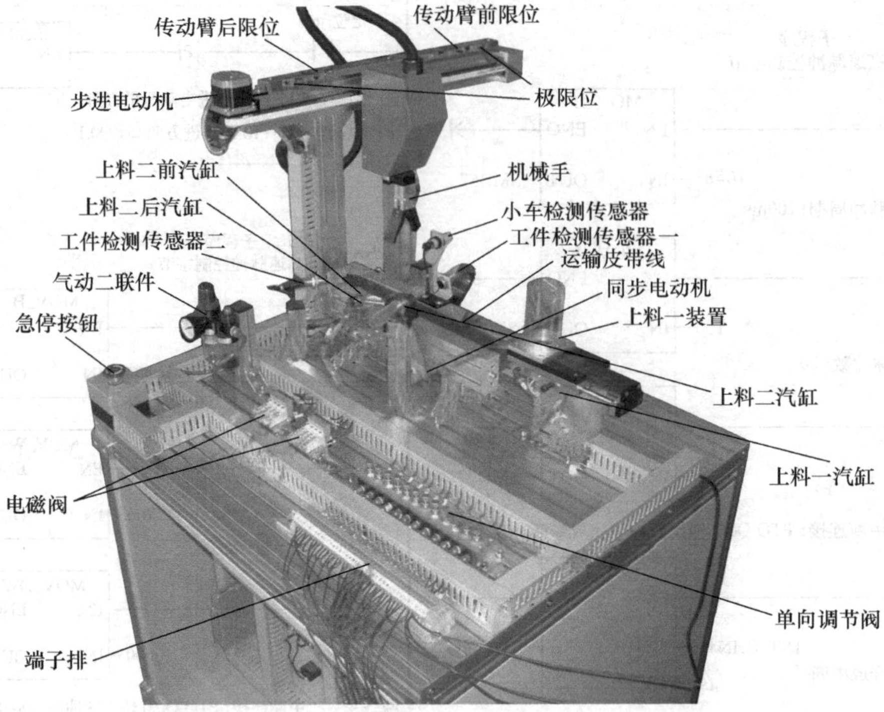

图 10-14　EAPS100 柔性生产加工系统上料单元的外形结构

具体控制过程是：系统启动后，上料一汽缸将加工工件从料仓取出，启动运输皮带线输送工件，当工件到达上料二汽缸时，皮带线停止，工件检测传感器一动作，上料二后汽缸和上料二前汽缸依次动作，将钢珠送到工件上，接着启动皮带线将工件送到机械手位置，工件检测传感器二动作，机械手升降汽缸带动机械手下降，下降到下限位，接着机械手将工件夹紧，工件夹紧后机械手带动工件上升，上升到上限位，启动步进电动机，步进电动机带动机械手向前运动，将机械手送到传动臂前限位，即环形流水线上方位置，接着机械手下降，下降到下限位，机械手将工件松开，将工件放到环形流水线上，经过流水线运输到下一个工作单元。然后机械手又上升，上升到上限位，步进电动机启动，带动机械手向后运动，将机械手送到传动臂后限位，即上料单元的原位，这样就完成了一次工件上料的全过程，若再上料，就重复前面的过程。

（2）系统的硬件设计。步进电动机驱动器接线和步进电动机的复位和定位控制一样，PLC 与步进驱动器的连接图也一样。PLC 的输入/输出信号及其地址编号如表 10-7 所示。

（3）系统的软件设计。根据系统的上料控制要求，设计的梯形图包括主程序、子程序和中断程序，如图 10-15 所示。

表 10-7　　PLC 输入/输出信号及其地址编号

输入信号		输出信号		中间状态	
功　能	地址编号	功　能	地址编号	功　能	地址编号
起动	I0.0	步进脉冲	Q0.0	复位状态	V0.0
停止	I0.1	步进方向（置 0 时机械手前进）	Q0.1	复位完成标志	V0.1
传动臂前限位	I0.3	升降汽缸（置 1 时下降）	Q0.2	起动标志	V0.2
传动臂后限位	I0.4	上料一汽缸	Q0.3	一上料完成	V0.3
机械手上限位	I0.5	机械手（置 1 时夹紧）	Q0.4	二上料开始	V0.4
机械手下限位	I0.6	上料二前汽缸	Q0.5	二上料完成	V0.5
传感器一	I1.1	上料二后汽缸	Q0.6	抓紧工件开始	V0.6
传感器二	I1.2	小车定位汽缸	Q0.7	转移工件开始	V0.7
小车检测传感器	I1.3	定位汽缸	Q1.0	循环开始	V1.0
		皮带线起停	Q1.1	转移完成	V1.1

（4）上料单元控制系统的调试。将步进电动机、步进电动机驱动器、PLC 及输入输出器件按要求连接好，将设计好的图 10-15 所示的梯形图下载到 PLC，PLC 开始运行，SM0.1 导通一个扫描周期，将 16#85 送到 SMB67，将 50 送到 SMW68 设置高速脉冲输出控制字节，PTO 高速脉冲输出周期为 50 ms，同时开放中断。按下起动按钮，I0.0 闭合，复位状态位 V0.0 置 1，调用开始复位子程序 SBR0。SBR0 子程序控制 Q0.0 发出 100 个高速脉冲，步进电动机起动，步进方向 Q0.1 置位，驱动机械手后退。当发完 100 个脉冲时，执行中断 INT0 程序，若机械手没有运行到后限位，I0.4 不动作，继续调用高速脉冲复位子程序 SBR0，Q0.0 继续发脉冲，直到机械手后退到传动臂后限位，则中断返回，完成机械手复位。

机械手复位后，V0.1 置 1，起动标志 V0.2 置 1，V0.0 复位，上料一汽缸 Q0.3 置位，将工件从料仓取出，T37 延时 1 s 动作，上料汽缸 Q0.3 复位，皮带线 Q1.1 开始起动，一上料完成 V0.3 置位。皮带线将工件送到上料二位置，传感器 I1.1 动作，二上料开始标志 V0.4 动作，一上料完成 V0.3 复位。T53 延时 0.2 s，皮带线 Q1.1 停止，定位汽缸 Q1.0 置 1，将工件定位。T38 延时 2 s，上料二后汽缸 Q0.6 置 1，将钢珠送出。T39 延时 1 s，上料二后汽缸 Q0.6 复位。T40 延时 1 s，上料二前汽缸 Q0.5 置 1，将钢珠送到工件孔上。T41 延时 1 s，上料二前汽缸 Q0.5 复位。T42 延时 1 s，定位汽缸 Q1.0 复位。T43 延时 1 s，又重新起动皮带线 Q1.1，二上料完成标志 V0.5 置位，V0.4 复位，皮带线将工件送到机械手位置，传感器 I1.2 动作，工件开始标志 V0.6 置位，V0.5 复位。T54 延时 1 s，皮带线停止。T44 又延时 1 s，升降汽缸带动机械手下降，T45 延时 1 s，机械手 Q0.4 置位，将工件抓紧，T46 延时 1 s 动作，升降汽缸 Q0.2 复位，带动机械手上升，T47 延时 1 s 动作，转移工件标志位 V0.7 置 1，V0.6 复位。当环形流水线上的小车到位时，I1.3 动作，Q0.7 置 1，T52 延时 1 s 动作，调用转移工件子程序 SBR1，中断程序 INT1，通过高速脉冲指令，步进方向 Q0.1 复位，Q0.0 输出高速脉冲，使步进电动机动作带动机械手向前运动，将机械手送到传动臂前限，即环形流水线上方，接着机械手下降，将工件松开放到环形流水线的小车上，转移完成标志

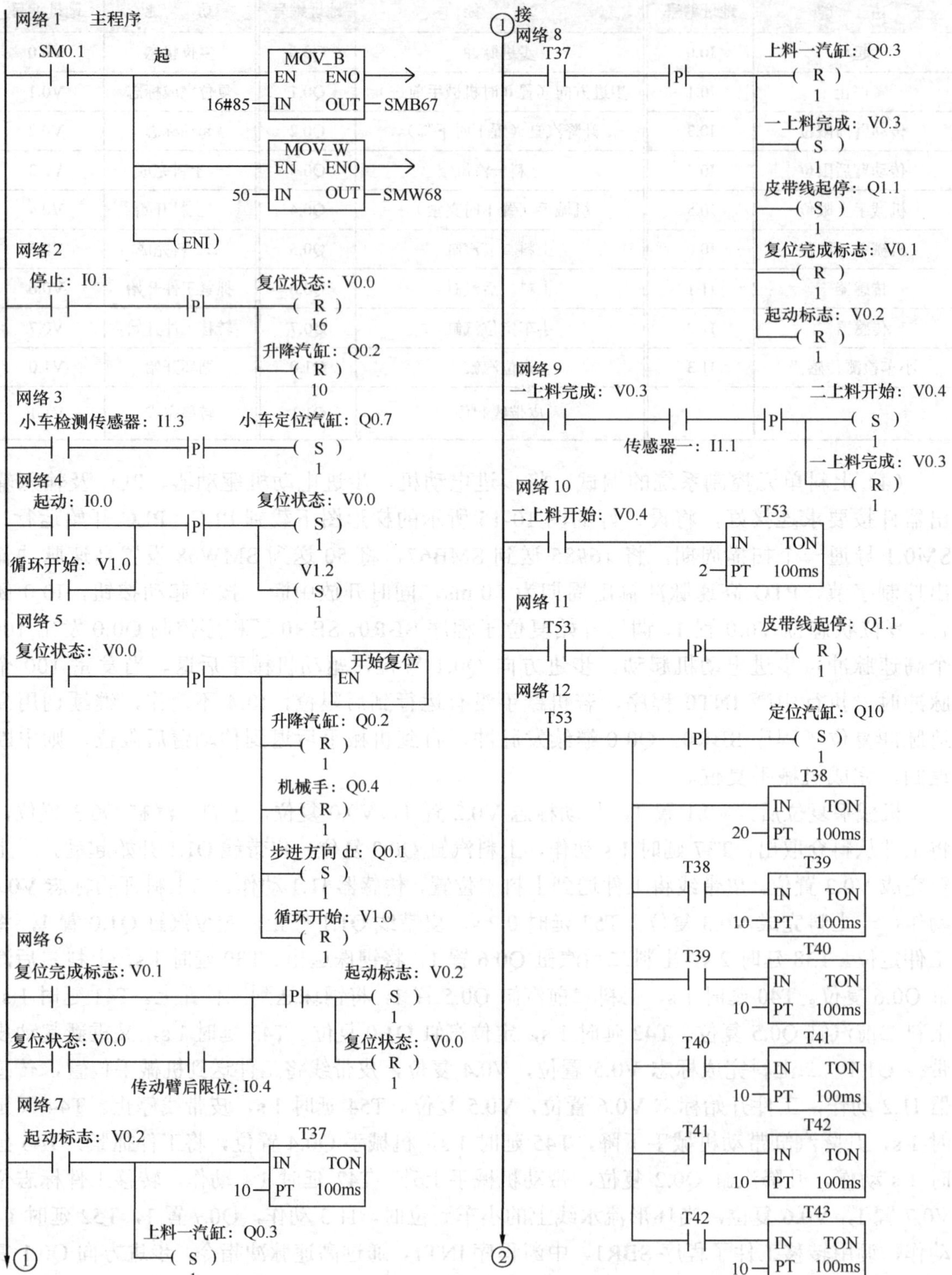

图 10-15 柔性生产加工系统上料单元梯形图

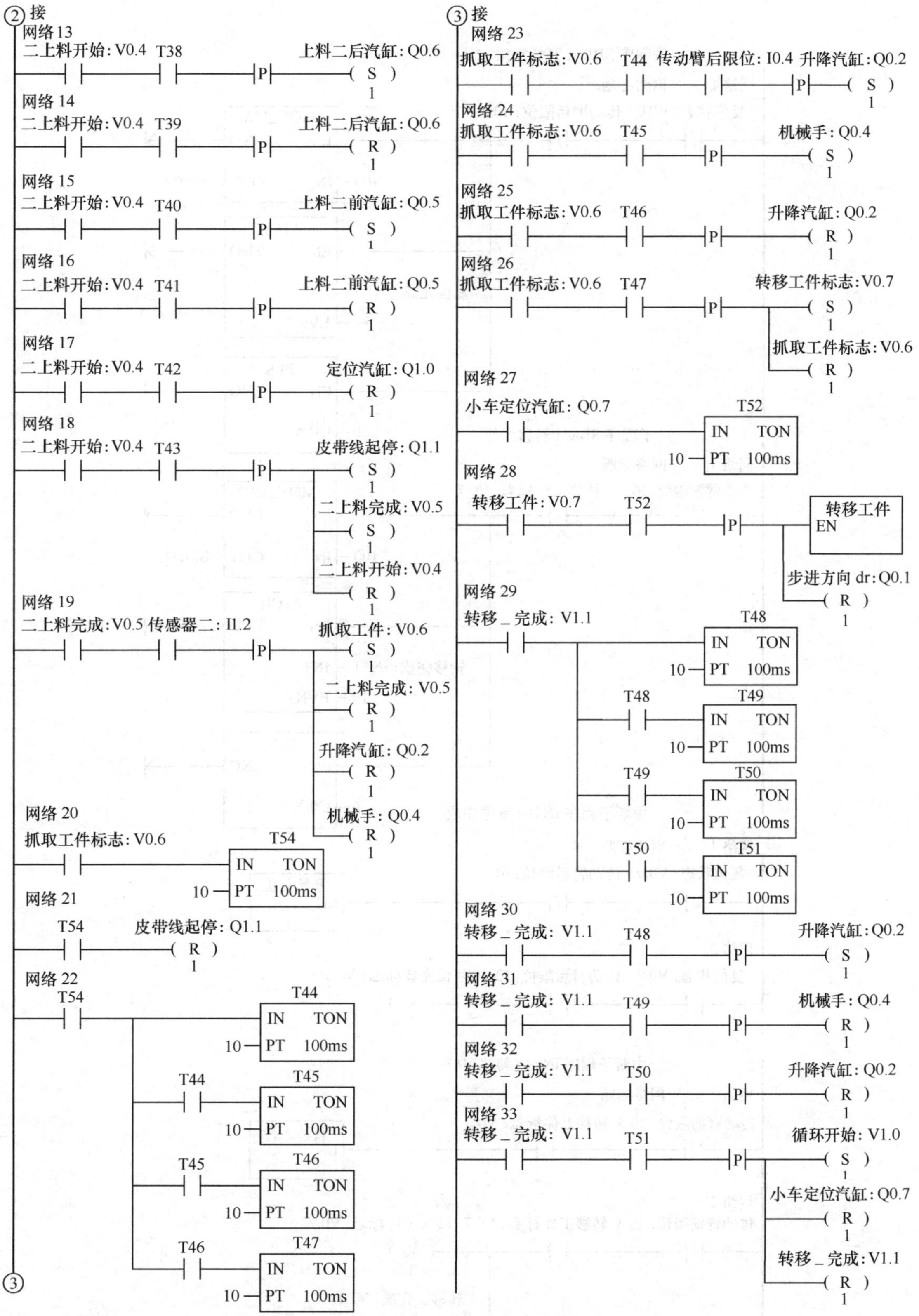

②接
网络13
二上料开始:V0.4 T38 P 上料二后汽缸:Q0.6 S 1
网络14
二上料开始:V0.4 T39 P 上料二后汽缸:Q0.6 R 1
网络15
二上料开始:V0.4 T40 P 上料二前汽缸:Q0.5 S 1
网络16
二上料开始:V0.4 T41 P 上料二前汽缸:Q0.5 R 1
网络17
二上料开始:V0.4 T42 P 定位汽缸:Q1.0 R 1
网络18
二上料开始:V0.4 T43 P 皮带线起停:Q1.1 S 1
二上料完成:V0.5 S 1
二上料开始:V0.4 R 1
网络19
二上料完成:V0.5 传感器二:I1.2 P 抓取工件:V0.6 S 1
二上料完成:V0.5 R 1
升降汽缸:Q0.2 R 1
机械手:Q0.4 R 1
网络20
抓取工件标志:V0.6 T54 IN TON 10 PT 100ms
网络21
T54 皮带线起停:Q1.1 R 1
网络22
T54 T44 IN TON 10 PT 100ms
T44 T45 IN TON 10 PT 100ms
T45 T46 IN TON 10 PT 100ms
T46 T47 IN TON 10 PT 100ms
③
③接
网络23
抓取工件标志:V0.6 T44 传动臂后限位:I0.4 P 升降汽缸:Q0.2 S 1
网络24
抓取工件标志:V0.6 T45 P 机械手:Q0.4 S 1
网络25
抓取工件标志:V0.6 T46 P 升降汽缸:Q0.2 R 1
网络26
抓取工件标志:V0.6 T47 P 转移工件标志:V0.7 S 1
抓取工件标志:V0.6 R 1
网络27
小车定位汽缸:Q0.7 T52 IN TON 10 PT 100ms
网络28
转移工件:V0.7 T52 P 转移工件 EN
步进方向 dr:Q0.1 R 1
网络29
转移_完成:V1.1 T48 IN TON 10 PT 100ms
T48 T49 IN TON 10 PT 100ms
T49 T50 IN TON 10 PT 100ms
T50 T51 IN TON 10 PT 100ms
网络30
转移_完成:V1.1 T48 P 升降汽缸:Q0.2 S 1
网络31
转移_完成:V1.1 T49 P 机械手:Q0.4 R 1
网络32
转移_完成:V1.1 T50 P 升降汽缸:Q0.2 R 1
网络33
转移_完成:V1.1 T51 P 循环开始:V1.0 S 1
小车定位汽缸:Q0.7 R 1
转移_完成:V1.1 R 1

图 10-15　柔性生产加工系统上料单元梯形图（续）

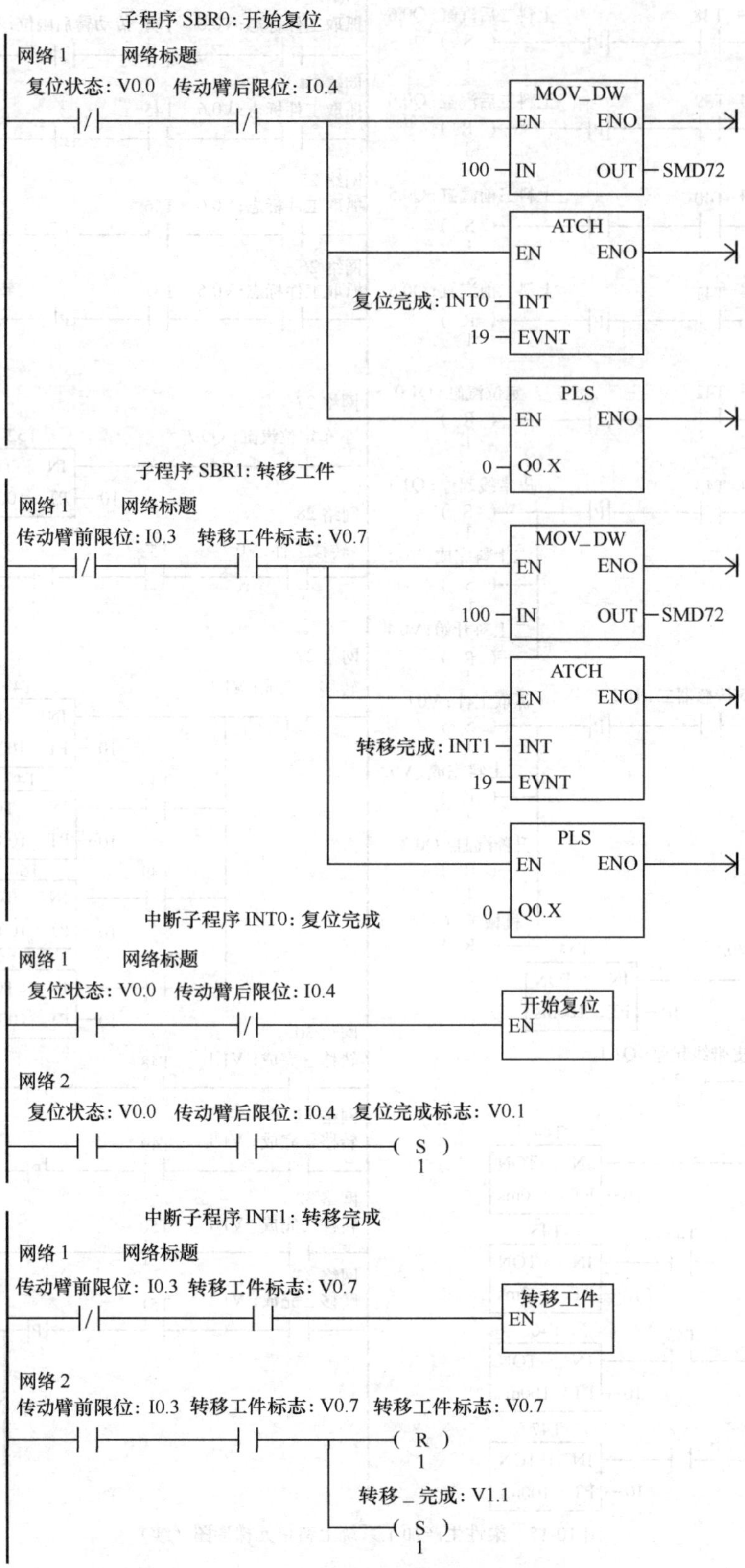

图 10-15　柔性生产加工系统上料单元梯形图（续）

V1.1 复位，同时循环开始 V1.0 置位，则复位状态标志 V0.0 置位，又开始进行下一个周期的开始复位—工件上料过程。当按下停止按钮“I0.1”时，标志位 V0.0～V1.7、输出 Q0.2～Q1.1 全部复位，送料单元控制过程结束。

（五）西门子 S7-200 系列 PLC 在伺服控制系统中的综合应用

1. 控制要求

某设备上有一套伺服驱动系统，伺服驱动器的型号为 MR-J2S，伺服电动机的型号为 HF-KE13W1-S100，是三相交流同步伺服电动机，要求：按下 SB1，伺服电动机带动系统沿 *X* 方向移动，碰到 SQ1 停下，压下 SB3 时，伺服电动机带动系统沿 *X* 负方向移动，碰到 SQ2 时停止，*Y* 方向靠近，接近开关 SQ2 时停止，当压下 SB2 和 SB4 时伺服系统停机，请设计系统接线图并编写程序。

2. 系统的硬件设计

设计的控制伺服电动机系统接线如图 10-16 所示。

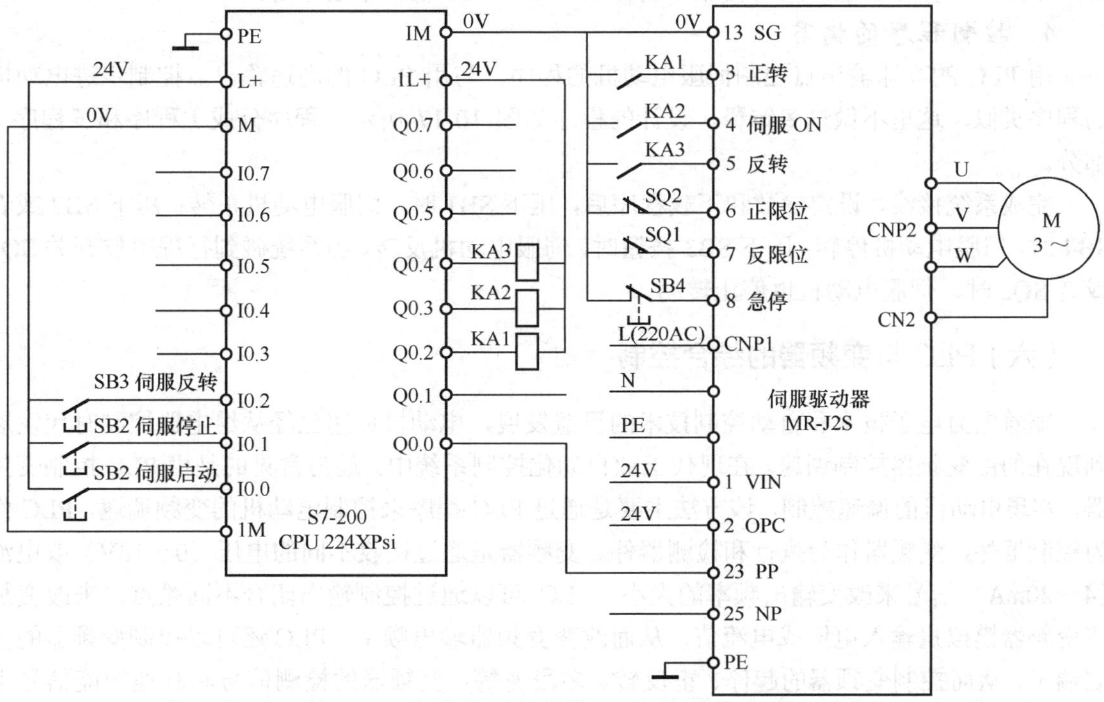

图 10-16　控制伺服电动机系统接线

伺服系统选用的是三菱 MR 系列，伺服电动机与伺服驱动器的连线比较简单，伺服电动机后面的编码器与伺服驱动器的连线是由三菱公司提供专用电缆，伺服驱动器端的接口是 CN2。伺服电动机上的电源线对应连接到伺服驱动器上的接线端子上。本伺服驱动器的供电电源采用的是单向交流 220V 供电，伺服驱动器的接线端子排是 CNP1。PLC 的高速输出点与伺服的 PP 端子连接。PLC 的输出与伺服驱动器的输入都是 NPN 型，因此是匹配的。PLC 的 1M 必须和伺服驱动器的 SG 连接，达到共地的目的。

图 10-16 中的中间继电器 KA1、KA2、KA3 不要也可以，可直接将 PLC 的 Q0.2、Q0.3、

Q0.4 与伺服驱动器的 3、4、5 接线端子相连。线时要注意 PLC 与伺服驱动器必须共地，否则不能形成回路。三菱的伺服驱动器只能接收 NPN 型号，因此在选择 PLC 时，要注意选用 NPN 输出的 PLC。西门子的 S7-200 系列的 PLC 目前只有一款(CPU 224XPsi)是 NPN 输出，所以一定要选用 NPN 输出的 PLC，否则要转换信号，比较麻烦。

3．伺服电动机的参数设定

用 PLC 的高速输出点控制伺服电动机，与控制步进电动机相似，但是，控制伺服电动机的接线比用 PLC 的高速输出点控制步进电机复杂，而且需要设置参数，故要使伺服系统正常运行，必须对伺服系统设置必要的参数，参数设置如下。

P0=0000，位置控制，不进行再生制动。

P3=100，齿轮比的分子。

P4=1，齿轮比的分母。

P41=0，伺服 ON，正行程限位和反行程限位都通过外部信号输入。

伺服驱动器的参数很多，但只需要调整以上常用的几个参数就足够了。参数设置完成以后，不要忘记保存参数，只有伺服驱动器断电后，以上设置才起作用。

4．控制程序的编写

用 PLC 的高速输出点控制伺服电动机的程序，与用 PLC 的高速输出点控制步进电动机的程序类似，这里不做过多解释，设计的程序如图 10-17 所示：程序分成主程序和子程序 2 部分。

完成系统接线，设定参数和下载程序后，压下 SB1 时，伺服电动机正转；压下 SB2 或者 SB4 时，伺服电动机停转；压下 SB3 按钮时，伺服电动机反转。当系统碰到行程限位开关 SQ1 或者 SQ2 时，伺服电动机也停止转动。

（六）PLC 与变频器的综合控制

随着电力电子技术和自动控制技术的日益发展，电动机调速已经从继电器控制时代发展到现在的由变频器控制调速。在现代工业自动化控制系统中，最为常见的是由 PLC 控制变频器，实现电动机的调速控制，该方法主要是通过 PLC 程序来控制电动机的变频调速，PLC 作为控制器件，变频器作为执行和检测器件。变频器是通过接收不同的电压（0～10V）或电流（4～20mA）信号来改变输出频率的大小。PLC 可以通过控制输出闭合不同触点，来改变加在变频器模拟量输入电压或电流值，从而改变变频器输出频率；PLC 还可以控制变频器的控制端子，从而控制变频器的起停、正反转、多段速等；变频器的检测信号和其他智能信号也可以接入 PLC，完成系统的报警和速度控制。

西门子 MICROMASTER 420 通用型变频器是用于控制三相交流电动机速度的变频器系列。本系列有多种型号，从单相电源电压、额定功率 120W 到三相电源电压，额定功率 11kW 可供用户选用。本变频器由微处理器控制，并采用具有现代先进技术水平的绝缘栅双极型晶体管（IGBT）作为功率输出器件。因此，它们具有很高的运行可靠性和功能多样性。其脉冲宽度调制的开关频率是可选的，因而降低了电动机运行的噪声，全面而完善的保护功能为变频器和电动机提供了良好的保护。MICROMASTER 420 具有默认的工厂设置参数，它是给数量众多简单电动机控制系统供电的理想变频驱动装置。MICROMASTER 420 具有全面而完善的控制功能、易于安装、易于调试、可由 IT（中性点不接地）电源供电、对控制信号的响应快速和可重复、参数设置范围很广等优势，确保它可配置广泛的应用对象。在设置相关参数以后，MM420 控制的变频调速系统具有脉宽调制频率高，电动机运行噪声低、有完善的过电压/欠电压保护、有过热保护、接地故障保护和短路保护等，因而该变频器应用非常广泛。MM420 变频器外形如图 10-18 所示。MM420 变频器的端子面板如图 10-19 所示。

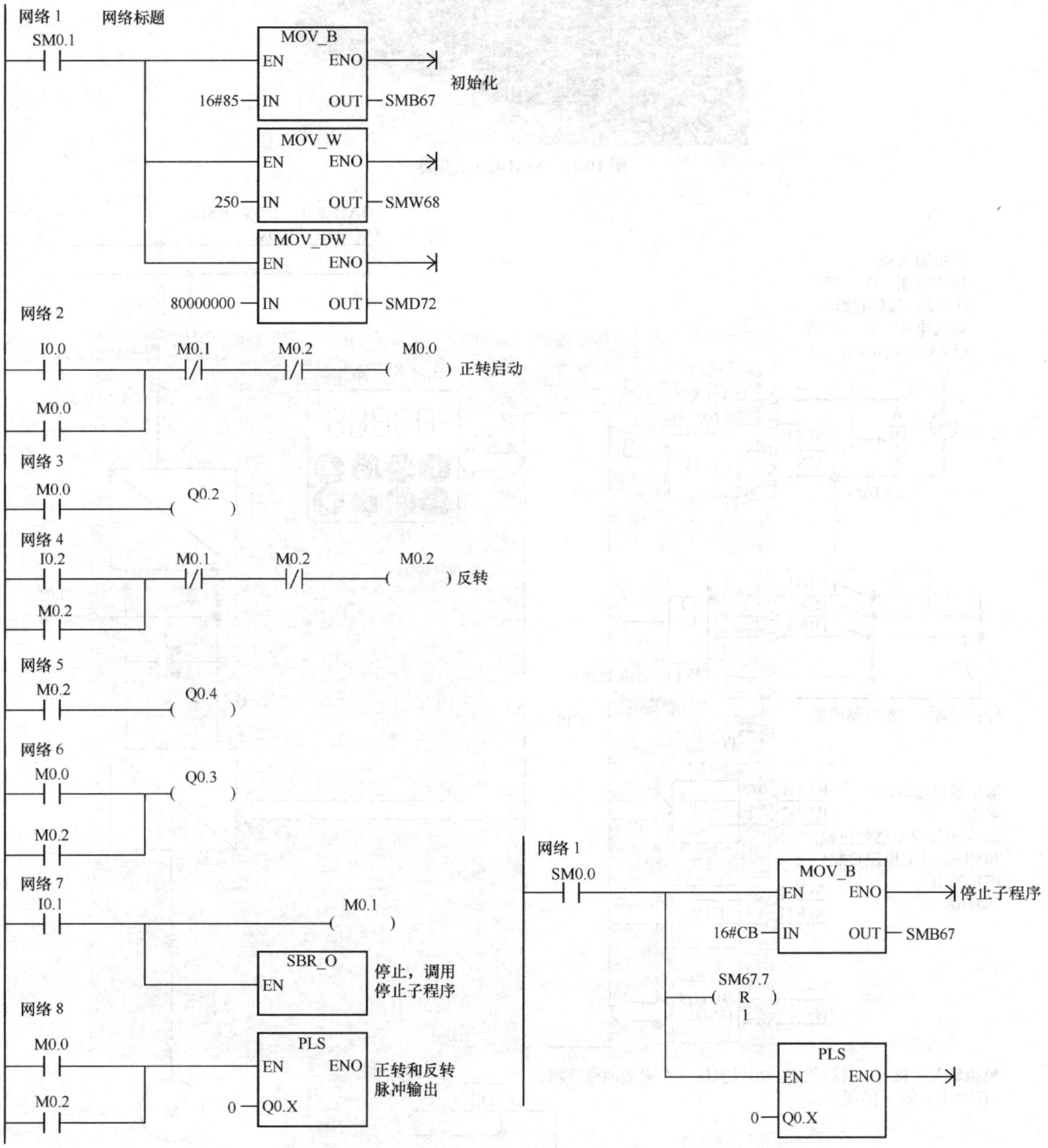

（a）主程序　　（b）子程序

图 10-17　PLC 控制伺服电动机程序

图 10-18　MM 420 变频器

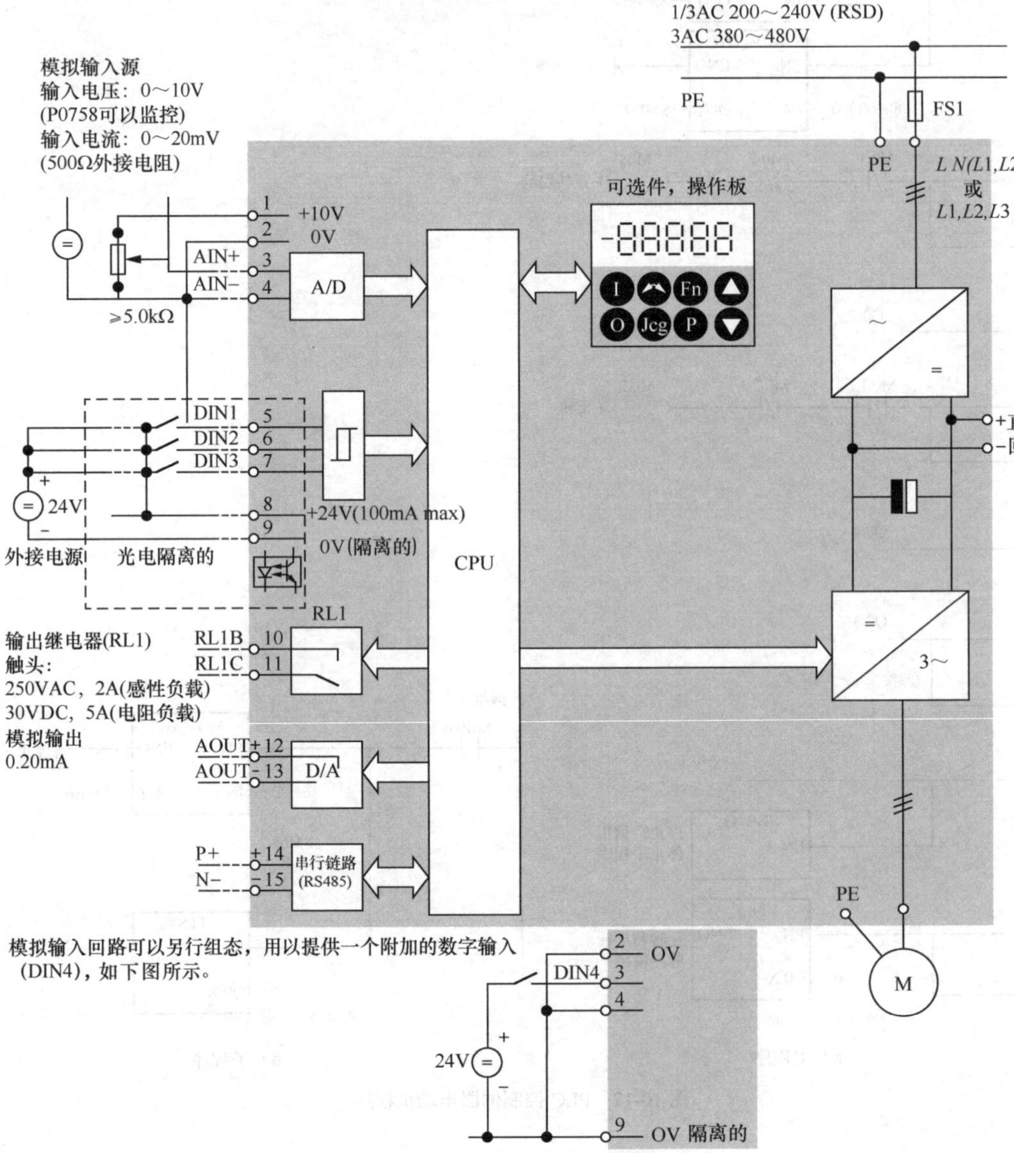

图 10-19　MM 420 变频器的端子面板

下面介绍使用西门子 S7-200 PLC 与西门子 MICROMASTER 420 通用型变频器共同控制电动机的正反转和多段速。

微课 10-1 变频器结构原理

1. PLC 与变频器综合控制电动机正反转

（1）控制要求

① 正确设置变频器输出的额定频率、额定电压、额定电流、额定功率、额定转速。

② 通过外部端子控制电机起动/停止、正转/反转。

③ 通过操作面板改变电动机的运行频率。

（2）主电路（见图 10-20）

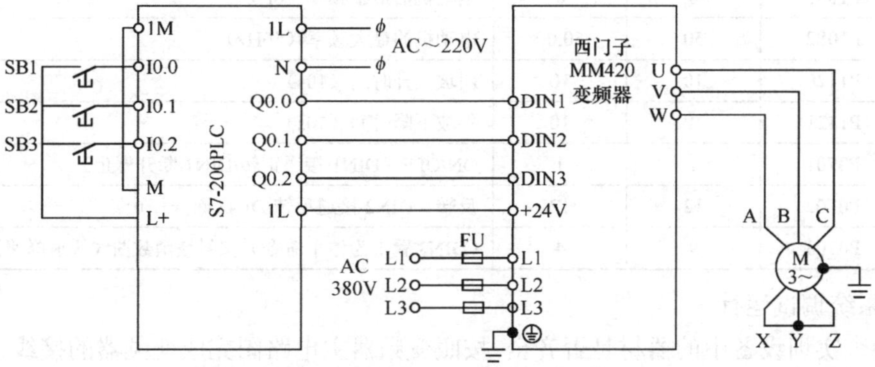

图 10-20 PLC 与变频器综合控制电动机正反转主电路

（3）设计 PLC 梯形图（见图 10-21）

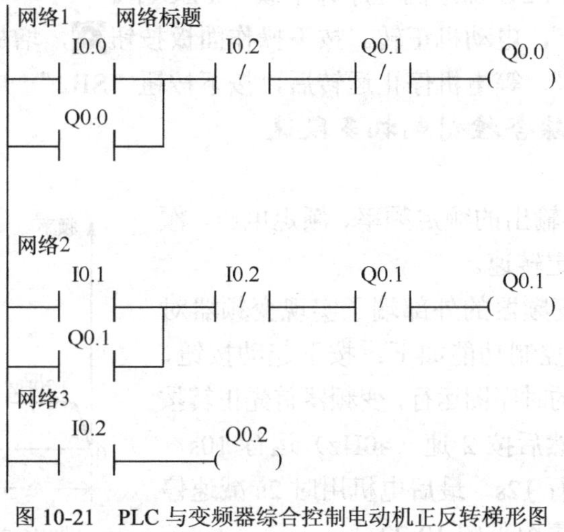

图 10-21 PLC 与变频器综合控制电动机正反转梯形图

（4）参数功能表

① 设置参数前先将变频器参数复位为工厂的默认设定值：P0010=30，P970=1。

② 设定 P0003=2 允许访问扩展参数。

③ 设定电机参数前先设定 P0010=1（快速调试），再设置电机参数，电机参数设置完成后，设定 P0010=0（准备）。

④ 设置参数，如表 10-8 所示。

表 10-8 功能参数表

序号	变频器参数	出厂值	设定值	功 能 说 明
1	P0304	230	380	电动机的额定电压（380V）
2	P0305	3.25	0.35	电动机的额定电流（0.35A）
3	P0307	0.75	0.06	电动机的额定功率（60W）
4	P0310	50.00	50.00	电动机的额定频率（50Hz）
5	P0311	0	1430	电动机的额定转速（1 430 r/min）
6	P0700	2	2	选择命令源（由端子排输入）
7	P1000	2	1	用操作面板（BOP）控制频率的升降
8	P1080	0	0	电动机的最小频率（0Hz）
9	P1082	50	50.00	电动机的最大频率（50Hz）
10	P1120	10	10	斜坡上升时间（10s）
11	P1121	10	10	斜坡下降时间（10s）
12	P0701	1	1	ON/OFF（DIN1 接通正转/DIN1 断开停止）
13	P0702	12	12	反转（DIN2 接通反转/DIN2 断开停止）
14	P0703	9	4	（DIN3 置 1 为停车命令）按斜坡函数曲线快速降速停车

（5）系统调试运行

① 检查实训设备中的器材是否齐全，按照变频器主电路图完成变频器的接线，认真检查，确保正确无误。

② 打开变频器电源开关，按照参数功能表正确设置变频器参数。

③ 在计算机上编写 PLC 梯形图程序并下载至 PLC 中。

④ 按下按钮“SB1”，电动机正转。按下操作面板按钮，增加变频器输出频率。

⑤ 按下按钮“SB3”，等电机停止运转后，按下按钮“SB2”，电机反转。

2．PLC 与变频器综合控制电机多段速

（1）控制要求。

① 正确设置变频器输出的额定频率、额定电压、额定电流、额定功率、额定转速。

② 通过 PLC 控制变频器的外部端子实现变频器对电机的三段调速，具体控制功能如下：按下起动按钮，变频器按图 10-22 所示的时序图运行，变频器首先正转按 1 速（20Hz）运行 6s，然后按 2 速（40Hz）运行 10s，接着按 3 速（50Hz）运行 12s，最后电机用时 2s 减速停止。变频器运行频率时序图见图 10-22。

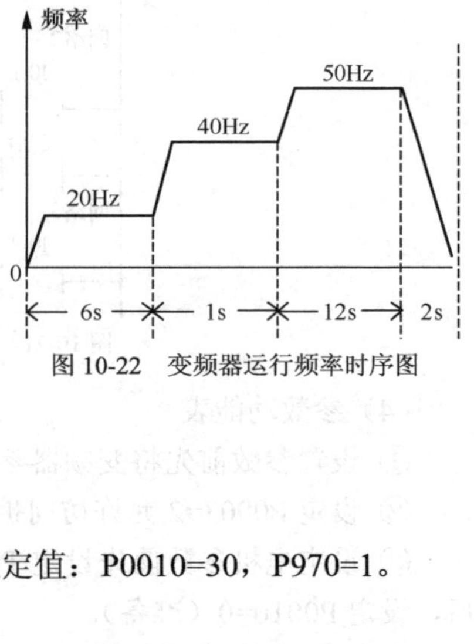

图 10-22 变频器运行频率时序图

（2）主电路，如图 10-23 所示。

（3）设计 PLC 梯形图，如图 10-24 所示。

（4）参数功能。

① 设置参数前，先将变频器参数复位为工厂的默认设定值：P0010=30，P970=1。

② 设定 P0003=2 允许访问扩展参数。

③ 设定电机参数时，先设定 P0010=1（快速调试），电机参数设置完成设定 P0010=0

（准备）。

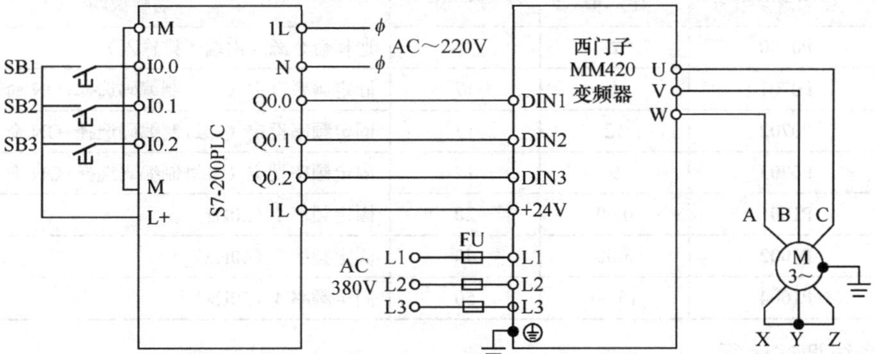

图 10-23　PLC 与变频器综合控制电机多段速主电路

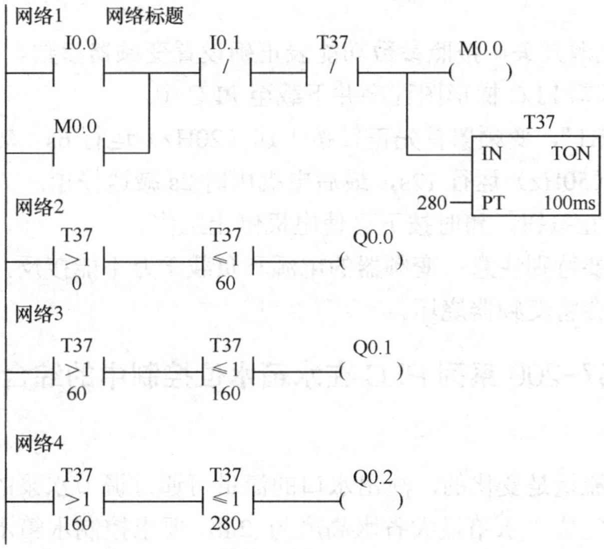

图 10-24　PLC 与变频器综合控制电机多段速梯形图

④ 功能参数如表 10-9 所示。

表 10-9　功能参数表

序号	变频器参数	出厂值	设定值	功能说明
1	P0304	230	380	电动机的额定电压（380V）
2	P0305	3.25	0.35	电动机的额定电流（0.35A）
3	P0307	0.75	0.06	电动机的额定功率（60W）
4	P0310	50.00	50.00	电动机的额定频率（50Hz）
5	P0311	0	1430	电动机的额定转速（1 430 r/min）
6	P1000	2	3	固定频率设定
7	P1080	0	0	电动机的最小频率（0Hz）
8	P1082	50	50.00	电动机的最大频率（50Hz）
9	P1120	10	10	斜坡上升时间（10s）
10	P1121	10	2	斜坡下降时间（2s）

续表

序号	变频器参数	出厂值	设定值	功能说明
11	P0700	2	2	选择命令源（由端子排输入）
12	P0701	1	17	固定频率设定（二进制编码选择+ON 命令）
13	P0702	12	17	固定频率设定（二进制编码选择+ON 命令）
14	P0703	9	17	固定频率设定（二进制编码选择+ON 命令）
15	P1001	0.00	20	固定频率 1（20Hz）
16	P1002	5.00	40	固定频率 2（40Hz）
17	P1004	15.00	50	固定频率 4（50Hz）

（5）系统调试运行。

① 检查实训设备中的器材是否齐全，按照变频器主电路图完成变频器的接线，认真检查，确保正确无误。

② 打开变频器电源开关，按照参数功能表正确设置变频器参数。

③ 在计算机上编写 PLC 梯形图程序并下载至 PLC 中。

④ 按下按钮“SB1”，变频器首先正转按 1 速（20Hz）运行 6s，然后按 2 速（40Hz）运行 10s，接着按 3 速（50Hz）运行 12s，最后电机用时 2s 减速停止。

⑤ “SB2”是停止按钮，随时按下可使电机停止工作。

变频器在使用时要特别注意：变频器的电源和负载千万不能接反，若将变频器接负载的端子误接了电源，则会将变频器烧坏。

（七）西门子 S7-200 系列 PLC 在水箱水位控制中的综合应用

1．控制要求

某水箱出水口的流量是变化的，注出水口的流量可通过调节水泵的转速控制，水位的检测可通过水位传感器完成，水箱最大省水高度为 2m，要求控制水箱水位，保证水位高度为 1.6m。用 PLC 作为控制器。用 EM231 作为模拟量测量输入模块，测量水位信号，用 EM232 输出信号，控制变频器，从而控制水泵的输出流量。试完成系统的软硬件设计。

2．硬件设计

水箱的水位控制原理如图 10-25 所示，水箱的水位控制系统接线如图 10-26 所示。

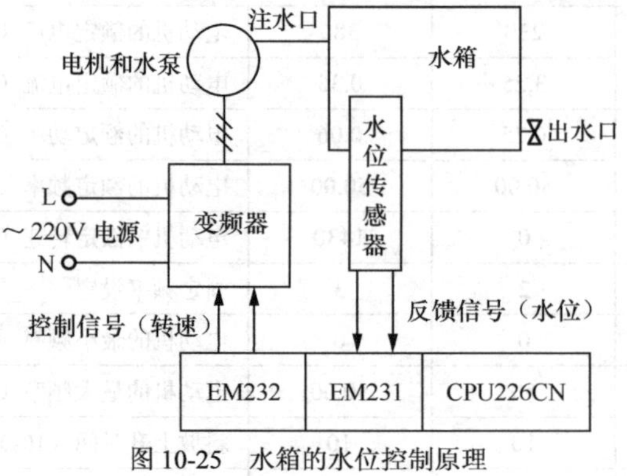

图 10-25　水箱的水位控制原理

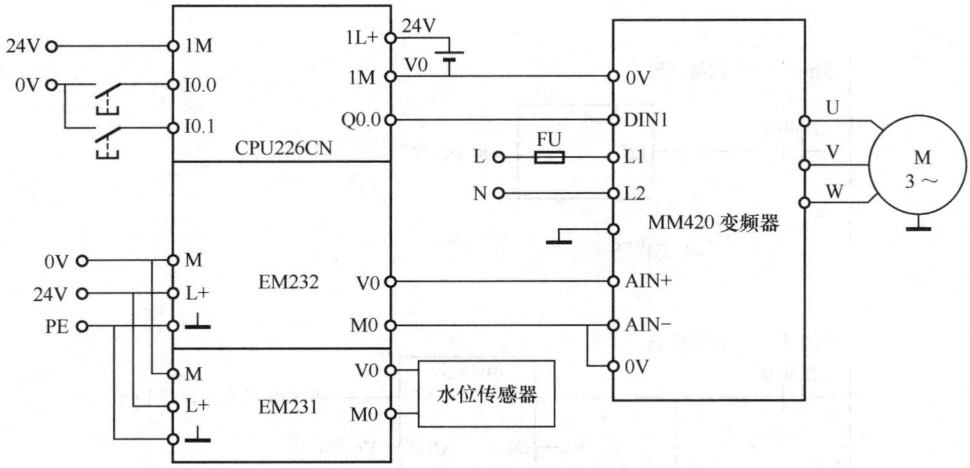

图 10-26　水箱的水位控制系统接线图

3．变频器参数设定

变频器的参数很多，初始化等常用参数的设置同 PLC 与变频器综合控制电动机正反转案例六中的设置，在本案例中需设置的变频器的几个关键参数如下：

P0700=2，命令源控制，由端子输入。

P0701=1，数字输入，DIN1 接通正转。

P1000=2，频率源，模拟量调速。

4．PLC 程序设计

要保证水箱的水位为 1.6m，水箱的最大水位为 2m，也就是要保证水位在 80%的水位处，因此给定值 SPn 设定为 0.8。水位传感器经过 A/D 转换后的数值，再经过标准化就是过程变量 PVn。执行 PID 运算的输出值是 Mn，经过变换后，再经过 D/A 变换，变成编程器的调速信号。水箱的水位控制的 PID 参数表见表 10-10，设计的水位控制的主程序、子程序和中断服务程序如图 10-27 所示。

表 10-10　　水箱的水位控制的 PID 参数表

地　址	参　数	描　述
VD100	过程变量 PVn	水位经过 A/D 转换后的标准化数值
VD104	给定值 SPn	0.8
VD108	输出值 Mn	PID 回路输出值
VD112	增益 Kn	0.3
VD116	采样时间 Ts	0.1
VD120	积分时间 Ts	30
VD124	微分时间 Td	0
VD128	上一次积分值 Mx	根据 PID 运算结构更新
VD132	上一次过程变量 PVn-1	最后一次 PID 运算过程变量值

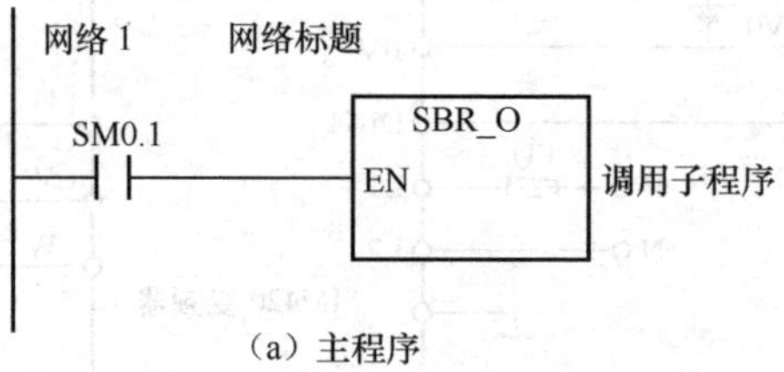

（a）主程序

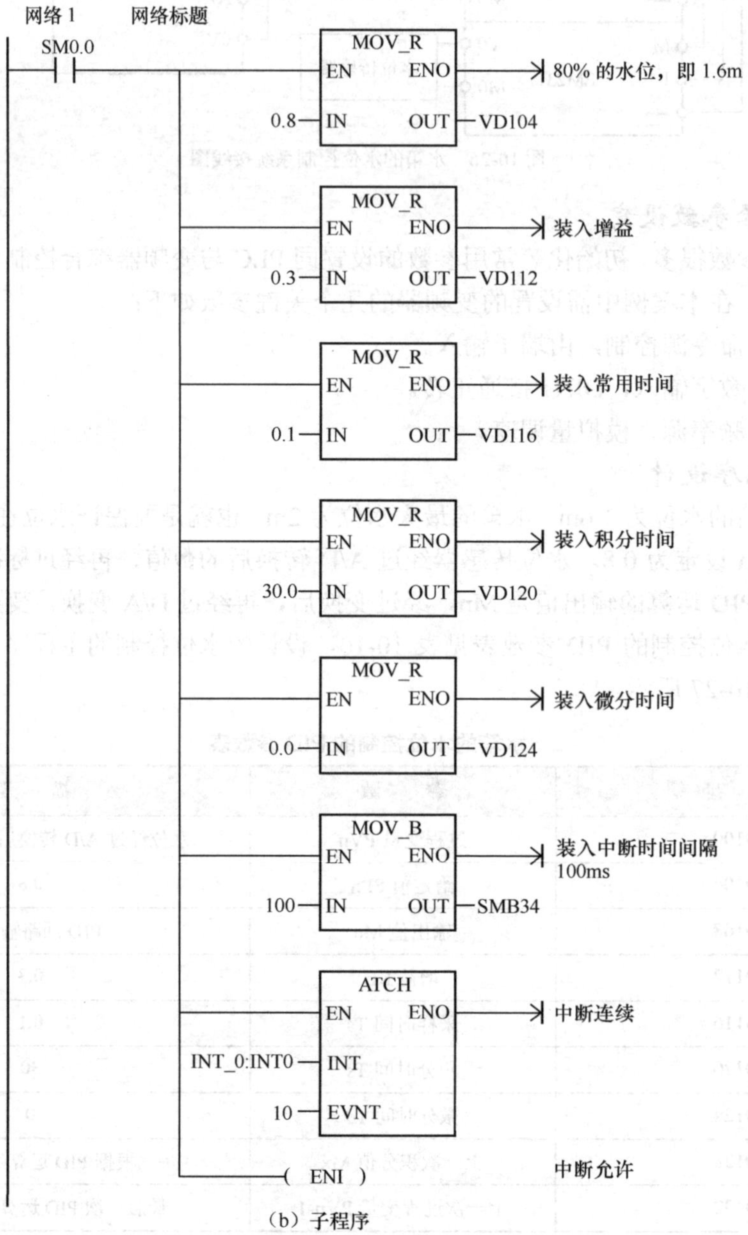

（b）子程序

图 10-27　水箱水位控制 PLC 程序

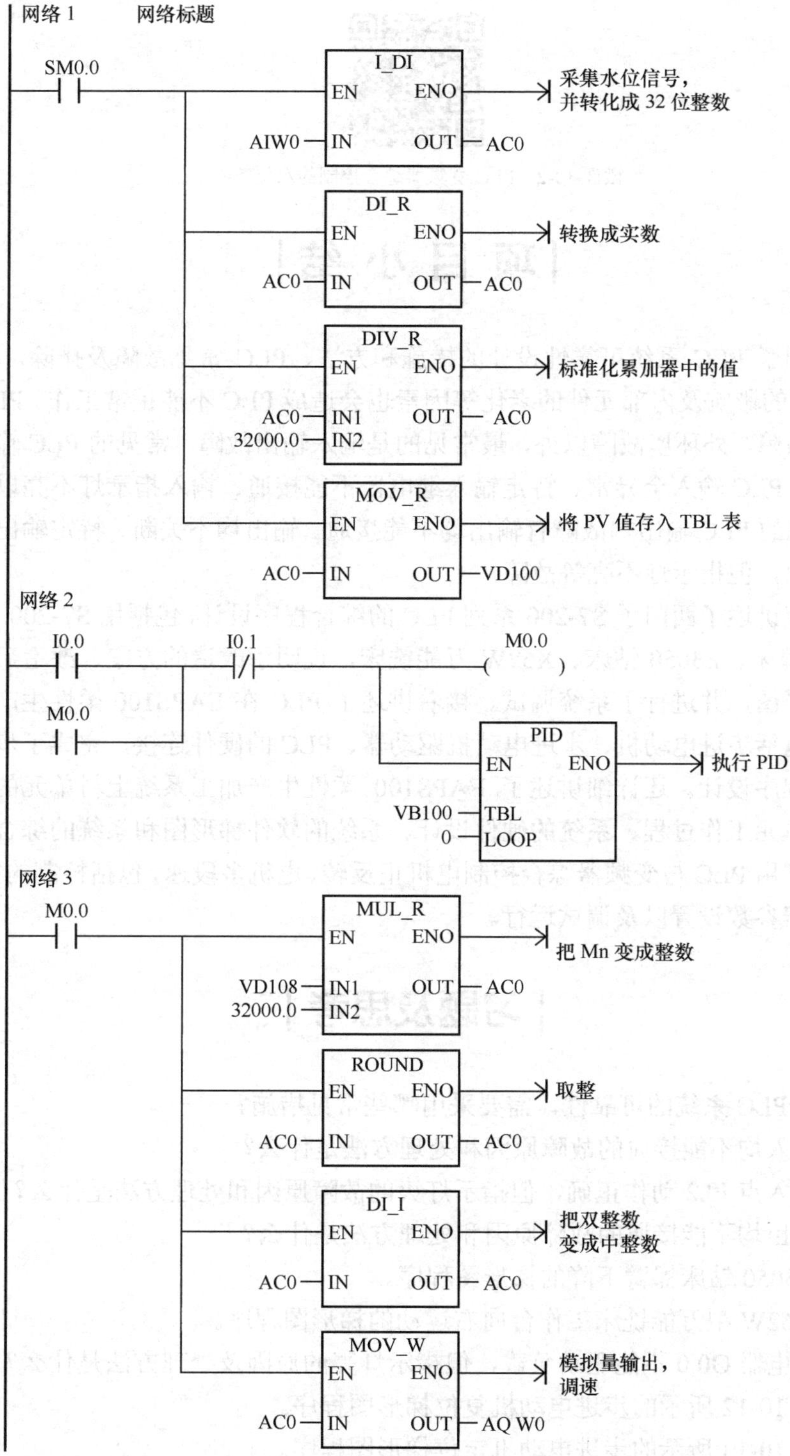

（c）中断服务程序

图 10-27 水箱水位控制 PLC 程序（续）

微课 10-2　PLC 变频器综合控制的水位控制

项目小结

本项目介绍了 PLC 系统可靠性设计的措施和方法、PLC 常见故障及排除。PLC 的可靠性很高，但环境的影响及内部元件的老化等因素也会造成 PLC 不能正常工作。PLC 的故障除了电源系统的故障、外环境故障以外，最常见的是输入输出故障。常见的 PLC 输入故障有输入均不能接通、PLC 输入全异常、特定输入继电器不能接通、输入指示灯不亮以及输入随机性动作等。常见的 PLC 输出端故障有输出均不能接通、输出均不关断、特定输出继电器不能接通以及有输出，但指示灯不亮等故障。

本项目重点讲述了西门子 S7-200 系列 PLC 的综合程序设计，包括用 S7-200 系列 PLC 改造 T68 型卧式镗床、Z3050 钻床、X62W 万能铣床，说明了改造的方案、改造后的系统硬件以及系统的梯形图，并进行了系统调试。接着讲述了 PLC 在 EAPS100 柔性生产加工系统中的综合应用，包括步进电动机、步进电动机驱动器、PLC 的硬件连接，完成了步进电动机的复位和定位的程序设计。还详细讲述了 EAPS100 柔性生产加工系统上料单元的综合程序设计，包括上料单元工作过程、系统的硬件设计、系统的软件梯形图和系统的综合运行调试。本章最后讲述了用 PLC 与变频器综合控制电机正反转、电机多段速，包括控制的主电路、PLC 梯形图、变频器参数设置以及调试运行。

习题及思考

1．要保证 PLC 系统的可靠性，需要采用哪些常见措施？

2．PLC 输入均不能接通的故障原因和处理方法是什么？

3．PLC 输入点 I0.2 动作正确，但指示灯灭的故障原因和处理方法是什么？

4．PLC 输出均不能接通的故障原因和处理方法是什么？

5．分析 Z3050 钻床摇臂下降的梯形图程序。

6．分析 X62W 型万能铣床工作台向右运动的梯形图程序。

7．输出继电器 Q0.0 不能驱动负载，但指示灯亮的原因及处理方法是什么？

8．分析图 10-12 所示的步进电动机复位梯形图程序。

9．分析图 10-13 所示的步进电动机定位梯形图程序。

10．设计步进电动机两轴复位程序（提示：Q0.0 和 Q0.1 可以同时发脉冲）。

11．设计步进电动机两轴定位程序。

12．变频器首先正转按 1 速（15Hz）运行 10s，然后按 2 速（25Hz）运行 5s，再按 3 速（40Hz）运行 5s，然后重复以上过程：正转按 1 速（15Hz）运行 10s，然后按 2 速。按停止按钮电机停止，用 PLC 与变频器综合控制，完成硬件和软件的设计。

参考文献

［1］熊琦，周少华. 电气控制与 PLC 原理及应用. 北京：中国电力出版社，2008

［2］孙平. 可编程控制器原理及应用. 北京：高等教育出版社，2002

［3］李益民，刘小春. 电机与电气控制技术. 北京：高等教育出版社，2006

［4］赵承荻，姚和芳. 电机与电气控制技术. 北京：高等教育出版社，2005

［5］赵承荻，曙光，魏秋月. S7-200 PLC 应用基础与实例. 北京：人民邮电出版社，2007

［6］钟肇新，王灏. 可编程控制器入门教程. 广州：华南理工大学出版社，1999

［7］陈立定，吴玉香. 电气控制与可编程控制器. 广州：华南理工大学出版社，2000

［8］施利春，李伟. PLC 操作实训（西门子）. 北京：机械工业出版社，2007

［9］廖常初. PLC 电气编程及应用. 北京：机械工业出版社，2008

［10］张万忠. 可编程控制器应用技术. 北京：化学工业出版社，2005

［11］胡晓朋. 电气控制及 PLC. 北京：机械工业出版社，2007

［12］张桂朋. 电气控制及 PLC. 北京：机械工业出版社，2007

［13］张桂香. 电气控制及 PLC 应用. 北京：化学工业出版社，2003

［14］SIEMENS S7-200 可编程控制器系统手册. 西门子（中国）有限公司，2002

［15］华满香. 电气自动化技术. 湖南：湖南大学出版社， 2012

［16］刘小春. 电气控制与 PLC 技术应用，S7-200 系列. 北京：电子工业出版社，2009

［17］向晓汉. 西门子 PLC 高级应用实例精解，S7-200 系列. 北京：机械工业出版社，2015